II. Internationales Symposium
Ökologie und Physiologie des Wurzelwachstums

II. International Symposium
Ecology and Physiology of Root Growth

II. Международный симпозион
Экология и физиология коренного роста

II. Internationales Symposium
Ökologie und Physiologie des Wurzelwachstums

II. Международный симпозион
Экология и физиология коренного роста

II. International Symposium
Ecology and Physiology of Root Growth

Veranstaltet durch die Sektion Physiologie
der Biologischen Gesellschaft
der Deutschen Demokratischen Republik

Herausgegeben im Auftrag der Biologischen Gesellschaft
der Deutschen Demokratischen Republik,
Sektion Physiologie
von G. HOFFMANN

Mit 186 Abbildungen und 45 Tabellen

AKADEMIE-VERLAG · BERLIN · 1974

Verantwortlich für die wissenschaftliche und organisatorische Vorbereitung der Tagung:
Dr. sc. G. HOFFMANN, Eberswalde
unter Mitwirkung von:
Dipl.-Biol. R. RICHTER
Dr. G. KRETSCHMAR
(Sekretär der Biologischen Gesellschaft der DDR)

Verantwortlich für die redaktionelle Bearbeitung des Tagungsberichtes:
Dr. sc. G. HOFFMANN
unter Mitarbeit von:
Dipl.-Biol. R. RICHTER

Erschienen im Akademie-Verlag, 108 Berlin, Leipziger Straße 3–4

Lizenznummer: 202 · 100/522/74
Umschlag: Hans Kurzhahn
Gesamtherstellung: VEB Druckerei „Thomas Müntzer", 582 Bad Langensalza
Bestellnummer: 761 827 0 (6109) · LSV 1355
Printed in GDR
EVP 56,–

VORWORT DES HERAUSGEBERS

Das Wachstum der Pflanzen und seine Steuerung durch exogene und endogene Faktoren hat Wissenschaftler in aller Welt seit Jahrzehnten beschäftigt. Dennoch ist festzustellen, daß die Kenntnisse über dieses Problem noch sehr gering sind, und daß bis heute nur wenige Kausalzusammenhänge aufgeklärt wurden. Das trifft besonders für das Wurzelwachstum und dessen Steuerung durch endogene und exogene Faktoren zu.

Die Ursachen für diese Wissenslücken sind in erster Linie in einer Unterschätzung der Bedeutung des Wurzelsystems für das allgemeine Pflanzenwachstum sowie in der für Wurzeluntersuchungen notwendigen Methodik, die hohen Material- und Arbeitskräfteaufwand erfordert, zu sehen. Während die Bewertung des Sproßwachstums einfach ist, finden sich qualitative und quantitative Ausdrucksmöglichkeiten für die Charakterisierung des Wurzelzuwachses viel schwerer. Daher erfordern sichere Aussagen über das Wurzelwachstum umfangreicheres Untersuchungsmaterial. Da die Untersuchung der Wurzelausbildung methodisch leichter durchführbar ist als die Bestimmung der Wachstumsrythmik, liegen über diese Thematik mehr Arbeiten vor. Über den Wachstumsverlauf der Wurzeln und die Wirkung einzelner Umweltfaktoren auf die Zuwachsrhythmik sind demgegenüber nur wenige, nicht ausreichende Informationen vorhanden.

Dieser Mangel wirkt sich gegenwärtig negativ auf die Lösung theoretischer und praktischer Teilprobleme in der modernen Land-, Garten- und Forstwirtschaft aus. Optimale Bedingungen für das Wurzelwachstum sind wichtige Produktionsfaktoren. Die Möglichkeiten, diese zu beeinflussen, nehmen mit der Erweiterung des Wissens über artspezifische Besonderheiten des Wurzelwachstums beträchtlich zu. Dabei sollte das Wurzelwerk nicht nur als funktionelles Organ zur mechanischen Befestigung im Boden und zur Nährstoff- und Wasseraufnahme gesehen werden. Die lebenswichtigen Synthesen, die in den Wurzeln ablaufen, haben ebenfalls große Bedeutung für die Entwicklung und das Wachstum des Sprosses. Daß die Wichtigkeit der Wurzelentwicklung für die allgemeine Stoffproduktion in vielen Ländern erkannt wurde, zeigen die im Aufbau bzw. in Erweiterung begriffenen Forschungsgruppen. Dabei ist zu erkennen, daß sich die in den letzten Jahren begonnen Arbeiten nicht mehr einseitig auf die Erfassung der Wurzelmasse und deren Verteilung im Boden ausrichten, sondern daß in zunehmendem Maße eine theoretische Durchdringung des Gesamtgebietes angestrebt wird, um von Teilergebnissen auf allgemeine Gesetzmäßigkeiten schließen zu können.

Da eine Steigerung der pflanzlichen Produktion vertiefte Kenntnisse der kausalen Zusammenhänge aller produktionswirksamen Faktoren erfordert, ist die Erarbeitung von Forschungsergebnissen über das Wurzelwachstum und die es beeinflussenden Faktoren eine wichtige Aufgabe für eine hochentwickelte Agrar- und Forstwirtschaft. Der vorliegende Tagungsbericht soll eine Teilleistung dazu sein.

Für die vielseitige Unterstützung und große Gastfreundschaft sei Frau Dr. G. KRETSCHMAR, Berlin, und den Herren Prof. Dr. G. GÜNTHER, Potsdam, und Prof. Dr. H. LYR, Kleinmachnow, und ihren Mitarbeitern der herzlichste Dank ausgesprochen. Ganz besonders sei den vielen ungenannten Helfern, die das Gelingen der Tagung ermöglichten, gedankt.

Eberswalde, im Mai 1972 Der Herausgeber

PREFACE

Plant growth and its control by exogenous and endogenous factors have been subjects of close interest for decades to scientists all over the world. Yet, factual knowledge of the problem still is fairly limited, and so far only few causative implications have been elucidated. This applies especially to root growth and its control by exogenous and endogenous factors.

It is a gap of knowledge which should be attributed primarily to an underestimation of the importance of root growth to general plant growth as well as to the fact that high investment in terms of material and man-hours necessarily is involved in the methodology required for root study. While no problems are involved in evaluating shoot growth, it has proved to be much more difficult to find qualitative or quantitative expressions by which to characterize root growth. That is why much more material will have to be tested for dependable information on root growth. More work has been published on root distribution since, methodically, studies into this subject are not as sophisticated as those into growth rhythm. Very little, quite insufficient information has so far become available on the processes of root growth and the influence of certain environmental factors upon the rhythm of growth.

These shortcomings are having some negative effects on the finding of solutions to certain theoretical and practice-oriented problems in modern agriculture, horticulture, and forestry. Optimum conditions for root growth are essential to production as a whole, and the possibilities to take them under control will, no doubt, grow considerably along with expansion of our knowledge regarding species-specific peculiarities in root growth. In this context, roots should be interpreted not only as functional organs for mechanical anchorage of a plant in the soil or for the uptake of nutrients and water. Syntheses taking place in the roots are of vital importance to the development and growth of the shoot. The importance of root development for general production of matter has been recognized in many countries, which may be seen quite readily from the fact that research groups are being set up or expanded. In this context, work initiated in recent years is no longer restricted to studying root matter and its distribution in the soil, but efforts are increasingly being made to achieve a full theoretical representation of the subject with the view to using partial results for conclusions in terms of general principles.

No increase of crop production will be feasible unless deeper knowledge is achieved of the causative implications and relationships that do exist between all factors relevant to production. Therefore, preparation of research results regarding root growth and its controlling factors is essential to progress in agriculture and forestry. The proceedings of this symposium are intended to be a contribution to such end.

A debt of gratitude for comprehensive support and hospitality goes to Miss Dr. G. Kretschmar, Berlin, Prof. Dr. G. Günther, Potsdam, and Prof. Dr. H. Lyr, Kleinmachnow, as well as to their assistants. The editor should like to thank also all unnamed supporters who by their contributions have made the meeting so successful.

Eberswalde, May, 1972 The Editor

ПРЕДИСЛОВИЕ ИЗДАТЕЛЯ

Учёные всего мира уже с десятилетий занимались ростом растений и управлением его екзогенными и ендогенными факторами. Всё же надо констатировать, что знание этих проблем ещё небольшое. До сих пор выяснились только немногие причинные связи. Это особенно касается корневой рост и его управление екзогенными и ендогенными факторами.

Причины для этих пробелов знания следующие: Во первых значение корневой системы для общего роста растения было недооценивано во вторых необходимый для исследований корня метод требует большой затраты материала и рабочих сил. Определение роста побега просто. В сравнении с этим качественные и количественные определения корневого роста гораздо сложнее. Поэтому получение надежных показаний о корневом росте требует объемистого исследовательного материала. Так как исследование образования корней методическо легче чем определение ритма роста о этой теме уже больше работали. О ходе роста корней и о действии разных факторов среды на ритм прироста существуют лишь недостаточные информации.

Этот недостаток мговенно отрицательно влияет на решение теоретических и практических проблем современного сельского хозяйства, садоводства и лесоводства. Оптимальные условия для корневого роста являются важными факторами продукции. Возможности влиять на такие условия значительно увеличиваются с расширением знания о видовых специфичностях корневого роста.

При этом следует рассмотреть корневую систему не только функциональном органом для прикрепления в почву и поглощения питательных веществ и вода. Необходимые для жизни синтезы, происходящие в корнях, равным образом имеют большое значение для развития и роста побега. Образование и расширение исследовательных групп показывает, что важность образования корней для общей продукции веществ понималось уже во многих странах. При этом можно обнаружить, что работы, начатые в последных годах, больше не односторонно направлялись на определение корневой массы и распределения её в почве а расширят стремления теоретическо понимать общую область чтобы получать знание о всеобщих закономерностях.

Увеличение растительной продукции требует глубокого знания о причинных связах между важными факторами продукции. Поэтому главной задачей для высокоразвитанного сельского хозяйства и лесоводства является исследование корневогб роста и влияющих на рост факторов.

Данный отчёт сесси должен внести свой вклад.

Для многосторонной поддержки и большой гостеприимства я сердечно благодарю товарищам доктор Кречмар, Берлин, и профессорам Гинтер, Потсдам, и Лир, Клейнмахнов, и всем сотрудникам. Особенно я благодарю многим помощникам которые заботились о успехе сессии.

Издатель

Эберсвальде, мая 1972 г.

INHALTSVERZEICHNIS / CONTENTS / ОГЛАВЛЕНИЕ

1. Regulation der Sproß-Wurzel-Korrelationen
Regulation of Shoot-Root Correlations
Регулирование побего-коренных корреляций

LYR, H., R. RICHTER u. G. HOFFMANN: Die Bedeutung des Wurzelsystems für das Pflanzenwachstum 1

TORREY, J.G. and D.A. PHILLIPS: Hormonal interactions between root and shoot: The root as site of hormone synthesis 17

SEMBDNER, G.: Gibberelline im Blutungssaft von Pflanzen 25

ZAERR, J.B. and D.P. LAVENDER: The effects of certain cultural and environmental treatments upon the growth of roots of douglas-fir (Pseudotsuga menziesii (MIRB.) FRANCO) seedlings 27

ENGEL, K.H.: Das Sproß/Wurzel-Verhältnis bei Kartoffeln 33

HOFFMANN, P.: Zur Bedeutung der Wurzel für die Chlorophyllbildung in Primärblättern von Triticum aestivum L. 45

PAULKE, E., W. STEPHAN und G. GÜNTHER: Der Einfluß von Herbiziden auf das Wachstum und den Atmungsstoffwechsel von Keimlingswurzeln 61

AVUNDZYAN, E.S. and E.K. SHIRAKYAN: Variations in the shoot/root ratio of wheat seedlings as influenced by CCC (cycocel) action 77

WÜNSCHE, U.: Influence of growth retarding substances on root growth of cereals 87

2. Struktur von Wurzelsystemen und Produktivität
Structure of Root Systems and Productivity
Структура коренных систем и продуктивность

LUXOVÁ, Maria: Quantitative Aspekte des anatomischen Baues der Wurzel von Zea mays 95

REYNOLDS, E.R.C.: The distribution pattern of fine roots of trees 101

MANOLOVA, Iovka: Disposition of the roots and interrelation between roots and shoots of Pinus maritima (POIR.) in Strandja Mountain, Bulgaria 113

VATKOVSKY, O.S., T.L. BYSTRITSKAYA and L.A. GRISHINA: Root system biomass of spruce, oak, and honeylocust in the european part of the U.S.S.R. 121

STEINBECK, K., G.D. KESSLER and P.P. KORMANIK: Root and shoot development of two clones of Liriodendron tulipifera L. four years after planting 127

JOACHIM, H.F.: Über die Wurzelausbildung und das Sproß/Wurzel-Verhältnis bei Pappeln 133

ŠIKA, A.: Zur Frage der Bodendurchwurzelung durch Fichten und Douglasien in gleichaltrigen Reinbeständen 139

FAYLE, D.C.F.: Root-shoot-environment relationship and growth of red pine 149

VORONKOV, N.A.: Root systems of Pinus silvestris L. on sandy soils 155

HOFFMANN, G.: Untersuchungsverfahren zur Messung des Wurzelwachstums unter Freilandbedingungen 161

HILTON, R.J. and H. KHATAMIAN: In situ observations of woody plant root growth 171

KÜCHLER, M.: Untersuchungen über Sproß/Wurzel-Relationen bei Luzerne im Aussaatjahr und im 1. Hauptnutzungsjahr 187

KLUGE, S.: Wurzelwachstum unter sterilen und monobakteriellen Verhältnissen 199

3. Wurzelwachstum, Wasser- und Nährstoffversorgung

Root Growth, Water and Food Supply

Коренный рост, обеспечивание водой и питательными веществами

TESCHE, M., Christa BELLMANN, Sonja FEILER, E. JAHN, H. JAHNEL, Gerda MICHAEL und W. ZENTSCH: Wirkung von Bodentrockenheit auf den Stoffwechsel von Wurzel und Sproß bei Fichtenjungpflanzen 203

HOFFMANN, G.: Einfluß von Sommerdürre auf das Wurzel- und Sproßwachstum von Lärche (Larix leptolepis) 213

BILAN, V.M.: Relationship between needle moisture and root growth in Loblolly pine seedlings 219

PALASHEV, I.: Initial root and top growth of the seedlings of some kinds of oak as influenced by osmotic pressure of the nutrient solution 223

MULLIN, R.E.: Effects of roots exposure on establishment and growth of outplanted trees 229

RABOTNOV, T.A. and A.P. DEMIN: Effect of longterm fertilization on the underground parts of meadow plants and -phytocenoses 243

HERMANN, R.K.: Root growth of Ponderosa pine in soils of volcanic origin 247

PAAVILAINEN, E.: Die Einwirkung der Düngung auf die Wurzelverhältnisse der Kiefer auf Moorböden 255

KOHMANN, K.: Fertilization and root relationship in older pine stands (Pinus silvestris) 263

4. Periodizität des Wurzelwachstums

Periodicity of Root Growth

Ритм коренного роста

HOFFMANN, G. und H. LYR: Wachstumsschemata zur Darstellung des jahreszeitlichen Verlaufes verschiedener Zuwachsgrößen von Gehölzen 275

RIEDACKER, A.: Wurzel- und Sproßwachstum von Eucalyptus camaldulensis DEHN. im Mittelmeergebiet 283

KHURSHUDIAN, P.A.: О периодичности роста корней у древесных (Saison- und Tageswachstumsrhythmus von Wurzeln einiger Gehölze) 297

PALASHEV, I. and Iovka MANOLOVA: Periodicity and intensity of root growth of the trees of Pinus maritima POIR. and Pinus nigra ARN. in S.E. Bulgaria 309

SHEVELUKHA, V.S.: Закономерности временного хода ростовых процессов у растений (Law of time course of growth processes in plants) 317

SPURNÝ, M.: Spiral oscillations resulting from a feedback control systems in the growing pea root (Pisum sativum L.) 331

5. Aspekte des allgemeinen Stoffwechsels der Wurzel

Aspects of General Metabolism of the Root

Аспекты общего обмена веществ корня

KOHL, J.-G.: Zur Differenzierung des Enzymsystems der wachsenden Wurzelzelle im Hinblick auf die primäre N-Assimilation 347

GÜNTHER, G.: Der Einfluß von Amitrol auf Wachstum und Nukleinsäurestoffwechsel von Pisumwurzeln ....

KOHL, J.-G., S.I. MISHARIN, V.N. IVANOV und E.E. KHAVKIN: Enzymatische Identifikation der Antigene in den wachsenden Zellen der Wurzel von Zea mays L. 355

BLOHM, D.: Über die Regulation der Aminosäurebiosynthese in unterschiedlich differenzierten Wurzelzonen von Keimpflanzen 363

KHAVKIN, E. E., Inessa V. ZELENEVA, Roza T. POLYKARPOCHKINA and Nina N. VARAKINA: Enzyme formation in growing root tip of Zea mays as related to respiration and nitrogen assimilation 375

EHWALD, R.: Die Retentionsfähigkeit der Maiskeimwurzel für Glukose in Beziehung zur Kohlenhydrat-Ernährung 383

SAMMLER, P.: 2-Desoxy-Glukose als Modellsubstrat für die Analyse der Monosaccharidaufnahme und den Ferntransport von Zuckern durch pflanzliche Gewebe 391

GÖRING, H.: Vergleichende Betrachtungen der Ionen- und Zuckeraufnahme durch Wurzelgewebe. Gibt es 2 Mechanismen der trägervermittelten Stoffaufnahme? 397

AUGSTEN, H. und I. FELSBERG: Der Einfluß löslicher Kohlenhydrate auf die Phosphataufnahme bei Wurzeln von Pisum sativum L. 405

WILCKE, C.: Jahresperiodische Veränderungen von Stärke- und Phosphatgehalt in Wurzeln von Apfelunterlagen 413

GEORGIEV, G.: Zusammenhang zwischen der metabolischen Tag- und Nachtperiodizität und dem energetischen Stoffwechsel in der Maiswurzel 421

ŻELAWSKI, W.: Gas exchange processes in shoot and root of Scots pine (Pinus silvestris L.) seedlings as related to dry matter production 433

AUTORENVERZEICHNIS / INDEX OF AUTHORS / ОПИСЬ АВТОРОВ 437

Einige Teilnehmer des Symposiums (zum nebenstehenden Bild)

1 Palm	18 Bochow	36 Hilton
2 Riedacker	19 Meinl	37 Übel
3 Šika	20 Bergmann	38 Engel
4 Steinbeck	21 Unger	39 Trillmich
5 Spurný	22 Wilcke	40 Bühring
6 Torrey	23 Küchler	41 Arlt
7 Černý	24 Sammler	42 Paul
8 Richter	26 Mullins	43 Fayle
9 Lyr	27 Dudel	44 Feiler
10 Hoffmann G.	28 Kohl	45 Ebert
11 Hermann	29 Georgiev	46 Reynolds
12 Günther	30 Ehwald	47 Mai
13 Müller	31 Töpfer	48 Schneider
14 Sembdner	32 Kipf	49 Tesche
15 Michael	33 Crome	50 Paavilainen
16 Dontschew	34 Żelawski	51 Wünsche
17 Augsten	35 Hoffmann, P.	52 Kohmann

1
2
3
4
5
6
7
8
9
10
11
12
13
14
15
16
17
18
19
20
21
22
23
24
25
26
27
28
29
30
31
32
33
34
35
36
37
38
39
40
41
42
43
44
45
46
47
48
49
50
51
52

DIE BEDEUTUNG DES WURZELSYSTEMS FÜR DAS PFLANZENWACHSTUM

H. LYR, R. RICHTER und G. HOFFMANN

Akademie der Landwirtschaftswissenschaften der DDR,
Institut für Pflanzenschutzforschung Kleinmachnow

Wachstum und Produktivität der Pflanzen werden in zunehmendem Maße Gegenstand der Forschung, da die höhere Pflanze auch auf längere Sicht Primärproduzent der Nahrung für Mensch und Nutztier bleiben wird. Trotz vielfältiger Untersuchungen sind wesentliche Kausalzusammenhänge noch ungeklärt, so daß gegenwärtig noch keine allgemeine Theorie des Pflanzenwachstums existiert.

Eine sehr wesentliche Lücke in unseren Kenntnissen ist das Zusammenwirken der einzelnen Pflanzenorgane, vor allem auch die Bedeutung des Wurzelsystems für das Gesamtwachstum.

Während man sich in früherer Zeit im wesentlichen auf die Erforschung der ökologischen Reaktion des Sprosses konzentrierte und in der Wurzel ein Organ sah, das der Befestigung im Boden und der Versorgung der Pflanze mit Wasser, Mineralsalzen und einigen organischen Verbindungen dient, zeigen neuere Untersuchungen mit großer Deutlichkeit die physiologische und ökologische Bedeutung des Wurzelsystems für die Verhaltensweise der gesamten Pflanze. Daher wird es immer dringender, tiefer in die Zusammenhänge der Beziehungen zwischen Wurzel und Sproß einzudringen und die Steuerungsmechanismen aufzuklären, die zu einer abgestimmten und ökologisch zweckmäßigen Reaktion der Pflanze auf wechselnde Umweltbedingungen führen.

Durch zahlreiche Untersuchungen ist bekannt, daß das Wurzelsystem und seine Reaktionsweise in vielfältiger Form das ökologische Verhalten und das Wachstum der Pflanze beeinflußt. Zur Verdeutlichung sollen nur wenige Beispiele erwähnt werden:

- Dürreresistenz (besonders durch Dürrevermeidung)
- Toleranz gegen niedrige und hohe Bodentemperaturen

- Toleranz gegen Überflutung und Bodenverdichtung
- Frosttoleranz (besonders bei Immergrünen)
- Toleranz gegen niedrige Nährstoffkonzentrationen im Boden
- Beeinflussung der Fruchtreife
- Beeinflussung der vegetativen Entwicklung des Sprosses.

Bewußt oder unbewußt berücksichtigen zahlreiche praktische Maßnahmen physiologische Ansprüche des Wurzelsystems. Mangels ausreichender Kenntnisse sind jedoch die entsprechenden Aktivitäten von Pflanzenzüchtung und Pflanzenbau noch unzureichend.

In der Literatur hat sich eine so verwirrende Menge von Fakten über die physiologisch-ökologische Reaktionsweise des Wurzelsystems angehäuft, daß es zur Zeit noch schwer ist, alle Ergebnisse einheitlich zu deuten. Unterschiedliche Versuchsbedingungen, quantitativ oder auch qualitativ verschiedene Reaktionsweisen bei einzelnen Pflanzenarten ergeben oft scheinbare Widersprüche.

Einige allgemeine Reaktionen auf Umweltfaktoren lassen sich jedoch herausstellen.

1. Lichtmangel (Beschattung) senkt die Wurzel/Sproß-Relation, da infolge der verringerten Assimilationsleistung vorrangig der Zuwachs des Wurzelsystems reduziert wird (HOFFMANN 1966) (Abb. 1). Die Wurzelkonkurrenzfähigkeit der beschatteten Pflanze sinkt, die Dürregefährdung steigt. Einen ähnlichen Effekt haben Blattverluste, wenn sie die durch die Kompensationsfähigkeit des Assimilationsapparates gesetzte Grenze übersteigen (Bei Blattverlusten steigt die Effektivität der verbleibenden Blattmasse: HOFFMANN 1969).
2. Wassermangel im Boden, wenn er nicht zu plötzlich einsetzt, führt zu einer verstärkten Ausbildung des Wurzelsystems, so daß sich die Wurzel/Sproß-Relation erhöht. Die Pflanze wird dürreresistenter durch Dürrevermeidung. Bei rascher einsetzendem Wassermangel stagniert zuerst das Wurzelwachstum (HOFFMANN 1965), wahrscheinlich infolge der verringerten Assimilatableitung aus dem Sproß (Abb. 2).
3. Hohes Stickstoffangebot verringert die Wurzel/Sproß-Relation, da der Sproß relativ stärker im Wachstum gefördert wird. Mit zunehmender oberirdischer Trockenmasse können aber auch die Wurzelmasse und die Tiefendurchwurzelung absolut zunehmen. Die Dürrefestigkeit vergrößert sich dadurch zunächst, bei einer weiteren Verschiebung der Wurzel/Sproß-Relation nimmt sie jedoch stark ab (LYR und HOFFMANN 1967). Bei Stickstoffmangel kommt es zu einer Förderung des Wurzelwachstums ("N-Etiolement" nach LUNDEGÅRDH 1954). Ein extensives Wurzelsystem kann eine gesteigerte Mineralstoffmangel- und Dürre-Toleranz zur Folge haben.

4. Wurzeln haben ein niedrigeres Temperatur-Optimum als der Sproß, so daß in einem bestimmten Temperaturbereich bei kühlen Witterungsbedingungen die Wurzel/Sproß-Relation erhöht sein kann, wenn die Assimilationsleistung des Sprosses noch ausreicht. Auch das Temperatur-Minimum für das Wachstum der Wurzeln liegt niedriger als für den Sproß (LARSON 1967, HOFFMANN 1968). Dadurch setzt im Frühjahr das Wurzelwachstum vor dem Sproßwachstum ein (Abb. 3). Die Bodentemperatur hat überhaupt über die physiologischen Leistungen der Wurzeln einen stärkeren Einfluß auf das Pflanzenwachstum als oft angenommen wird. Nach TEW u. a. (1963) soll die Bodentemperatur größeren Einfluß auf die Transpiration haben als (innerhalb gewisser Grenzen) Bodenfeuchte und Lufttemperatur. Die Bedeutung der Bodentemperatur wird erst in jüngerer Zeit intensiver untersucht, so daß hier weitere Erkenntnisse zu erwarten sind.

Aus diesen wenigen Beispielen geht hervor, daß bei Untersuchungen über die Stoffproduktion, insbesondere bei langfristigen Bilanzen, die Wurzelaktivität berücksichtigt werden muß. Diese kann bei unzureichenden Außenbedingungen (O_2-Mangel, ungünstige Bodentemperatur, ungünstiges chemisches Milieu u. ä.) zu einer Verringerung der Leistungen des Sprosses und damit zu einer Reduktion des Wachstums führen.

Um tiefer in die Zusammenhänge des ökologischen Verhaltens einer Pflanze eindringen zu können, sind Kenntnisse über das Zusammenwirken von Wurzel und Sproß sowie über die dabei wirksamen Regulationsmechanismen erforderlich.

Es ist bekannt, daß die Pflanze als Ganzes in der Regel autotroph ist, ihre Teile jedoch verschiedenartige Heterotrophien aufweisen. Das bringt für den Gesamtorganismus wahrscheinlich zwei entscheidende Vorteile mit sich:

1. Heterotrophie hat den allgemeinen Vorteil, daß durch Wegfall von Synthesen, deren Produkte von außen zugeführt werden, die Leistungsfähigkeit steigt. Das erklärt die weite Verbreitung von Heterotrophien in der Natur, z. B. auch bei Mikroorganismen.
2. Partielle und abgestimmte Heterotrophie in einzelnen Organen und Organellen eines Organismus schafft Voraussetzungen für einen komplexen Regelmechanismus, der durch positive und negative Rückkopplungen sehr rasch ein System an bestimmte Umweltfaktoren anpassen kann. Ein einfacher Hemm-Mechanismus zwischen autotrophen Organen wäre hierfür kaum hinreichend.

Im Rahmen der Heterotrophie nimmt die Auxoheterotrophie eine besondere Stellung ein, wegen ihrer weiten Verbreitung, der größeren Differenziertheit und der starken biologischen Wirkung geringster Mengen von Hormonen und Vitaminen.

Man könnte die Phytohormone im weiteren Sinne mit "informationellen Strömen", den Austausch von Kohlenhydraten, Mineralstoffen, Aminosäuren mit "nichtinformationellen Strömen" im Sinne der Kybernetik gleichsetzen.

Entscheidende Aufschlüsse über das Ausmaß der Heterotrophie haben Organ- und Gewebekulturen erbracht. Im folgenden sollen einige wesentliche Ergebnisse im Hinblick auf die Wurzel/Sproß-Beziehungen diskutiert werden.

Soweit bisher bekannt ist, sind Wurzeln bezüglich der Hormonproduktion autotroph. Durch den Sproß zugeführte Überdosierungen können hemmend auf das Wachstum wirken, sofern keine Inaktivierung in der Wurzel erfolgt. Isolierte Wurzeln einiger Arten (Pinus, Lupinus, Getreide-Arten) reagierten allerdings positiv auf Auxinzusatz. Höhere Auxinkonzentrationen hemmen das Wachstum der Hauptwurzel, fördern aber unter bestimmten Umständen die Seitenwurzelbildung (LIBBERT 1957 a, TORREY 1965). Die Hemmwirkung von IES auf das Wurzelwachstum wird von CHADWICK und BURG (1970) und einigen anderen Autoren auf eine stimulierte Äthylensynthese zurückgeführt, allerdings sind ANDREAE und Mitarb. (1968) gegenteiliger Ansicht. Exogen appliziertes Äthylen hemmt häufig die Wurzelbildung. Die Rolle des Äthylens in der Wurzelphysiologie bedarf noch weiterer Untersuchungen.

Gibberelline haben auf isolierte oder intakte Wurzeln meist keine Wirkung oder bewirken eine Hemmung (KRELLE 1970). Ausnahmen sind von Defektmutanten (Zwerg-Mais) bekannt, bei denen nur nach exogener Applikation von Gibberellin ein normales Wurzelwachstum auftritt (MELCHIOR und KNAPP 1962). MICHNIEWICZ und KRIESEL (1970) vertreten die Ansicht, daß Gibberelline das Auswachsen der Wurzelanlagen von Pappelstecklingen regulieren, während die Phase der Bildung solcher Anlagen von Auxinen kontrolliert wird.

Bezüglich der Cytokinine sind die Befunde etwas widersprüchlich. Niedrige Kinetin-Konzentrationen fördern die Trockenmassenzunahme von Maiswurzeln (ABUTALYBOV u. a. 1969) sowie das Wurzelwachstum von Tomaten (TORREY 1965), während das Wachstum von Roggen- und Kiefernwurzeln gehemmt wird (TINUS 1969, YANG und PODSON 1970).

Insgesamt sind offenbar alle wichtigen Phytohormongruppen für die Wurzelentwicklung von Bedeutung, jedoch gewinnt man den Eindruck, daß die Wurzeln bezüglich der Hormonproduktion weitgehend autotroph sind. Bei zusätzlicher Zufuhr von Wachstumsregulatoren resultiert vielfach eine Hemmung. Lediglich die Adventiv- und Seitenwurzelbildung sind dabei eine Ausnahme, da für diese Prozesse hohe Hormonkonzentrationen nötig sind. Die Bedeutung von Hemmstoffen ist noch unklar.

LIBBERT (1957 b) und TORREY (1959) isolierten aus Erbsenwurzeln ätherlösliche Hemmstoffe, die die Seitenwurzelbildung regulieren könnten. GOREN und TOMER (1971) sehen das in Citruswurzeln gefundene Cumarinderivat Seselin als Regulator des Wurzelwachstums an. Die gegenwärtigen Informationen reichen nicht aus, um die Bedeutung solcher Stoffe beurteilen zu können.

Eine altbekannte Tatsache ist die Abhängigkeit des Wurzelsystems von der Kohlenhydratzufuhr durch den Sproß. Zahlreiche Untersuchungen an isolierten Wurzeln zeigen das Bedürfnis für relativ hohe Zuckerkonzentrationen (bis 8 %), wobei Saccharose am günstigsten ist. Die Assimilatversorgung dürfte daher ein Hauptfaktor in der Regulation des Wurzelwachstums sein.

Weniger klar ist die Bedeutung der Vitaminzufuhr für die Wachstumsregulation. An isolierten Wurzeln ließ sich nachweisen, daß diese in unterschiedlichem Maße von der exogenen Vitaminzufuhr abhängig sind (STREET 1966). Bei Acacia werden Thiamin, Pyridoxin (BONNER 1942), bei Robinia Thiamin, Pyridoxin und Nikotinsäure (SEELIGER 1956) benötigt. Andererseits geben Weizenwurzeln Thiamin, nicht aber Pyridoxin ab (LUCKWILL 1960). Vitamine der B-Gruppe werden ausreichend in den Blättern gebildet und lassen sich auch im Phloemsaft nachweisen. Ob sie außer zur Befriedigung einer allgemeinen Heterotrophie der Wurzeln auch für eine Wachstumsregulation genutzt werden, ist unklar.

Obwohl der Sproß zur Photosynthese befähigt ist, ist eigentlich schon lange bekannt, daß er nicht als voll autotroph gelten kann. Die Kultur isolierter Sprosse (ohne Wurzeln) erwies sich als sehr kompliziert. Zahlreiche Untersuchungen haben inzwischen belegt, daß der Sproß nicht nur auf die Zufuhr von Wasser und Mineralsalzen, sondern auch auf Phytohormone, Aminosäuren und eventuell Vitamine angewiesen ist (BOLLARD 1960, STREET 1966). So benötigen Sproß-Apikalmeristeme nach BONNER (1942) Thiamin, das aus älteren Blättern geliefert wird. In der Regel sind auch Zusätze von Auxinen erforderlich. Bei Adiantum läßt das Auxinbedürfnis nach, sobald größere Blattprimordien vorhanden sind. Offenbar liefern diese dann dem Apikalmeristem das nötige Auxin oder Auxinvorstufen (WARDLAW 1965).

Eine besondere Bedeutung haben in den Wurzeln gebildete Phytohormone (Cytokinine und Gibberelline). Sie üben entscheidende regulatorische Einflüsse auf den Sproß aus. Cytokinine beeinflussen die Anlage und Determinierung von Knospen (MIGINIAC 1971) und Blattprimordien sowie das Blattwachstum. Sie hemmen die Blattalterung (WAREING undSETH 1967), stabilisieren den Gehalt an Ribonucleinsäuren und Polysomen und halten dadurch den Proteinstoffwechsel der Blätter aufrecht (OSBORNE 1962). Die Proteinsynthese isolierter Blätter setzt mit der Bewurzelung ein (CHIBNALL 1954), die Resistenz gegen künstliche Virusinfektionen steigt (OPEL 1967). In den Wurzeln synthetisierte Adenin- und Guanin-Derivate verzögern das Altern der Blätter (WAREING und SETH 1967, SITTON u. a. 1967) sowie den Laubfall (CHOUDHURI und CHATTERJEE 1969).

Besonders wichtig dürfte der Einfluß der rhizogenen Hormone auf die Photosynthese sein, da dadurch positive und negative Rückkopplungen zwischen Wurzel und Sproß entstehen, die das Gesamtwachstum beschleunigen oder bremsen. Der bereits erwähnte Kompensationseffekt der Photosynthese bei partieller Defoliation (WAREING u. a. 1968) könnte auf einer erhöhten Versorgung der verbleibenden Blattmasse mit Cytokininen und Gibberellinen (evtl. auch mit Aminosäuren und anderen Produkten) beruhen. (Die Faktoren Wasser und Mineralstoffe lassen sich durch geeignete Versuchsbedingungen ausschließen). Ein partieller Wurzelschnitt verhindert die Aktivierung der Photosynthese, während Applikation von Kinetin und Gibberellin A_3 die Wirkung des Wurzelschnitts kompensiert. Während die oben genannten Autoren eine raschere Ableitung der Assimilate unter der Einwirkung der Wurzelhormone und damit eine indirekte Wirkung auf die Photosynthese annahmen, zeigen neuere Befunde, daß Cytokinine und Gibberelline auch auf anderem Wege auf die Photosynthese wirken. Nach FEIERABEND (1969) ist die Synthese von Ribulosediphosphat-Carboxylase und NADP-abhängiger Phosphoglycerinaldehyd-Dehydrogenase cytokininbedürftig. Nach TREHARNE und STODDART (1968) kann auch ein Gibberellinspray die Photosynthese bei Rotklee erhöhen. Nach HUMPHRIES und FRENCH (1969) hängt die Intensität der Photosynthese bei Zuckerrüben von der Intensität des Wurzelwachstums ab.

Bemerkenswert ist in diesem Zusammenhang der Befund von CROZIER und REID (1971), daß die Synthese von Precursor-Gibberellinen (GA_{19}) bei Bohnen vornehmlich im Sproß erfolgen soll und in der Wurzel wahrscheinlich eine Umwandlung in das Hauptgibberellin A_1 stattfindet, das wiederum in den Sproß transportiert wird. Das würde eine weitere Interdependenz zwischen Wurzel und Sproß schaffen. Jedoch ist nicht völlig klar, ob die Gibberellinsynthese der Wurzeln von den sproßbürtigen Vorstufen abhängig ist.

Ob Wurzeln Einfluß auf den Eintritt des Sprosses in die Ruheperiode haben, ist unklar. LEIKE (1965) sieht keinen Anhaltspunkt für eine Einwirkung der Wurzeln auf die "dormancy" der Gehölze. Wenn auch primär über den Sproß wirkende Effekte der Photo- und Thermoperiode die auslösenden Faktoren sein dürften, kann doch ein modifizierender Einfluß der Wurzel z. B. über die Cytokinin-Produktion nicht ausgeschlossen werden, da die Wurzel über die Regelkreise in den Gesamtablauf des Eintrittes in die Ruhe eingeschaltet ist.

Abb. 4 zeigt die wichtigsten vorstehend geschilderten Beziehungen zwischen den einzelenen Pflanzenteilen. Die mögliche Rolle von Äthylen als Vermittler der Wirkung von hohen Auxinkonzentrationen wurde der Übersichtlichkeit wegen nur bei der korrelativen Knospenhemmung eingetragen. Aus dem gleichen Grund wurde die Attraktions- und Retentionswirkung von Cytokininen (stellvertretend für andere Hormone, z. B. Auxine) auf die Stoffverlagerung nur am Blatt (stellvertretend für andere Organe, vor allem die Meristeme) angedeutet. Das Schema kann nur in grober Form einige Ströme mit informationellem und nichtinformationellem Charakter zwischen den einzelnen Teilen der Pflanze darstellen.

Die Funktion dieser Regulationsbeziehungen und der Einfluß von Mangelsituationen darauf kommen dagegen in Abb. 5 zum Ausdruck. Überflutung (O_2-Mangel) hemmt das Wurzelwachstum, den Wurzelstoffwechsel und damit die Hormonproduktion. Daraus resultieren Hemmung der Photosynthese, des Sproßwachstums und bei längerer Dauer Abbau der Proteine und der Chloroplasten (Vergilbung), was wiederum durch verringerten Assimilat-Export eine weitere Reduktion des Wurzel- und Sproßwachstums zur Folge hat (negative Rückkopplungen). Tatsächlich fanden BURROWS und CARR (1969) sowie REID und CROZIER (1969) bei Überflutung des Wurzelsystems einen verringerten Cytokinin- und Gibberellingehalt im Saftstrom.

Wassermangel und Versalzung des Bodens senken ebenfalls den Cytokininexport aus der Wurzel (ITAI und VAADIA 1965, ITAI u. a. 1968, VAADIA und ITAI 1969). Das führt gemeinsam mit den Folgen der verminderten Hydratur des Sprosses (erhöhter Spaltöffnungswiderstand, verminderte Membranpermeabilität) zu Alterungsprozessen und sinkender Photosyntheseleistung. Der verringerte Assimilatexport verschlechtert wiederum die Situation der Wurzel- und Sproßmeristeme. Außerdem kommt es in den welkenden Blättern zur Akkumulation von Hemmstoffen (PUSTOVOITOVA 1967, WRIGHT und HIRON 1969, MIZRAHI u. a. 1970), die ihrerseits das Wachstum hemmen, die Blattalterung verstärken, zum Laubfall und bei Gehölzen zur Induktion von Ruheknospen führen könnten.

Viele der bisher bekannt gewordenen ökologischen und physiologischen Verhaltensweisen der Pflanzen lassen sich auf solche Weise kausal erklären, wenn man davon ausgeht, daß zahlreiche Regelkreise und Teilregelkreise in der Pflanze ausgebildet sind, die mehr oder weniger stark untereinander vermascht sind. So existieren bereits innerhalb des Wurzelsystems, eines Blattes, in den Meristemen Teilregelkreise, die hier nicht weiter erwähnt wurden. Phytohormone, Hemmstoffe und Nährstoffströme verbinden die Teilregelkreise in komplexer Weise, so daß eine Gesamtregulation entsteht, die in der Lage ist, auf die Umwelt in zweckmäßiger Weise zu reagieren, sofern nicht die Regelgrenzen überschritten werden. In Grenzsituationen kann das System zusammenbrechen oder längere Zeit "kümmern", um sich langsam durch Aufschaukelung zu erholen. Hier liegen Möglichkeiten eines therapeutischen Eingriffs durch gezielte Maßnahmen. Die Funktion des Wurzelsystems darf dabei nicht unterschätzt werden.

SUMMARY

The behaviour of the root system is significant for many physiological and ecological reactions of the whole plant (resistance against water stress, unfavourable soil temperatures, flooding, frost; influence on shoot growth, fruit development etc.). Water and nutrient deficiency and temperature act on root growth and influence therefore the root/shoot ratio and consequently the whole organism. One main principle of the regulation mechanism in the plant is partial organ heterotrophy, which shows two benefits:

1. Exclusion of some syntheses in parts of the system increases the economy of the whole system.
2. Auxoheterotrophy allows a more sensitive regulation than simple inhibition between autotrophic organs.

Fig. 4 shows the most important fluxes within the plant. Assimilates and minerals on the one hand, phytohormones and vitamins on the other ("noninformational" and "informational" fluxes in terms of cybernetics) are the main components of the plant regulation system.

It seems that roots are autotrophic in relation to hormones. They only need carbohydrates, vitamins and amino acids. But the root system is an important source of shoot cytokinins and gibberellins, which are possible regulators of bud development, leaf and stem growth, photosynthesis, leaf senescence etc. The resulting feed-back system is discussed with respect to the influences of some environmental factors (Fig. 5).

LITERATUR

ABUTALYBOV, M. G., A. A. MARDANOV and N. B. VEZIROVA, 1969: Influence of kinetin on the activity of pumkin roots. Fizio. Rastenij 16, 673-679.

ANDREAE, W. A., M. A. VENIS, F. JURSIC and T. DUMAS, 1968: Does ethylene mediate root growth inhibition by indole-3-acetic acid. Plant physiol. 43, 1375-1379.

BOLLARD, E. G., 1960: Transport in the xylem. Ann. Rev. Plant Physiol. 11, 141-166.

BONNER, J., 1942: Culture of isolated roots of Acacia melanoxylon. Bull. Torrey Bot. Club 69, 130-144.

BURROWS, W. J. V. and D. J. CARR, 1969: Effects of flooding the root system of sunflower plants on the cytokinin content in the xylem sap. Physiol. Plant. 22, 1105-1112.

CHADWICK, A. V. and S. P. BURG, 1970: Regulation of root growth by auxin-ethylene interaction. Plant Physiol. 45, 192-200.

CHIBNALL, A. C., 1954: Protein metabolism in rooted runner bean leaves. New Phytol. 53, 31-36.

CHOUDHURI, M. A. and S. K. CHATTERJEE, 1969: Effects of adventitious root formation at the base of the stem on the abscission process of leaves. Sci. and Culture 35, 632-634.

CROZIER, A. and D. M. REID, 1971: Do roots synthesize gibberellins? Can. J. Bot. 49, 967-975.

FEIERABEND, J., 1969: Der Einfluß von Cytokininen auf die Bildung von Photosyntheseenzymen in Roggenkeimlingen. Planta 84, 11-29.

GOREN, R. and E. TOMER, 1971: Effects of seselin and coumarin on growth, indoleacetic acid oxidase, and peroxydase, with special reference to cucumber (Cucumis sativa L.) radicles. Plant Physiol. 47, 312-316.

LIBBERT, E. 1957 b: Untersuchungen über die Physiologie der Adventivwurzelbildung. III. Untersuchung der Hemmstoffe, mittels derer eine Wurzel die Adventivwurzelbildung beeinflußt. Z. Bot. 45, 57-76.

LUCKWILL, L. C., 1960: The physiological relationships of root and shoot. Sci. Hort. XIV, 22-26.

LUNDEGÅRDH, H., 1954: Klima und Boden. Jena.

LYR, H. and G. HOFFMANN, 1967: Growth rates and growth periodicity of tree roots. Int. Rev. Forestry Res. 2, 181-236.

MELCHIOR, G. H. und R. KNAPP, 1962: Gibberellin-Wirkungen an Bäumen. Silvae Genet. 11, 29-56.

MICHNIEWICZ, M. and K. KRIESEL, 1970: Dynamics of auxins, gibberellin-like substances and growth inhibitors in the rooting process of black poplar cuttings (Populus nigra L.) Acta Soc. Bot. Polon. 39, 383-390.

MIGINIAC, E., 1971: Influence des racines sur le développement végétatif ou floral des bourgeons cotylédonaires chez le Scrofularia arguta: role possible des cytokinines. Physiol. Plant. 25, 234-239.

MIZRAHI, Y., A. BLUMENFELD and A. E. RICHMOND, 1970: Abscisic acid and transpiration in leaves in relation to osmotic root stress. Plant Physiol. 46, 169-171.

OPEL, H., 1867: Der Einfluß der Bewurzelung auf Virusvermehrung und Symptombildung abgeschnittener Blätter. Flora (Jena) 158 A, 157-163.

OSBORNE, D., 1962: Effect of kinetin on protein and nucleic acid metabolism in Xanthium leaves during senescence. Plant Physiol. 37, 395-402.

PUSTOVOITOVA, T. N., 1967: Formation of growth inhibitors in wilting apricot leaves. Fiziol. Rastenij 14, 90-97.

HOFFMANN, G., 1965: Möglichkeiten der Auswertung pflanzenphysiologischer Untersuchungen zur Aufstellung agrotechnisch optimaler Kulturpflegetermine. Sozial. Forstwirtsch. 15, 294-299.

HOFFMANN, G., 1966: Verlauf der Tiefendurchwurzelung und Feinwurzelbildung bei einigen Baumarten. Arch. Forstwes. 15, 825-856.

HOFFMANN, G., 1968: Beeinflussung des Wurzel- und Sproßwachstums der Robinie (Robinia pseudoacacia L.) durch Bodenbeheizung. Arch. Forstwes. 17, 431-435.

HOFFMANN, G., 1969: Untersuchungen über die Wachstumsrhythmik der Wurzeln von Forstgehölzen. Hab.-schrift Humboldt-Univ. zu Berlin, 159 S.

HUMPHRIES, E. C. and S. A. W. FRENCH, 1969: Photosynthesis in sugar beet depends on root growth. Planta 88, 87-90.

ITAI, C. and Y. VAADIA, 1965: Kinetin-like activity in root exudate of water-stressed sunflower plants. Physiol. Plant. 18, 941-944.

ITAI, C., A. RICHMOND and Y. VAADIA, 1968: The role of root cytokinins during water and salinity stress. Israel J. Bot. 17, 187-195.

KRELLE, E., 1970: Wechselwirkungen zwischen Chlorcholinchlorid und Gibberellinsäure bei Wurzelbildung und Wurzelwachstum. Biol. Rundschau 8, 184-188.

LARSON, P. R., 1967: Effect of temperature on inital development of ponderosa pine seedlings from three sources. For. Sci. 13, 286-294.

LEIKE, H., 1965: Neuere Ergebnisse über die Ruheperiode (Dormancy) der Gehölzknospen. Wiss. Z. Univ. Rostock, Math.-nat. Reihe 14, 475-492.

LIBBERT, E., 1957 a: Die hormonale und korrelative Steuerung der Adventivwurzelbildung. Wiss. Z. Humboldt-Univ. Berlin, Math.-nat. Reihe 6, 315-347.

REID, D. M. and A. CROZIER, 1969: The effect of flooding on the export of gibberellins from the root to the shoot. Planta 89, 376-379.

SEELIGER, I., 1956: Über die Kultur isolierter Wurzeln der Robinie (Robinia pseudoacacia L.). Flora (Jena) 144, 47-83.

STREET, H. E., 1966: The physiology of root growth. Ann Rev. Plant Physiol. 17, 315-344.

SITTON, P., A. ITAI and H. KENDE, 1967: Decreased cytokinin production in the roots as factor in senescence. Planta 76, 47-51.

TEW, R. K., S. A. TAYLOR and G. L. ASHROFT, 1963: Influence of soil temperature on transpiration under various environmental conditions. Agron. J. 55, 558-560.

TINUS, R. W., 1969: Effect of kinin on Pinus poderosa. Plant Physiol 44, s-28.

TORREY, J. G., 1959: A chemical inhibitor of auxin-induced lateral root initiation in roots of Pisum. Physiol. Plant. 12, 873-887.

TORREY, J. G., 1965: Physiological bases of organization and development in the root. In: Handbuch der Pflanzenphysiologie (Herausg. W. RUHLAND), 15/1, 1256-1327. Berlin-Heidelberg-New York.

TREHARNE, K. J. and J. L. STODDART, 1968: Effects of gibberellin on photosynthesis in red clover (Trifolium pratense L.). Nature (Lond.) 220, 457-458.

VADIA, Y. and C. ITAI, 1969: Interelationships of growth with reference to the distribution of growth substances. In: Root Growth (Ed. W. J. WHITTINGTON), S. 65-79. London.

WARDLAW, C. W., 1965: The organization of the shoot apex. In: Handbuch der Pflanzenphysiologie (Herausg. W. RUHLAND), 15/1, 966-1076. Berlin-Heidelberg-New York.

WAREING, P. F., M. M. KHALIFA and K. J. TREHARNE, 1968: Rate-limiting processes in photosynthesis at saturating light intensities. Nature (Lond.) 220, 453-457.

WAREING, P. F. and A. K. SETH, 1967: The role of growth hormones in plant senescence. Wiss. Z. Univ. Rostock, Math.-nat. Reihe 16, 643-644.

WRIGHT, S. T. C. and R. W. P. HIRON, 1969: (+)-Abscisic acid, the growth inhibitor induced in detached wheat leaves by a period of wilting. Nature (Lond.) 224, 719-720.

YANG, D. and E. O. DODSON, 1970: The effect of kinetin on the growth of diploid and autotetraploid root tips of rye in vitro. Can. J. Bot. 48, 19-25.

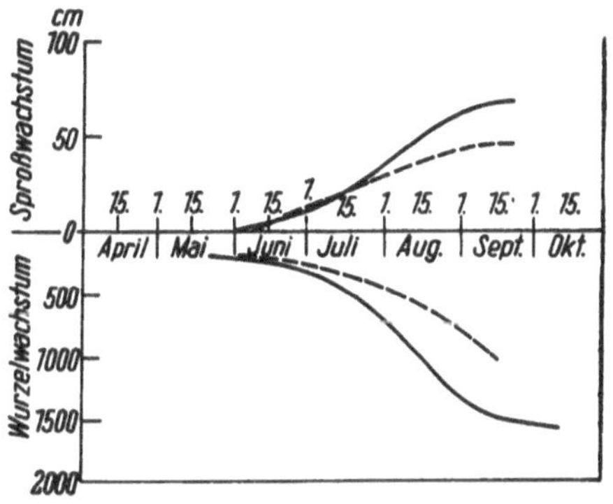

Abb. 1. Wachtumsverlauf beschatteter (Lichtminderung 60%; ---) und unbeschatteter (——) zweijähriger Robinien im Eberswalder Wurzelkeller (HOFFMANN 1965).

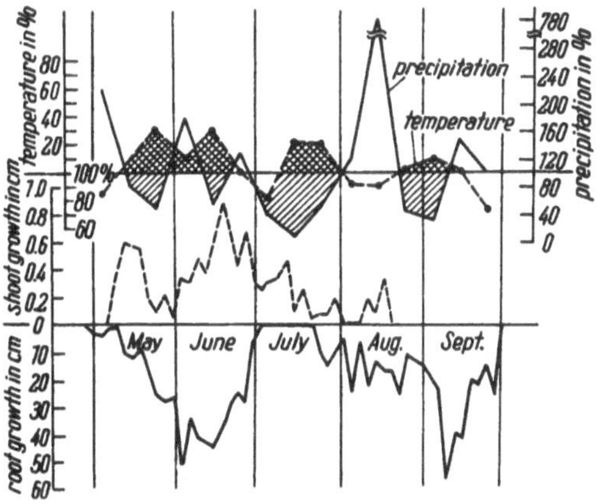

Abb. 2. Verlauf des Wurzel- (---) und Sproßwachstums (——) der japanischen Lärchen im Eberswalder Wurzelkeller (Vegetationsperiode 1964). Zum Vergleich sind Niederschläge und Durchschnittstemperaturen des Jahres 1964 und des langjährigen Mittels (= 100%) angegeben (HOFFMANN 1965)

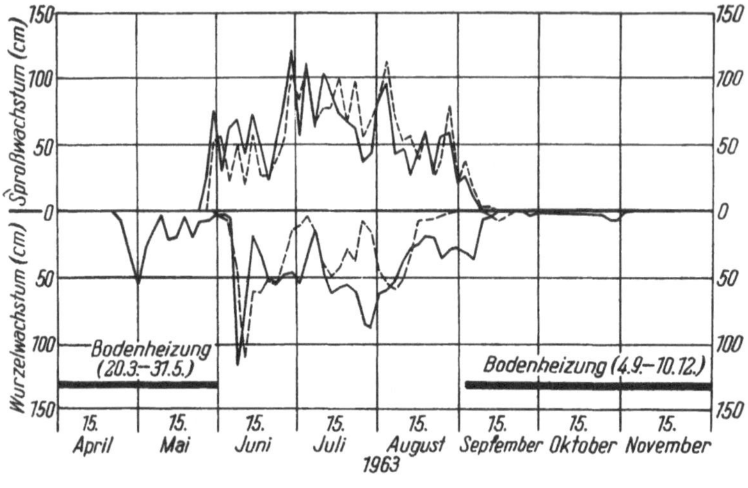

Abb. 3. Wurzel- und Sproßwachstum von dreijährigen Robinien bei zusätzlicher Bodenbeheizung im Frühjahr (20. 3. - 31. 5.) und Herbst (4. 9. - 10. 12.). Die Bodentemperatur lag bei zusätzlicher Beheizung (——) ca. 5 °C über der Kontrolle (---; HOFFMANN 1968).

Abb. 4. Die wichtigsten Regulationsbeziehungen der Pflanze im vegetativen Zustand.
Zeichen: ——► : Auxine. ~~~► : Assimilate, Aminosäuren.
- - - -► : Gibberelline, Vitamine.
• • • •► : Cytokinine. xxxx► : Native Hemmstoffe.
Schwach gezeichnete Zeichen und leere Pfeilspitzen: hypothetische Beziehung.
Abkürzungen: ABS = Abscissinsäure, CK = Cytokinine,
GA = Gibberelline, (1) = unbekannter Stimulator aus den Blättern.
Zu ergänzen sind das Bedürfnis der Sproßspitze für Cytokinine und Thiamin und die Beteiligung von Bewurzelungskofaktoren und Hemmstoffen an der Regulation der Adventivwurzelbildung.

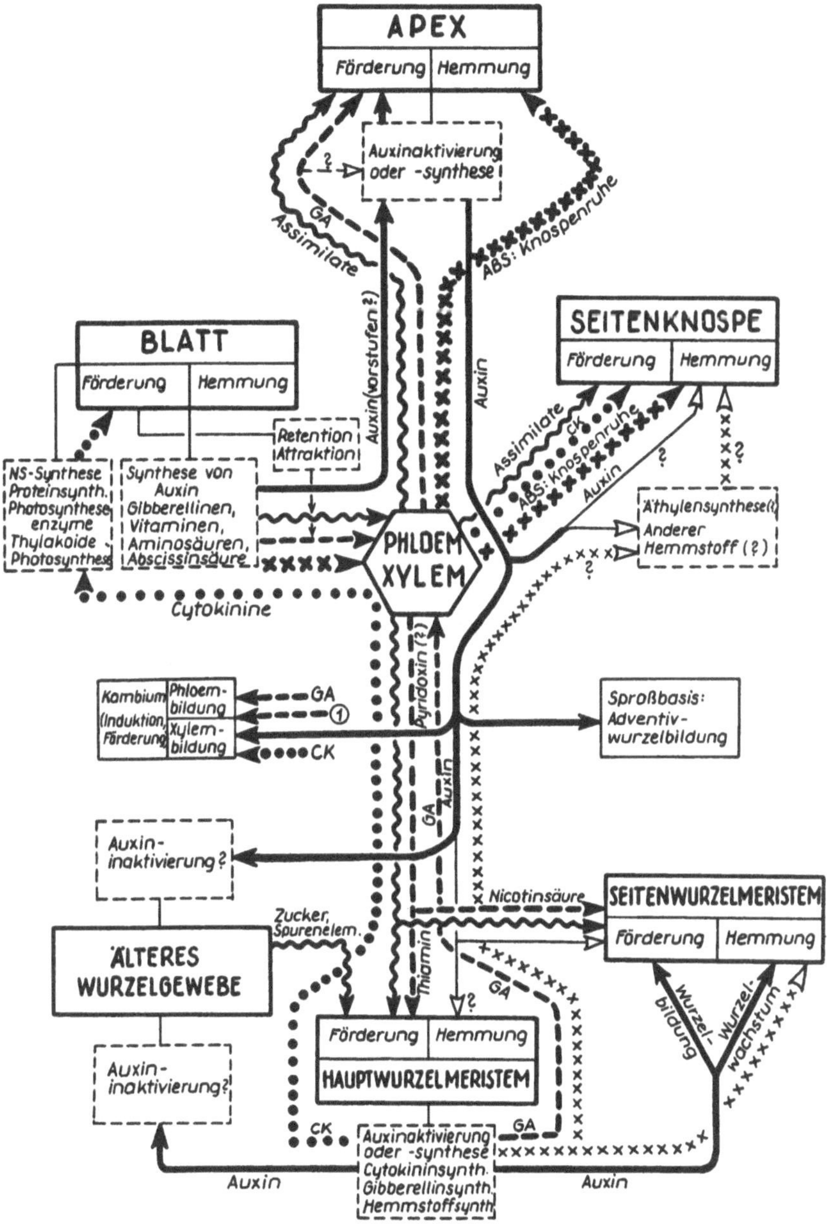

APEX
Förderung
Hemmung
Auxinaktivierung oder -synthese
GA
Assimilate
ABS: Knospenruhe
Auxin(vorstufen?)
Auxin
SEITENKNOSPE
Förderung
Hemmung
BLATT
Förderung
Hemmung
Retention Attraktion
NS-Synthese Proteinsynth. Photosynthese enzyme Thylakoide Photosynthese
Synthese von Auxin Gibberellinen, Vitaminen, Aminosäuren, Abscissinsäure
Assimilate
CK
ABS: Knospenruhe
Auxin
Äthylensynthese(?)
Anderer Hemmstoff (?)
PHLOEM XYLEM
Cytokinine
Pyridoxin (?)
Kambium (Induktion, Förderung)
Phloembildung
Xylembildung
GA
CK
Sproßbasis: Adventivwurzelbildung
Auxin
GA
Auxininaktivierung?
Nicotinsäure
SEITENWURZELMERISTEM
Förderung
Hemmung
Zucker, Spurenelem.
ÄLTERES WURZELGEWEBE
Thiamin
GA
Wurzelbildung
Wurzelwachstum
Förderung
Hemmung
HAUPTWURZELMERISTEM
Auxininaktivierung?
CK
GA
Auxinaktivierung oder -synthese Cytokininsynth. Gibberellinsynth. Hemmstoffsynth.
Auxin
Auxin

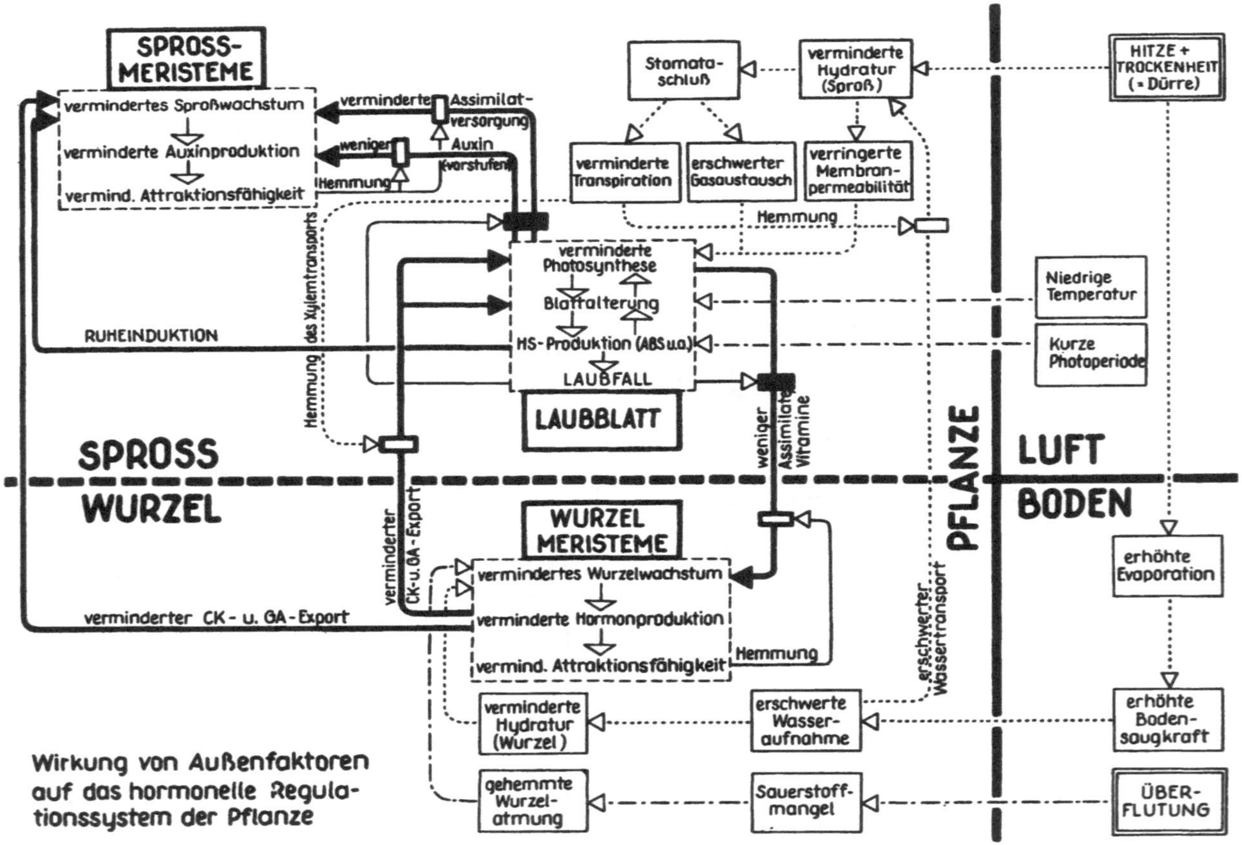

Abb. 5. Wirkung von Außenfaktoren auf einige wichtige Regulationsbeziehungen der Pflanze. Abkürzungen wie in Abb. 4.

HORMONAL INTERACTIONS BETWEEN ROOT AND SHOOT: THE ROOT AS SITE OF HORMONE SYNTHESIS

J. G. TORREY and D. A. PHILLIPS

Harvard University, Cambridge, Massachusetts, U.S.A.

In the original application of the term hormone to plant development, highly active organic substances were visualized as synthesized in a specific organ or tissue of the plant and then translocated to another part of the plant, where they exerted specific physiological effects. In recent years this concept of plant hormones has become less useful, first, because of increasing evidence pointing to the occurrence of several or all of the major hormones in the same sites within the plant, for example, in young meristematic tissues, such as developing leaves or immature seeds and fruits; and, second, because the several hormones interact in complex ways in the control of developmental events, such as cell division and cell enlargement. Some revival in the hormone concept has occurred in recent years as particular interest has centered on the root as a source of one or more hormones. These substances are believed to act on the development of the root itself or are translocated to the shoot or other plant parts where they exert their effects. At least four major groups of hormones may be considered as active or potentially active; these are the auxins, gibberellins, cytokinins and abscisic acid.

Evidence for the root origin of hormones comes from a variety of studies, using a wide range of techniques and assays. Direct extraction, purification, and chemical characterization of the hormone from the root itself, which might be the most useful technique, is the most difficult and such evidence is least available. The compounds occur at very low concentrations, are highly active physiologically and exert their effects by as yet unknown mechanisms. Collection of the hormone by diffusion from the tissue and characterization of the substance by relatively simple yet specific bioassay is a more commonly used technique but provides less certain results. Collection of the bleeding sap from decapitated shoots and assaying for hormone activity in the sap is another method. Although it is assumed that the sap is derived largely from the conducting elements of the xylem tissues, a contribution from phloem tissue is not excluded in most methods used. Nor is the source of the collected sap easely or completely defined.

Less direct evidence about hormone production in roots is derived from experiments in which the root is interpreted as producing lower amounts of hormone following imposition of stress produced by water-logging of the soil or stress from drought or from raising the root temperature. Less natural stress can be imposed by treatment of the root system with chemicals which might block hormone synthesis, such as Amo-1618 or CCC which would be expected to prevent gibberellin synthesis, or with substances reported to block hormone transport, such as triiodobenzoic acid (TIBA) or naphthyl phthalamic acid, both reputed to block auxin transport. A surgical and perhaps more drastic approach to the problem has been to excise the root tips or the whole root system and study the effect of this removal on the remaining plant structures. The influence of the initiation of new root primordia and roots can be observed thereafter and inferences made of their importance in development. All of these approaches have been used in attempting to ascertain the role of the root in hormone synthesis. Unfortunately, despite considerable research, the evidence supporting the concept of the root as a main source of any specific hormone is quite inconclusive. That all four of these hormones occur in roots at one time or another seems demonstrated. That any one of them is synthesized de novo in the root is less well established and that it moves from the root to exert physiological effects elsewhere seems least certain.

Auxins. -- Although the chemical nature of auxins of the indoleacetic acid (IAA) type, has been known since the early 1930's, we are still quite ignorant about the role of IAA in root development. THIMANN (1934) extracted *Avena* seedling roots and tested for auxin activity with the *Avena* coleoptile curvature test. He reported that the terminal 10-mm tip of the root had the highest auxin concentration and that it decreased toward the root base. A similar situation has been reported for roots of *Zea*, *Lens*, *Pisum*, and many other seedling roots (cf. TORREY, 1965). The evidence is quite good from a number of recent studies that in seedling roots auxin is transported in a polar fashion predominantly in the direction toward the root tip (BONNETT and TORREY, 1965, KIRK and JACOBS, 1968, SCOTT and WILKINS, 1968). Thus, THIMANN's early suggestion that auxins might not be formed at the tip but only accumulated there following movement from other parts of the plant might hold true.

In excised roots grown in sterile culture, it was shown for Pisum (van OVERBEEK, 1939) and for tomato (THURMAN and STREET, 1960) that even after repeated subculture extractable auxin could be recovered, suggesting but not proving there was a net synthesis of auxin in the isolated root. Tryptophan is generally regarded as a precursor to IAA in many plants, yet there seems to exist no clear demonstration of auxin synthesis in the root, using this precursor.

That roots respond to exogenously applied IAA has long been known. Even at low concentrations of auxin roots tend to be inhibited in their elongation although at very low dilution some auxins are reported to stimulate root elongation. Auxin also acts to stimulate lateral root initiation and modifies tissue pattern formation. Geotropic response of the root can be modified by treatments presumed to affect auxin distribution within the plant. Yet, when one seeks really definitive evidence concerning the synthesis of auxins of the IAA-type within roots and clear demonstrations of the role of endogenous auxins in root development it is hard to find.

Gibberellins. -- In most plants studied, it has been found that gibberellins are readily translocated from one place to another within the plant without the restrictive polarity usually found in auxin transport. Thus, it is even more difficult to ascertain the site of gibberellin synthesis within specific sites in the plant. MURAKAMI (1960) reported that roots of certain cereals contained gibberellins at levels similar to those found in shoots. JONES and PHILLIPS (1966) examined gibberellin synthesis in roots of sunflower plants using the technique of agar diffusion and extraction combined with the dwarf pea epicotyl elongation assay. They concluded that gibberellin synthetis occurred in the terminal 4-mm tip of the root and almost not at all in subterminal root tissues. BUTCHER (1963) reported that excised tomato roots after several years of subculture contained gibberellins which presumably they must have been able to synthesize.

Less direct evidence of gibberellin production by roots comes from the demonstration of gibberellins in root exudates or bleeding sap. PHILLIPS and JONES (1964) and CARR et al. (1964) reported the presence of gibberellins in the fluid collected from decapitated plants of Helianthus and it was presumed that these substances had been exported from the root systems. REID and CARR (1967) treated plants with the dwarfing compound CCC ((2-chloroethyl) trimethyl ammonium chloride) and noted a reduction in the gibberellin content of the bleeding sap. They interpreted this result as an inhibition of synthesis of gibberellins in the root. REID et al. (1969) found that flooding the root systems of tomato plants reduced the amount of gibberellin in the xylem sap which was correlated with a reduction in stem growth. RADLEY (1961) reported that root nodules in Pisum and Phaseolus were rich sources of gibberellins, especially compared to the roots of the same plants.

Thus there exists a body of evidence, mostly circumstantial, that sugests that root systems contain gibberellins, perhaps synthesize them in meristematic areas, and export them to other parts of the plant via the xylem sap. No direct extraction of root gibberellins and chemical characterization has been attempted and root biosynthesis is largely inferred from indirect evidence. The role of gibberellins in root development itself is quite unclear. In his review on plant hormones, van OVERBEEK (1966) quite without scientific basis attributed a major role to gibberellins in root elongation. As with auxins, exogenously supplied gibberellins may cause marked inhibition or slight stimulation of root elongation, depending on the species tested and the concentrations of hormones applied. A clearly defined role for gibberellins in root development remains to be established.

Cytokinins. -- The most direct evidence that roots produce cytokinin comes from direct extraction studies and analyses of xylem exudate in shootless plants. WEISS and VAADIA (1965) demonstrated that the highest levels of cytokinin in the sunflower root occur in the 0-lmm region at the apex. SHORT and TORREY (1971) obtained similar results in meristematic regions of pea roots and demonstrated that 96% of the cytokinin in the 0-lmm section was not bound in ribonucleic acid. Presumably this large pool of cytokinin was available for translocation to the rest of the plant. KENDE (1965) supplied evidence that the roots of sunflower exude cytokinins in the xylem sap. The total amount of cytokinin detected in the xylem sap over a 4-day period was approximately 0.10 μ g kinetin equivalents/plant (calculated from KENDE and SITTON, 1967). WEISS and VAADIA (1965) isolated 0.11 μ g kinetin equivalents from the 0-lmm segment of each root apex. Thus although the data of KENDE and SITTON (1967) suggest that the roots continued to produce cytokinin over a 4-day period, it would be desirable to know the amount of cytokinin extractable in the roots on day 0 and day 4. In other words, was all the cytokinin mobilized out of the root tip during the 4-day experiment, or was there a continued synthesis of new cytokinin?

CARR and BURROWS (1966) documented the fact that cytokinins also are translocated out of the root in the xylem stream of Pisum, Lupinus, Xanthium and Impatiens. Water-stressed sunflower plants contained significantly lower levels of cytokinin in the xylem exudate than control plants (ITAI and VAADIA, 1965). Flooding the root system of sunflowers also decreased the cytokinin concentration of the xylem sap (BURROWS and CARR, 1969). The decrease in cytokinin content of xylem exudate from sunflowers of different ages correlated well with cessation of shoot growth and senescence (SITTON et al., 1967).

SKENE (1970) supplied additional circumstantial evidence that the root meristem of grape produced cytokinin. The total amount and concentration of cytokinin increased in the xylem exudate from grapes when the roots were treated with CCC. It is not clear whether the CCC had a direct effect on cytokinin synthesis because the root tips of treated plants were swollen. Presumably increased cytokinin synthesis would promote meristematic activity and thus enlarge the root tip, but it is equally logical to say that the larger root tips developed first and then produced more cytokinin.

The published literature on cytokinin translocation is generally unsatisfactory since most studies have used synthetic cytokinins which are notoriously immobile. Research on transport of natural cytokinins in roots is needed.

Abscisic acid and hormone-like inhibitors. -- The occurrence of hormone-like inhibitors in roots has been reported for a long time and there is a literature on substances in roots identified as β -inhibitor (BENNET-CLARK et al., 1952). With the chemical characterization of abscisic acid (ABA), evidence has accumulated for the occurrence of this compound in most plant organs (cf. review by ADDICOTT and LYON, 1969). TIETZ (1971) extracted the roots of 20-day old pea seedlings and demonstrated yields of 5-8 μg ABA per kg fresh weight, much lower concentrations than reported in terminal shoots of *Betula* and other plants studied. ELIASSON (1969) compared levels of inhibitor β from various parts of *Populus*. His results suggest that a gradient of inhibitor β exists within the plant. Greatest amounts of the compound were found in the growing shoot tissue and mature stem parts. Considerably lower levels were found in the basal stem parts and the root. Knowledge about transport within the plant of either abscisic acid or β -inhibitor is quite fragmentary. In shoots, both acropetal and basipetal transport of abscisic acid has been reported (MILBORROW, 1968). Transport in the root appears not to have been studied.

CONCLUSIONS

Our knowledge of hormone synthesis in plant roots remains quite inconclusive. Strong circumstantial evidence exists that gibberellins and cytokinins may be synthesized in the meristematic region of the root apex. These compounds are found also in the bleeding sap from decapitated plants. Auxin occurs in the root tip but may accumulate there as a result of polar transport from older parts of the root or from the shoot. The occurrence of abscisic acid in some roots seems established. The specific physiological function for any one of these hormone-like compounds in root development remains to be demonstrated unequivocally. A variety of observations concerning what appear to be correlation phenomena suggest that the root may export essential materials to the shoot other than water, dissolved inorganic minerals and under some circumstances stored carbohydrate. Rigorous demonstration of the control of any aspect of shoot development by root-synthesized hormones remains for future research.

LITERATURE

ADDICOTT, F. T. and J. L. LYON, 1969: Physiology of abscisic acid and related substances. Ann. Rev. Plant Physiol. 20, 139-164.

BENNET-CLARK, T. A., M. S. TAMBIAK and N. P. KEFFORD, 1952: Estimation of plant growth substances by partition chromatography. Nature 169, 452-453.

BONNETT, H. T., Jr. and J. G. TORREY, 1965: Auxin transport in Convolvulus roots cultured in vitro. Plant Physiol. 40, 813-818.

BUTCHER, D. N., 1963: The presence of gibberellin in excised tomato roots. J. Exp. Bot. 14, 204-205.

BURROWS, W. J. and D. J. CARR, 1969: Effects of flooding the root system of sunflower plants on the cytokinin content in the xylem sap. Physiol. Plant 22, 1105-1112.

CARR, D. J. and W. J. BURROWS, 1966: Evidence of the presence in xylem sap of substances with kinetin-like activity. Life Sci. 5, 2061-2077.

CARR, D. J., D. M. REID and K.-G. M. SKENE, 1964: The supply of gibberellins from the root to the shoot. Planta 63, 382-392.

ELIASSON, L., 1969: Growth regulators in Populus tremula. I. Distribution of auxin and growth inhibitors. Physiol. Plant. 22, 1288-1301.

ITAI, C. and Y. VAADIA, 1965: Kinetin-like activity in root exudate of water-stressed sunflower plants. Physiol. Plant. 18, 941-944.

JONES, R. L. and I. D. J. PHILLIPS, 1966: Organs of gibberellin synthesis in light-grown sunflower plants. Plant Physiol. 41, 1381-1386.

KENDE, H., 1965: Kinetin-like factors in the root exudate of sunflowers. Proc. Nat. Acad. Sci. 53, 1302-1307.

KENDE, H. and D. SITTON, 1967: The physiological significance of kinetin- and gibberellin-like root hormones. Ann. N. Y. Acad. Sci. 144, 235-243.

KIRK, S. C. and W. P. JACOBS, 1968: The movement of 3-indoleacetic acid -

^{14}C in roots of Lens and Phaseolus. pp. 1077-1094, In: Biochemistry and Physiology of Plant Growth Substances (Ed. F. WIGHTMAN and G. SETTERFIELD) Runge Press, Ottawa.

MILBORROW, B. V., 1968: Identification and measurement of (+)-abscisic acid in plants. pp. 1531-1545, In: Biochemistry and Physiology of Plant Growth Substances (Ed. F. WIGHTMAN and G. SETTERFIELD), Runge Press, Ottawa.

MURAKAMI, Y. 1960: The occurrence of gibberellin-like substances in cereal grasses. Bot. Mag. (Tokyo) 73, 186-190.

PHILLIPS, I. D. J. and R. L. JONES, 1964: Gibberellin-like activity in bleeding sap of root systems of Helianthus annuus detected by a new dwarf pea epicotyl assay and other methods. Planta 63, 269-278.

RADLEY, M., 1961: Gibberellin-like substances in plants. Nature 191, 684-685.

REID, D. M. and D. J. CARR, 1967: Effects of a dwarfing compound, CCC, on the production and export of gibberellin-like substances by root systems. Planta 73, 1-11.

REID, D. M., A. CROZIER and B. M. R. HARVEY, 1969: The effects of flooding on the export of gibberellins from the root to the shoot. Planta 89. 376-379.

SCOTT, T. K. and M. B. WILKINS, 1968: Auxin transport in roots. II. Polar flux of IAA in Zea roots. Planta 83, 323-334.

SHORT, K. C. and J. G. TORREY, 1971: Cytokinins in seedling roots of pea. Plant Physiol. (in press).

SITTON, D., C. ITAI and H. KENDE, 1967: Decreased cytokinin production in the roots as a factor in shoot senescence. Planta 73, 296-300.

SKENE, K. G. M., 1970: The relationship between the effects of CCC on root growth and cytokinin levels in the bleeding sap of Vitis vinifera. J. Exp. Bot. 21, 418-431.

THIMANN, K. V., 1934: Studies on the growth hormone of plants. VI. The distribution of the growth substance in plant tissues. J. Gen. Physiol. 18, 23-34.

THURMAN, D. A. and H. E. STREET, 1960: The auxin activity extractable from excised tomato roots by cold 80 per cent methanol. J. Exp. Bot. 11, 188-197.

TIETZ, A. 1971: Nachweis von Abscisinsäure in Wurzeln. Planta 96, 93-96.

TORREY, J. G., 1965: Physiological bases of organization and development in root. In: Handb. d. Pflanzenphysiol. XV/I: 1256-1327. Springer-Verlag, Berlin.

van OVERBEEK, J., 1939: Evidence for auxin production in isolated roots growing in vitro. Bot. Gaz. 101, 450-456.

van OVERBEEK, J., 1966: Plant hormones and regulators. Science 152, 721-731.

WEISS, C. and Y. VAADIA, 1965: Kinetin-like activity in root apices of sunflower plants. Life Sci. 4, 1323-1326.

GIBBERELLINE IM BLUTUNGSSAFT VON PFLANZEN

G. SEMBDNER

Akademie der Wissenschaften der DDR
Institut für Biochemie der Pflanzen, Halle, Weinbergweg

Der Nachweis einer Gibberellinbiosynthese in den Wurzeln und das Auffinden dieser Phytohormone im Blutungssaft von Pflanzen beweisen, daß Gibberelline an den vom Wurzelsystem ausgehenden hormonalen Effekten beteiligt sind. Jedoch sind die bisher vorliegenden Ergebnisse über Art und Menge der von den Wurzeln an den Sproß abgegebenen Gibberelline noch unzureichend und die physiologische Bedeutung dieser "Wurzel-Hormone" nicht voll abzuschätzen.

Gegenstand eigener Untersuchungen waren die im Blutungssaft von Bäumen (Ulmus glabra HUDS., Acer platanoides L., Betula pendula ROTH, Carpinus betulus L.) und einigen krautigen Pflanzen (Solanum tuberosum L., Lycopersicon esculentum MILL.) vorkommenden Gibberellinformen. Dabei wurden mehrere "freie" und konjugierte Gibberelline (Glykoside) nachgewiesen, chromatographisch identifiziert und quantitativ biologisch bestimmt sowie Hinweise auf die Existenz weiterer Gibberellinformen erhalten. Die dargestellten Ergebnisse werden im Zusammenhang mit vorliegenden Literaturbefunden unter besonderer Berücksichtigung der physiologischen Funktionen von Gibberellinglucosiden als mögliche Ferntransportformen bzw. Depot-Gibberelline diskutiert.

THE EFFECTS OF CERTAIN CULTURAL AND ENVIRONMENTAL TREATMENTS UPON THE GROWTH OF ROOTS OF DOUGLAS-FIR (PSEUDOTSUGA MENZIESII (MIRB) FRANCO) SEEDLINGS

J. B. ZAERR and D. P. LAVENDER

Oregon State University/Corvallis/USA

Douglas-fir (Pseudotsuga menziesii (Mirb.) Franco) seedlings are characterized by a period of low resistance to the stress of transplanting during the fall months. The following experiments are part of a series conducted by this laboratory which are designed to define the relationships between the environment and seedling growth response and between the growth activity of the shoots and roots. Interaction between shoot and root growth have been recognized for some time. But the exact nature of this interaction is not clear. There is some evidence to suggest that root growth is controlled by the availability of photosynthate exported from the shoot but there is also strong evidence for hormonal control over root growth.

In an effort to assess the role of carbohydrate food reserves in the root we designed the following experiment: Seven cans each containing 5 Douglas-fir plants were divided into two groups of 3 and 4 cans. All seedlings in the group of 3 were girdled and the group of 4 served as the control. All 5 plants in one of the control group were harvested immediately and the number of actively growing roots on each plant was recorded. The roots were then dried and ground in a Wiley mill. One week later one control can and one can from the girdled group were harvested, the root activity measured, and the roots dried and ground. Three weeks later another pair of cans were harvested and the final pair was harvested five weeks after the treatment. Roots from two of the seedlings in each can were selected for carbohydrate reserve analysis.

The ground roots were extracted with methanol, hydrolized in 0.1 m H_2SO_4, and the hydrolizate neutralized. The alditol-acetate derivatives were prepared and the quantity of sugar present in each root sample was determined by gas chromatography (BORCHARDT and PIPER, 1970). This method of analysis was chosen because it is more specific than reducing sugar tests and because it permits disregarding compounds which are not food reserves. The quantity of glucose, mannose, galactose, xylose, ribose, and arabinose was added and taken as the level of carbohydrate food reserves in the plant root. Sucrose, if present, appeared as glucose and mannose in the hydrolized extracts. Galactose and xylose in the hydrolized extract were ignored because they probably originated from cell wall components which are not food reserves. Total food reserves and root activity is shown in Figure 1. Food reserves in roots of the girdled seedlings declined steadily during the five weeks of the experiment but root activity dropped to zero within three weeks. We conclude that root activity may require carbohydrates but the level of food reserves alone does not control root growth.

Let us focus our attention next on the shoot. Previous work (LAVENDER & HERMANN. 1970; LAVENDER, HERMANN & ZAERR, 1970) has shown very little correlation between the respective growth responses of shoots and roots of Douglas-fir (Pseudotsuga menziesii (Mirb) Franco) seedlings to a range of environments. However, preliminary work (LAVENDER & WAREING, unpublished data) indicated that a sequence of short days followed by chilling at approximately 3°C could stimulate root activity in dormant seedlings. Accordingly, the following experiment was conducted to determine the accuracy of this observation.

Potted, three-year-old Douglas-fir seedlings which were grown from seed collected from both north and south facing slopes at about 200 meters elevation in the Oregon Cascades were maintained under natural conditions during the growing season until mid-August. The plants were then divided into two populations. One group was maintained out-of-doors under natural temperatures and a 16-hour photoperiod. This photoperiod treatment consisted of natural daylight supplemented by illumination of about 250 lux from an incandescent light source. The second group was maintained out-of-doors between the hours of 8 a.m and 5 p.m. daily. The remainder of each daily period the seedlings were placed in an unheated, darkened chamber. Both these treatments were continued until mid-October. At this time each population was divided in halves again. One half of each group was then maintained under a nine hour daily photoperiod and a constant 20°C. thermoperiod. The second half, under a nine-hour photoperiod and a constant 3°C. thermoperiod. These treatments were continued for six weeks. All populations were then placed under a 12-hours photoperiod and a constant 20°C. thermoperiod for three weeks.

The experiment was then terminated, the seedlings harvested, and the number of active, elongating roots per plant tallied.

Table 1

Effects of Pre-conditioning Upon Root Activity of Douglas-fir Seedlings

	Active Roots Per Seedling				
Seed Source	Short Day No Chill	Short Day Chill	Long Day No Chill	Long Day Chill	Mean
Southerly Exposure, 200 meters	13 +	26	14	7	15
Northerly Exposure, 200 meters	9	36	6	2	13
Mean	11	31	10	5	14

+ Each value is the mean of five observations.

Table 1 presents a summary of this data. It may be seen that the sequence "short-day, chilling" was much more stimulatory to seedling root activity than was any one of the other environmental sequences tested. Weather patterns in the area of the parent trees generally reflect a mild, oceanic climate characterized by a general lack of freezing weather until mid-December. The above results, then, reflect the superiority of the natural sequence of photoperiods and thermoperiods in stimulating root growth and suggest that root growth is initiated, at least, by some factor other than carbohydrates exported from the shoot. This work will be extended this fall by trials to establish whether the shoot or root or both are benefited by the chilling treatment.

Another area of interest to us is the rate of carbon dioxide fixation (net photosynthesis) of the shoot as it relates to the dormancy of the seedling. In the third experiment, two-year-old Douglas-fir seedlings, grown from seed collected at about 500 m. in western Oregon, were potted early in the spring of 1969 and maintained under natural conditions until mid-August, 1969. They were then divided into three groups and placed in a greenhouse programmed to maintain a constant

$20^{o}C$. temperature. One group of plants received a nine-hour daily photoperiod; the second, a natural photoperiod; and the third, a 16-hour photoperiod (natural daylight supplemented with ca 250 lux of illumination from a fluorescent light source). The above environments were continued from mid-August until early April, 1970. At intervals during this period, seedlings from all three groups were harvested and the numbers of active roots recorded. In addition, measurements of CO_2 uptake were made periodically on a sub-group from each of the populations throughout the experimental period. An infrared gas analyzer was used to measure rates of CO_2uptake. Temperature in the cuvette was maintained at $20^{o}C$. and the relative humidity at 30%.

A similar procedure was followed for a second seedling population in 1970 save that the photoperiod treatments were applied out-of-doors. The essential difference in this second trial, then is that the plants received natural chilling during ghe winter months while those maintained in the greenhouse did not.

The data recorded during these two trials is shown in Figures II and III. Each point on the root activity curves represents the mean of ten seedlings. (The natural day treatment produced a root activity similar to that of the long day both years). These results are in agreement with those of the first experiment in that the sequence "short days - chilling" is necessary to stimulate root growth during winter months. The rise of root activity in the spring just prior to bud burst has been observed frequently and may reflect an annual rhythm rather than a response to a definite environment. It may be noted that there's little correlation between the root activity and the CO_2 uptake of the several populations.

The photosynthesis experiments showed little differences between treatments. In 1969-70 plants grown under long days appeared to have a slight advantage for a while over plants grown under short days, but whatever advantage there may have been was lost by spring (Figure II). Photosynthesis dropped markedly during late winter in all plants. In 1970-71, CO_2 fixation appeared to be more or less constant throughout the winter. This steady rate may have been a result of the chilling received by the plants in 1970-71. In both experiments photosynthesis of the tops does not appear to be related to root activity. We plan to repeat this experiment during the coming dormant season.

In conclusion, the experiments we have reported here indicate that the shoot does in fact control root activity to some extent. The levels of sugar in the roots after girdling, the effects of short photoperiod and chilling treatments and the rate of photosynthesis observed during the dormant season all point to some type of hormonal control over root growth rather than nutritional control.

LITERATURE

BORCHARDT, L.G. and C.V. PIPER, 1970: A gas chromatographic method for carbohydrates as alditol-acetates. Tappi 53(2), 257-260.

LAVENDER, D.P. & R.K. HERMANN, 1970: Regulation of the Growth Potential of Douglas Fir Seedlings During Dormancy. New Phytol. 69, 675-694.

LAVENDER, D.P., R.K. HERMANN & J.B. ZAERR, 1970: Growth potential of Douglas Fir seedlings during dormancy. In Physiology of Tree Crops. Edited by L.C. Luckwill and C.V. Cutting. Academic Press London & New York, 382 p.

LAVENDER, D.P. & P.F. WAREING: unpublished data.

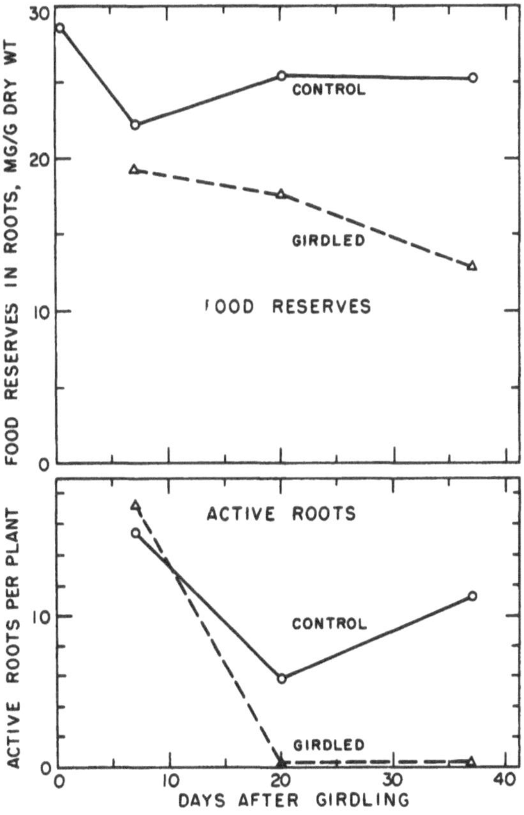

Fig. 1.

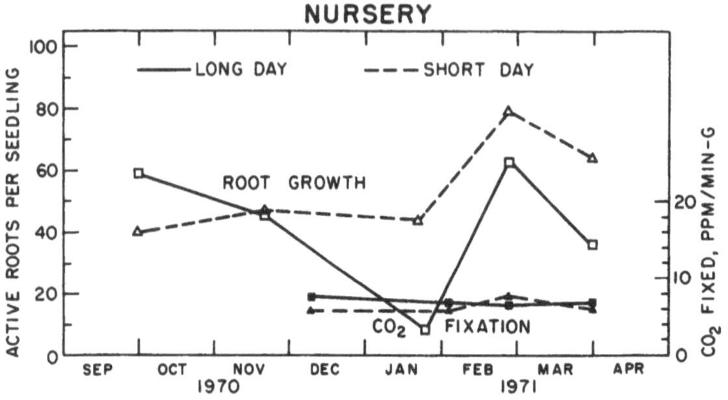
NURSERY
LONG DAY
SHORT DAY
ROOT GROWTH
CO2 FIXATION
ACTIVE ROOTS PER SEEDLING
CO2 FIXED, PPM/MIN-G
100
80
60
40
20
0
20
10
0
SEP
OCT
NOV
DEC
JAN
FEB
MAR
APR
1970
1971

Fig. 2.

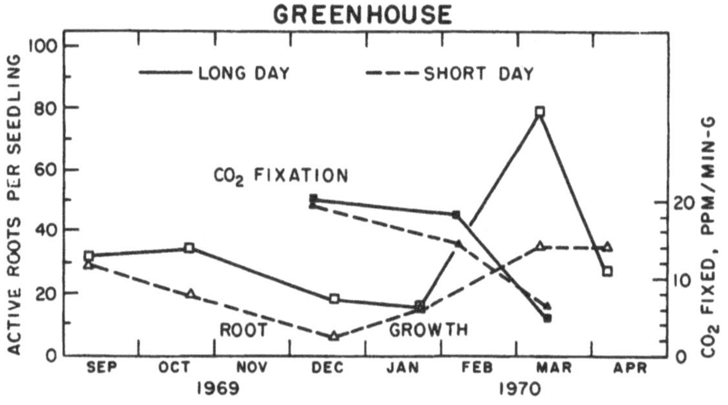
GREENHOUSE
LONG DAY
SHORT DAY
CO2 FIXATION
ROOT
GROWTH
ACTIVE ROOTS PER SEEDLING
CO2 FIXED, PPM/MIN-G
100
80
60
40
20
0
20
10
0
SEP
OCT
NOV
DEC
JAN
FEB
MAR
APR
1969
1970

Fig. 3.

DAS SPROSS/WURZEL-VERHÄLTNIS BEI KARTOFFELN

K.-H. ENGEL

Akademie der Landwirtschaftswissenschaften der DDR zu Berlin
Institut für Pflanzenzüchtung Groß-Lüsewitz

In den folgenden Ausführungen über das Sproß/Wurzel-Verhältnis am Beispiel der Kartoffel wird von der Ebene des Organismus ausgegangen und die Pflanze im Bestand als System betrachtet. Die Organe der Pflanze wie Wurzel, Blätter, Stengel usw. entsprechen den Systemelementen. Systemvariable sind die Trokkenmassen der Organe.

Die Werte wurden mit 4tägigen Probenahmen aus Freilandbeständen und 7 bis 1tägigen Probenahmen aus Gefäßversuchen in Gewächshäusern und Klimakammern gewonnen. Je Probenahme wurden 18-30 Einzelpflanzen aus den Freilandbeständen bzw. 4-9 Einzelpflanzen aus den Gefäßversuchen aufgearbeitet. Die Wurzelmassen wurden über Filtersätzen ausgewaschen. Anschließend wurde die Trockenmasse der Wurzeln bestimmt.

Die Probenahme für die Wurzelmassenbestimmung unter Freilandbedingungen ist problematisch. Es wurde ein Bodenwürfel mit 40 cm Kante erfaßt. Der Meßwertfehler der so gewonnenen Wurzeltrockenmassen betrug im Vergleich zum "Speichenkasten" (50 x 50 x 100) < 15 %, in den Gefäßversuchen < 2 %.

1. GESETZMÄSSIGKEITEN (GRUNDFUNKTIONEN)

1.1. Wachstums-Modell

Die Trockenmassenänderungen der Kartoffelpflanze im Laufe der Entwicklung sind in einem Modell allgemeingültig dargestellt (Abb. 1). Die eingetragenen Entwicklungsabschnitte sind durch die Allometrie bewiesen.

Dieses Modell gilt für die durchschnittlichen Klimabedingungen von Groß-Lüsewitz, ist aber weitgehend unabhängig von Sorten- und Umwelteinflüssen (ENGEL, 1963; ENGEL u. RAEUBER, 1964; SEIFFERT, 1965; RAEUBER u. ENGEL, 1966). Obwohl bei den untersuchten Sorten Unterschiede bis zu 100 % in der Vegetationsdauer vorlagen, war der Anteil an funktionsfähiger Blattmasse nahezu identisch, dagegen variierte der Stengelanteil entsprechend der Reifezeit stark. Daher weist auch die Kraut- bzw. Sproßmasse ein breites Band auf. Unter Sproßmasse verstehen wir die Summe aus funktionsfähiger Blattmasse + Blattstielmasse + Stengelmasse. Sproßbürtige Speicherorgane wie Früchte, Knollen und auch Stolonen sind in der Sproßmasse nicht enthalten.

Die Wurzelmassen, die bei Kartoffeln nur etwa 2 % der Gesamttrockenmasse betragen, sind in 10fach vergrößertem Maßstab eingezeichnet.

Die bekannte Tatsache, daß das Wurzelwachstum dem Sproßwachstum und das Blattwachstum dem Stengelwachstum vorausgeht, ist aus dem Modell ersichtlich, soll aber in einer weiteren Abbildung deutlich herausgestellt werden.

In Abbildung 2 sind die zeitlichen Trockenmassenänderungen der uns in diesem Zusammenhang interessierenden Pflanzenteile Wurzel, Sproß (Bl + St) aufgetragen und zwar sind die Maxima der einzelnen Pflanzenteile gleichnamig gemacht worden. Dabei wurde von den Werten des Wachstums-Modells (Abb. 1) ausgegangen.

1.2 Modell Quotient $\frac{\text{Sproß}}{\text{Wurzel}}$

Bilden wir aus den Werten des Wachstums-Modells das Verhältnis Sproßmasse : Wurzelmasse, so ergibt sich der in Abbildung 3 wiedergegebene zeitliche Verlauf für den Quotienten

$$Q = \frac{\text{Sproßmasse}}{\text{Wurzelmasse}}.$$

Nur vor dem Auflaufen ist der Quotient $Q < 1$; also die Wurzeltrockenmassenzunahme ist größer als die Sproßtrockenmassenzunahme. Am Ende der Blüte erreicht der Quotient sein Maximum mit Werten > 10.

In Gefäßversuchen lagen die Maxima deutlich niedriger. Sie schwankten je nach Bedingungen zwischen $Q = 3$ bis $Q = 6$. Das ist u. a. sicher auf die wesentlich niedrigeren Wurzelmassenverluste in den Gefäßen zurückzuführen.

Die Unterschiede zwischen den frühen und späten Sorten resultieren aus den photoperiodisch bedingt unterschiedlichen Stengelanteilen. Die Unterschiede sind bezüglich Verlauf und Größenordnung unwesentlich und nicht signifikant.

2. EINFLUSS VON ERBGUT UND UMWELT

2.1. Erbgut

Da das Modell der zeitlichen Trockenmassenänderungen (Wachstums-Modell) durch Untersuchungen an mehr als 20 Sorten aller Reifegruppen gestützt wird, liegen die Sortenunterschiede im wesentlichen im Rahmen der angegebenen Kurvenverläufe. Die Breiten der Kurvenbänder enthalten die genetische Variation für bestimmte Umweltbedingungen.

2.2. Umwelt

Bleibt also noch zu klären, inwieweit bestimmte Umweltbedingungen das Sproß/Wurzel-Verhältnis beeinflussen.

2.2.1. Bodenfeuchte

Mit steigenden Bodenfeuchten zwischen 40-90 % der Feldkapazität über die gesamte Entwicklung sinkt die Wurzelmasse nichtlinear auf etwa 1/5. Da die Sproßmasse bei gleicher Düngung annähernd konstant bleibt, erreicht das Maximun des Sproß/Wurzel-Quotienten mit zunehmender Bodenfeuchte deutlich höhere Werte; der zeitliche Verlauf des Quotienten bleibt aber erhalten. Auf Änderungen der Bodenfeuchte im Laufe der Entwicklung reagiert die Kartoffel mit ihrem Sproß/Wurzel-Verhältnis bis zum Ende der Blüte, danach in der Regel nicht mehr.

2.2.2. N-Düngung

Mit zunehmender N-Versorgung bis zum 6fachen steigt auch das Sproß/Wurzel-Verhältnis nichtlinear, weil die Wurzelmassenanteile entsprechend abnehmen. Im optimalen Temperaturbereich sind die Wirkungen stärker ausgeprägt als in nicht-optimalen Bereichen. Bei sehr schlechter N-Versorgung scheint die Grundfunktion verzerrt zu sein. Das Maximum des Sproß/Wurzel-Verhältnisses wurde wesentlich früher beobachtet, und die Entwicklungsabschnitte "Reife" und "Alter" erscheinen stark verzögert. Diese starken relativen Verzögerungen der Alterserscheinungen (Abschnitt "Reife" und "Alter") scheinen für Hungerzustände typisch zu sein, wenn diese nicht mit abnehmender Photoperiode oder mit sinkenden Temperaturen verbunden sind. Man gewinnt deshalb den Eindruck, als ob sich die Pflanzen entsprechend der Photoperiode- und Temperatur-Situation die Bereitschaft erhalten, möglicherweise noch auftretende günstigere Nährstoffverhältnisse noch ausnutzen zu können und deshalb ihr System solange auf einen "Spar-Stoffwechsel" einstellen, der durch geringe Stoffwechselaktivitäten gekennzeichnet ist.

2.2.3. Temperatur

Die Temperaturwirkung auf das Sproß/Wurzel-Verhältnis folgt einer Optimumkurve. Das Maximum liegt bei 20/13,5° Tag/Nacht-Temperatur. Der Quotient sinkt um etwa 50 % bei Tag/Nacht-Temperaturen von 12/8° und um etwa 20 % bei 27/18°C. Das sind etwa die Temperaturbereiche, die das normale Kartoffelwachstum eingrenzen. Die Grundfunktion bleibt erhalten. Zwischen Temperatur und N-Düngung liegt eine Wechselwirkung vor. Bei normaler N-Düngung ist der Temperatureffekt am stärksten ausgeprägt, bei hoher N-Düngung geht er zurück und bei niedriger N-Düngung verschwindet er fast.

2.2.4. Luftfeuchte

Auch die Luftfeuchte hat eine Auswirkung auf den Quotienten, und zwar führen höhere Luftfeuchten (80-90 % im Vergleich zu 60 %) während der Photophase im optimalen Temperaturbereich bei normaler N-Düngung zu erhöhten Wurzelmassenanteilen, also kleineren Quotienten.

2.2.5. Photoperiode

Aus photoperiodischen Versuchen geht hervor, daß bei Kulturkartoffeln wohl der Stengelanteil, nicht aber der Blattanteil beeinflußt werden. Die Wurzelmasse ändert sich proportional zur Stengelmasse, so daß der Quotient $\frac{\text{Sproß}}{\text{Wurzel}}$ unabhängig von der Photoperiode annähernd gleichbleibt.

Werden unter Kurztag angezogene Pflanzen zu Beginn des Knollenansatzes auf Langtag umgestellt, so vermehrt sich die Wurzel- und Sproßmasse noch um fast das Doppelte. Im Gegensatz dazu wird beim Wechsel von Langtag auf Kurztag kein Zuwachs an Wurzel- und Sproßmasse mehr erreicht.

2.2.6. Zusammenfassung

Für die untersuchten Umwelteinflüsse können wir zusammenfassen, daß in der Regel die Grundfunktion des Sproß/Wurzelverhältnisses erhalten bleibt. Dabei können die Maxima zum Teil erheblich schwanken. Eine Ausnahme deutet sich bei sehr schlechtem N-Angebot insofern an, als die Grundfunktion verzerrt erscheint und das Maximum des Sproß/Wurzel-Verhältnisses zeitlich wesentlich früher liegt.

Bemerkenswert ist der systematische Zusammenhang zwischen Sproß- und Wurzelmasse, der z. B. in Düngungsversuchen innerhalb und zwischen den Sorten mit sehr gut gesicherten Korrelationskoeffizienten von $r = > 0,8$ belegt werden konnte. Dieser deutliche Hinweis auf die Reaktion des Organismus als Einheit im Sinne eines multistabilen Systems (KLAUS u. BUHR, 1971; ENGEL u.a. 1971) kann mit Ergebnissen aus Pfropfungsexperimenten noch unterstrichen werden.

2.3 Pfropfungen

Auch an homo- und heteroplastischen Pfropfungen fanden wir die gleiche Grundfunktion für das Sproß/Wurzel-Verhältnis. Unter sonst gleichen Bedingungen differierten die Maxima der Quotienten $\frac{\text{Sproß}}{\text{Wurzel}}$ um nicht mehr als 10 %. Dabei traten Sproßmassenunterschiede von 250 % auf. Das galt z. B. für Pfropfungen zwischen sehr frühen und sehr späten Kartoffelsorten und Tomaten (Sorte "Fanal"). Dabei richtete sich die Massenbildung sowohl für die Sproßmasse als auch für die Wurzelmasse eindeutig nach dem Reis. Das betraf auch die photoperiodische Reaktion, die bei der Kartoffel die Reifezeit bestimmt. D.h., eine heteroplastische Pfropfung $\frac{\text{früh}}{\text{spät}}$ unterschied sich nicht von ihrer zugehörigen homoplastischen Pfropfung $\frac{\text{früh}}{\text{früh}}$ bezüglich Entwicklungsablauf und Massenbildung. Andererseits bestand Identität zwischen

$$\frac{\text{spät}}{\text{spät}}, \frac{\text{spät}}{\text{früh}} \text{ und } \frac{\text{Tomate}}{\text{spät}} \text{ und } \frac{\text{Tomate}}{\text{früh}}.$$

Diese Ergebnisse wurden in Gefäßversuchen, also unter gleichen Ernährungsbedingungen bei sehr begrenztem Bodenraum gewonnen.

3. DISKUSSION

Aus diesen Ergebnissen ließe sich der Schluß ziehen, daß der Sproß in Verbindung mit dem Licht- und Nährstoffangebot die Menge der Wurzelmasse bestimmt (vergleichbar dem Entwurf eines relationalen Modells von KALTOFEN, 1969). Die Stoffverteilung innerhalb des Systems Pflanze muß also im Laufe der Entwicklung nach einem bestimmten Plan ablaufen, der nach einer allometrischen Analyse beschrieben werden kann.

In der allometrischen Darstellung des Sproß/Wurzel-Wachstums (Abb. 4) sind die Entwicklungsabschnitte durch verschiedene Verteilungskoeffizienten charakterisiert, die innerhalb eines Abschnittes nur eine geringe Streuung zu haben scheinen (in Abb. 4 sind nur Mittelwerte angegeben). So ist das relative Wurzelwachstum bis zum Auflaufen der Pflanzen etwa doppelt so groß wie das relative Sproßwachstum, während im Abschnitt der Jugendentwicklung das relative Sproßwachstum das 2- bis 3fache des relativen Wurzelwachstums beträgt.

Der Verteilungskoeffizient gibt an, wie die vom Gesamtorganismus aufgenommenen Nährstoffe und assimilierten Substanzen auf die Organe verteilt werden. Dieser Verteilungsvorgang wird von BERTALANFFY (1951) als Folge genetisch abgestimmter Reaktionsgeschwindigkeiten verstanden, ohne eine weitere Interpretation geben zu können.

DRABSCH (1970, 1971) geht von der allgemeinen Bilanzgleichung aus

(1) $x_i = k_i \cdot G - V_i$

x_i ist die zeitliche Änderung an Trockenmassen des i. ten Elementes pro Zeiteinheit (ZE)

G ist die vom System pro Zeiteinheit erzeugte Masse

V_i ist der Massenverlust des i. ten Elementes pro ZE

k_i ist der Verteilungskoeffizient des i. ten Elementes und gibt an, welcher Bruchteil der pro Zeiteinheit erzeugten Masse G pro ZE auf das i. te Element verteilt wird

und präzisiert den Verteilungskoeffizienten k_i durch das Verhältnis der Verluste pro Zeiteinheit.

(2) $k_i = \frac{V_i}{V_g}$

V_g ist der Gesamtmassenverlust pro Zeiteinheit

D. h., der Bruchteil von der pro Zeiteinheit erzeugten Masse, welcher auf das

i. te Element verteilt wird, ist gleich dem Verhältnis des Massenverlustes des i. ten Elementes zum Gesamtmassenverlust pro Zeiteinheit. Damit ist ein Regulationsprinzip für die Kartoffelpflanze formuliert, das unabhängig von der pro Zeiteinheit erzeugten Biomasse G ist und weitgehend invariant gegenüber Fluktuationen der Umwelt zu sein scheint. Das k_i wäre damit Ausdruck eines relativ stabilen genetischen Programms.

Wie aus der allometrischen Darstellung hervorgeht, ist jeder Systemzustand (Entwicklungsabschnitt) charakterisiert durch einen bestimmten Schwankungsbereich des Verteilungskoeffizienten k_i. Bei Über- oder Unterschreiten dieses Bereiches stellt sich ein neuer Verteilungskoeffizient und damit ein neuer Systemzustand ein und bewirkt einen neuen Entwicklungsabschnitt. Diese qualitativen Veränderungen des Systemzustandes - ausgelöst durch die Einheit von Erbgut- und Umwelteinflüssen - sind quantitativ untersetzt durch die Stärke der Umwelteinflüsse, die sich in Größe und Dauer der Verteilungskoeffizienten widerspiegeln. Dabei ist die Reaktionsweise der Pflanze nicht an bestimmte Umwelteinflüsse gebunden, sondern dieselbe Reaktion der Pflanze, nämlich Veränderung oder Nicht-Veränderung des Verteilungskoeffizienten, kann durch ganz verschiedene Ursachen ausgelöst werden, z. B. durch extremen Wasser- oder Nährstoffmangel oder durch Krankheiten oder Schädigungen.

Untersuchungen an anderen Kulturpflanzen ermutigen uns anzunehmen, daß die angeführten Ergebnisse und Vorstellungen nicht nur für Kartoffeln Gültigkeit besitzen. Wenn das zuträfe, so hieße das u. a., daß bezüglich des Verhältnisses Sproßmasse:Wurzelmasse (Speicherorgane ausgeschlossen) für die verschiedenen Idiotypen innerhalb einer Art nur eine geringe Variationsbreite zu erwarten ist. ($V < 7$ %). Daraus ergäben sich beachtliche Konsequenzen für Züchtung und Anbau. In der Regel würden nämlich die relativ sproßarmen Intensivsorten durch ein entsprechend geringes Wurzelsystem ausgezeichnet sein. Damit wäre die Kompensationsfähigkeit divergierender Umweltbedingungen stark eingeschränkt und vom Optimum abweichende Bedingungen würden mit großen Verlusten beantwortet.

4. ZUSAMMENFASSUNG

Ausgehend von Probenahmen aus Feldbeständen und aus Gefäßversuchen unter Gewächshaus- und Klimakammernbedingungen wurden die Gesetzmäßigkeiten für die Trockenmassenänderungen des Sproß/Wurzel-Verhältnisses bei Kartoffeln in einem grafischen Modell zusammengefaßt (Abb. 3).

Die im Laufe der Entwicklung wechselnden Systemzustände wurden durch die Allometriekonstante a (Abb. 4) bzw. einen Verteilungskoeffizienten k_i (2) interpretiert.

Die geprüften Umweltparameter Bodenfeuchte, N-Düngung, Lufttemperatur, Luftfeuchte und Photoperiode beeinflußten das Maximum des Sproß/Wurzel-Verhältnisses zum Teil erheblich, nicht aber den zeitlichen Verlauf.

Aus Pfropfungs-Experimenten wurde gefolgert, daß der Sproß in Verbindung mit dem Licht- und Nährstoffangebot die Menge der Wurzelmasse bestimmt.

Die genetische Variation des Sproß/Wurzel-Verhältnisses scheint innerhalb einer Art gering zu sein (V < 7 %). Langjährige Provenienzen können Ausnahmen bilden. Konsequenzen für Züchtung und Anbau werden angedeutet.

LITERATUR

BERTALANFFY, L. v., 1951: Theoretische Biologie. Bd. 2 Stoffwechsel, Wachstum, 2. Aufl., Francke-Verlag Bern, 418 S.

DRABSCH, H., 1971: Konzeption einer phänomenologischen Theorie des Wachstums von Nutzpflanzen bezüglich der Trockenmassendynamik am Beispiel der Kartoffel. Diss. Univ. Rostock, 111 S.

DRABSCH, H., K.-H. ENGEL und E. HIELSCHER, 1970: Erarbeitung einer Konzeption einer phänomenologischen Theorie des Pflanzenwachstums (Kartoffel) als Voraussetzung für die automatische Regulierung der Bodenfeuchte mit Hilfe von Prozeßrechnern. Forschungsbericht DAL Berlin (Groß-Lüsewitz), 108 S.

ENGEL, K.-H., 1963: Physiologie der Ertragsbildung vom Standpunkt der Stoffproduktion. Sitz. Ber. DAL Berlin 12, 13, 1-9.

ENGEL, K.-H. und A. RAEUBER, 1964: Untersuchungen über den Verlauf der Massenzunahme bei Kartoffeln in Abhängigkeit von Erbgut- und Umwelteinflüssen. Int. Landw. 5, 534-539.

ENGEL, K.-H., M. FRIELINGHAUS und D. VOIGT: Zur Prozeßregulierung von Pflanzenproduktionssystemen. Z. Landeskultur (im Druck)

KALTOFEN, H., 1969: Ein relationales Modell des vegetativen Pflanzenwachstums. Forschungsbericht DAL Berlin (Paulinenaue).

KLAUS, G. und H. BUHR, 1971: Philosophisches Wörterbuch, Bd. 2, 8. Aufl. VEB Bibliographisches Institut Leipzig, S. 1062.

RAEUBER, A. und K.-H. ENGEL, 1966: Untersuchungen über den Verlauf der Massenzunahme bei Kartoffeln (Sol. tuberosum L.) in Abhängigkeit von Umwelt- und Erbguteinflüssen. - Zugleich ein Beitrag zur Auswertung phänometrischer Untersuchungen und zur Aufstellung von Modellen über den Verlauf der Massenzunahme bei Pflanzen. Abh. Meteor. Dienst DDR, Nr. 76, 117 S.

SEIFFERT, M., 1965: Landwirtschaftlicher Pflanzenbau. Deutscher Landwirtschaftsverlag, Berlin, 494 S.

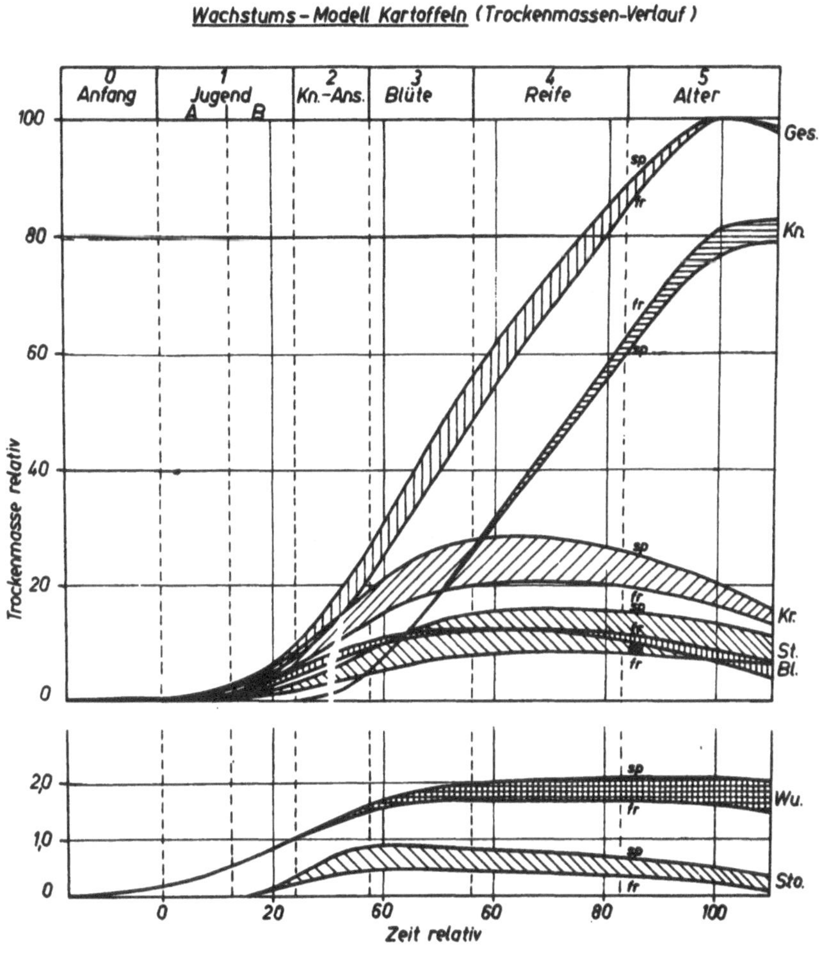

Abb. 1. Modell für den zeitlichen Verlauf der Trockenmassenänderungen von Kartoffeln (Wachstumsmodell: Kartoffeln).
Zeichenerklärung:

Ges	Gesamttrockenmasse	Wu	Wurzeltrockenmasse
Kn	Knollentrockenmasse	Sto	Stolonentrockenmasse
Kr	Krauttrockenmasse	fr	frühreife Sorten
St	Stengeltrockenmasse	sp	nichtfrühreife Sorten
Bl	Blatttrockenmasse	Kn. -Ans.	Knollenansatz

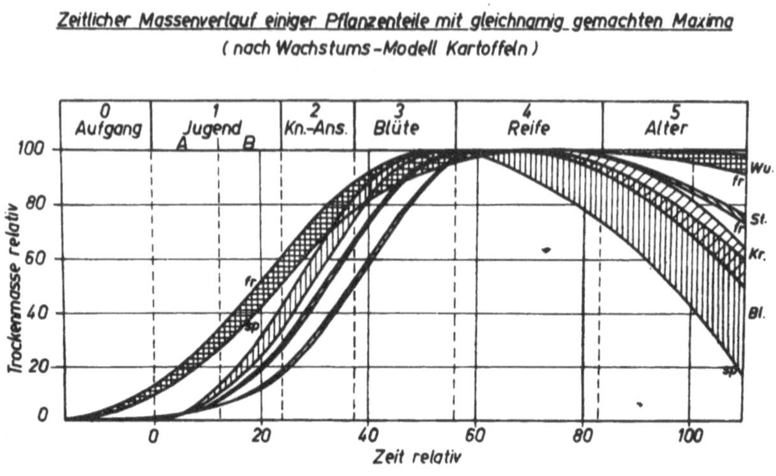

Abb. 2. Zeitlicher Massenverlauf einiger Pflanzenteile der Kartoffel mit gleichnamig gemachten Maxima (nach Wachstumsmodell: Kartoffeln). Zeichenerklärung: s. Abb. 1

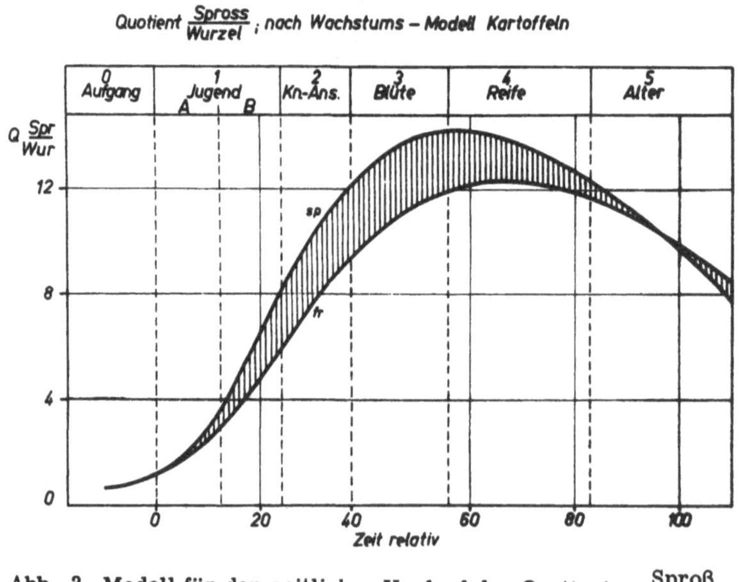

Abb. 3. Modell für den zeitlichen Verlauf des Quotienten $\frac{\text{Sproß}}{\text{Wurzel}}$ bei Kartoffeln (nach Wachstumsmodell:Kartoffeln) Zeichenerklärung: s. Abb. 1

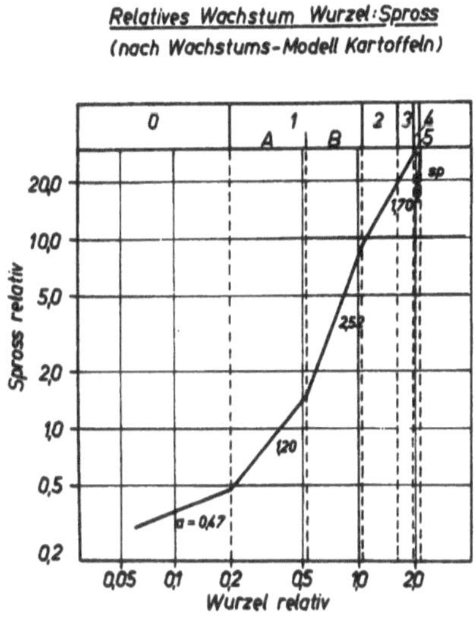

Abb. 4. Relatives Wachstum des Sproß/Wurzel-Verhältnisses nichtfrühreifer Kartoffelsorten (nach Wachstumsmodell; Kartoffeln). Zeichenerklärung: s. Abb. 1.
a Allometriekonstante

ZUR BEDEUTUNG DER WURZEL FÜR DIE CHLOROPHYLLBILDUNG IN PRIMÄRBLÄTTERN VON *Triticum aestivum* L.

P. HOFFMANN

Humboldt-Universität zu Berlin, Sektion Biologie

Eine Übersicht über die gegenwärtigen Vorstellungen zur Bedeutung der Wurzel für das Gesamtsystem "Pflanze" zeigt, daß wir trotz einer Vielzahl spezifischer Funktionen der Wurzel wenig über ihre Rolle bei der Entwicklung des photosynthetischen Apparates wissen. Die diesbezüglichen Arbeiten erstrecken sich im wesentlichen auf die Analyse der allgemeinen Wechselbeziehungen zwischen Wurzel und Sproß, in deren Rahmen auch Befunde zur Chlorophyllbildung (KENDE 1964; BURROWS u. CARR 1969) und Photosynthese (STARCK 1963; MURATA u. Mitarb. 1965; KAZARJAN u. DAVTJAN 1967; SKENE u. KERRIDGE 1967) erhoben wurden. Die beobachteten Effekte lassen sich jedoch alle indirekt über eine mangelnde Bereitstellung von "Wurzelstoffen" für den Sproß (jetzt identifiziert als Cytokinine: MOTHES u. ENGELBRECHT 1963; SKENE u. KERRIDGE 1967; BURROWS u. CARR 1969; TORREY 1971; Gibberelline: PHILLIPS u. JONES 1964; SEMBDNER 1971), über einen gestörten Wasserhaushalt (MORRIS u. TRANQUILLINI 1969; SAEKI 1970) bzw. eine unzureichende Assimilatableitung (HUMPHRIES u. THORNE 1964) erklären. Um mögliche Beziehungen zwischen Wurzel und Sproß im Hinblick auf die Entwicklung des photosynthetischen Apparates zu analysieren, wurde durch den Einsatz einer N-Lost-Verbindung[1)] bei etiolierten sowie bei unter Dauerlicht ergrünten Weizenkeimpflanzen das Teilungswachstum der Wurzel blockiert und dessen Auswirkung auf Wachstum und Reservestoffverteilung, auf Chlorophyllbildung und Gaswechsel geprüft.

---

1) N-Lost-Verbindungen sind alkylierende Substanzen, die zum Äthylenimintyp der radiometrischen Mitosegifte gehören (ROBSON u. KEELE 1956). Sie zeichnen sich durch den Übergang einer inaktiven aliphatischen in eine zyklische Form aus (SACHERT u. FISCHER 1969).

MATERIAL UND METHODEN

Karyopsen von Triticum aestivum L. (Sorte Ramses, Ernte 1969) wurden bei 24 °C einen Tag eingequollen. Zur Prüfung der Keimpflanzenentwicklung und Chlorophyllbildung bei sistiertem Wurzelwachstum wurden in der Reihe A die Keimlinge den Wirkstoffen im Dunkeln ausgesetzt und anschließend belichtet. Um den Einfluß einer Wachstumshemmung der Wurzel auf die Stabilität des Pigmentapparates und seine Resynthesefähigkeit zu prüfen, wurden in einer Reihe B die Pflanzen im Dauerlicht angezogen, vorübergehend 2 Ta-

---

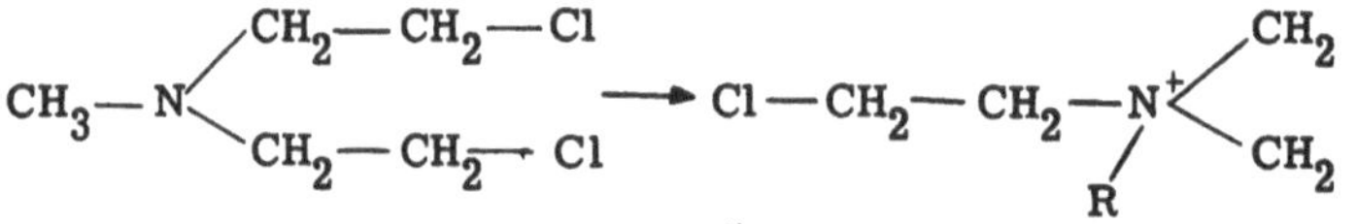

aliphat. N-Methyllost Äthylenimoniumform

Die Ausbildung der zyklischen toxischen Form wird zwischenzeitlich durch eine Acylvinylierung über die Ausbildung eines Quartärkomplexes unterbunden.

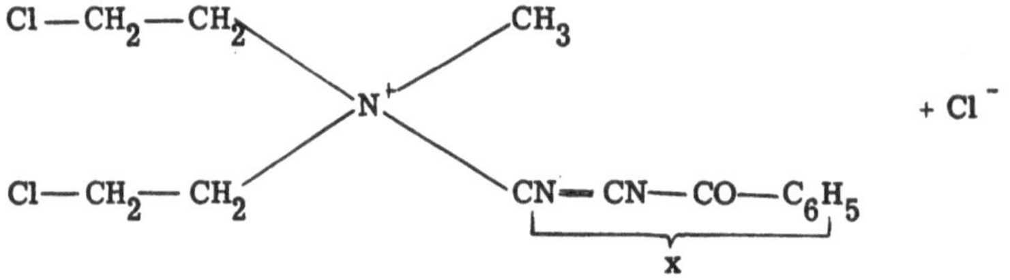

N-Methyl-N, N- bis (2 Chlor-äthyl)-N-(2 benzoyl-vinyl)-Ammoniumchlorid.

Am Wirkort ist der Substituent x leicht abspaltbar, wodurch die inaktive Quartärform in die aktive Äthylenimoniumform übergeht. Die Wirkung der N-Loste ist wenig abhängig von pH-Wert und O_2-Versorgung, jedoch stark temperaturempfindlich (MICHAELIS und RIEGER 1962). In Abhängigkeit von der Struktur und der Konzentration der Verbindung treten zytostatische, mutagene und zytotoxische Effekte auf (ROSS 1962; RIEGER u. Mitarb. 1969; SACHERT u. FISCHER 1969). In vitro sind jedoch auch Reaktionen mit Aminosäuren, Peptiden und Proteinen (ROSS 1962) sowie mit Aminosäuren, Nukleotiden und Nukleinsäuren möglich. Die hier ausgenutzte zytostatische Wirkung wird in der Interphase in der Alkylierung der DNS-Vorstufen (N-7-des Guanins) gesehen. Beim Einbau derart modifizierter Basen in die DNS kommt es auf Grund von Strukturstörungen zur Ausbildung von "intra strang cross links" und "extra strang cross links", die eine Reduplikation hemmen und somit den Eintritt der Zelle in die Mitose verhindern (ROSS 1962; KIHLMAN 1966). Bei kurzzeitiger Einwirkung kann jedoch eine Exzisionsreparatur einsetzen.

ge in Gegenwart der Wirkstoffe [1] verdunkelt und danach wieder in H_2O und Dauerlicht überführt (Abb. 1).

Nach jeweils 5, 7 und 9 Tagen erfolgte in beiden Versuchsreihen die Ermittlung der Kenngrößen: Pflanzenlänge, Frisch- und Trockengewicht, Chlorophyllgehalt (spektralphotometrisch nach HOLM 1954; HOFFMANN u. WERNER 1966) und Gaswechselintensität (manometrisch nach KLEINZELLER 1965).

ERGEBNISSE UND DISKUSSION

Untersuchungen an etiolierten Pflanzen

Etiolierte Pflanzen eignen sich besonders zur Untersuchung der Chlorophyllbildung, da bei diesen der Ergrünungsprozeß in wenigen Stunden mit hoher Intensität abläuft und experimentelle Eingriffe rasch wirksam werden (HOFFMANN 1968; HOFFMANN u. WALTER 1970). Daher wurden in der ersten Serie die Weizenpflanzen etioliert herangezogen, die Wurzeln am 5. Tag im Dunkeln der N-Lost-Lösung ausgesetzt und nach 48 Stunden belichtet. Abbildung 2 zeigt zunächst die Auswirkung dieser Behandlung auf das Wachstum sowie auf die Dynamik der Substanzverteilung. Es ist bemerkenswert, daß auch das Längenwachstum des Sprosses durch beide Konzentrationen der N-Lost-Lösung fortlaufend beeinträchtigt wird, daß diese Hemmung jedoch erst mit einsetzender Belichtung, wenn also die N-Lost-Lösung nicht mehr direkt einwirkt, verstärkt eintritt. (Über eine derart verzögerte Wirkung von Radiometrica berichten auch RIEGER u. Mitarb. 1969). Inwieweit die Bereitstellung von Assimilaten durch die ergrünenden Blätter zum Fortgang des Wurzelwachstums der Kontrollen führt, ist hier nicht zu entscheiden. Die geringeren Zunahmen aller Wurzeltrockengewichte deuten jedoch darauf hin, daß in der Ergrünungsphase (7. -9. Tag) kaum Substanzen eingelagert werden, wohingegen die Sprosse eine gesteigerte Gewichtszunahme aufweisen. [2]

---

1) Herrn Dr. FISCHER, Institut für Biophysik der DAW in Berlin-Buch, danke ich für die Überlassung der Substanz.
2) Insgesamt wächst der Embryo in dieser Zeit im Dunkeln von 0, 82 mg Ausgangstrockengewicht auf 10, 52 (5 d) bzw. 12, 84 mg·TG (9 d) heran; das Trockengewicht einer Karyopse beträgt 44, 54 mg, der Anteil des Embryos 1, 84%.

Die Werte der Wurzel-Sproß-Relationen, bezogen auf die jeweiligen Organlängen, Frisch- oder Trockengewichte (Tab. 1), widerspiegeln die bevorzugte Hemmung des Wurzelsystems durch die 10^{-4}mol N-Lost-Lösung deutlich. Demgegenüber zeigt sich immer wieder, daß die 10^{-6}mol N-Lösung, im Vergleich mit den Kontrollen, zu keiner Beeinträchtigung, oft sogar zu einer Förderung, führt. Dies entspricht den wiederholt publizierten Befunden, wonach subtoxische Konzentrationen verschiedener Hemmstoffe wachstumsfördernd wirken (z. B. GÜNTHER, 1971). Die bei Belichtung einsetzende Chlorophyllbildung in den etiolierten Pflanzen ist in der Anfangsphase in den mit N-Lost behandelten Pflanzen bei Bezug auf das Frischgewicht sogar gegenüber den Kontrollen erhöht (Abb. 3). Diese Steigerung ist in der gleichen Weise konzentrationsabhängig wie die Trokkensubstanzzunahme. Die Ursache kann somit in der reichlicheren Substratversorgung in den Blättern der N-Lost-Varianten gesehen werden; die Kontrollpflanzen lagern einen beträchtlichen Anteil der zur Verfügung stehenden Reservestoffe des Endosperms in die aktiven Wurzeln ein. Mit fortschreitender Belichtung wirkt sich das gestörte Sproß-Wurzel-Verhältnis über eine allgemeine Beeinträchtigung der Gesamtpflanze auch auf die Chlorophyllbildung negativ aus Die für den Chlorophyllgehalt beschriebenen Beziehungen wurden auch bei den Carotinoiden beobachtet. Darüber hinaus zeigte sich bei diesen wieder die Bedeutung des Lichtfaktors für die Ausprägung der Effekte: obwohl die N-Lost-Verbindung nur im Dunkeln auf die Pflanze einwirkte, traten die Effekte erst mit einsetzender Belichtung zu Tage.

Orientierend durchgeführte Gaswechselmessungen lassen im Versuchszeitraum, insbesondere bei Berücksichtigung der Bruttophotosynthese, keine Rückschlüsse auf eine spezifische N-Lost-Wirkung auf den O_2-Umsatz zu. Auch auf die Hillrate isolierter Weizenchloroplasten konnten wir keinen signifikanten Einfluß dieser Verbindungen beobachten.

UNTERSUCHUNGEN AN ERGRÜNTEN WEIZEN-KEIMPFLANZEN

In dieser Serie sollte geprüft werden, welche Rolle der Zeitpunkt der Blockierung des Wurzelsystems spielt und in welchem Ausmaß ein inaktives Wurzelsystem sich auf die Dynamik des Chlorophyllstoffwechsels im ausgewachsenen Blatt auswirkt.

Betrachten wir zunächst wieder die Wachstums- und Substanzverteilung (Abb. 4, Tab. 2), so zeigt sich, daß sich hierauf die Dunkelperiode (vgl. Abb. 1) wenig

Tabelle 1

Die Sproß-Wurzel-Relationen bei verschieden alten etiolierten Weizenkeimpflanzen nach Belichtung in H_2O und N-Lost-Lösungen

Alter (d)	Sproßlänge / Wurzellänge (cm)			FG des Sprosses / FG der Wurzel (mg)			TG des Sprosses / TG der Wurzel (mg)		
	H_2O	10^{-6}	10^{-4}	H_2O	10^{-6}	10^{-4}	H_2O	10^{-6}	10^{-4}
5	0,66	0,66	0,66	2,00	2,00	2,00	1,57	1,57	1,57
7	0,80	0,76	0,80	1,38	1,59	1,43	1,55	1,59	2,11
9	0,95	1,05	1,03	1,17	1,41	1,21	1,84	1,41	2,31

Tabelle 2

Die Sproß-Wurzel-Relationen bei verschieden alten ergrünten Weizenkeimpflanzen nach N-Lost-Behandlung

Alter (d)	$\frac{\text{Sproßlänge}}{\text{Wurzellänge}}$ (cm)			$\frac{\text{FG des Sprosses}}{\text{FG der Wurzel}}$ (mg)			$\frac{\text{TG des Sprosses}}{\text{TG der Wurzel}}$ (mg)		
	H_2O	10^{-6}	10^{-4}	H_2O	10^{-6}	10^{-4}	H_2O	10^{-6}	10^{-4}
5	1,02	1,02	1,02	0,98	0,98	0,98	1,33	1,33	1,33
7	1,15	1,34	1,39	0,99	0,98	1,05	1,45	1,44	1,59
9	1,40	1,60	1,48	1,09	1,28	0,97	1,86	2,00	1,92

auswirkt. Der hemmende Einfluß der 10^{-4}mol Lösung wird wiederum erst im Licht als Nachwirkung ebenso deutlich wie die stimulierende Wirkung durch die niedrigere Konzentration. Die Differenzen im Frischgewicht der einzelnen Varianten im Vergleich zu den geringen Unterschieden im Trockengewicht zeigen eine Störung des Wasserhaushaltes an. Insgesamt ist jedoch die Beeinträchtigung der Pflanzen durch die N-Lost-Behandlung der Wurzeln geringer als in der Serie A (Abb. 5).

Der Pigmentgehalt wird durch die 2-tägige Dunkelperiode bei Bezugnahme auf das Frischgewicht beträchtlich reduziert (Abb. 6). Allerdings wird diese Abnahme auf etwa 50 % gegenüber dem Ausgangswert durch das im Dunkeln fortschreitende Wachstum (Einlagerung von H_2O und Reservestoffen aus dem Endosperm) weitgehend vorgetäuscht ("Verdünnungseffekt", HOFFMANN 1964). Bei Bezugnahme auf die Einzelpflanze beträgt der Chlorophyllverlust nur etwa 20 %. Dieser Befund wird durch das Verhalten der Carotinoide bestätigt. Auf Grund ihrer größeren Stabilität nehmen sie in dieser Dunkelperiode nicht ab. Die Kurve sinkt nur relativ infolge des Überwiegens der Substanzzunahme und der geringen Carotinoidbildung im Dunkeln. Die N-Lost-Verbindungen haben auf diese Abnahme der Pigmente keinen meßbaren Einfluß. Allerdings ist uns bisher auch nichts über den Transport derartiger Substanzen in der Pflanze bekannt geworden.

Mit der Rücküberführung der Pflanzen in Dauerlicht steigt der Chlorophyllgehalt vom 8. zum 9. Tag rasch und kontinuierlich an, wobei sich der Pigmentmangel pro Frischgewicht ausgleicht. Der Einfluß des blockierten Wurzelsystems tritt dabei nur bei Bezugnahme auf die Gesamtpflanze hervor; pro Frischgewicht bilden die Blätter aller Varianten die gleichen Pigmentmengen.

Die Daten der Gaswechselmessungen dieser Serie zeigen bei Bezug auf das Frischgewicht den gleichen Kurvenverlauf wie die Pigmente. Die Absolutwerte der Bruttophotosynthese liegen jedoch sowohl bei Bezug auf das FG als auch bei Bezugnahme auf den Pigmentgehalt am 9. Tag im Durchschnitt um 35 % niedriger als diejenigen der Serie A. Errechnet man die Assimilationszahl (als $\mu l\ O_2$/mg Chlorophyll a + b), steigt diese für die Kontrollen vom 7. zum 9. Tag von 92,5 über 97,0 auf 116,8 an und widerspiegelt so die zunehmende Leistungsfähigkeit des Pigmentapparates im frühen Stadium seiner Entwicklung (HOFFMANN 1968). Die Werte der 10^{-4}-Varianten liegen bei 92,5 (5 d), 112,3 (7 d) und 109,0 (9 d), wobei der Abfall am 9. Tag auf die bereits wiederholt beschriebene Nachwirkung der N-Lost-Behandlung zurückgeht.

Von einer spezifischen Wirkung der blockierten Wurzel auf die Entwicklung des photosynthetischen Apparates im Blatt kann also auch nach dieser Versuchsreihe nicht gesprochen werden. Die Chlorophyllbildung bleibt nur in dem Maße zurück, wie das Gesamtsystem Pflanze beeinträchtigt ist.

Die Cytokinine stellen wohl den wesentlichsten "Wurzelfaktor" für die oberirdischen Pflanzenorgane dar. Sie wirken aber über den Eiweißstoffwechsel der Gesamtzelle (HOFFMANN 1970), ihr Mangel führt nicht zu einer bevorzugten Störung der Chloroplasten-Biogenese.

Die wiederholte Beobachtung, daß die N-Lost-bedingte Hemmung der Wurzelentwicklung erst bei Belichtung stärker auftritt, erklärt sich daraus, daß den intakten Wurzeln im Licht die das Wachstum begrenzenden Assimilate (BROUWER 1968, HOFFMANN G. 1969, KALTOFEN 1970) zufließen, daß diese auf Grund der Blockierung der Teilungsrate in den Wurzeln der N-Lost-Varianten jedoch wenig attrahiert werden. Der gegenüber den Kontrollen höhere Trockensubstanzgehalt der Sprosse unterstützt diese Erklärung ebenso wie die Befunde von OSMAN (1971), wonach sich eine Belichtung der Weizenblätter bereits nach 12 Min. über eine Erhöhung der Wurzelatmung bemerkbar macht, während umgekehrt die Nachtatmung der Wurzel auch bei gleichen Temperaturen nur 50 % derjenigen am Tage entspricht. Allerdings ist der Grad der Abhängigkeit der Wurzel von der direkten Assimilatzufuhr objektspezifisch, denn während z. B. auch bei Acer pseudoplatanus die Wachtumsrate der Wurzel durch die jeweiligen Photosynthesebedingungen bestimmt wird, bleibt bei Quercus boreale die Wachstumsrate bei recht unterschiedlichen Lichtbedingungen (250 - 9500 Lux) gleich (WASSINK u. RICHARDSON 1951).

Das Sproß-Wurzel-Verhältnis ist also eine für die jeweilige Art und deren Entwicklungsstadium (BROUWER 1967, JONKER 1968, HOFFMANN, G. 1969, SAEKI 1970) charakteristische sowie von den Umweltbedingungen (BROUWER 1967, WALLIHAN u. GRABER 1968, BURROWS u. CARR 1969, DAVIDSON 1969 a + b, SAGROMSKY 1969, NATR u. PURS 1970) abhängige Größe.

Seine experimentelle Veränderung stellt eine Beinträchtigung der gesamten Pflanze dar, deren Ursache vorrangig in der Störung der korrelativen Wechselbeziehungen zwischen den Organen des Gesamtsystems zu sehen ist, wobei die Wirkstoffversorgung eine besondere Rolle spielt.

Ein spezifischer, direkter Einfluß auf Chlorophyllbildung oder Gaswechselintensität war auch unter verschiedenen Versuchsbedingungen für Weizenkeimpflanzen nicht nachweisbar. Da jedoch bei beiden Varianten und allen geprüften Kenngrößen die stärkste Wirkung der N-Lost-Behandlung erst als Nachwirkung auf die einsetzende Belichtung auftrat, bestätigt sich daraus die dominierende Rolle der Assimilatversorgung für das Wachstum der Weizenwurzeln. Die Daten zeigen aber auch, daß bei blockiertem Wurzelsystem und demzufolge verminderter Attraktionswirkung überhaupt weniger Assimilate gebildet werden. Somit stehen diese Ergebnisse in Übereinstimmung mit jenen Befunden, wonach die Produktivität des photosynthetischen Apparates maßgeblich durch dessen Beanspruchung (sink-source-Beziehungen) reguliert wird (HUMPHRIES 1963, WAREING u. Mitarb. 1968, HOFFMANN 1971).

LITERATUR

BROUWER, R., 1967: Beziehungen zwischen Sproß- und Wurzelwachstum. Angew. Bot. 41, 244-254.

BURROWS, W. J. and D. J. CARR, 1969: Effects of flooding the root system of sunflower plants on the cytokinin content in the xylem sap. Physiol. plant 22, 1105-1112.

DAVIDSON, R. L., 1969 a: Effect of root/leaf temperature differentials on root/shoot ratio in some pasture grasses and clover. Ann. Bot. 33, 561-569.

DAVIDSON, R., 1969 b: Effect of soil nutrients and moisture on root/shoot ratio in Lolium perenne L. and Trifolium repens L. Ann. Bot. 33, 571-577.

GÜNTHER, G., 1971: Der Einfluß von Amitrol auf Wachstum und Nukleinsäurestoffwechsel von Pisumwurzeln. Vortrag zum II. Internat. Symposium, Ökol. u. Physiol. des Wurzelwachstums, Potsdam 1971.

HOFFMANN, G., 1969: Untersuchungen über die Wachtumsrhythmik der Wurzeln von Forstgehölzen. Habilitationsschrift, Berlin.

HOFFMANN, P., 1964: Die Chlorophyllbildung in Weizenkeimpflanzen unter dem Einfluß von Gibberellin- und Huminsäure. Ber. Dtsch. Bot. Ges. 77, 124-133.

HOFFMANN, P., 1968: Zur Physiologie der Photosynthese bei höheren Pflanzen. Bot. Studien 18, 1-151.

HOFFMANN, P., 1970: Pigmentphysiologische Untersuchungen an isolierten Kinetin-behandelten Weizenprimärblättern. Wiss. Z. Univ. Greifswald, Math.-Nat.-Reihe 19, 55-68.

HOFFMANN, P., 1971: Der Anteil der einzelnen Organe an der photosynthetischen Produktivität der Gesamtpflanze bei Arabidopsis thaliana (L.). Heynh. Arab. Inf. Service 8, 13-15.

HOFFMANN, P. und G. WALTER, 1970: Der Einfluß von Chloramphenicol und Streptomycin auf die Entwicklung des photosynthetischen Apparates bei Weizenkeimpflanzen. Biol. Zentralbl. 89, 165-200.

HOFFMANN, P. und D. WERNER, 1966: Zur spektralphotometrischen Chlorophyll-bestimmung unter besonderer Berücksichtigung verschiedener Gerätetypen. Jenaer Rundschau 5, 300-302.

HOLM, G. 1951: Chlorophyllmutations in barley. Acta agron. Scand. 4, 457-471.

HUMPHRIES, E. C., 1963: Dependence of net assimilation rate on root growth of isolated leaves. Ann. Bot. N. S. 27, 175-183.

HUMPHRIES, E. C. and G. N. THORNE, 1964: The effect of root formation on photosynthesis of detached leaves. Ann. Bot. N. S. 28, 391-400.

KALTOFEN, H., 1970: Relationales Modell des vegetativen Pflanzenwachstums in Abhängigkeit von Stickstoffernährung und Photosynthese. Biol. Rundschau 8, 391-401.

KAZARJAN, V. O. and V. A. DAVTJAN, 1967: O zavisimosti aktivnosti fotosinteza rastenij ot mosčnosti i metaboličeskoj dejatelnosti kornej. Biol. Žurnal Armenii, Erevan, 20, 49-58.

KENDE, H. 1964: Preservation of chlorophyll in leaf sections by substances obtained from root exudate. Science 145, 1066-1067.

KIHLMAN, B. A., 1966: Actions of chemicals on dividing cells. Prentice Hall, Englewood Cliffs.

KLEINZELLER, A. 1965: Manometrische Methoden und ihre Anwendung in Biologie und Biochemie. VEB G. Fischer Verlag Jena.

MICHAELIS, A. und R. RIEGER, 1962: Auslösung von Chromosomenaberrationen bei Vicia faba durch chemische Agentien. Kulturpflanze 10, 212-292.

MORRIS, J. Y. und W. TRANQUILLINI, 1969: Über den Einfluß des osmotischen Potentials des Wurzelsubstrates auf die Photosynthese von Pinus contorta-Sämlingen im Wechsel der Jahreszeiten. Flora B 158, 277-287.

MOTHES, K. und L. ENGELBRECHT, 1963: On the activity of a kinetin-like root factor. Life Sci. 11, 852-857.

MURATA, Y., J. IYAMA and T. HOUMA, 1965: Studies on the photosynthesis of rice plants. XII. On the interrelationships between photosynthetic activity of the leaf and physiological activity of the root. Proc. Crop Sci. Soc. Japan 34, 148-153.

NATR, L. and J. PURS, 1970: The influence of root temperature on dry matter production and N, P, K concentration of young barley plants. Z. Pflanzenernährung u. Bodenkunde 126, 204-210.

OSMAN, A. M., 1971: Root respiration of wheat plants as influended by age, temperature and irradiation of shoots. Photosynthetica 5, 107-112.

PHILLIPS, J. D. J. and R. L. JONES, 1961: Gibberellin-like activity in bleeding-sap of root systems of Helianthus annuus detected by a dwarf pea epicotyl assay and other methods. Planta 63, 269-278.

RIEGER, R. A. MICHAELIS, J. SCHÖNEICH, G. W. FISCHER und K. H. LOHS, 1969: Über die Induktion von Chromatidenaberrationen durch quartäre N-Acyl-vinyl-Stickstofflost-Verbindungen. Studia biophysica 17, 205-212.

ROBSON, J. A. and A. C. KEELE, 1956: Recent Advances in Pharmacology. J. and A. Churchill Ltd. London.

ROSS, W. C. J., 1962: Biological alkylating agents. Butterworth and Co. Ltd. London.

SACHERT, H. und G. W. FISCHER, 1969: Über die Wirkung quartärer N-Acyl-vinyl-Stickstofflostverbindungen auf pflanzliche Zellen. Studia biophysica 13, 97-104.

SAEKI, T. 1970: Leaf root ratio as influenced by internal water status. Photosynthesis and Utilization of Solar Energy J. I. B. P. /PP-Photosynthesis Level III. Group. Jap. Nat. Subc. for PP, Tokyo, S. 85-87.

SAGROMSKY, H., 1969: Stoffproduktion, Sproß-Wurzelverhältnis, Pigmentgehalt und Lichtfeld bei Mutanten der Kulturtomate Lycopersicon esculentum Miller. Kulturpflanze 17, 285-297.

SEMBDNER, G. 1971: Gibberelline im Blutungssaft der Pflanzen. Vortrag zum Symposium "Ökologie und Physiologie des Wurzelwachstums" Potsdam.

SKENE, K. G. M. and G. M. KERRIDGE, 1967: Effects of root temperature on cytokinin activity in root exudate of Vitis vinifera L. Plant Physiol. 42, 1131-1139.

STARCK, Z., 1963: Influence of root removal on the translocation of photosynthates. Bull. Acad. Pol. Sci. 11, 501-507.

THORNE, G. N. and A. F. EVANS, 1964: Influence of tops and roots on net assimilation rate of sugar-beet and spinach beet and grafts between them. Ann. Bot. N. S. 28, 499-508.

TORREY, J. G., 1971: Hormonal interactions between root and shoot. Vortrag zum Symposium "Ökologie und Physiologie des Wurzelwachtums" Potsdam.

WALLIHAN, E. F. N. and M. J. GRABER, 1960: Effect of iron nutrition on root: top ratio. Agronomy J. 60, 41-42.

WAREING, P. F. and M. M. TREHARNE, 1968: Rate limiting process in photosynthesis at saturating light intensities. Nature, 220, 453-457.

WASSINK, E. C. and S. D. RICHARDSON, 1951: Observations on the connection between root growth and shoot illumination in first year seedlings of Acer pseudoplatanus L. and Quercus borealis maxima (Marsh) Ashe. Konikl. Nederl. Acad. van Wetenschappen Amsterdam. Proceedings, Series C, 503-510.

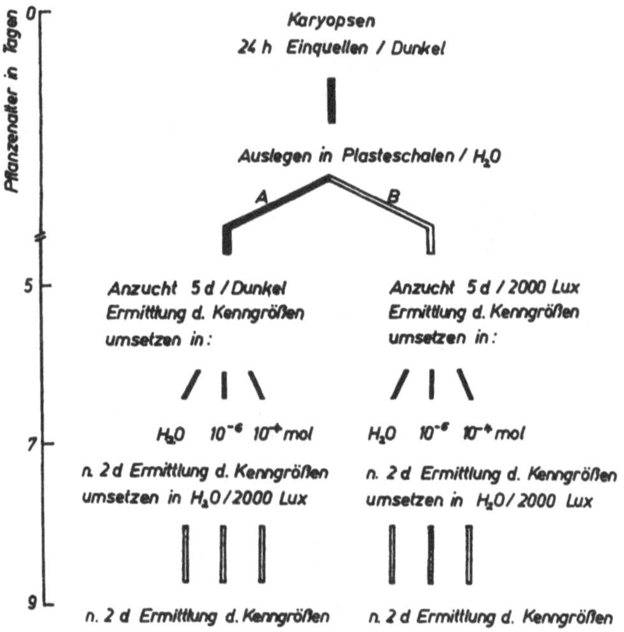

Abb. 1. Schema des Versuchsansatzes.

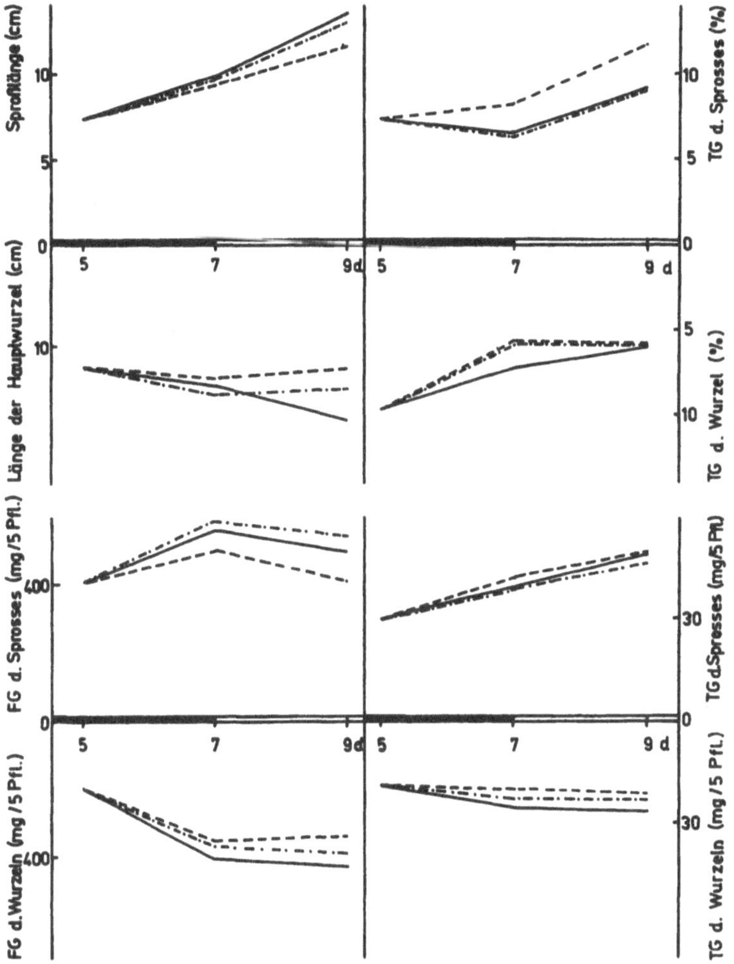

Abb. 2. Das Wurzel- und Sproßwachstum sowie die Substanzverteilung bei etiolierten Weizenkeimpflanzen im Verlauf der Ergrünung unter dem Einfluß von 10^{-6} (-. -. -. -) und 10^{-4} mol (---) N-Lost (NL; ____ H_2O als Kontrolle).

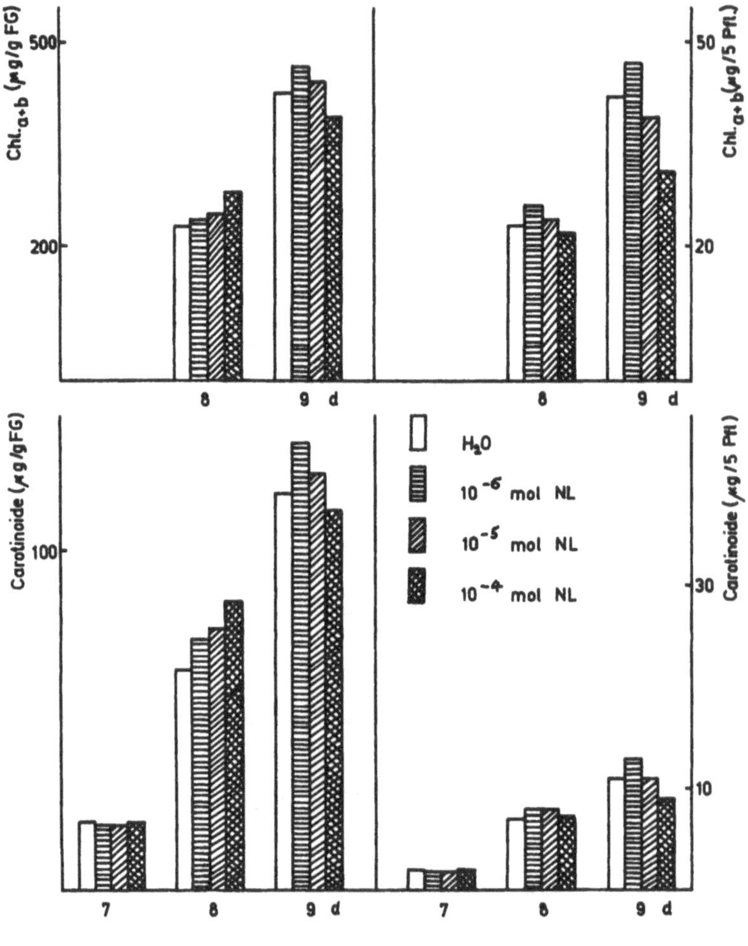

Abb. 3. Das Verhalten der Chlorophylle (a + b) und der Carotinoide bei etiolierten Weizenkeimpflanzen im Verlauf der Ergrünung unter dem Einfluß von 10^{-6} und 10^{-4} mol N-Lost (NL; H_2O als Kontrolle).

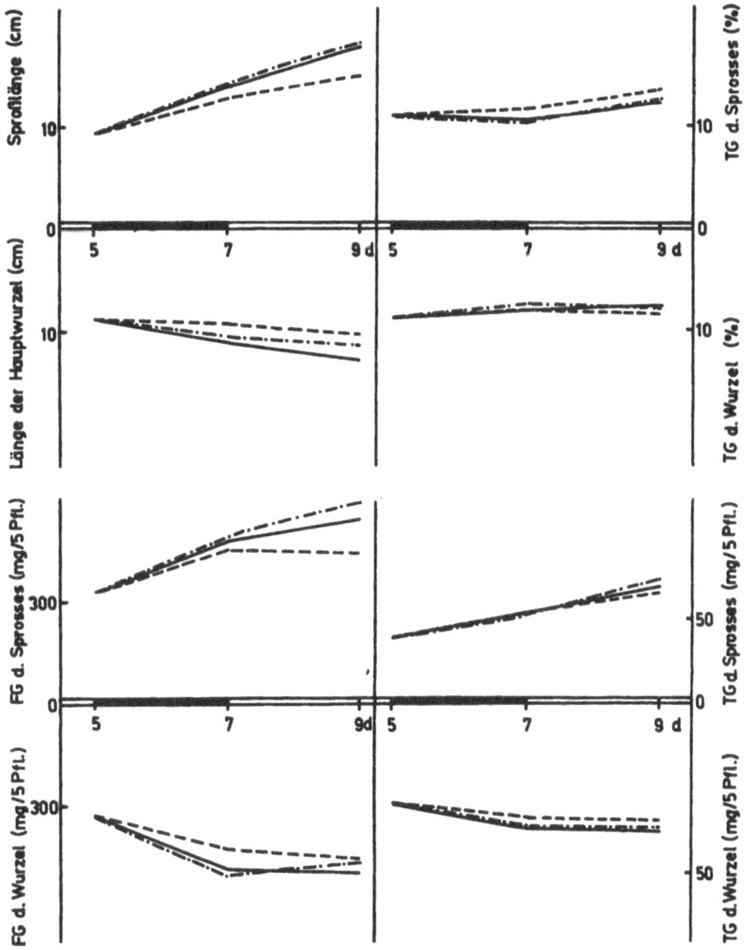

Abb. 4. Das Wurzel- und Sproßwachstum sowie die Substanzverteilung bei ergrünten Weizenkeimpflanzen unter dem Einfluß von 10^{-6} (-. -. -. -) und 10^{-4} mol (---) N-Lost (NL; ___ H_2O als Kontrolle).

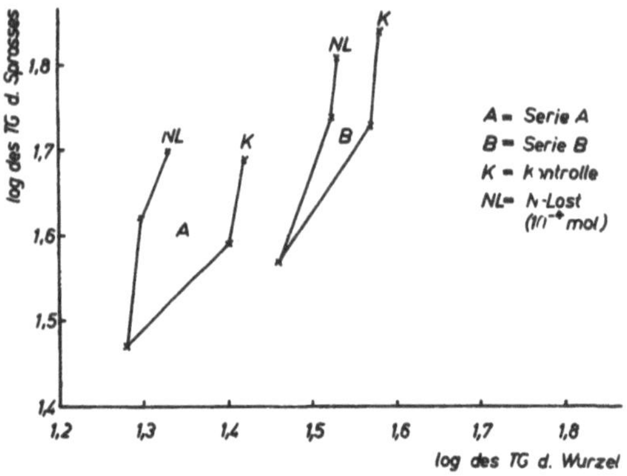

Abb. 5. Das Verhältnis der Trockengewichte der Sprosse zu denjenigen der Wurzeln in den Serien A und B im Verlauf der Entwicklung.

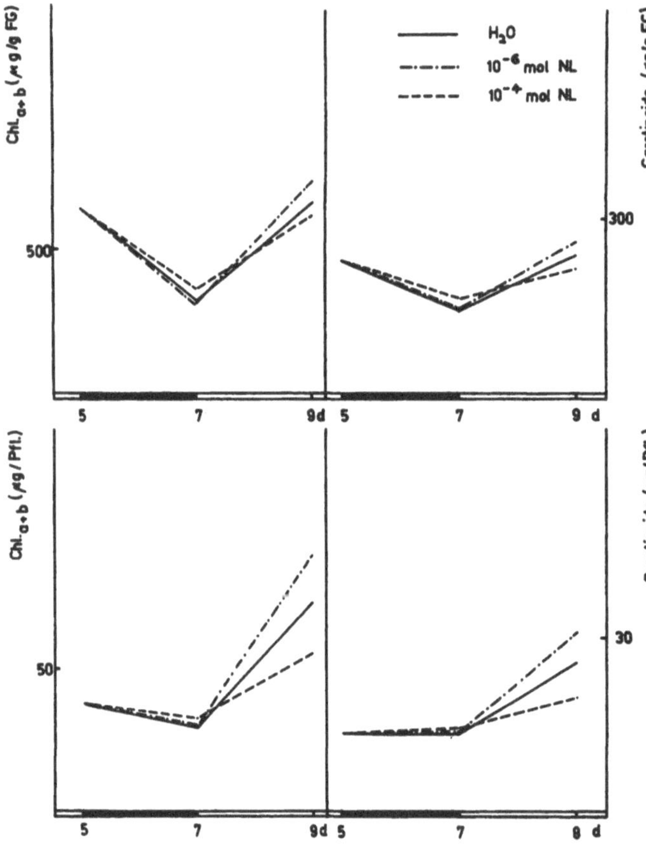

Abb. 6. Das Verhalten der Chlorophylle (a + b) und der Carotinoide bei Weizenkeimpflanzen unter dem Einfluß einer Dunkelperiode und N-Lost-Behandlung.

DER EINFLUSS VON HERBIZIDEN AUF DAS WACHSTUM UND DEN ATMUNGSSTOFFWECHSEL VON KEIMLINGSWURZELN

E. PAULKE, W. STEPHAN, G. GÜNTHER

Lehrstuhl für Botanik in der Sektion Chemie/Biologie der Pädagogischen Hochschule Potsdam

Die primäre Wirkung von Herbiziden auf den pflanzlichen Organismus kann trotz zahlreicher Arbeiten auf diesem Gebiete bis heute nur in sehr wenigen Fällen als völlig geklärt angesehen werden. Die erzielten Effekte sind meist nicht auf einen Prozeß beschränkt und deshalb wenig spezifisch. In Abhängigkeit von der Konzentration und der Behandlungsdauer tritt in vielen Versuchen ein gesteigertes oder gehemmtes Wachstum als erster äußerlich sichtbarer Ausdruck einer herbiziden Beeinflussung von Pflanzen auf. - Da die Atmung als fundamentaler Prozeß der Energie- und Baustofflieferung eine Schlüsselfunktion im Leben der Pflanzen ausübt und damit auch eine besondere Bedeutung für das Wachstum besitzt, ist es leicht erklärlich, daß in der vorliegenden Literatur (vergl. AUDUS, 1964, WORT, 1964; FOY und PENNER 1965) bei Atmungsuntersuchungen an herbizid-beeinflußten Pflanzen in Korrelation zur Menge und Dauer der Applikation - wenn auch in recht widersprüchlicher Weise - ebenfalls von Stimulationen und Inhibitionen berichtet wird. Direkte Vergleiche des Atmungs- und Wachstumsverhaltens wurden dabei jedoch selten vorgenommen. Eigene Versuche, die allerdings unter einer anderen Fragestellung durchgeführt wurden, zeigen, daß sich nicht in jedem Falle bei beiden Prozessen die zu erwartenden parallelverlaufenden Förderungs-/Hemmungskurven erzielen lassen.

MATERIAL UND METHODEN

Die Ergebnisse wurden an Wurzeln etiolierter Keimpflanzen von Pisum sativum (Sorten "Maipal" und "Pilot") und der Maissorte "Schindelmeiser" bei der Prüfung des Wurzelwachstums, der Sauerstoffaufnahme und anderer damit im Zusammenhang stehenden Fragen erzielt. Die Anzucht des Materials erfolgte nach Oberflächensterilisation der Samen und Karyopsen, sowie Autoklavieren der Gefäße und des verwendeten Aqua bidestillata - im Brutschrank bei 28 ^{o} C im Dunkeln. Unter sterilen Bedingungen wurden gleich gut entwickelte Keimlinge ausgewählt, 10 bzw. 15 mm lange Wurzelspitzen gewonnen und entweder für kurzfristige Applikationen der Herbizidlösung in vorbereitete sterile Gefäße überführt oder auf einer Nährlösung nach BONNER und ADDICOTT (1937) weiterkultiviert. In den Versuchen, auf die sich unsere Ergebnisse beziehen, wurde das 2-Chlor-4, 6-diäthylamino-1, 3, 5-triazin (Simazin) bei Pisum in Form eines Handelspräparates als W 6658 mit 50 % Wirkstoffanteil verwendet, während beim Mais eine Formulierung mit 94 % Wirkstoffgehalt appliziert wurde. In besonderen Versuchsreihen wurde die 2.4 -Dichlorphenoxyessigsäure (2.4D), die β Indolylessigsäure (IES), Dinitro-o-phenol (DNP) als p. a. -Substanzen in einer Finalkonzentration von 10 mg/1 angewandt. Konzentrationsänderungen sind bei den Ergebnissen angegeben, ebenso zusätzlich zum Vergleich herangezogene Wirkstoffe. Es muß bemerkt werden, daß Effektoren mit Wuchsstoffwirkung den nativ vorhandenen Wirkstoffmengen hinzugefügt wurden. Ferner muß damit gerechnet werden, daß beim Simazin auf Grund seiner geringen Wasserlöslichkeit, die bei 5 p. p. m. (20 ^{o} C) liegt, um die Hälfte geringere Konzentrationen zur tatsächlichen Wirkung gelangen. Die Applikation erfolgte durch Übertragen der Keimlingsorgane in die Herbizidlösungen oder Zusatz letzterer in die Nährlösung. Das Verhältnis von Lösungsmenge zur Organmasse wurde so gewählt, daß im Höchstfalle 1/3 der Oberfläche des Organsegmentes von der Lösung bedeckt war. Die pH-Werte der Wirkstofflösungen lagen zwischen 5, 0 und 5, 6 und entsprachen dem bei den Kontrollen verwendeten Aqua bidest. Die Messung der Sauerstoffaufnahme erfolgte nach der WARBURG-Methode (UMBREIT u. a. 1949), bei Pisum wurde wegen des vermuteten hohen Reserveproteinanteils am Gesamtprotein auf Trockenmasse bezogen, beim Mais auf Gesamtprotein, bestimmt wurde dies nach LOWRY u. a. (1951). Bei der Messung der Aufnahme des radioaktiven Phosphats wurden die Fraktionen nach OGUR und ROSEN (1950) gebildet. Die Applikation von markiertem Phosphat erfolgte durch Zugabe einer Orthophosphatlösung mit einer spezifischen Aktivität der Ausgangslösung von 4 mC/ml in einer Konzentration von 0,9 ml/l. Es wurden jeweils 40 ml für 0,5 g Organmasse eingesetzt. Die Markierungsdauer betrug 2 Stunden. - Als Maß der Katalaseaktivität galt die Peroxydumsetzung, der unzersetzte Rest wurde nach ZEILE (1941), verändert (PAULKE u. a. 1968) bestimmt, da die bei LÜCK (1962) beschriebene spektralphotometrische Methode nicht immer anwendbar war.

Darstellung der Ergebnisse und Diskussion:

Bei einer einmaligen Applikation von 5ml einer Wirkstofflösung auf ca. 0,5 g Organmasse (FM) in einer Konzentration von 10 mg/l=0,001 % (2h) zeigen sich im Wachstum der Maiswurzel auch nach 48 Stunden nur unwesentliche Veränderungen, die eher die Tendenz einer Hemmung als einer Förderung durch Simazin erkennen lassen, gleiches gilt auch für die Wirkung von 2,4-D. Es interessiert dabei die in der Tabelle 1 unter "Wurzelspitze" aufgeführte Zahlenreihe, da sich nach ERICKSON und GODDARD 1951, BROWN und BROADBENT (1950), BEETZ (1955) bei Maiswurzeln die Streckungszone zwischen 3 und 8 mm befindet. Die Schwankungsbreiten nehmen gegenüber den Kontrollen zu, deshalb kann nicht von signifikanten Längendifferenzen gesprochen werden. Die Koleoptilsegmente unter 2,4D-Einfluß zeigen sich in ihrem

Tabelle 1

Ergebnisse von Messungen der Zuwachsrate an Keimlingsorganen von *Zea mays* nach Behandlung mit biologisch wirksamen Substanzen. Konzentrationen 10 mg/l, applizierte Menge 5 ml auf 0,5 g Organmasse. Angaben in mm (Ausgangslänge 15 mm). Behandlungsdauer 2 h. Mittelwerte von je 15 Messungen.

	K	IES	Simazin	2,4-D	DNP
Wurzelspitze	16,4±0,4	16,5±0,5	16,1±0,7	15,9±0,7	15,9±0,7
24h Wurzelsegm.	15,4±0,4	15,4±0,5	15,5±0,5	15,5±0,5	15,0±0,0
Koleoptilsp.	18,8±1,7	20,7±2,2	18,8±2,4	20,5±1,0	19,4±2,2
Koleop. -Segm.	22,9±3,2	21,5±1,9	22,6±2,5	24,2±2,2	18,2±1,7
Wurzelspitze	17,0±0,1	16,5±0,5	16,3±0,6	16,1±0,7	16,0±0,5
48h Wurzelsegm.	16,0±0,0	15,5±0,4	15,5±0,4	15,6±0,5	15,4±0,4
Koleoptilsp.	22,1±2,3	21,2±0,9	22,2±0,9	23,1±1,3	22,7±2,3
Koleoptilsegm.	27,8±3,4	28,3±4,0	27,0±3,0	37,7±3,4	20,4±2,7

Streckungswachstum allerdings erheblich stimuliert. Mais ist bekanntlich bei praxisüblichen Konzentrationen simazinresistent. Pisum sativum gilt als simazinempfindlich, aber auch bei Pisum zeigt eine Behandlungsdauer von 2 Stunden nach 2 Tagen Beobachtung noch keinerlei Wachstumsänderungen gegenüber der Kontrolle, wenn Konzentrationen von Simazin zwischen 10^{-4} und 10^{-6} Mol appliziert werden. Gleiches gilt für 2,4-D. Langfristige Behandlung mit gleich hohen Konzentrationen führt bei beiden Pflanzenarten zu Unterschieden im Streckungswachstum isolierter Wurzeln. Pisumwurzeln werden bei einer Applikationsdauer von 7 Tagen durch alle eingesetzten Simazinkonzentrationen im Längenwachstum gehemmt.

Von 2,4D wird eine fördernde Wirkung auf Erbsenwürzeln in der Literatur bei Konzentration unter 10^{-4} Mol angegeben (AUDUS. 1964). Daß Dauerapplikationen beim Mais von $5x10^{-5}$ Mol Simazin bei Wurzeln zu einer erheblichen Wachstumsförderung führen, wurde von FRENEY (1965) publiziert und durch GRÄSER (1968) bestätigt. In der Literatur wird eine Reihe von Einzelergebnissen über die Wirkung von Simazin zusammengetragen, die im mittelbaren oder unmittelbaren Verhältnis zum Wachstum stehen könnten.

Nach ROTH (1958) wird Simazin in der Maiswurzel gespeichert, und kann z.T. abgebaut werden. Der osmotische Wert wird bei Mais durch entsprechende Simazinkonzentrationen in Wurzelzellen erhöht, bei empfindlichen Pflanzen erniedrigt (CINCOVICZ u.a. 1969). - Es erfolgt eine Zunahme der löslichen Kohlenhydrate (LALOWA 1968), bei nichtsimazinresistenten Pflanzen ist das Gegenteil der Fall. - Der Pool der löslichen Aminosäuren wird erhöht (KRAKKEI, 1965), GLABIZEWSKI u.a. (1966), SWIETOCHOWSKI (1967). Über das Verhalten des Proteingehaltes gibt es sich stark widersprechende Angaben. - TEMPERLI (1966) postuliert einen Eingriff in die Funktion der RNS durch die Möglichkeit der Triazine, Wasserstoffbrücken zu bilden. - Die Wirkung von 2,4-D auf das Wachstum zu erklären, ist auch bis heute noch nicht gelungen. Hierbei muß jedoch nach AUDUS. (1964) eine direktere Beeinflussung angenommen werden. Während nach HENDERSON (1954) ein 2,4-D-IES-Antagonismus in die Literatur Eingang fand - dieser Ansicht wurde jedoch durch AUDUS u.a. (1964) widersprochen - konnten GÜNTHER und Mitarbeiter nachweisen, daß die IES-Menge durch 2,4-D nicht verändert wird, wohl aber der RNS-Gehalt bei Phaseolus eine Steigerung erfährt. - Vergleiche der Sauerstoffaufnahme sich entwickelnder Organe sind mit einer besonderen Problematik versehen. Bei Wurzelspitzen erfolgt ein Teil des Energiegewinnes anaerob, darauf wiesen bereits RUHLAND und RAMSHORN (1938) hin, Sauerstoffaufnahme und energieliefernde Prozesse sind damit bei Wurzel und Koleoptile nicht gleich. Der aufgenommene Sauerstoff mag auch nicht insgesamt zur Energielieferung Verwendung finden, sondern kann in oxydierten Speicher- oder anderen Baustoffen festgelegt werden (BETZ 1955). Besonders problematisch sind die Bezugsgrößen, da sich von den zur Verfügung stehenden keine als ideal erweist (BETZ 1961, WOLF 1961, AUGSTEN 1968). Nach RUHLAND und RAMSHORN (1938) käme dafür nur die Plasmamenge in Frage, die sich, wenn auch nicht genau, etwa dem fällbaren Protein äquivalent verhält. Es ist dabei jedoch noch nicht geklärt, welchen Einfluß die verwendeten Wirkstoffe auf den Proteingehalt der Zellen haben, sicher ist ihre Wirkung darauf nicht ohne Einfluß. Allerdings läßt sich bei kurzfristigen Untersuchungen (siehe Tabelle 2) kein signifikanter Unterschied zwischen behandeltem und unbehandeltem Material feststellen,

Tabelle 2

Proteingehalt in mg/ml Extrakt von Maiskeimlingshomogenaten (willkürlich ausgewählte repräsentative Beispiele gleicher Serien)

Alter	Behandlungsdauer	Wurzel				Koleoptile			
		H_2O	IES	2,4-D	Simaz.	H_2O	IES	2,4-D	Simaz.
4 Tg.	2 h	1,12	0,8	1,07	1,23	2,2	2,67	2,39	2,19
		1,25	0,91	1,10	1,15	-	-	-	-
5 Tg.	2 h	1,05	0,63	0,86	0,63	1,95	2,33	2,40	2,08
						2,72	2,39	2,25	2,44
8 Tg.	2 h	1,55	1,40	1,21	1,17	2,70	-	-	2,34
		1,27	-	-	1,28				
8 Tg.	2 h	1,10	-	0,96	-	2,38	-	2,20	-
		1,17	-	0,83	-	2,62	-	-	-
		1,45	-	-	-	1,93	-	-	-
						1,71	-	-	-
						1,68	-	-	-
8 Tg.	16 h	1,04	0,81	0,76	0,72	2,76	2,14	2,75	2,75
		1,17	0,72	0,75	0,68	2,68	2,54	2,59	2,75

lediglich bei langfristiger Einwirkungsdauer der verwendeten Herbizidkonzentrationen auf die Keimlingswurzel ist die Tendenz einer abgeminderten Proteinsynthese erkennbar. Unterschiede im Proteingehalt zeigen Vergleiche von Wurzeln und Koleoptilen. Der Eiweißanteil liegt in Koleoptilen fast doppelt so hoch wie in der Keimlingswurzel, dadurch ergibt sich bei der Wahl dieser Bezugsgröße, daß die Werte der Sauerstoffaufnahme von Wurzeln oft höher liegen als die der Koleoptilen. Bei der Verwendung der Zahl der Organe als Berechnungsgröße würde sich ein anderes Verhältnis ergeben. Abbildung 2 zeigt die Werte der Sauerstoffaufnahme von Pisumwurzeln (Sorte "Pilot") nach Simazinbehandlung während der Dauer der Atmungsmessung. Sowohl nach einer Behandlungsdauer von 2 Stunden als auch nach einer Applikation von 16 Stunden (Abb. 3) zeigen sich deutliche Atmungsdepressionen bei den verwendeten Pisumwurzeln.

Bei Maiskeimlingsorganen ergeben die erzielten Resultate ein anderes Bild. Die Kurzzeitbehandlung mit Simazin bewirkt bereits eine deutliche, etwa dem DNP entsprechende Atmungsförderung gegenüber den Kontrollen. Daß sich die Koleoptilen dabei zu diesem Zeitpunkt anders verhalten, kann auf eine unterschiedliche Wirkstoffaufnahme zurückzuführen sein. In Abbildung 4 werden die erzielten Resultate dargestellt. Bei einer längeren Einwirkungsdauer von 16 Stunden ergibt sich sowohl durch Simazin als auch durch 2,4D bei der angegebenen Konzentration von 10 mg/l eine starke Förderung der Sauerstoffaufnahme bei Wurzelspitzen von Zea mays, Sorte "Schindelmeiser". Dadurch, daß in den hier dargestellten Versuchsreihen der Proteingehalt, auf den die Atmungswerte bezogen wurden, bei Dauerapplikation abnahm, entsteht rein rechnerisch ein besonders steiler Anstieg der addierten Meßwerte (Abb. 5).

Bei Pisum sativum-Wurzeln, die von der Pflanze entfernt und kultiviert wurden, ergibt sich damit in der Tendenz ein Parallelverhalten der Sauerstoffaufnahme und des Wachstums nach Simazinbehandlung von entsprechender Dauer bei allen eingesetzten Konzentrationen, doch Atmungshemmungen treten erheblich früher als Wachstumshemmungen ein.

Bei isolierten Maiswurzeln kann insofern von keiner Parallelität zwischen Streckungswachstum und Sauerstoffaufnahme gesprochen werden, da bereits nach kurzer Behandlungszeit mit einer Simazinkonzentration, die das Wachstum nur bei Dauerbehandlung fördert, eine dem Dinitrophenol, einem typischen Entkopplungsgift, sehr ähnliche Atmungssteigerung erzielt werden kann. Die in der Literatur gegebenen Hinweise zur Erklärung von Förderungs- und Hemmungserscheinungen bei der herbizidbeeinflußten Atmung von Pflanzen sind sehr vielfältig:

Atmungsänderungen gehen oft mit Permeabilitäts- und Viskositätsänderungen im Plasma einher (KRIHNING 1965, AUERBACH u.a. 1968, EBERTS u.a. 1970). YEMM stellte (1965) fest, daß Atmungserhöhung mit anschließender Hemmung auf Grund von Strukturzerstörungen und damit verbundenen Permeabilitätsänderungen in der Zelle bei Grenzkonzentrationen sehr nahe beieinander liegen können. Diese Beeinflussungen können sich auch auf die Hydratation von Enzymproteinen (bei niederen Konzentrationen) beziehen. FLOWERS und HANSON (1969) haben mittels abgestufter Zucker- und Kaliumchloridkonzentrationen die Tätigkeit isolierter Mitochondrien ebenso wie die Atmung von Hypokotylabschnitten ändern können und führen diese Störungen auf ein verändertes Wasserpotiental in der Umgebung von Enzymen zurück. Nach KUNZ (1969) können Schädigungen der Mitochondrienmembran zu einer schlagartigen Erhöhung der Reaktionsgeschwindigkeit um ein Vielfaches führen. In zahlreichen Arbeiten wird von Enzymbeeinflussungen, besonders der in der Glykolyse, aber auch der im Zitratzyklus wirksamen Fermente, gesprochen. In früheren Untersuchungen fanden wir bei einigen Arten die Ascorbinsäureoxydase, bei anderen wird nach FIERMENT und GÜNTHER (1968) die Cytochromoxydaseaktivität verändert. Eine Reihe von Autoren (DEYEWA u.a. 1967, FIERMENT u. GÜNTHER 1968) führen die schädigende Wirkung bestimmter Herbizide auf Entkopplungsvorgänge zurück. Tatsächlich ist die Einbaurate von anorganischem Phosphat bei gesteigerter Atmung oft beeinträchtigt. Bei Keimlingsorganen von Zea mays ist dies in unseren Untersuchungen bereits nach einer kurzfristigen Behandlungsdauer von 2 h der Fall (Tabelle 3). Die aufgeführten Resultate zeigen eine Erniedrigung der Gesamteinbaurate des Phosphats, die beim DNP am stärksten ausgeprägt ist. Unterschiede zeigen sich auch in den anderen Fraktionen. Da jedoch hierzu noch ungenügend Wiederholungen durchgeführt wurden, können diese Angaben noch nicht als gesichert angesehen werden, obwohl aus diesen Ergebnissen bereits erkennbar ist, daß eine gesteigerte Sauerstoffaufnahme nach Simazin 2,4D und DNP mit einer Abminderung der Gesamteinbaurate von markiertem Phosphat einhergeht. Wenn auch nach FOY und PENNER (1965) es viele Fälle gibt, wo die Sauerstoffaufnahme bei gehemmtem Phosphateinbau unverändert ist, da der Phosphorylierungsmechanismus empfindlicher ist als die Oxydationsenzyme es sind, so muß doch eine entkoppelnde Wirkung einiger Herbizide als sicher angenommen werden. Für den Kopplungsvorgang sind wohl in jedem Falle, gleich welche Theorie man auch immer zugrunde legen mag, wie die sehr eindeutigen Versuche RACKERs (siehe KUNZ 1969) beweisen, für Protonen weitestgehend impermeable Membranen notwendig, die eine

Tabelle 3

Phosphateinbaurate bei Organen von Keimlingen von Zea mays, Sorte "Schindelmeiser", nach kurzfristiger Behandlung mit Wirkstoffen (2 Std.) Fraktionierung verändert nach OGUR u. ROSEN; ^{32}P-Applikation 2 Stunden; Keimlingsalter 4 Tage;

	Wurzel					Koleoptile				
	H_2O	IES	2,4D	Sim.	DNP	H_2O	IES	2,4D	Sim.	DNP
Gesamt	50 =100%	35,6	29,2	31,0	26,0	47 =100%	28,8	15,0	12,4	16,4
Alkohol-löslich	47,2	45,7	25,4	33,0	22,3	29,0	8,5	14,5	9,9	8,6
Alkoh./ $HClO_4$	12,9	7,95	9,8	11,8	7,7	2,9	4,0	8,8	3,7	2,6
Alkoh./ Äther	3,3	4,1	4,7	4,3	2,8	1,1	1,3	2,3	1,5	1,5
$HClO_4$	3,5	2,2	2,6	3,0	2,6	1,2	1,0	2,8	1,6	0,9

vektorielle Anordnung der Elektronenleiter als Kopplungsfaktoren ermöglichen und den Aufbau und die Erhaltung von notwendigen Potentialen zulassen. Daß aber kompartimentierende Membranen durch auftreffende Effektoren nicht unbeeinflußt bleiben, ist mit Sicherheit anzunehmen.

Auch wenn sich die Annahme AMBERGERS (1961), die Katalase könnte in ihrem Wirkungsmechanismus mit der Endoxydation im Zusammenhang stehen, bis heute nicht bestätigt hat, wird ihre Verhaltensweise bei der Bestimmung der Aktivität von Atmungsenzymen oft mitgeprüft. Seit NELLERs Befunden (1931), daß die Katalase der Pflanzenzellen durch von außen zugeführte Substanzen beeinflußbar ist, wird ihr Verhalten auch im Zusammenhang mit der Wirkung verschiedenster Effektoren beobachtet. ZEMANEK und Mitarbeiter (1966) konnten in einer neueren Arbeit nachweisen, daß die Katalaseaktivität unter dem Einfluß von Pyrazon in jungen Zuckerrüben- (resistent) und Senfpflanzen (pyrazonempfindlich) entsprechend der Empflindlichkeit der Pflanzen gegenüber dem genannten Herbizid verhält. In den von uns ermittelten Untersuchungsergebnissen zeigt die Aktivität des genannten Enzyms ein eindrucksvolles Verhalten (Tabelle 4).

Tabelle 4

Katalaseaktivität in Homogenaten von Keimlingsorganen von Zea mays (5 Tage alt) nach Behandlung der Pflanzen mit verschiedenen Wirkstoffen in einer Konzentration von 10 mg/l, Behandlungsdauer 2 Stunden. Angaben in % zur Kontrolle.

Wurzeln					Koleoptilen				
H_2O	2, 4D	IES	Sim.	DNP	H_2O	2, 4D	IES	Sim.	DNP
100	62, 0	79, 2	60, 2	23, 7	100	50, 7	84, 5	44, 5	35, 6
-	63, 2	81, 0	56, 4	39, 5	-	64, 2	81, 0	41, 2	29. 1
-	69, 8	86, 9	72, 1	31, 1	-	69, 8	89, 2	49, 6	39, 0
100	65, 3	82, 4	62, 9	31, 4	100	61, 2	81, 8	48, 8	34, 4

Bei Verwendung des Proteingehaltes als Bezugsgröße zeigen die Wurzeln der Keimlinge von Zea mays (5 Tage alt) in den Absolutwerten eine etwa doppelt so hohe Aktivität des untersuchten Enzyms wie die Koleoptile. IES-Behandlung zeigt in beiden Fällen die am wenigsten abgeminderte Aktivität, DNP bewirkt bei beiden Organen die stärkste Inhibition. Simazin und 2, 4-D rufen bei der Wurzel eine annähernd gleichstarke Abminderung hervor. Es scheint lohnend zu sein, der Katalaseaktivität auch bei anderen Versuchen mit Herbiziden Aufmerksamkeit zukommen zu lassen.

ZUSAMMENFASSUNG

In vorliegenden Untersuchungen wurde das Streckungswachstum der Keimlingswurzel von Pisum sativum und Zea mays und die Sauerstoffaufnahme sowie andere damit im Zusammenhang stehende Fragen (Phosphataufnahme, Katalaseaktivität) nach Herbizidbehandlung geprüft. Alle verwendeten Konzentrationen von 10^{-2} bis 10^{-6} Mol Simazin führen bei Pisum sativum sowohl nach Kurzzeitapplikation (2 Stunden) als auch bei längerer Behandlungsdauer (16 Stunden) zu einer deutlichen Atmungsdepression. Das Streckungswachstum ist besonders bei längerer Einwirkungsdauer stark gehemmt. Maiskeimlingswurzeln reagieren auf Simazin- und 2, 4-D-Behandlung schon nach kurzer Zeit mit einer der Wirkung von DNP sehr ähnlichen Förderung der Sauerstoffaufnahme. Das Streckungswachstum zeigt zu dieser Zeit noch keine Änderung gegenüber den Kontrollen. Phosphataufnahme und Katalaseaktivität werden unter den angegebenen Bedingungen durch Simazin- und 2,4-D-Applikation auf Maiskeimlings-wurzeln gehemmt.

LITERATUR

AMBERGER, A., 1961: Z. Pflanzenernährung, Düng., Bodenk. 95, 123-130.

ARMSTRONG, W. 1967: Physiol. Plant. 20, 920-926.

AUGSTEN, H., 1956: Dtsch. Akad. Landwirtsch. Wiss. Berlin, Wiss. Abh. 20.

AUDUS, J. L., 1964: The Physiology and Biochemistry of Herbicides, London, New York.

AUERBACH, S., P. PRÜFER und G. WEISE, 1968: Biol. Zbl. 87, 425-438.

BETZ, A., 1955: Planta 46, 381-402.

BETZ, A., 1960: In: W. RUHLAND: Handbuch der Pflanzenphysiologie XII/2, Berl.-Göttingen-Heidelberg.

BROWN, R. and D. BROADBENT, 1950: J. of exp. Bot. 1, 249-263.

CRAFTS, S. A., 1961: The Chemistry and mode of action of herbicides. New York.

DEYEWA, W. P., 1967: Ber. d. Akad. d. Wiss. d. BSSR XI/1, 74-78.

EBERTS, E. and Ch. v. ASSCHE, 1970: Effects of Triazine Herbicides on the Physiology of Plants. Geigy. Mitteilungen über den VII. Internat. Kongreß für Pflanzenschutz Paris.

ERICKSON, R. O. and D. R. GODDARD, 1951: Growth 10. Suppl., 89-116.

FRENEY, J. R., 1965: Austr. J. agric. Res. 16, 257.

FIERMENT, G., 1969: Wiss. Berichte der Universität für Agrarwiss. Gödöllö Ungarn. Wissensch. Koordinationskonferenz über den Wirkungsmechanismus von Herbiziden.

FIERMENT, G. und G. GÜNTHER, 1968: Der Einfluß von TCA und Dalapon auf den Atmungsstoffwechsel von Agropyron repens. Vortrag, RGW-Tagung, Thema VI-0,4 Berlin.

FLOWERS, T. J. and J. B. HANSON, 1969: Plant Physiol. 44, 939-945.

FOY, Ch. L. and D. PENNER, 1965: Weeds 13, 226-231.

GRÄSER, H., 1967: Flora Abt. A 158, 493-504.

INGLE, M. and B. J. ROGERS, 1961, Weeds 9, 2, 264.

INGLE, M. and B. J. ROGERS, 1958: Proc. 15 th North Centr. Weed Control Conf. 4-5.

KEARNEY, P. C. and D. D. KAUFMANN, 1969: Degradation of Herbicides. New York.

KLÄMBT, H. D., 1961 a: Planta 56, 309.

KLÄMBT, H. D., 1961 b: Planta 56, 618.

KOIVUSALOW, M. and E. C. SLATER, 1965: Biochem. Zschr. 342, 246-255.

KRIHNING, J., 1965: Phytopath. Zschr. 52, 241-268.

KRIHNING, J., 1965: Phytopath. Zschr. 52, 372-394.

KUNZ, W., 1969: In BIELKA: Molekulare Biologie der Zelle. Jena.

KURTH, H. und H. PALLUTZ, 1963: Dtsch. Akad. Landw. Berlin, Vortrag Jan. 1963.

LADONIN, V. F., 1970: Tagungsbericht Dtsch. Akad. Landw. Berlin 109, 271-279.

LÜCK, H. S., 1962: Katalase; in H. U. BERGMEYER: Methoden der enzymatischen Analyse. Verlag Chemie GmbH. Weinheim, Bergstr.

LOWRY, H. O., N. J. ROSEBROUGH, A. L. FARR and R. F. RANDALL, 1951: J. Biol. Chem. 193, 265.

MAKOVCOVA, O. und L. SINDELAR, 1966: Biol. Plant. (Praha) 8, 260-262.

MASHTAKOW, S. M. und V. P. DEYEWA, 1967: Akad. nauk UdSSR 6, 1033-1041.

MAYER, F., 1957: Z. Naturforsch. 12 b, 336-346.

MUZIK, Th., 1970: Weed Biology and Control, McGRAW-HILL New York.

OGUR, M. and M. ROSEN, 1950: Archiv Biochem. 25, 262.

OPARTNA, J., F. SEIDLOVA, K. BENEŠ, 1964: Biol. Plant. (Praha) 6, 219-225.

PAULKE, E., 1967: Wiss. Zschr. d. PH Potsdam Math. -Naturwiss. Reihe 11/3, 357-362.

PAULKE, E., 1969: Wiss. Berichte Univ. Agrarw. Gödöllö, Herbizidkonferenz.

PAULKE, E. und W. R. MÜLLER-STOLL, 1966: Wiss. Zschr. der PH Potsdam 10/1, 83-105.

RACKER, E., 1949: J. Biol. Chem. 184, 313.

RAKITIN, J. W. und A. D. POTOPOWA, 1959: Akad. nauk UdSSR, 126, 688-691.

RAI, G. S. and C. L. HAMMER, 1955: Michigan Quarterly Bulletin 38/4, 555-558.

REBSTOCK, T. L., Ch. L. HAMMER, R. W. LUECKE and H. M. SELL, 1953: Plant Physiol. 28, 437-442.

REINHOLD, L. and Y. EILAM, 1954: J. exp. Bot. 15, 297-307.

RIESS, P., 1969: Berichte der Univ. für Agrarwissensch. Gödöllö-Ungarn. RGW-Tagung über den Wirkungsmechanismus von Herbiziden.

RUHLAND, W. und K. RAMSHORN, 1938: Planta 28, 471-514.

STENLID, G., 1949: Physiol. Plant. 2, 350.

STILES, W., 1961: In W. RUHLAND: Handbuch d. Pflanzenphysiol. XII/2, 465-492.

SWIETOCHOWSKI, B., 1962: Ökologische und pflanzenphysiologische Grundlagen der Herbizidanwendung, (poln.) Sympozjum Herbizidowe, Wroclaw.

SINZAR, B., 1970: Ber. Dtsch. Akad. Landw. Berlin 109, 145-149.

TELTSCHEROVÁ, L. und J. KREKULE, 1968, Biol. Plant. (Praha) 9, 75-78.

UMBREIT, W. W., R. H. BURRIS und J. F. STAUFFER, 1949: Manometric techniques and tissue metabolism. Minneapolis.

WOLF, J., 1960: Einleitung und Übersicht. - In W. RUHLAND: Handbuch der Pflanzenphysiologie XII/1, Berlin-Göttingen-Heidelberg. LXIII-CCLXXX.

WOODFORD, E.K., 1956: The toxic action of Herbicides. Outlook on Agriculture 1/1, 145-154.

WORT, D.J., 1964: In: L.J. AUDUS: The Physiology and Biochemistry of Herbicides, London. New York.

YEMM, E.W., 1965: In: F.C. STEWARD: Plant Physiology, IV A, New York, London.

ZEILE, K., 1941: Katalase. In : E. BAMANN u. K. MYRBÄCK: Die Methoden der Fermentforschung 3, 2615-2633, Leipzig.

ZEMANEK, J. und J. AMBROZOVA, 1966: Biol. Plant. (Praha) 8, 246-251.

ZEMANEK, J., E. MYDLOLOVÁ und M. BYLINSKÁ, 1966: Biol. Plant. (Praha) 8, 122-126.

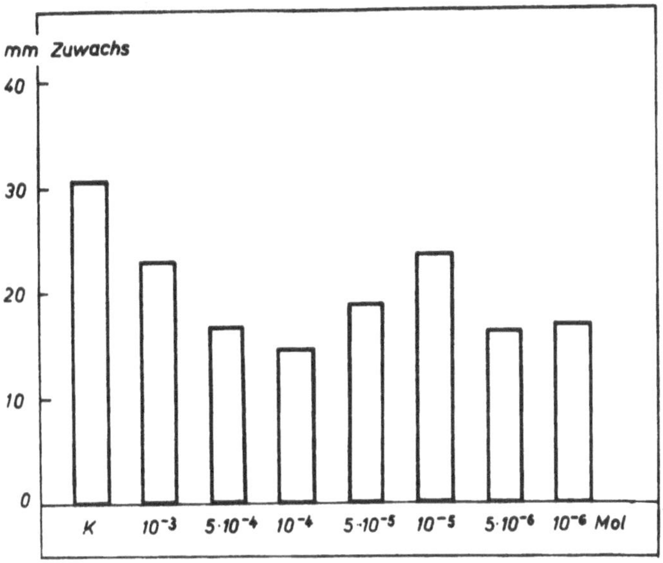

Abb. 1. Zuwachsrate von Wurzeln (0-10 mm) von Pisum sativum, Sorte "Maipal" nach Simazinbehandlung. Keimlingsalter zu Beginn der Applikation 5 Tage.

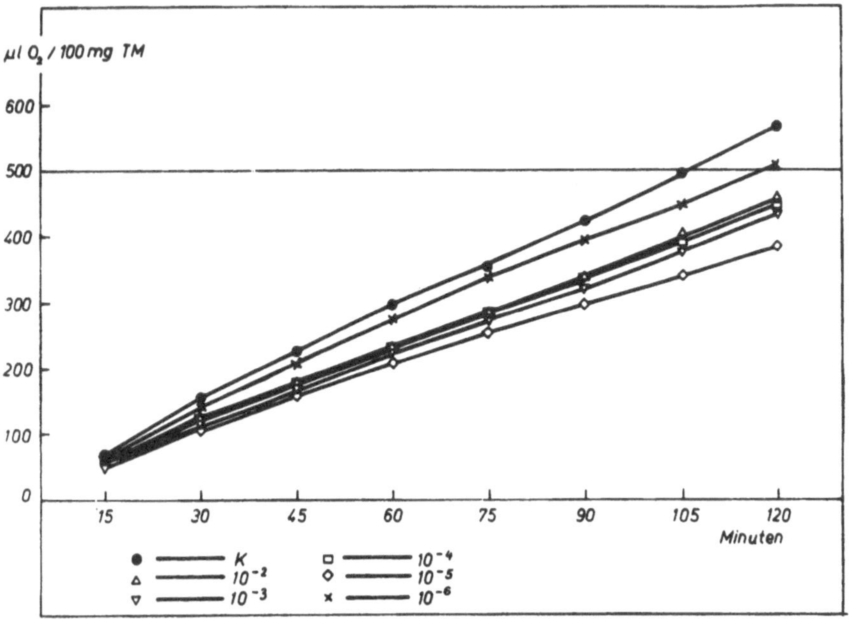

Abb. 2. Sauerstoffaufnahme von simazinbehandelten Pisumwurzeln. Keimlingsalter 5 Tage. Simazinapplikation während der Dauer der Atmungsmessung.

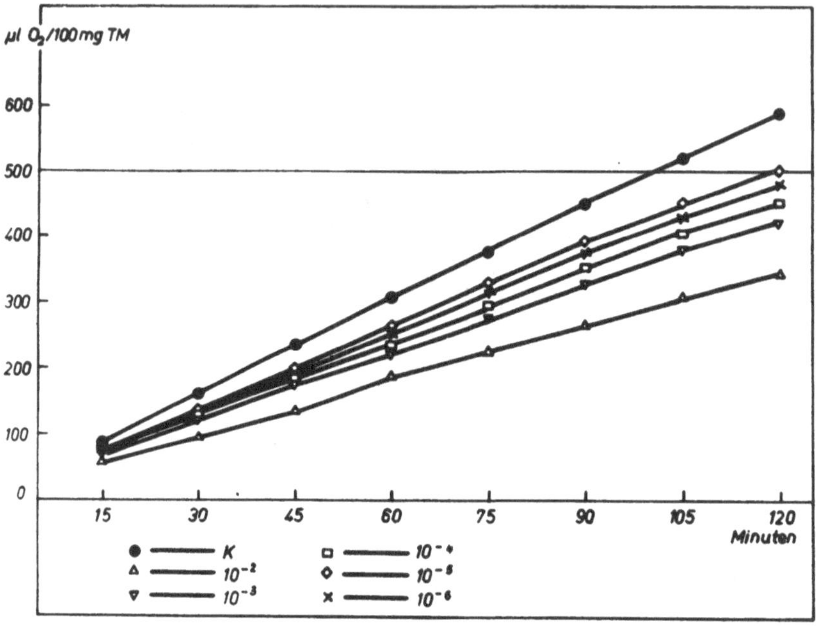

Abb. 3. Sauerstoffaufnahme simazinbehandelter Wurzeln (0-10 mm) von Pisum sativum, Sorte "Pilot". Keimlingsalter 5 Tage, Applikationsdauer 16 Stunden.

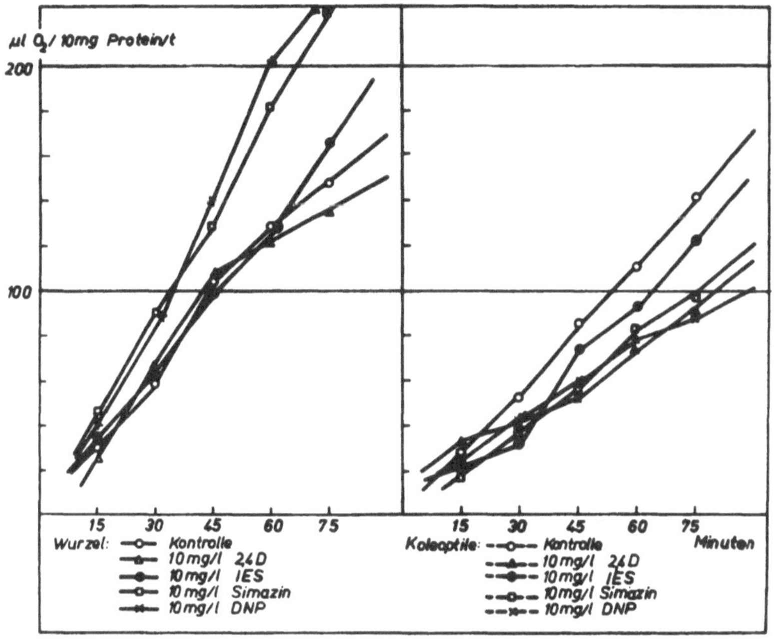

Abb. 4. Sauerstoffaufnahme wirkstoffbehandelter Keimlingsorgane von Zea mays. Keimlingsalter 5 Tage, Behandlung während der Meßdauer.

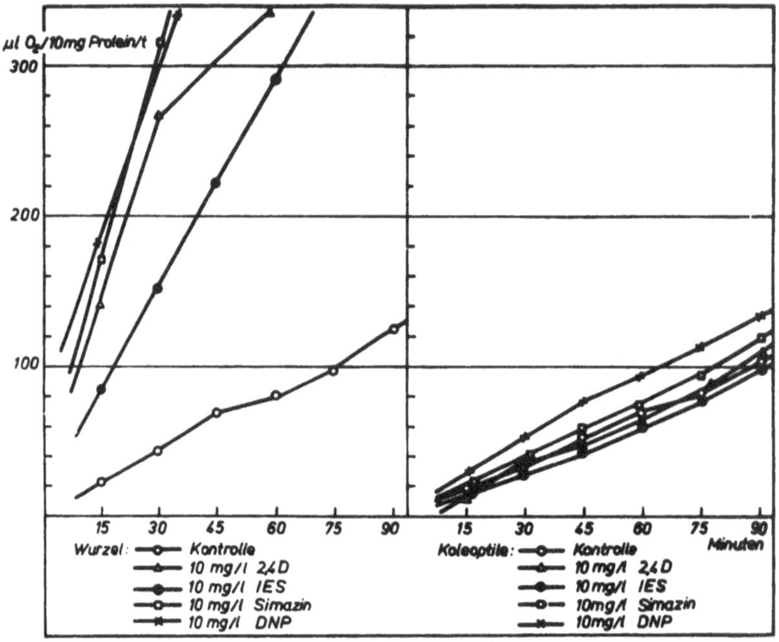

Abb. 5. Sauerstoffaufnahme der Organe 5 Tage alter Maiskeimlinge nach 16 Stunden Wirkstoffbehandlung.

VARIATIONS IN THE SHOOT/ROOT RATIO OF WHEAT SEEDLINGS AS INFLUENCED BY CCC (CYCOCEL) ACTION

E. S. AVUNDZYAN and E. K. SHIRAKYAN

Yerevan - 37, U.S.S.R.

Chloro-choline-chloride, cycocel, or as is briefly called, CCC action has been mainly studied with respect to the overground parts or organs of the plants. So far as the root system is concerned we know very little, if any, about CCC action. Unfortunately, our knowledge is limited to the fact that CCC counteracts the inhibitory effect caused by gibberellic acid on the rooting capacity of some plants (I, 2).

Shoot/root ratio is an important inherent factor affecting growth and other vital processes of the plant organism. This ratio acquires exceptional significance during the ontogenesis (3, 4) and senescence (5) of annual plants. Earlier work by our laboratory showed that CCC caused not only a drastic shift of shoot/root ratio of young wheat plants (6), but variations in the carbohydrate metabolism (7) and endogenous growth regulators (8) of those plants, as well as retardation of the senescence of isolated tobacco leaf discs (9). In this paper additional data are provided concerning CCC action on shoot/root ratio on wheat seedlings.

Dynamics of growth, as well as accumulation and distribution of nitrogenous substances is studied with respect to CCC action.

EXPERIMENTAL

Seeds of winter wheat of the Armenian variety, Artashati 42 were soaked either in bidistilled water (control), or in solutions of CCC of the following concentrations: 400, 800, 1 600, 2 400, 3 200, 4 000, 6 000, 8 000 and 12 000 mg/l. The seeds were kept in water or in CCC solutions 24 hours. On the 12th day of germination determinations were made of root and shoot length, fresh and dry weight, content of nitrogenous substances.

In a second experiment the dynamics of growth of the shoot and root system was followed out on the 6th, 9th, 12th, 15th and 18th day of germination. Solutions of 0, (control) 400, 3 200 and 8 000 mg/l CCC were used.

In a third experiment the distribution pattern of the nitrogenous substances was determined in the different segments of the stalk and roots of 18-day old seedlings.

RESULTS AND DISCUSSION

All doses (200 - 4 000 mg/l) of CCC used in the experiment caused a diametrically reverse effect on shoot and root growth, as a result of which shoot growth was considerably hindered, whereas root growth was even more noticeably stimulated (figure 1). It is quite noteworthy that under the action of moderate doses of the retardant (1 600-3 200 mg/l) shoot and root growth intensity practically become equal. Differential growth of the shoot and the root system was accompanied by an analogous pattern of fresh and dry weight accumulation. Concequently, CCC causing an inhibition of growth and dry weight accumulation in the shoot and an enhancement of the same processes in the roots, leads to a radical change in the shoot/root ratio value, the result being a sharp drop in favour of the latter. This ratio, ranging from 5,26 - 6,11 in the control plants, practically approaches unity (1,18 - 1,22) in plants treated with 3 200 mg/l of the retardant (table 1).

The result of CCC action was a net increase of fresh and dry weight accumulation in the roots, maximum accumulation occuring at the stage of 9-18 days by using 3 200 mg/l of the retardant. During the stage of 6-12 days control seedlings' shoot weight was about 7 times greater than that of the roots, 15-18 days old control seedlings had a shoot about 5 times heavier than their root system. By CCC action these differences were gradually levelled out and by using appropriate doses of the retardant it was possible to obtain seedlings with a shoot/root ratio practically approaching unity, i. e. shoot and root growth attained about the same velocity (figures 2, 3).

The dynamics of the accumulation of nitrogenous substances in the shoot and roots followed an analogous pattern under CCC action as was shown for the growth and dry weight accumulation processes, i. e. their content increased in the roots and decreased in the overground parts (figures 4, 5).

It can be concluded that there exists a direct correlation between the growth intensity of these organs and the formation and / or accumulation of nitrogenous

Table 1

Accumulation of fresh and dry weight in wheat seedlings as affected by CCC action

Doses of CCC mg/l	Weight of one plant in mg (average of 40)				shoot/ root (fresh weight)	shoot/ root (dry weight)
	shoots		roots			
	fresh	dry	fresh	dry		
0	141,1	25,7	26,8	4,2	5,26	6,11
400	118,9	21,9	29,8	5,9	3,99	3,65
800	97,0	19,0	35,4	7,0	2,75	2,71
1 600	88,1	18,6	53,2	9,9	1,65	1,87
2 400	78,7	18,0	59,8	10,3	1,31	1,74
3 200	71,6	17,0	60,1	13,9	1,18	1,22
4 000	80,2	19,9	58,2	12,9	1,37	1,54
6 000	92,8	22,6	33,5	9,8	2,77	2,30
8 000	102,9	20,7	29,5	8,2	3,48	2,52
12 000	102,9	22,6	25,7	6,6	4,00	3,42

substances (partly proteins and nucleic acids). This can be easily illustrated by the following example at 3 200 mg/l CCC the growth rate of the roots being greatest, these same roots contained the maximum quantity of proteins and nucleic acids expressed on a dry weight or per plant basis.

During the earlier stages of germination the RNA content practically remained constant in the seedlings. But beginning from the 6th day RNA content almost constantly increased in all parts of the plants. High doses of CCC had an inhibitory effect on RNA formation in wheat seedlings.

DNA content remained practically unaltered up to the 12th day of germination, between the 12-15 day it increased, following by gradually decrease.

CCC exerted a reverse effect on RNA formation in the overground and underground parts of wheat seedlings (figure 6). By the 6th day of germination CCC caused an increase in RNA content of the roots. Maximum accumulation occured in these organs by using 8 000 mg/l ot CCC. After the 15th day the retardant caused a further increase in the DNA content of the roots.

Table 2

Distribution of nitrogen in wheat seedlings as influenced by CCC action (micrograms per plant)

Organs	Segments	Nitrogen / Doses of CCC mg/l	0	400	3 200	8 000
Stalk	Upper	total	594	425	428	425
		protein	488	245	245	243
		nonprotein	106	180	183	182
	Middle	total	477	543	558	559
		protein	384	297	286	295
		nonprotein	93	246	272	264
	Lower	total	332	659	684	684
		protein	238	478	419	429
		nonprotein	94	181	165	256
Roots	Upper	total	63	186	192	145
		protein	33	151	126	109
		nonprotein	30	35	66	36
	Middle	total	129	99	125	118
		protein	99	68	98	89
		nonprotein	30	31	27	29
	Lower	total	139	78	79	98
		protein	86	38	48	59
		nonprotein	53	40	31	39

Table 3

Distribution of nucleic acids in wheat seedlings as influenced by CCC action (micrograms per plant)

Organs	Doses of CCC mg/l	Upper segment		Middle segment		Lower segment	
		RNA	DNA	RNA	DNA	RNA	DNA
Stalk	0	42,28	16,86	29,65	6,99	35,19	15,05
	400	33,54	12,09	38,98	15,26	27,65	8,76
	3 200	21,36	8,07	28,88	9,61	43,48	17,50
	8 000	21,09	7,58	27,06	9,56	40,39	16,69
Roots	0	11,18	3,06	17,09	3,89	23,09	4,87
	400	27,48	6,68	19,57	3,96	11,77	3,06
	3 200	11,95	7,79	18,28	4,89	11,89	3,39
	8 000	27,65	7,59	19,65	5,94	15,57	4,35

Higher doses of CCC caused a sharp drop in the RNA content of the shoot and a corresponding rise in the RNA content of the roots. Noticeable action of CCC on DNA formation was observed only by the 12th day, when it caused a rise in DNA content of the roots and a fall in that of the shoot.

It might be assumed that root growth (protein and RNA synthesis) stimulation and shoot growth (protein and RNA synthesis) inhibition by CCC action is due to an inhibition of the biosynthesis of endogenous gibberellins which have reverse effect, as compared with retardants, on shoot and root growth.

Data brought on tables 2, 3 shows that the accumulation of the nitrogenous substances in the shoot of control plants follows an ascending gradient, whereas in plants treated with CCC the gradient is a descending one. In controlled plants the site of maximum accumulation is the top, whereas in plants treated with CCC the site of maximum accumulation is gradually shifted to lower regions. The converse is true for the root system, CCC causing a shift of the site of maximum accumulation from the lower growing regions to the upper root neck region.

LITERATURE

BRYNE, P. W., G. J. HEMMINGS and D. LOW, 1960: 24, 407.

LIBBERT, E. and E. KRELLE, 1966: Planta, 70, 95.

CURTIS, O. F. and D. G. CLARK, 1950: An introduction to plant physiology.

AVUNDZYAN, E. S., 1964: Doctoral thesis, Moscow.

KAZARYAN, V. O., 1966: Symposium on the Ontogenesis of higher plants, Yerevan, Armenia, p. 155.

AVUNDZYAN, E. S., E. K. SHIRAKYAN and H. H. HARUTIUNYAN, 1968: Compt. Rend. of Armenian Academy of Sciences, Yerevan, 47, 61.

AVUNDZYAN, E. S. and A. P. ASMAYEVA, 1970: ibid, 51, 293.

AZATYAN, S. A. and E. S. AVUNDZYAN, 1971: ibid, (in press).

AVUNDZYAN, E. S. and H. H. HARUTIUNYAN, 1969: ibid, 48, 238.

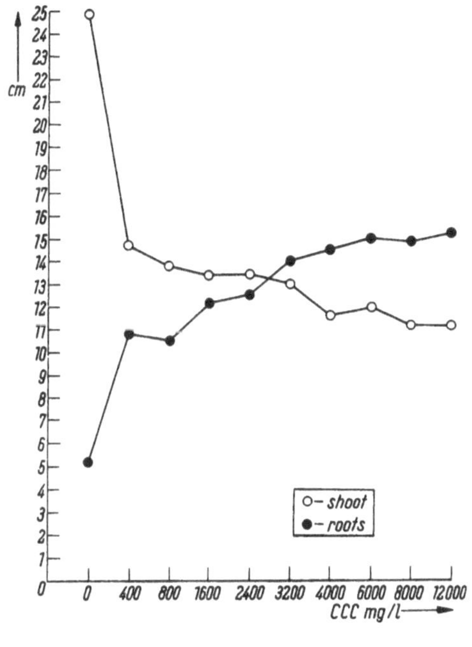

Fig. 1. The effect of different doses of CCC on growth of wheat seedlings.

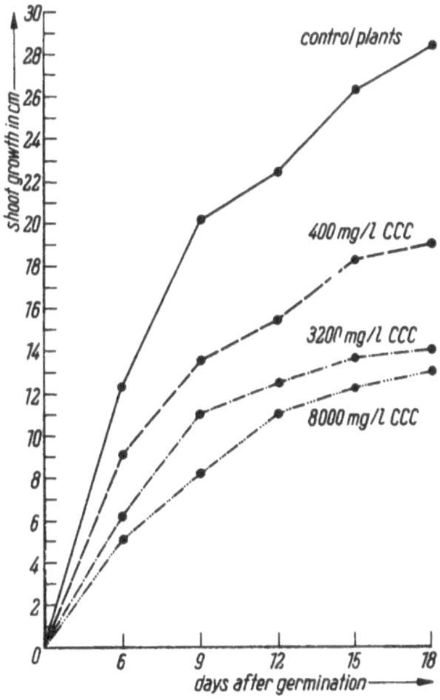

Fig. 2. Dynamics of growth of the shoot of wheat seedlings as effected by CCC action.

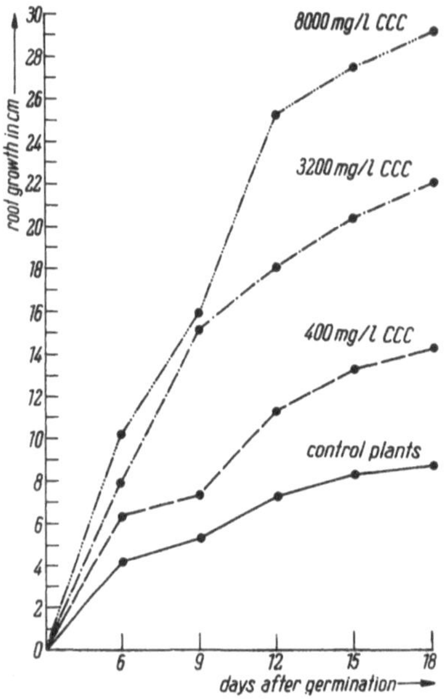

Fig. 3. Dynamics of growth of the roots of wheat seedlings as effected by CCC action.

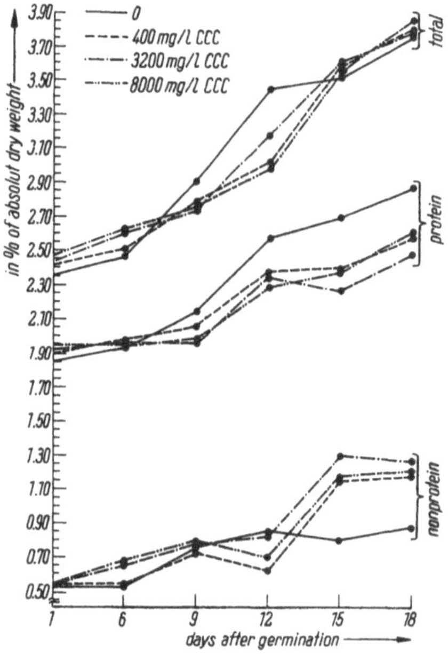

Fig. 4. Dynamics of accumulation of nitrogenous substances in shoot of wheat seedlings as effected by CCC action.

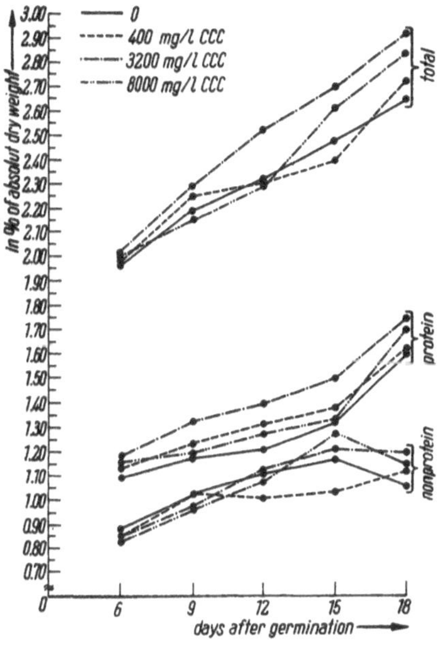

Fig. 5. Dynamics of accumulation of nitrogenous substances in the roots of wheat seedlings as effected by CCC action.

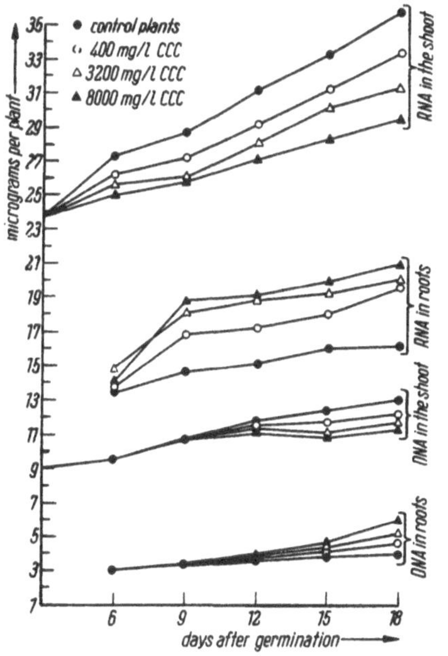

Fig. 6. Dynamics of accumulation of nucleic acids in the wheat seedlings as effected by CCC action.

INFLUENCE OF GROWTH RETARDING SUBSTANCES ON ROOT GROWTH OF CEREALS

U. WÜNSCHE

Department of Plant Husbandry, Agricultural College of Sweden
S-750 07 Uppsala, Sweden.

In cereal production the growth retarding substance 2-chloroethyltrimethylammonium chloride (chloro choline chloride or CCC) is used to reduce the occurence of lodging when large amounts of nitrogen fertilizer are applied to the crop. Also other substances have been tested for this purpose, i. e. chloroethyl phosphonic acid (CEPA) and dimethyl morpholinium chloride (DMC). Like CCC these substances reduce the straw lenght.

An important question is how the growth retarding substances will influence root growth and the ratio between above ground parts of the plant and the roots. There are several reports in the literature on a stimulating effect of CCC on root growth (for references see: WÜNSCHE, 1970, page 15). However, many of these reports do not give convincing evidence, and as there also are reports on a retarding effect on root growth it seemed to be of interest to study in more detail the influence of growth retarding substances on root growth of cereals.

MATERIAL AND METHODS

The influence on root growth of the growth retarding substances CCC, CEPA and DMC was studied on common Swedish varieties of spring wheat, winter wheat, winter rye, barley and oats. Three methods have been used:

1. Studies of root growth of young seedling in a test according to ÅBERG (1956). This method was only used in studies on the influence of CCC on wheat (for further details see WÜNSCHE, 1970, page 31).
2. Studies of root growth of young plants in a modified type of the "Keimrollen-

Methode" according to MAYER (1957). The seeds were first soaked for 24 hours in tap water (control) or water containing various amounts of the growth regulating substance. After rinsing in water 25 kernels were placed in a row 5 cm from the top of a moistened filter paper (24 x 48 cm). The filter paper was then rolled up and placed in a glass tube with water at the bottom. The glass tubes were placed in an illuminated temperature controlled room at 20 ^{o} C. The length of the primary root and the shoot was measured after seven days.

3. Studies on root growth in nutrient solution cultures according to a method described by WÜNSCHE (1970). The plants were grown in a greenhouse in 9 plexiglass tubes (Fig. 1) which were placed in the lid of black plastic buckets containing 14 liters of a nutrient solution. The growth regulator was applied either to the nutrient solution or as a foliar spray, in the first case three days after planting, in the latter case about 8 days later. Each treatment consisted of two replicates, both with nine plants. The plants were harvested three weeks after treatment. (For further details of the method and for the composition of the nutrient solution see WÜNSCHE, 1970 page 29).

These methods will in the following be referred to as method 1, 2 and 3.

RESULTS AND DISCUSSION

Influence of CCC

The influence of CCC on root growth was only studied on wheat and rye. The results of experiments (method 1, 2 and 3) earlier reported (WÜNSCHE, 1970) showed that CCC in many cases retarded root growth of winter wheat and spring wheat. These results lend no support to the hypothesis that CCC should stimulate growth. HANUS (1967) and RUCKENBAUER (1968) surmised that the immediate effect of CCC on root growth is negative, but that the retardation is later changed into a stimulating effect. This, of course, could be verified by a long series of growth experiment according to method 2.

Method 2 (Fig. 2) and method 3 (Table 1) on rye showed a similar picture as for wheat, although at some concentrations the retarding effect was small. In a few cases even a stimulating effect could be noticed. The influence of CCC on root growth of barley and oats has yet not been studied.

Table 1

Influence of CCC on root and shoot growth of winter rye (relative values). The plants were grown in nutrient solution cultures according to WÜNSCHE (1970). Mean values of two experiments with Petkus II and three experiments with Kungs II.

CCC	Root length	Plant length	Dry weights (per nine plants)	
			roots	shoots
	Petkus II			
Untreated	100 (35.9 cm)	100 (37.6 cm)	100 (0.380 g)	100 (2.100 g)
10^{-5}M	94	97	95	99
10^{-4}M	92	93	84	91
10^{-3}M	77	86	77	74
	Kungs II			
Untreated	100 (35.1 cm)	100 (37.1 cm)	100 (0.626 g)	100 (2.970 g)
10^{-5}M	104	90	87	99
10^{-4}M	100	93	80	104
10^{-3}M	97	83	118	104

Influence of DMC (method 2)

The results are summarized in Figure 3. In general it can be said that DMC, with a few exceptions, seemed to have little or no influence on the root growth at this early growth stage of the cereal plants.

Influence of CEPA (method 2)

As shown in Fig. 4 CEPA at the highest concentration had a stronger effect than DMC on barley and oats. In other cases, with the exception of Petkus winter rye, also CEPA seemed to have little influence on root growth. On Petkus winter rye, but not on the variety Kungs II, CEPA had a marked stimulating effect on root growth at concentrations in the range 10^{-5} to 10^{-3} M.

It should be emphasized that the results presented here are preliminary and that particularly the experiments with DMC and CEPA have to be repeated. Also method 1 and 3 will be used for these substances. Moreover, as the methods described in this report are based on experiments in which the plants are grown in nutrient solutions, the possibility of different effects on the root growth of field grown plants, cannot be excluded. The answer may only be given by root growth studies under field conditions. However, knowing the great difficulties in such experiments, including the fact that it is almost impossible to recover more than a limited percentage of the total root mass from the soil, the accomplishment of these types of experiments has been avoided by the author. Determination of the weight of roots recovered by hand-pulling as described by HUMPHRIES et al. (1967) is hardly an accurate method in such studies.

LITERATURE

ÅBERG, B., 1956: On the effects of parasubstitution in some plant growth regulators with phenyl nuclei. - In: The Chemistry and Mode of Action of Plant Growth Substances, ed. by R. L. WAIN and F. WIGHTMAN, Butterworths Sci., 48, 323-325.

HANUS, H., 1967: Die Beeinflussung des Wurzelsystems von Weizen durch CCC. - Z. Acker- und Pflbau 125, 40-46.

HUMPHRIES, E. C., P. J. WELBANK and E. D. WILLIAMS, 1967: Interaction of CCC and water deficit on wheat yield. - Nature 215, 782.

MAYER, F., 1957: Zur Wirkungsweise von Trichloracetat auf die höhere Pflanze. - Z. Naturforsch. 12 b, 336-346.

RUCKENBAUER, P., 1968: CCC-Versuche mit Winterweizenpflanzen in Nährlösungen. - Bodenkultur 19, 306-319.

WÜNSCHE, U., 1970: Influence of (2-chloroethyl) trimethylammonium chloride (CCC) on two Swedish wheat varieties. Växtodling - Plant Husbandry, 25.

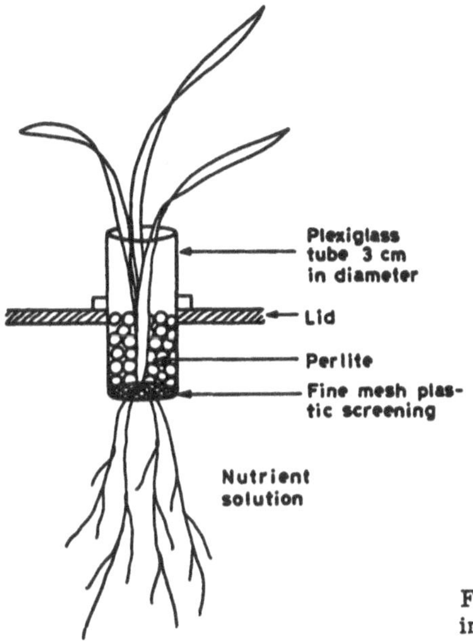

Fig. 1. Method of growing cereal plants in nutrient solution.

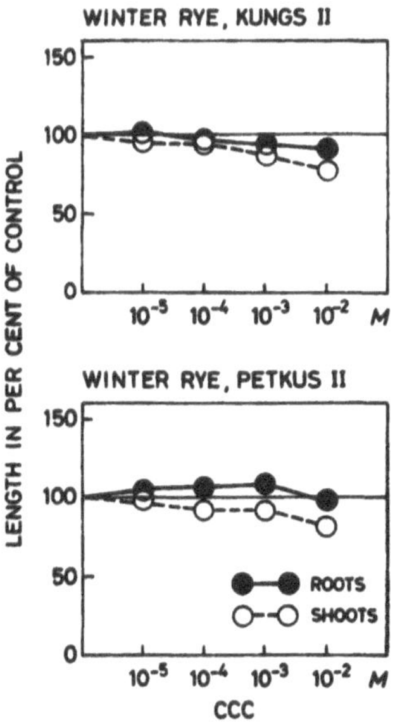

Fig. 2. Influence of CCC on root and shoot growth of winter rye. "Keimrollen-Methode" according to MAYER (1957).

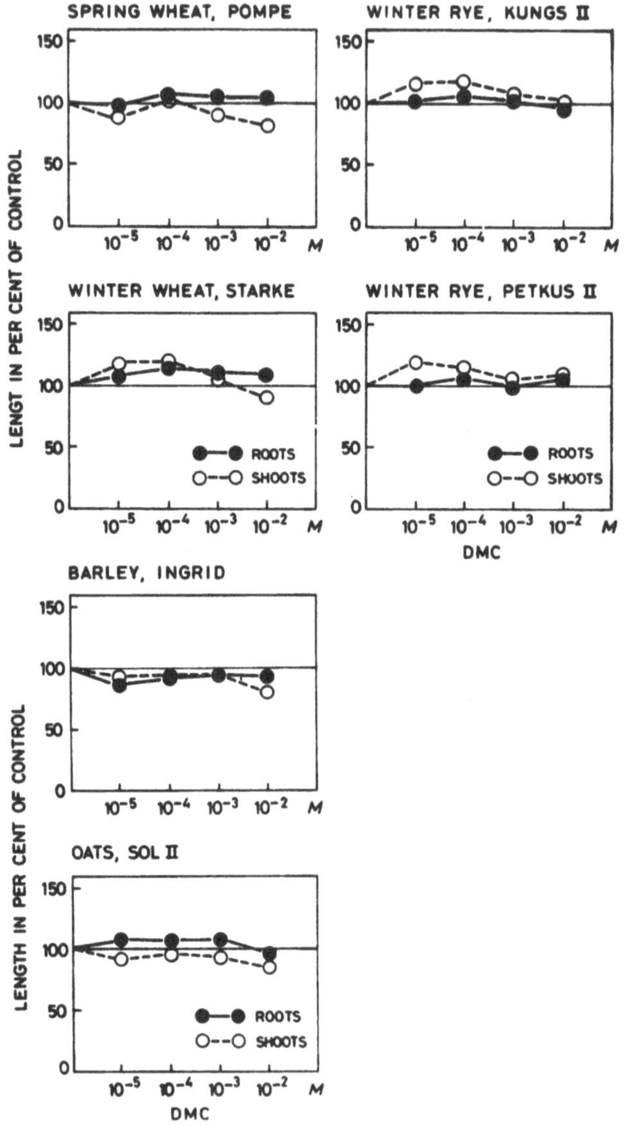

Fig. 3. Influence of DMC on root and shoot growth of cereals. "Keimrollen-Methode" according to MAYER (1957).

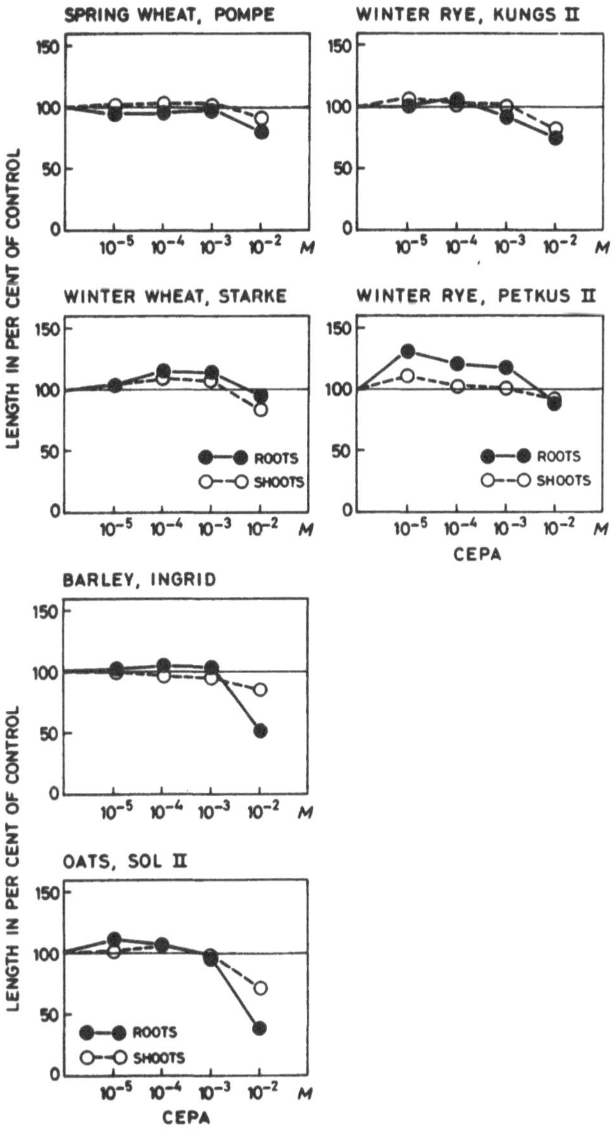

Fig. 4. Influence of CEPA on root and shoot growth of cereals. "Keimrollen-Methode" according to MAYER (1957).

QUANTITATIVE ASPEKTE DES ANATOMISCHEN BAUES DER WURZEL VON ZEA MAYS

MÁRIA LUXOVÁ

Botanisches Institut der Slowakischen Akademie der Wissenschaften,
Bratislava, Dúbravská 26, ČSSR.

Die Ergebnisse, die ich mir hier vorzutragen gestatte, erhielten wir zum Großteil durch die Analyse der Imbredlinie A 15 (VIR 17).

Die Maispflanze hat zwei Wurzelsysteme: das primäre (seminale) System, das durch die Wurzeln, die schon im Embryo angelegt sind, gebildet wird, und das sekundäre System, das die sproßbürtigen Wurzeln, die in Wirteln um die einzelnen Basalknoten entstehen, bildet (WEAVER, ZINK 1945). Die analysierte Linie hat im Embryo regelmäßig drei Wurzeln angelegt: die primäre seminale Wurzel und zwei weitere Seminalwurzeln. Die Wirtel der sproßbürtigen Wurzeln entwickeln unter normalen Bedingungen 6-7 Basalknoten. Die Anzahl der Wurzeln in den einzelnen superponierten Wirteln nimmt mit der Erstarkung des Achsenkörpers entsprechend zu. In Abb. 1 sind beide Wurzelsysteme in der Projektion abgebildet. Die Wurzeln der niedrigsten Wirtel entspringen nicht übereinander in vertikalen Reihen, sondern alternieren. Ein Teil der Wurzeln der höchsten Wirtel, d. h. des sechsten und siebenten, kann in der Form von Wurzelanlagen verbleiben. Die aus dem Achsenkörper oberhalb der Erdoberfläche wachsenden Wurzeln dienen auch als Stützorgane.

Die quantitative anatomische Auswertung wurde an der Basis der Wurzeln ausgeführt.

Der basale Teil der seminalen Wurzeln ist schon während der Embryogenese bei der Ausbildung des Wurzelpols des Embryos histologisch determiniert. Bei der Linie A 15 kommt es zur Determination in der ersten Hälfte der Embryogenese zwischen dem 15. und 19. Tag nach der Bestäubung von insgesamt 45 Tagen, die zur Ausbildung des reifen Embryos notwendig sind. Die radiale Anordnung des Leitsystems ist bei diesem polyarchen Typus nicht konstant. Ein brauchbares

Merkmal bei der quantitativen Bewertung ist die Anzahl der Xylempole. Es wurden mehrere Ursachen, die dieses Merkmal bestimmen und beeinflussen, festgestellt.

1.) Der genetische Charakter des Materials. Die Durchschnittsanzahl der Xylempole ist bei den einzelnen Vertretern von Zea mays unterschiedlich. Was die Variationsbreite der Polanzahl anbelangt, war diese bei den analysierten Kultivars größer als bei den Imbreds oder den einfachen Hybriden (LUXOVÁ 1967).

2.) Die Lage des sich entwickelnden Embryos im Rahmen des Blütenstandes. Wenn wir die Embryonen aller Körner eines Kolbens analysieren, zeigt sich die Anordnung der Wurzelanlagen mit unterschiedlicher Polanzahl als mosaikförmig. Bei der statistischen Verarbeitung einer größeren Anzahl von Kolben zeigt sich aber eine bedeutsam niedrigere Durchschnittsanzahl der Pole in den Wurzelprimordien bei den Körnern aus der apikalen, in ihrer Entwicklung zurückgebliebenen Gegend des Blütenstandes (LUXOVÁ 1971). Es scheint, daß neben den Unterschieden, zu denen es bei der Entstehung der Geschlechtszellen, bei der Bestäubung und Befruchtung kommen kann, auch der Faktor der Ernährung eine Rolle spielt.

3.) Standortbedingungen. Bei einer bestimmten Linie kann sich die Durchschnittsanzahl der Xylempole und ihre Variationsbreite in den embryonalen Wurzelanlagen in den einzelnen Jahren verändern. Wenn Material desselben Ursprungs gleichzeitig an zwei verschiedenen Lokalitäten gepflanzt wird, kann sich der unterschiedliche Umwelteinfluß auch an der Determination der Wurzelanlagen in den Embryonen manifestieren. So hatten z.B. selbstbestäubende Linien 4 Y, Krp 179 a, Krp 179 b und G 15, die im Maisanbaugebiet gezogen wurden, in der primären Wurzelanlage eine statistisch hoch bedeutsam größere Polanzahl als dieselben Linien, die im Kartoffelanbaugebiet gepflanzt waren. Demgegenüber zeigt sich die Linie Quebeck in dieser Hinsicht als sehr stabil (LUXOVÁ, POLERECKÝ, unveröffentlicht).

4.) Veränderungen in der Anzahl der Pole können auch durch die Induktion von künstlichen Bedingungen bei der Kultivierung unreifer exzisierter Embryonen in vitro verursacht werden. Bei der Kultivierung 14 Tage alter Embryonen bekamen wir Pflänzchen mit Primärwurzeln, die an ihrer Basis durchschnittlich 10,20 $\pm$ 0,716 Xylempole angelegt hatten, während aus den Embryonen, die sich an der Mutterpflanze entwickelt hatten, Pflanzen keimten, die primäre Wurzeln mit 13,55 $\pm$ 0,998 Xylempole hatten (LUXOVÁ 1971).

Die seminalen Wurzelprimordien sind histologisch als ein Bestandteil des heterotrophen Embryos determiniert. Die quantitative Auswertung ihres Differenzierungsmusters der ersten Leitelemente kann einerseits als Anzeiger der Empfindlichkeit des Materials, andererseits als Anzeiger der Summe der Bedingungen, unter denen die kritische Phase der Embryogenese verläuft, angesehen werden.

Der Entstehungsort beeinflußt den inneren Wurzelbau auch beim Sekundärsystem. In der Tabelle 1 sind die Durchschnittswerte angeführt, die für die einzelnen Wurzeltypen den Durchmesser, den Durchmesser des Leitzylinders, die Anzahl der Rindenschichten, die Anzahl der Xylempole und die Anzahl der weiten Metaxylemgefäße zeigen. Die Aufmerksamkeit, die wir den Geweben mit Leitfunktion widmeten, hängt mit den Arbeiten zusammen, in denen wir uns mit Dr. KOZINKA bemühten, die Konduktivität der einzelnen Wurzeltypen von Maispflanzen zu vergleichen (LUXOVA, KOZINKA 1970) sowie die Leitfähigkeit der einzelnen Wurzelgegenden ausdrücken (KOZINKA, LUXOVA 1971). Im Einklang mit den Ergebnissen der ersten Arbeit, die wir auf Grund der Auswertung kleinerer Auswahlen /n=10/ erhielten, erhöhen sich stufenweise die absoluten Werte, die wir für die einzelnen Gruppen der sproßbürtigen Wurzeln erhielten (1. bis 5. Wirtel). Auf Abbildung 2 sind einige Werte in wirklichen Relationen graphisch dargestellt. Man sieht, daß auch das Verhältnis der Fläche des Leitzylinders zur Querschnittfläche der Wurzel bei den stufenweise entstehenden Wirteln eine steigende Tendenz hat. Nach JIRASEK (1964) könnte die Mächtigkeit des Leitzylinders der Graswurzeln auf die Menge der Bodenfeuchtigkeit ihres Standortes hinweisen. Bei der analysierten Maispflanze weisen die im Boden entspringenden Wurzeln niedrigerer Wirtel mit einem kleineren Zentralzylinder und mit einer dickeren Rinde auf den Hygrophytentypus hin. Die Wurzeln, die aus dem Sproß oberhalb des Bodens wachsen und einen größeren Leitzylinder und dünnere Rinde besitzen, entsprechen dem Xerophytentypus. Im Zusammenhang mit der Stützfunktion bildet sich am Anfang der höheren Wirtel ein mechanischer Ring von Fasern.

Was die prozentuale Vertretung der Leitgewebe, konkret der Gefäße des breiten Metaxylems anbelangt, stehen die Wurzeln des ersten Wirtels an erster Stelle (OVČINNIKOV, NIKOLAJEVSKIJ 1961, LUXOVÁ, KOZINKA 1970). Mit ihren ca. 5-6% erscheinen sie als die relativ leistungsfähigsten Leitungsorgane. Bei den höher entspringenden Wurzeln fällt die prozentuale Vertretung der Leitgewebe stufenweise ab.

Auf Grund unserer Ergebnisse können wir nicht nur die Vertretung der Gewebe in den einzelnen Wurzeltypen, sondern auch in den Wurzeln der einzelnen Wirtel und schließlich in allen Wurzeln bei einer Maispflanze ausdrücken. Wir wollen uns hier auf die Anführung der Anzahl der Xylempole begrenzen:

Primäre seminale Wurzel 15
zwei weitere Seminalwurzeln 25

Tabelle 1

$\bar{x} \pm s_{\bar{x}}$	Wurzel	Leitzylinder	Rinde	Protoxylem	Metaxylem
n = 50	Durchmesser	Durchmesser	Anzahl der Schichten	Anzahl der Pole	Anzahl der weiten Gefäße
sem. Wurzel	1353, 92 ± 10, 73	611, 90 ± 6, 18	11, 74 ± 0, 08	14, 98 ± 0, 12	6, 22 ± 0, 10
	941, 50 ± 5, 16	377, 50 ± 9, 14	9, 43 ± 1, 07	12, 60 ± 1, 08	4, 94 ± 0, 68
1. Wirtel	1235, 86 ± 18, 16	652, 52 ± 1, 48	8, 51 ± 0, 10	20, 42 ± 0, 38	9, 76 ± 0, 31
2. "	1748, 76 ± 29, 47	996, 44 ± 22, 64	11, 86 ± 0, 15	28, 12 ± 0, 34	13, 98 ± 0, 26
3. "	2518, 56 ± 57, 60	1558, 88 ± 41, 96	16, 87 ± 0, 33	40, 54 ± 0, 56	20, 58 ± 0, 74
4. "	3188, 00 ± 77, 34	2065, 92 ± 47, 76	21, 32 ± 0, 29	57, 14 ± 1, 33	33, 10 ± 1, 01
5. "	4697, 68 ± 80, 90	3014, 04 ± 62, 51	29, 44 ± 0, 34	83, 00 ± 1, 34	54, 06 ± 1, 53

1. Wirtel	63
2. Wirtel	96
3. Wirtel	174
4. Wirtel	383
5. Wirtel	921
	1 677

Die angeführten Zahlen ermöglichen es uns, sich ein Bild von der Entwicklungsdynamik der ganzen Pflanze, vom Anwachsen ihrer Masse und ihrer Funktionen zu machen.

ZUSAMMENFASSUNG

Die Maispflanze hat zwei Wurzelsysteme: das primäre (seminale) System, das durch die Wurzeln, die schon im Embryo angelegt sind, gebildet wird, und das sekundäre System, das die sproßbürtigen Wurzeln, die in Wirteln um die einzelnen Basalknoten enstehen, bilden.

Die seminalen Wurzelprimordien sind histologisch als ein Bestandteil des heterotrophen Embryos determiniert. Die quantitative Auswertung ihres Differenzierungsmusters der ersten Leitelemente kann einerseits als Anzeiger der Empfindlichkeit des Materials, andererseits als Anzeiger der Summe der Bedingungen, unter denen die kritische Phase der Embryogenese verläuft, angesehen werden.

Auf Grund der Analysen der einzelnen Typen sproßbürtiger Wurzeln können wir auch ihre Funktionen erwägen. Die Anführung des Vorkommens der einzelnen anatomischen Merkmale für die Wurzeln in den einzelnen Wirteln und für die Auswahl aller Wurzeln ermöglicht es, sich eine Vorstellung über die Wachstumsdynamik der Maispflanze zu machen.

LITERATUR

JIRÁSEK, V., 1964: Beitrag zur Erkenntnis des histologischen Wurzelbaues der Gräser (Poaceae). Acta Univ. Carolinae Biologica 1, 61-88.

KOZINKA, V. und M. LUXOVÁ, 1971: Specific conductivity of conductiong and non-conductiong tissues of Zea mays root. Biol. plant. (Praha) 13, 257-266.

LUXOVÁ, M., 1967: Determination of radial arrangement of vascular tissues in the radicale and the primary root of Zea mays L. Biológia 22, 161-165.

LUXOVÁ, M., 1971: Concerning variability in the delimination of the vascular system in root primordia of maize embryos. Biol. plant. (Praha) 13, 79-87.

LUXOVÁ, M. und V. KONZINKA, 1970: Structure and conductivity of the corn root system. Biol. plant. (Praha) 12, 47-57.

OVČINNIKOV, N. N. und V. G. NIKOLAJEVSKIJ, 1961: Izmenenija anatomičeskogo strojenija kornej kukuruzy v zavisimosti ot mjesta obrazovanija ich na rastenij. Ukr. bot. Ž. 18, 16-22.

WEAVER, J. E. and E. ZINK, 1945: Extent and longevity of the seminal roots of certain grasses. Plant Physiol. 20, 359-379.

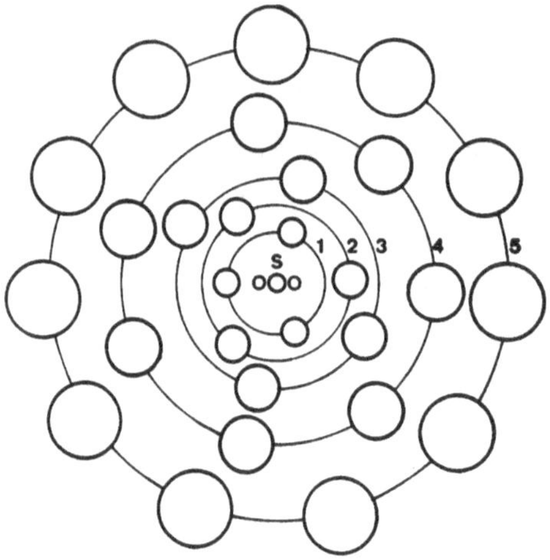

Abb. 1.

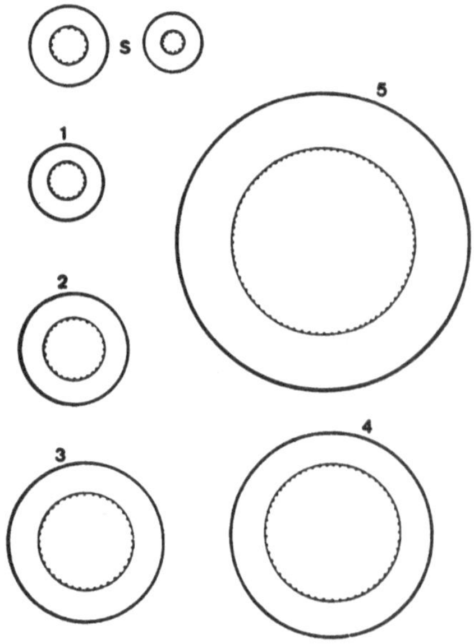

Abb. 2.

THE DISTRIBUTION PATTERN OF FINE ROOTS OF TREES

E. R. C. REYNOLDS

University of Oxford, England.

THE HETEROGENEITY OF ROOTING

The heterogeneous distribution of tree roots is well known and may be illustrated by a comparison of fine root amounts in Australian plantations of Pinus radiata and a stand of Pseudotsuga menziesii in England (REYNOLDS, 1970 b). Dry weights of fine roots from soil cores show a range of more than an order of magnitude and have skewed frequency distributions. In neither species was much of the variability associated with position relative to stems or crowns or with the microenvironment. Other explanations for the heterogeneity were sought. The Australian distributions were noted (MOIR and BACHELARD, 1969) to correspond to diameter classes of rootlets (0.4-0.7, 0.7-1.5 and 1.5-3 mm). Changes in the relative amounts among the classes they interpreted as due to the development of the three plantations sampled whose ages were 10, 20 and 34 years. REYNOLDS (1970 b) challenged this, showing that the English data were comparable although they were collected from a 38-year-old stand at intervals of months rather than years. He considered that both sets of data were explicable in terms of environmental effects on the cyclical production and death of ephemeral fine roots, and that the heterogeneity is a dynamic phenomenon due to the cycles in adjacent cells not being in phase with one another. Supporting evidence comes from observing roots through vertical glass windows, indicating (ROGERS and BOOTH, 1959; ROK"JANIS, 1969) that fine roots may only live as briefly as two weeks in summer months. The cells in which the cycles take place may be of the order of 30 cm diameter (REYNOLDS, 1970 a).

Whereas it did not seem necessary to invoke theories of the development of root systems with the age of the plant to explain heterogeneous rooting, that is not to say that development does not occur. It seems to be well established that there are changes in many of the root parameters with age, although it does not extend our understanding of the subject to try to categorize these changes into "phases" (REYNOLDS, 1970 b). However, it is probable that with the intermingled root systems of forest trees, the concentric patterns associated with aging in fruit trees and bushes (KOLESNIKOV, 1968) are not normally found in the forest. That is, root development of the trees is probably irrelevant to heterogeneity of rooting intensity in the forest soil except perhaps prior to canopy closure.

OBSERVATION OF TRANSIENT ROOT PATTERN

Following a suggestion by Dr. D. U. U. OKALI (University of Ghana), evidence of rooting pattern was sought in a 1927 planting of Pseudotsuga menziesii where previous observations had been made of the tree rooting (REYNOLDS, 1970 a). In early November 1968, transects of samples were taken along two lines shown in figure 1. The organic layers contained no roots and were removed before contiguous cubic samples (side 7. 6 cm) were taken from the surface of the mineral soil. At two points vertical files of contiguous samples were also taken. Roots were extracted from the samples (CAHOON and MORTON, 1961) and the lengths in diameter classes determined on subsamples by NEWMAN's (1966) method. I discuss the results from the southern half of the shorter transect. It has unfortunately not been possible so far to distinguish living from dead rootlets reliably in these samples.

Roots thicker than 1 mm were never more than 5% of the total root length and were usually less than 1%. Roots between 0. 5 and 1 mm diameter were about 17% of the total length of roots, the proportion remaining fairly constant among the samples. With sampling restricted to a single radius beneath one tree, the total root lengths (figure 2) show an overall increase away from the trunk (r^2=0. 39; significant linear regression), but this is almost obscured by the variability between lengths in the samples. There is also some degree of serial correlation.

With data from only 23 samples along a transect so far available, the method of pattern analysis (KERSHAW, 1957) is barely appropriate. Blocks of samples increased in size by one sample at a time result in rejecting up to 7 of the samples (from the end nearer the tree) and for the larger blocks the variance is calculated from only two figures. The systematic variation along the transects was removed before pattern analysis (GREIG-SMITH, 1964 p. 89). Figure 3 shows the trend of variance with block size. The analysis shows a reasonably well defined peak at blocks of five samples corresponding to a pattern of mean width 38 cm. If this were the average length of chords, the diameters of the corresponding circles would be $\frac{4 \times 38}{\pi}$ or 48.4 cm (C. BRADLEY, pers. comm.) although the cells would be interlocking polygons rather than circles. Incidentally, the analysis suggests that in order to obtain a 5% sampling error in this top soil, 35 samples 23 cm long would be optimal if they were 7.6 cm wide and 7.6 cm deep.

It can fairly readily be shown that the pattern I have suggested is not entirely adequate by comparing the data with artificial data obtained from a model (see Figure 4) where the 48 cm diameter cells have been awarded random root lengths corresponding to the range and frequency of the real data after removing the systematic variability. In Figure 2 are shown the data from a random transect across the model. The serial correlation in the model data is much greater and, unless the cells are considerably smaller than the preliminary pattern analysis suggests, one must conclude that the root densities change only gradually from one cell to the next. The upper line in Figure 3 shows that the variance of the artificial data is twice as large. When I have more data from the field, preferably from the long tangential transect on Figure 1, a more complete analysis will be attempted.

Experiment on Root Heterogeneity

I have suggested (REYNOLDS, 1970 a) that the supply of water influences the distribution of fine roots; that during drought the fine roots die, whereas continuous abundant soil moisture allows them to persist. Between these extremes, exploitation is cellular, the rootlets are ephemeral, and their distribution very heterogeneous. I am currently testing these postulates experimentally adjacent to the transects described above. Between the stems of Pseudotsuga menziesii are four blocks each with four treatments (1.83 m x 1.83 m). One treatment receives natural (measured) throughfall. The other three are covered, one being unirrigated, and two are irrigated weekly with 0.5 and 1.5 times the mean potential evapo-transpiration. Soil moisture heterogeneity in each plot is investigated by a line of three miniature gypsum resistance units 15 cm apart and 30.5 deep. After treatment had been maintained for 15 months, the first series of soil cores were taken (with the tools described in REYNOLDS, 1970 a) to a depth of 1.22 m in the first two weeks of June, 1971. Samples were taken at a random location in each plot and at a second point 15 cm from the first in a random direction. For successive 15 cm depths the pH and moisture content were determined and the roots extracted as before.

Casual inspection of the roots extracted suggest that, in support of the hypotheses, the intensity is somewhat serially correlated down the profile below each sampling point but differences between duplicate samples and within each file of samples are consistent with a cellular pattern: the irrigated treatments appear to have more uniform and larger root lengths throughout the profile. There were, however, surprisingly large concentrations of roots in the upper layers of the unirrigated plots. The laborious measurement of root lengths will be necessary before any confident appraisals can be made.

The soil moisture distribution among the cores is summarised in Table 1 (the block variance has been removed). The standard errors are convenient for assessing the agreement between the duplicate samples. Those for the plots receiving natural rainfall are, if anything, sligthly larger due in part no doubt to uneven throughfall. Those from heavily irrigated plots are generally small perhaps indicating more homogeneous extraction than on the dryer plots.

Table 1.

Moisture Contents of Soil Cores (% dry weight with standard errors), June 1971, Bagley Wood.

Treatment

(cm) Depth	Natural Rainfall	Dry	Low Irrigation	High Irrigation
0-15	28.3±2.12	18.8±0.64	26.0±0.57	29.4±0.61
15-30	19.6±0.52	14.0±0.49	18.7±1.02	22.9±1.68
30-46	17.1±0.61	13.5±0.45	15.9±0.51	17.3±0.21
0-122	20.2±0.61	16.8±0.23	19.6±0.21	20.6±0.24

CONCEPTUAL MODEL OF ROOT EXPLOITATION

The concepts of evolutionary adaptation of plants to their environments evoke ideas of effeiciency of plant morphology and physiology. Although we might be accused of teleology, it is not very different to speak in terms of strategy and say that the root system is the effective product of evolution to fulfil the plant's requirements for anchorage, nutrients and water. Could it be that the commonly observed death and decay of rootlets confer tactical advantages in this stratagem? That is, are the products of photosynthesis more efficiently utilised by discarding feeding rootlets than by maintaining them when, due to the dryness of the soil, absorption is negligible? After all, we tacitly assume that other transient plant parts (root hairs and the leaves of deciduous trees) are advantageous adaptations to certain environments.

Referring to the scheme in Figure 5, if $D-W < R+E$ during the period when uptake is negligible, then it is advantageous if the rootlets are ephemeral (the letters refer to the amounts of dry organic matter involved and are mostly self-explanatory: W relates to the possibility that material is withdrawn from rootlets before they are lost). I am suggesting that there is an optimum amount of respiring root material engaged in water uptake which is efficient in terms both of available soil moisture and the plant requirements. I the quantity of absorbing roots is sub-optimal, root extension would normally ensue, if supraoptimal, due to soil drying, some would die.

In conditions of frequent and plentiful rainfall, irrigation or subterranean water supply, rootlets may well persist. Infection by mycorrhizal fungi probably makes rootlets less ephemeral (WILCOX, 1967). Where general soil drought is a regular feature, plants show rootlet dormancy as an adaptation conserving the rather low productivity by $M < D - W$.

If optimisation by growth or death of rootlets were to take place in discreet cells (simply visualised as isodiametric) within the rooted soil as pictures in Figure 6, then with reasonably deep drained soil under moist temperate climates, perhaps as few as 25% of the cells would need to be under exploitation by respiring fine roots at any one time and yet an adequate water supply would be ensured. Only the larger roots which can initiate the rootlets persist in dry cells, perhaps because their distal ends subtend rootlets in adjacent moist cells. The cyclical sequence of events within a cell may perhaps follow that outlined figure 7.

I have tried to propose a model of root activity which accords with observations or root distribution and which is amenable to quantitative manipulation. It could be used to define under what soil and climatic conditions ephemeral absorbing roots may be expected, and when the system would be more efficient if rootlets were persistent, or, in droughty environments, adapted to dormancy. The longevity of rootlets and the sizes of cells might also be predicted from the model. Most important, other critical observations and experiments needed to validate or refute the hypotheses may be defined.

LITERATURE

CAHOON, G. A., and E. S. MORTON, 1961: An apparatus for the quantitative separation of plant roots from soil. Proc. Amer. Soc. Hort. Sci. 78, 593-596.

GREIG-SMITH, P., 1964: Quantitative Plant Ecology. 2nd. edit., London, Butterworths. Pp. xii+256.

KERSHAW, K. A., 1957: The use of cover and frequency in the detection of pattern in plant communities. Ecology 48, 291-299.

KOLESNIKOV. V. A., 1968: Cyclic renewal of roots in fruit plants. In: Methods of productivity studies in root systems and rhizosphere organisms'. GHILAROV, M. S. et al. (Eds.), Nauka, Leningrad, 102-106.

MOIR, W. H. and E. P. BACHELARD, 1959: Distribution of fine roots in three Pinus radiata plantations near Canberra, Australia. Ecology 50, 658-662.

NEWMAN, E. I., 1966: A method of estimating the total length of root in a sample. J. appl. Ecol. 3, 139-145.

ROK"JANIS, B., 1969: (Seasonal periodicity of spruce root-system growth in the Picetum oxalidosum). Latv. Lauksaimn. akad. raksti. 26, 97-103.

REYNOLDS, E. R. C., 1970 a: Root distribution and the cause of its spatial variability in Pseudotsuga taxifolia (Poir.) Brit. Plant and Soil 32, 501-517.

REYNOLDS, E. R. C., 1970 b: The development of tree root systems. Umpublished TS, Pp. 9.

ROGERS, W. S. and G. A. BOOTH, 1959: The roots of fruit trees. Sci. Hort. 14, 27-34.

WILCOX, H., 1967: Seasonal patterns of root initiation and mycorrhizal development in Pinus resinosa Ait. Proc. 14th Congr. Intern. Union For. Research Organ., Munich, 1967, Sect. 24, 29-39.

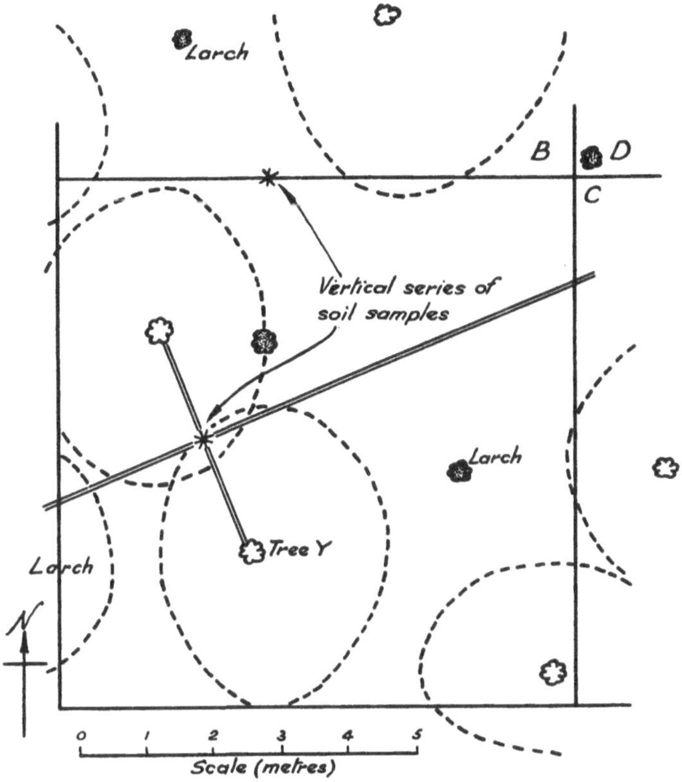

Fig. 1. Plantation of Pseudotsuga menziesii, Bagley Wood, Oxford. ═══ Transects of contiguous cubic soil samples. Crown edge projections. Tree stems. Stems felled October 1965. B, D, and C adjoining plots previously sampled (Reynolds 1970a).

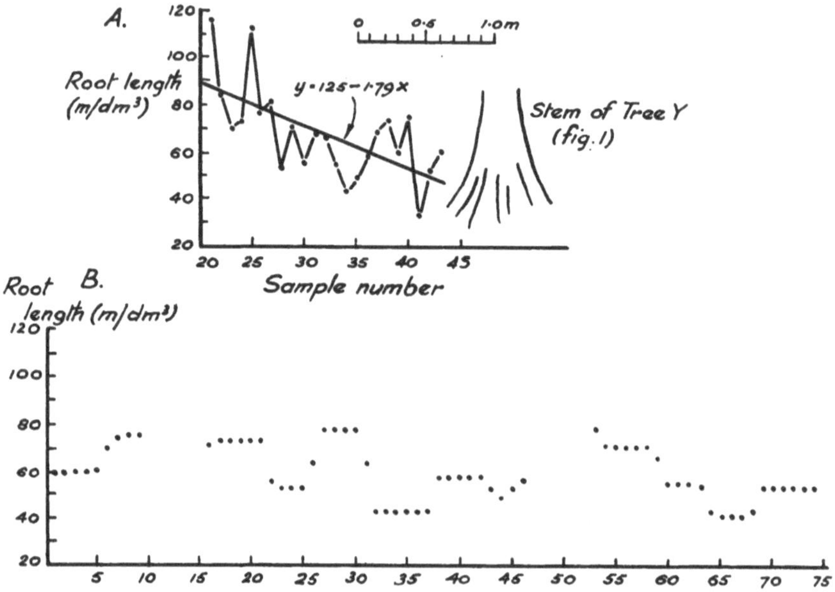

Fig. 2. Densities of root in contiguous 444cc samples along transects.
A. In 41 plantation of Pseudotsuga menziesii from tree stem to midway between stems.
B. Artificial data from transect in Fig. 4.

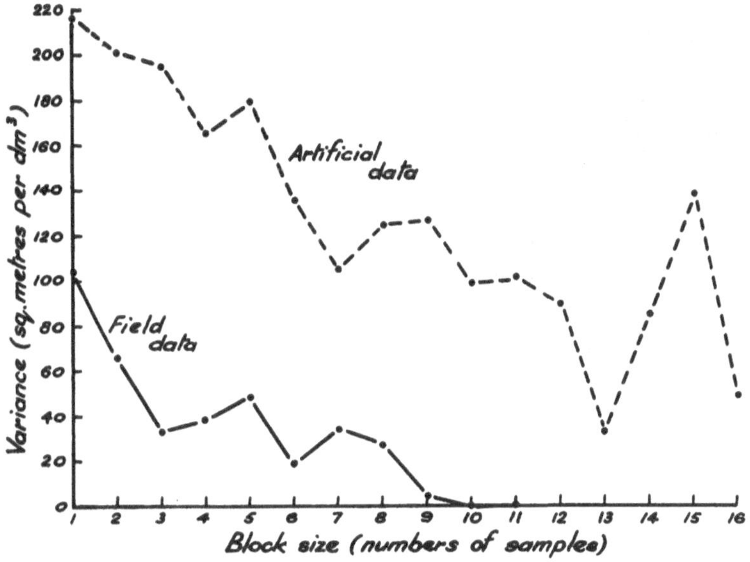

Fig. 3. Root Densities: relation between variance and grouping samples along transect - —— - Pseudotsuga, Bagley Wood. •—• Artificial data (Fig. 4.)

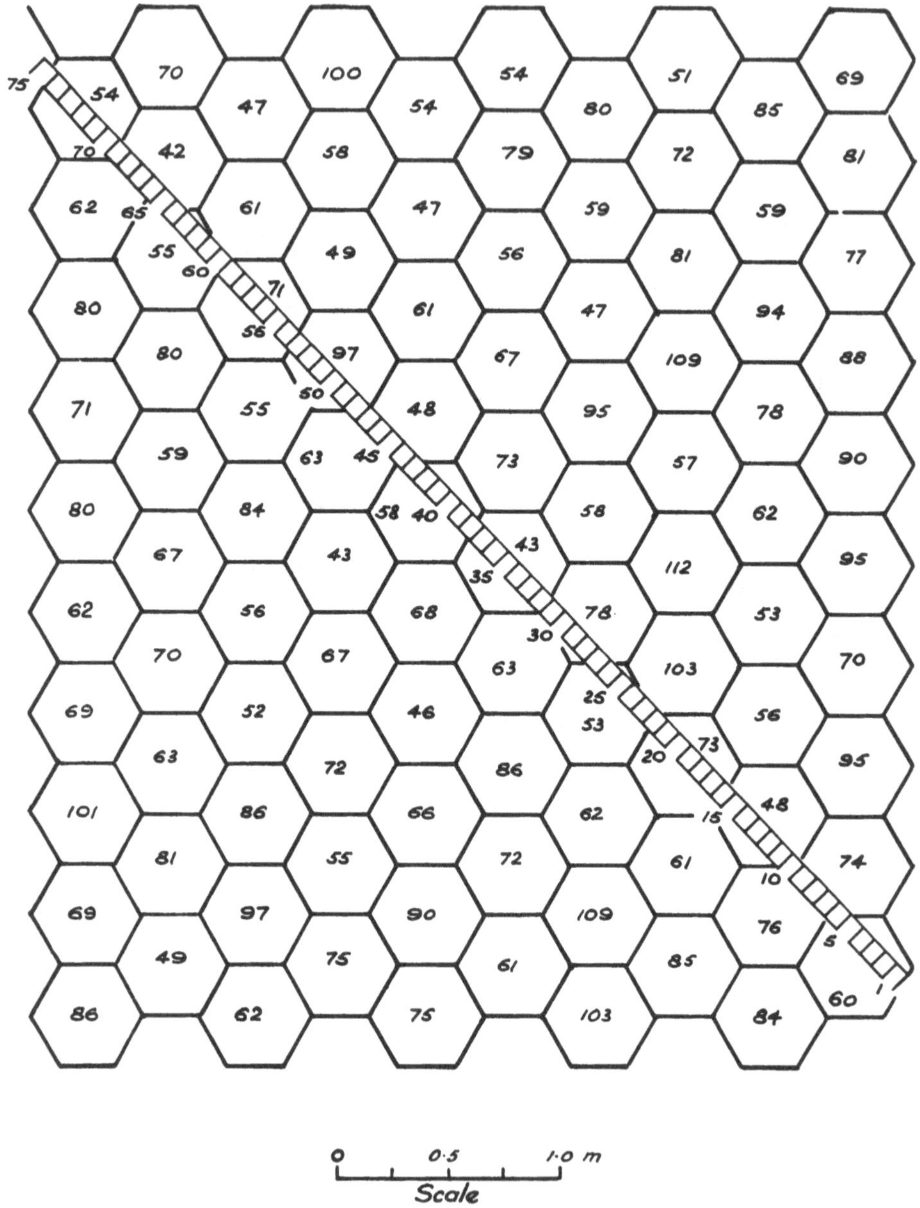

Fig. 4. Plan of hypothetical cellular distribution of root densities (numbers in cells are root lengths in m/dm^3) and transect of 7.6 cm cube samples numbered according to Fig. 2B.

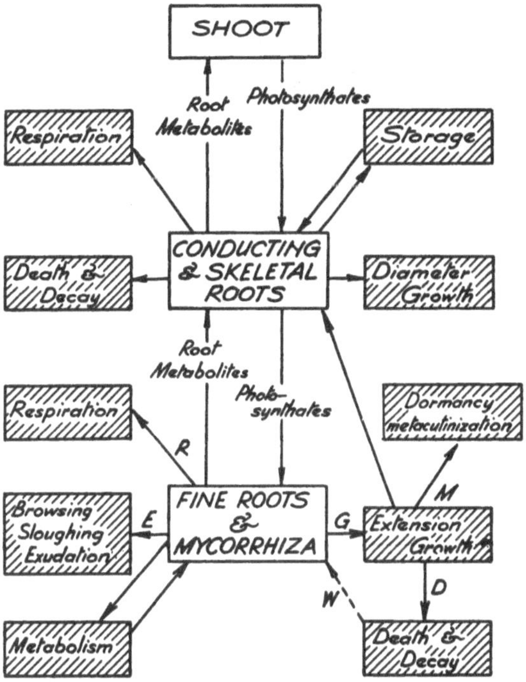

·Fig. 5. Fate of photosynthates translocated to roots. Arrows refer to the quantities of photosynthates passing into or through the various parts of the plants to be involved in various processes (hatched rectangles).

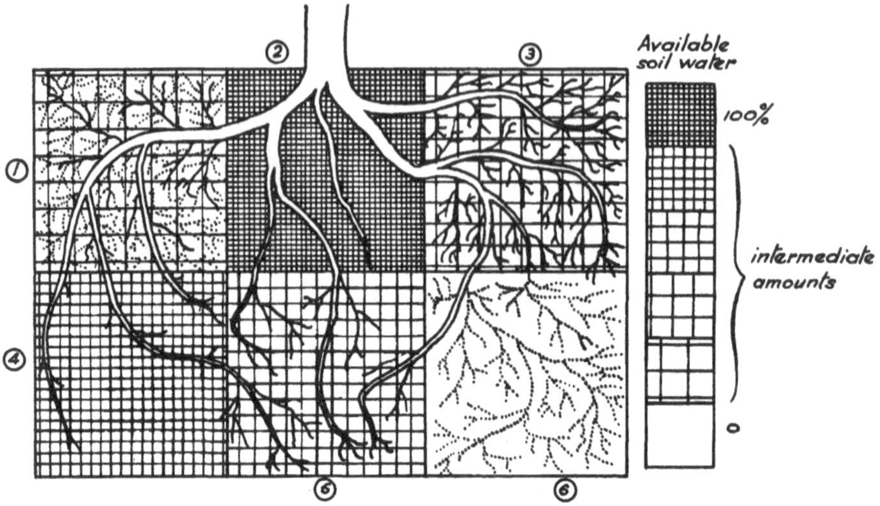

Fig. 6. Hypothetical cellular moisture extraction by a tree seedling Relatively persistent roots. Absorbing ephemeral rootlets Dying roots & roolets.
(Numbers refer to figure 7)

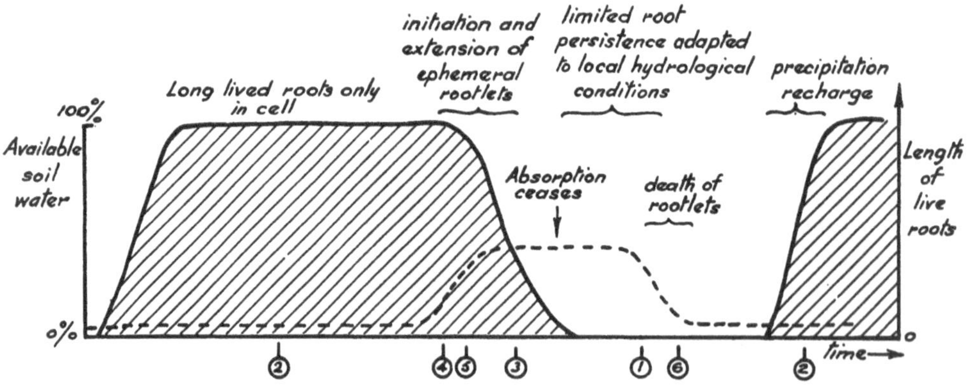

Fig. 7 Sequence of events in an individual soil cell. (Numbers refer to the several situations illustrated by the different cells in figure 6). ——— Available moisture in soil cell ----- root lenght in cell.

DISPOSITION OF THE ROOTS AND INTERRELATION BETWEEN ROOTS AND SHOOTS OF PINUS MARITIMA (POIR) IN STRANDJA MOUNTAIN, BULGARIA

I. MANOLOVA

Forest Experimental Station, Burgas, Bulgaria

Pinus maritima is one of the perspective coniferous forestwood species for the dry conditions in Strandja mountain. So far are created about 175 ha cultures. Pinus maritima is introduced in this region, i. e. have not naturally spread and there are not investigations of its root system.

The purpose of this investigation is to establish the disposition of the roots and the interrelation between top and root parts of P. maritima' s saplings in the two main parts of Strandjaperipheral and central one.

MATERIALS AND METHODS

Investigations were carried out on the types of site growing after the classification of MARINOV and NAUMOV (1964), PENEV (1968).

They were investigated three P. maritima' s cultures aged 7 and 9 years near the village of "Kraimorie" and "Kiten" (peripheral Strandja) and one aged 7 years at the locality of "Makevci" (central Strandja).

At the experimental plots from 500 sq. m were counted up the living saplings and on the 50 numbers of them were determinated the height and the diameter of the stems.

The root system was investigated after the complex method of RAKHTEENKO (1963).

In every experimental plot were excavated three trenches with surface 1 sq. m. and depth 0, 7 m.

Some more detailes for the growth conditions at the plots are given at the table 1.

Table 1

Locality, age, number of saplings in the plots and soil conditions for the areas of P. maritima's cultures.

Locality	Age (years)	Number of saplings/1000 sq. m. Initial	Present	Soil conditions: Subspecies soil		Depth (cm)	Mechanical composition	Compact-ness kg/sq. cm		Moisture (%) May	August	Permanent wilting percentage	Humus (%)	Type of growing
				Peripheral		Strandja								
Kraimorie	7	300	150	maroon chernozem	A	0-15	heavy sandy loam	86	20,60	17,66	16,35	2,89	$C_2^{I}2$
					B	20-65	light clay	100	30,50	22,32	21,97	0,82	
Kiten	9	400	262	maroon leachiv	A	0-15	median sandy loam	75	17,37	11,69	14,94	9,70	$C_{1-2}^{I}2$
					B	15-100	heavy sandy loam	166-250	28,09	17,37	18,69	0,34	
				Central		Strandja								
Makevci	7	572	572	maroon podzolic	A	0-20	heavy sandy loam	83	20,49	10,77	10,80	3,33	$C_2^{I}3$
					B	20,65	heavy sandy loam	100	24,22	15,44	16,63	0,54	

RESULTS AND DISCUSSIONS

The summarizing average indices for the depth of the central root penetration, for the length of the lateral roots, for their number and measures of P. maritima's saplings are presented at the table 2.

The central roots of P. maritima's saplings at "Makevci" reach to 130-150 cm, while at "Kraimorie" - to 120 cm. The deeper penetration at the first culture depends on the more favourable conditions of the basic rock.

The central roots of P. maritima's saplings at 9 years culture at "Kiten" penetrate to 135 cm, while at the 7 years culture at "Kraimorie" to 120 cm. This depends on the difference depth of the soil - 100 cm for the first culture and 70 cm for the second one.

The less depth of the central root penetration is compensated with the larger length of the laterals - 250 cm for the culture at "Kraimorie" and 174 cm for the culture at "Kiten". Consequently is established convers dependance between these indices. It is the same and for P. nigra's saplings (MANOLOVA, 1970).

Im some cases such dependance is not observed. For example at "Makevci" P. maritima's saplings cultivate both the central roots with large depth of penetration and laterals with large length (table 2). This appears to be as the adaptation for taking up of larger soil space in the depth and in the width and for avoiding the heavy competition of bracken fern.

Pinus maritima's saplings have average 24-33 numbers of lateral roots.

The lateral roots at "Kiten" are disposed from 5 to 15 cm depth, while these ones at "Kraimorie" - from 5 to 30 cm. This depends on the variour compactness of the soil B horizon-166 kg of sq. cm for the first culture and 100 kg of sq. cm for the second one.

The different growth conditions are reflected on the measures of the central and lateral roots exactly on their diameter, which under more favourable conditions is larger as it is the same for P. nigra's saplings (MANOLOVA, 1970).

The culture at "Kraimorie" grows on fresh, comparatively rich sites growing ($C_2^I 2$) and on deep soil with lightive to compactive B horizon. The diameter of the central roots is 110 mm and of the laterals - 22 mm.

The culture at "Kiten" grows on dry to fresh, comparatively rich sites growing ($C_{1-2}^I 2$) on deep soil with compactive to concisive B horizon. The diameter of the central roots is 101 mm and for the laterals - 19 mm.

Table 2

Quantitative and qualitative characteristic of the root system of P. maritima's sapling.

Locality		Central roots			Lateral roots					
					Length		Diameter			
	Age (years)	Penetration (cm)	Diameter (mm)	Branching (number)	Average (cm)	Maximal (cm)	Average (cm)	Maximal (cm)	Number	Disposition (cm)
			Peripheral	Strandja						
Kraimorie	7	120	110	1	250	400	22	64	32	5-30
Kiten	9	135	101	1	174	270	19	39	28	5-15
			Central	Strandja						
Makevci	7	130-150	83	1	310	500	20	52	24	5-15

The heavy root competition of the bracken fern at "Makevci" makes worse the growth conditions as a result of which the diameter of the central and lateral roots is less - 83 mm and 20 mm.

The angle between the lateral roots and the central root is from obtuse to right. These lateral roots usually are disposed parallelly to the soil surface. Frequent their diameter rests unchangable along 2-3 m and they look like cord ropes.

The data for the distribution of the roots in the soil layers (figure 1, 2 and 3) show that 85% from them at "Kraimorie" and "Makevci" are concentrated to 30 cm depth, while at "Kiten" - to 20 cm.

These differences are due to the different compactness of the soil B horizon at "Kiten" - 166-250 kg of sq. cm, at "Kraimorie" and "Makevci" - 100 kg of sq. cm.

Another factor, which influences on the distribution of the roots in the soil layers is the grass vegetation. Thus at "Makevci" 56, 8% of the roots we find in the loose superfacial soil layer, while at "Kraimorie" the root mass is comparatively even distributed on the soil layers to 30 cm depth. This difference is consequence of the heavy competition of the bracken fern's roots at "Makevci", whose roots in the soil layer from 20 to 50 cm are more from 8 to 25 times than these of P. maritima.

Contrary at "Kraimorie" the grass roots are concentrated in the top soil layer to 20 cm depth and they are more from 1 to 2 times than these of P. maritima.

The summarizing average indices and the data for the average airial dry weight of the over-ground and under-ground parts and theirs quantitative interrelations for P. maritima's saplings are presented at the table 3.

The two cultures aged 7 and 9 years from the peripheral part of Strandja grow on fresh, comparatively rich sites growing ($C_{1-2}{}^{I}2$) but have different growth.

Thus the volume of one sapling at "Kraimore" is more 1, 3 times than this at "Kiten" - 20, 5 dm^3 and 15, 5 dm^3. The average annual increase in height in the last 4 years at "Kraimorie" is with 14 cm more than this at "Kiten" (78 cm and 64 cm).

The dry average weight of one sapling in spite of the different age is equally - 10, 3 kg and 10, 0 kg, but at the same time the dry average weight of the roots at "Kraimorie" is 1, 2 kg, while at "Kiten" is 4 times less - 0, 3 kg.

Under the less favourable soil conditions at "Kiten" Pinus maritima's saplings cultivate on an unit over-ground part 4 times more roots (0, 11 and 0, 03). The relative share of the root dry weight from the total biomass is 4 times bigger (11, 27% and 2, 71%) in result of which the growth of the top and root organs and the diameter of the skeleton roots considerably decreases.

Table 3

Quantitative indices for the over-ground and under-ground parts of P. maritima's sapling

Locality	Average height (cm)	Average $D_{B.H.}$	Average annual increase (cm)	Average volume of a sapling (cm^3)	Average dry weight of a sapl. (gr): Over-ground part: Stem with branches	Over-ground part: Leaves	Over-ground part: Total	Roots: With diameter to 1 mm	Roots: With diameter over 1 mm	Roots: Total	Total over-ground and under-ground mass	% of the fine fraction roots from the total root mass	% of the roots from the total weight of a sapling	Ratio of the weight of the fine fraction roots to the weight of the leaves	Ratio of the weight of the roots to the weight of the over-ground parts
					Peripheral			Strandja							
Kraimo-rie	404	64	78	20, 5	7741	2333	10074	92	190	282	10356	32, 65	2, 71	0, 04	0, 03
Kiten	426	62	64	15, 5	6505	3807	10312	128	1034	1162	11471	11, 02	11, 27	0, 03	0, 11
					Central		Strandja								
Makevci	379	70	72	13, 8	5581	1483	7064	64	515	579	7643	11, 05	8, 20	0, 04	0, 08

The data for the state of the over-ground parts (table 3) of P. maritima's saplings at 7 years cultures at the two parts of Strandja show, that the heigher taxacional indices have the saplings at the culture near to "Kraimorie". This is because of the unfavourable influence of the heavy competition of the bracken fern and in this connection and with the deficit of the soil water during the summer.

The data for the average airial dry weight of the over-ground and under-ground parts (table 3) show, that the weight of the over-ground organs of one sapling at "Kraimorie" is 1,4 times more (10 kg) than this at "Makevci" (7,0 kg). But on this bigger over-ground mass fall to one's lot 2 times less root mass (282 g and 579 g).

At "Makevci" the relative share of the weight of the roots from the total biomass and the ratio between the root's weight and this of the over-ground parts are 3 times more in comparison with the same indices at "Kraimorie" - 8,20% and 2,71%; 0,08 and 0,03. Thus under less favourable conditions - heavy root competition and poor soil water conditions - on an unit weight over-ground mass P. maritima's saplings cultivate more roots in result of which the growth of the over-ground organs decreases.

The meaning of the results of studies is as follow:

1. The central roots of P. maritima's saplings (7-9 years) reach to 120-150 cm depth depending, on the depth of the soil profil and on the character of the basic rock.

2. P. maritima's saplings have branching (24-33 numbers), superficial horizontal root system.

3. Under more favourable conditions the central and lateral roots of P. maritima's saplings have bigger diameter than under less favourable - droughter and compacter soils or heavy competition of the grass vegetation.

4. The basic root quantity of P. maritima's saplings (85-86%) is concentrated to 20-30 cm depth depending on the physical and mechanical composition of the soil and on the competition of the grass vegetation.

5. When the growth conditions (droughter and compacter soils or heavy competition of the grass vegetation) are more heavy, the relative share of the roots from the total biomass and the value of the ratio between the over-ground and under-ground organs of P. maritima's saplings increases to 3-4 times, but the same time the volume of one sapling decreases 1,3-1,5 times.

LITERATURE

MARINOV, M. and Z. NAUMOV, 1964: A typological classification of the oak forests in Strandja mountain. On the problemes of the forestry economy in the oak forests in Bulgaria, Sofia.

MANOLOVA, I., 1970: Studies on the root system of austrian black pine in young plantations in Strandja mountain on various types of site growing. Forest Sci. VII, No 5, Sofia.

PENEV, N., 1968: Perspectivness of P. nigra's cultures in Strandja and its peripheral parts. Sofia.

RAKHTEENKO, I., 1963: Growth of the roots system of the three plants and relationships between their roots systems. Minsk.

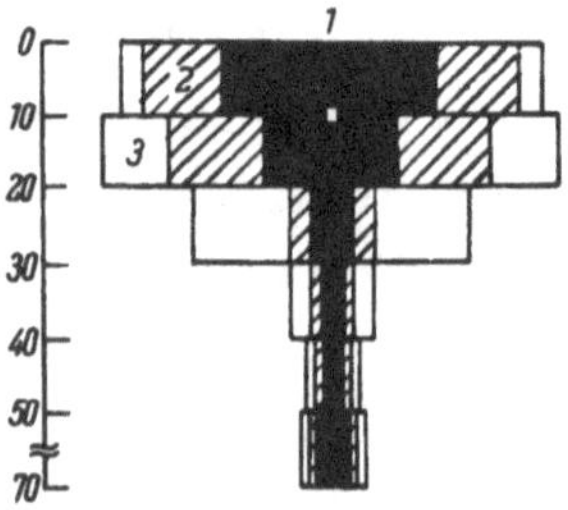

Fig. 1. Distribution of P. maritima's roots in soil layers at "Kraimorie".

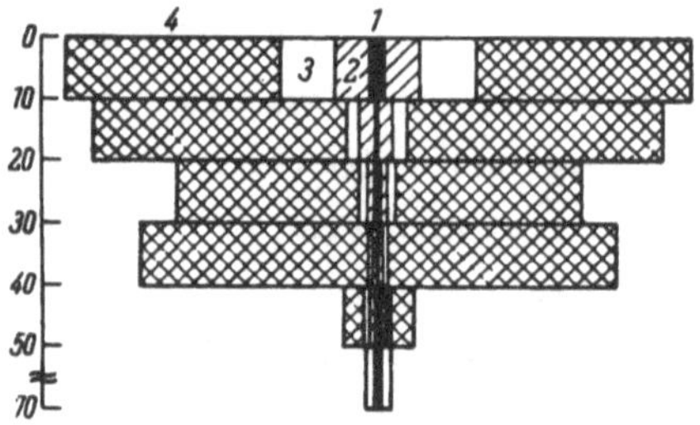

Fig. 3. Distribution of P. maritima's roots in soil layers at "Makevci"

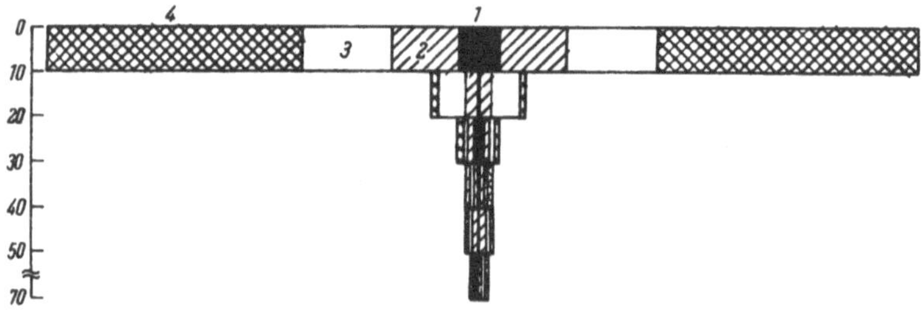

Fig. 2. Distribution of P. maritima's roots in soil layers at "Kiten".

Figs. 1-3: 1 - Roots of P. maritima with diameter to 1, 5 mm
2 - Roots of P. maritima with diameter from 1, 6 to 3 mm
3 - Roots of P. maritima with diameter over 3, 1 mm
4 - Roots of other plants

ROOT SYSTEM BIOMASS OF SPRUCE, OAK AND HONEYLOCUST IN THE EUROPEAN PART OF THE U.S.S.R.

O.S. VATKOVSKY and T.L. BYSTRITSKAYA
The Severtsev Institute of Animal Evolutional Morphology and Ecology, Academy of Sciences of the U.S.S.R.

L.A. GRISHINA
Moscow State University

This paper contains some results of the investigations of the bioproductivity of forest biogeocoenoses in the Russian Plain carried out in southern taiga (the Novgorod area), forest steppe (the Chernigov, Kirovograd and Voronezh areas) and steppes (the Nikolaev area).

The objects under investigation stretch in the direction from north to south along the 33rd meridian over a "profile" of more than 1, 500 km. Highly productive spruce forests of the 1a quality class have been investigated in the typical morainic landscape on the Valdai Hills, the Novgorod area. The peculiar morphology and chemical composition of the soil profile allow us to relate the soils under those forests to the pale-yellow soddy-podzolic ones. Natural oak forests have been investigated in several areas, viz. the "black forest" in the southern forest steppe on the right bank of the Dniepr in the northern portion of the Kirovograd area (soils here are represented by leached chernozems developed on loess); in the eastern portion of the Ukrainian wooded district (Krasno-Khutorskoye Forestry farm of the Chernigov area) where soils are represented by soddy-weakly-podzolic loamy sands underlain by ancient alluvial sands; and, finally, the oak forests growing on solonetsic soils on the right bank of the Khoper river close to the south-eastern boundary of the forest steppe zone (Borisoglebskoye Forestry farm of the Voronezh area). Oak and honeylocust plantations on southern chernozems have been investigated on the flat watershed of the Visun and Ingulets rivers in the dry steppe conditions (the eastern part of the Nikolaev area on the boundary with the Kherson area). The method of investigation applied envisaged consideration of the age series of stands in typical (for each zone) ecological conditions. When determining the subsurface phytomass the authors took stock of all the roots (thicker than 1 mm) of an aver age (with respect to the cross-section area) tree stem at an average area of nutrition. Less than 1 mm-thick roots forming a dense network close to the soil surface were taken stock separately by the method of small monoliths in the upper 8 cm-thick layer with an accuracy of no less than 10%.

In the nutrition area roots were taken stock in a soil layer down to a depth of 1.5 m. Excavation made down the entire root zone on one of the objects in the Voronezh area and observations of the change in the root mass with depth made on all objects give grounds to consider that no less than 90% of the root mass of the investigated biogeocoenoses are concentrated in this soil layer.

The methodic investigation of 30 trees from one of the stands has shown (VATKOVSKY, 1968) that an average (with respect to the cross-section area) tree stem model ensures evaluation of the above-ground phytomass with an accuracy of 8%. There are no grounds to think that evaluation of the subsurface phytomass made by this method will be less accurate.

During recent years some researchers (DROZDOV, 1969; BAZILEVICH, RODIN and ROZOV, 1970) have analysed the relationship between the climatic factors and bioproductivity. In order to evaluate the effect of heat and moisture on the productivity, DROZDOV (1969) suggested to use the annual values of the radiation balance (R), expressed in kcal per cm^2/year, and radiational index of aridity R/Lr, where Lr is the amount of heat required to evaporate an annual amount of precipitation, r is precipitation, L is the latent heat of phase changes. A comparative investigation of the water and heat regime of the objects studied by the authors (Table 1) has shown that the radiation balance values gradually increase from 33 to 46 kcal/cm^2/year which results in a parallel growth of the radiational index of aridity (from 0.75 to 1.84). BAZILEVICH, RODIN and ROZOV (1970) think that an increase in heat resources positively affects an increment in production at R less than 35-40 kcal/cm^2/year, whereas at R exceeding 35-40 kcal/cm^2/year the limiting role is played by moisture. Humid conditions greatly influence both the root system structure and amount of the subsurface mass contained in a soil volume unit. Among the biogeocoenoses investigated by us only the Valdai spruce forest grow, in the conditions of heat deficiency and moisture excess. Growing dryness of the habitat results in increasing the soil satiation with roots (Table 1). Upon transition to distinctly arid conditions, this tendency becomes less pronounced due to a reduction in the general productivity of forest biogeocoenoses. Thus in the Vladimir Forestry farm of the Nikolaev area an intensive thinning of the oak and honeylocust stands is observed at an age of more than 30 for the former

Table 1

Climatic indices and characteristics of the phytomass of the objects under investigation

Natural zone	Object under investigation	Radiation balance (R), $kcal/cm^2$ per year	Radiational index of aridity	Phytomass indices						
				Age of stand	Number of stems per ha	Average hight of stand, m	Cross-section area m^2/ha	Butt weight	Weight of roots, t/ha	Total
								t/ha abs. dry weight		
Southern	Spruce forests	33	0.75	15	281000	0.5	9.7	4.0	2.9	6.9
	in the Novgo-			30	885	8.1	33.4	16.0	4.7	20.7
taiga	gorod area			80	415	29.6	40.8	44.0	22.3	66.3
	Oak forests			5	26000	3.1	2.8	29.0	15.4	18.3
	of Chernigov			30	1340	14.7	17.8	10.4	23.8	34.2
Forest-	area			110	320	25.3	30.4	15.0	29.9	44.9
steppe	Oak forests			15	5350	6.0	6.3	9.8	33.6	43.4
	of Kirovo-			30	3230	12.2	19.0	21.4	29.7	51.1
	grad area			60	1212	22.0	33.0	33,0	42.5	75.5
	Oak forests			23	16900	4.5	10.8	11.2	44.0	55.2
	on solonets-	36.5	1.10	57	2060	9.1	19.6	12.5	48.3	60.8
	ic soils in			74	868	9.8	19.0	7.7	44.9	52.6
	Voronezh area									
	Oak stands			5	5960	2.1	4.4	2.2	11.9	14.1
Steppe	in Nikolaev			11	8200	5.7	9.5	10.8	19.5	33.0
	area			25	6750	5.6	18.5	15.5	29.8	45.3
		46.0	1.84	35	2780	9.1	17.6	11.2	16.9	28.1
	Honeylocust			5	6650	4.4	5.0	5.6	5.3	10.9
	stands in			10	5400	8.0	5.1	13.3	13.5	26.8
	Nikolaev			28	4200	7.7	14.7	23.0	30.2	53.2
	area			43	2400	10.2	20.2	12.0	18.1	30.1

and somewhat later for the latter. These age limits restrict further development of the subsurface phytomass.

The root mass in a soil volume unit increases with age thus reflecting an increase in the entire phytomass of a forest biogeocoenosis. Butts account for 30-50% of the subsurface phytomass, roots from 0.1 to 1 cm in diameter make up 30-35% and smaller feeding roots (less than 0.1 cm in diameter), evidei tly, account for 10-15% of the entire subsurface phytomass (Table 2).

Table 2

Fractional composition of the root mass of oak and honeylocust stands in the Nikolaev area

Age	Root mass in t/ha of absolutely dry weight			
	Butts	Roots, diameter in cm		
		3.0-1.0	1.0-0.1	Less than 0.1 in the upper 8cm layer
		Oak stands		
5	2.2	1.3	10.6	-
11	10.8	10.0	8.8	0.7
25	15.5	15.8	12.8	1.2
35	13.2	4.2	9.4	1.3
		Honeylocust stands		
5	5.6	-	4.2	1.1
10	3.3	8.0	3.2	3.3
28	39.0	4.1	7.3	2.8
43	20.2	2.7	4.7	2.5

The highest butt percentage (45-77%) in the subsurface phytomass has been observed in the spruce biogeocoenoses of the Novgorod area as compared with the other investigated stands growing in drier habitats. To a certain extent, this is evidently stipulated by the plant species peculiarities. Besides that it is possible to suggest that under more humid conditions the root system of plants transforms in the direction of increasing the butt part playing the most significant role in mechanical strengthening of the roots. However, this supposition needs careful experimental testing.

Alongside with an increase in the root mass of individual trees with age, the root mass of the stand contained in a soil volume unit can decrease due to natural or artificial thinning of stands.

Species peculiarities of root system structure of trees significantly manifest themselves in similar habitats which is exemplified by the age series of oak and honeylocust in the Nikolaev area. Table 2 shows the fractional composition of the phytomass of the stands under investigation. The compared stands have been established by applying similar agrotechnical measures and are characterized by close values of the subsurface phytomass accumulated during their growth. The honeylocust stands are characterized by significantly higher butt masses and those of small feeding roots located close to the soil surface. Probably, the species compared adapted in a different manner to the arid conditions in the course of their evolution. The evolution of oak resulted in extending the moisture-conducting root system which made it possible to use remote soil volumes. Efficient growth of honeylocust in dry conditions was, probably, ensured due to the formation of a "close action" root system with increasing expenditures on its renewal.

ABSTRACT

The root-system biomass of spruce, oak and honeylocust of different age has been determined when studying the bioproductivity of forest biogeocoenoses in the Russian Plain. The stands were studied in the typical ecological conditions of southern taiga, forest steppe and steppe. The root biomass has been found to increase with the age of stands as part of the entire phytomass growth. The root-system biomass of spruce increases from 7 to 70 t/ha and that of oak from 40 to 75 t/ha with the change in age from 15 to 80 years.

An increase in the radiational index of aridity of a territory has been observed to bring about an increase in root biomass and soil satiation with roots. In distinctly arid conditions this tendency becomes less pronounced due to a decrease in the total biomass of forest biogeocoenoses.

The root-system biomass structure of the stands under investigation is rather peculiar: butts - 30-50%, roots with a diameter of 0.1.-1 cm - 30-35% and roots less than 0.1 cm in diameter - 10-15%.

Comparison of the fractional composition of oak and honeylocust plantations growing in similar ecological conditions makes it possible to establish specific features in the root system structure of tree species. At close phytomass values oak and honeylocust plantations of the same age are characterized by different root-system fractional composition.

LITERATURE

BAZILEVICH, N.I., L.E. RODIN and N.N. ROZOV, 1970: Geographical aspects of studying the biological productivity. Materials of the 5th Congress Geogr. Society of the USSR, Leningrad.

VATKOVSKY, O.S., 1968: Methods for determining oak stem and crown phytomass. J. Lesovedenie, No. 6.

DROZDOV, A.V., 1969: Productivity of the zonal above-ground plant associations and indices of the water and heat regime of a territory. In the collection of papers: "General theoretical problems of biological productivity", "Nauka" Publ. House, Leningrad branch, Leningrad.

ROOT AND SHOOT DEVELOPMENT OF TWO CLONES OF LIRIODENDRON *TULIPIFERA* L. FOUR YEARS AFTER PLANTING

K. STEINBECK, G. D. KESSLER and P. P. KORMANIK

School of Forest Resources, University of Georgia, Athens,
and U. S. D. A., Forest Service, Athens, U. S. A.

Competition among different species has been of interest for some time (WEAVER, 1919 among many). Competition is keenest, however, when individuals of the same species must exploit the same niche (CLEMENTS et al., 1929). Many forest operations and genetic selection programs are moving towards greater uniformity of their products and towards monoculture. Therefore the factors which give one tree a competitive advantage over a neighbor of the same species as well as the relative importance of these factors at different ages are of interest.

We became interested in the growth patterns of the two clones of yellow poplar used in this study, when we noted tha. softwood cuttings from one consistently developed larger root systems in the mist bed and also grew better better in nutritional trials than the ramets from the other. The development of ramets from both clones under close competition was followed under field conditions. The fast grower (designated clone # 2) outgrew its competitor (clone#4) in all measured characteristics above and below ground after one year in the field (STEINBECK and KORMANIK, 1968). A summary of the first year growth of nine ramets from each clone is presented in Table 1. In this paper the pattern of growth four years after planting is presented.

METHODS

Details of the methods employed in the propagation, planting and cultivation of the clones as well as some of the soil characteristics of the planting site were

This research was in part supported by the Georgia Forest Research Council, Macon, Georgia.

Table 1

First year growth of the two yellow poplar clones
(after STEINBECK and KORMANIK, 1968)

Characteristic	Clone 2	Clone 4	t
Stem diameter at 15 cm (in cm)	1.49	0.88	++[1)]
Height (m)	0.78	0.31	++
Dry weights (g)			
Stems and branches	23	5	++
Leaves	23	6	++
Roots	29	10	++
Shoot (woody) : root	0.79	0.50	++

[1)] ++ indicates significance at .01 level

presented by STEINBECK and KORMANIK (1968). In summary, 45 ramets of each clone were planted, alternating in both rows and colummns, at a 60 x 60 cm spacing in February, 1967. The planting was fertilized twice in 1967, each time with 705 kg of 10-10-10 per hectare. Nine ramets from each clone were excavated in September, 1967.

The remaining ramets were fertilized with about 340 kg of NH_4NO_3 per hectare in June, 1968. In the week of 14 September, 1970, 37 ramets, 20 of clone 2 and 17 of clone 4, were excavated. A silty clay (15% sand, 43% silt, 42% clay) stratum not encountered in 1967, was found at about 60 cm depth. The roots had penetrated this very compact layer. A small bulldozer working in a wedge pattern, exposing and then jarring this hard stratum at the base of the wedge, facilitated excavation with shovel and ice-pick. The root systems were usually undercut at about 170 cm; very few roots had penetrated deeper. Excavation then proceeded from the deepest roots up towards the ground line (Fig. 1).

Branches, stems and roots were separated. Each root system in turn was cut into the components which had occupied each soil stratum. The roots from each stratum were subdivided into two categories: Those which served mainly in conduction and support and those functioning mainly in absorption. An arbitrary diameter limit of 0.5 cm of a dry root was used to separate the two categories.

RESULTS AND DISCUSSION

Near the end of the fourth growing season, clone 2 continued to outstrip its competitor above ground (Table 2). Its mean diameter and height as well as its branch and stem weights were significantly higher than those of clone 4. But when comparing the differences in weights of these various components at age one and four years, clone 4 has narrowed the gap in all of them. The continuation of this trend is doubtful, however, because with more than one meter mean height advantage, clone 2 may soon shade out its competitor.

At age four the slower growing clone again had a higher percentage of its dry weight in root mass. Thus the dry weight of clone 4 consisted to 25.9% of roots versus 19.3% for clone 2. The shoot : root ratios were quite uniform within clones at age four, regardless of ramet size. This resulted in the highly significant between clone difference in shoot : root ratios. In the light of the literature reporting a shift towards more shoot production under shade, this higher proportion of root mass of the clone which averaged 1 m less in height than its competitor was surprising. When one furthermore considers the close spacing, that young Liriodendron t. is often classified as intermediate in shade tolerance and that this lower shoot : root ratio was maintained for four years in spite of some shading, it might be argued that the shoot : root ratio is genetically controlled in these clones.

A trend toward more root mass of clone 2 is apparent in all soil strata, but only for the "fine" root mass in the 20-55 cm stratum was the difference between clones statistically significant. The faster growing clone may have gained its advantage, in part, by utilizing this deeper soil layer more effectively for nutrients and water during periods of stress. The close agreement between the percentage proportions of "fine" roots for both clones - 1.0 and 0.8%, tends to support this line of reasoning. On the other hand, clone 4 had a higher percentage of its total dry weight in "conducting" roots in this layer, 5.0 versus 2.8%, which may indicate that the arbitrary diameter limit between these root categories was ill chosen or that such a limit should vary with clone, just as it probably varies with species. In any case, we followed the concentrations of various nutrients in the foliage of these trees for the 1968 and 1969 growing seasons and have indications, that the faster growing clone is able to maintain higher nutrient levels than clone 4. Whether this can be attributed to more roots in one soil stratum, to a greater efficiency of

Table 2.

Ramet Development four years after planting

Characteristic	Clone 2 Mean	Clone 2 % of Total	Clone 4 Mean	Clone 4 % of Total	$t_{(1, 35)}$
Diameter at 15 cm (cm)	5.50	-	3.99	-	4.65+[1)]
Height (m)	5.35	-	4.31	-	4.66+
Longest lateral roots (cm)	180		136		4.13
Deepest roots (cm)	82		80		0.02
Dry matter production (g):					
Stems	1807	60.9	721	59.4	6.16+
Branches	586	19.8	178	14.7	7.13+
Fine roots					
0-20 cm stratum	68.6	2.3	42.4	3.5	2.87
20-55 cm stratum	22.6	0.8	11.5	1.0	4.72+
55 + cm stratum	7.4	0.2	4.6	0.3	0.76
Conducting roots					
0-20 cm stratum	373	12.6	181	14.9	4.05
20-55 cm stratum	85	2.8	61	5.0	0.63
55 + cm stratum	17	0.6	14	1.2	0.15
Total	2967	100	1214	100	-
Shoot : Root	4.2		2.8		8.11++

1) +, ++ Denotes significance at the .05 and .01 level, respectively.

extracting nutrients or to one of many other possible factors remains to be seen.

In summary, the root and shoot development of these two clones of Liriodendron t. to age four took the following course: At age one the shoot (woody) : root ratio was less than 1 for both clones, with significant differences in this ratio between clones. At age four it had changed in favor of the shoot, again with significant between-clone differences. During the same interval all but one of the statistically significant differences between the clones' root systems disappeared whereas differences among the shoot systems were maintained. These results indicate that: 1) The shoot : root ratio of these clones is under genetic control and 2) The root system of young Liriodendron t., growing free of competing weeds, plays an important role in gaining the seedling a competitive edge. The shoot must maintain this edge later in life, when root competition has become severe.

Perhaps a comment about methods is in order at the conclusion. We feel that more experiments should be planned specifically with the excavation of roots in mind. Adequate replication, especially when more than two clones are to be studied, will demand much labor. Growing the clones in direct competition at a close spacing seemed a satisfactory solution. This method seems unsuited for long-term experiments, however, because genetic differences will soon be outweighed by environmental differences. The pattern of competition where only one clone or only fast growing clones are planted, will soon become of practical importance and should be investigated. And finally, the physiological basis for genetic differences is of great interest and the possibility of the measurement of photosynthetic rates, mineral accumulation and other metabolic processes should be considered when designing experiments.

LITERATURE

CLEMENTS, F.E., J.E. WEAVER and H.C. HANSON, 1929: Plant competition. Carnegie Inst. of Wash. Pub. 398, 340 pp.

STEINBECK, K. and P.P. KORMANIK, 1968: First-year root system development of two clones of yellow poplar. Ga. For. Res. Paper 55, Ga. For. Res. Council, Macon, Ga. 4 pp.

WEAVER, J.E., 1919: The ecological relations of roots. Carnegie Inst. of Wash. Pub. 286, 128 pp.

Fig. 1. Partial view of the excavation site

ÜBER DIE WURZELAUSBILDUNG UND DAS SPROSS-WURZELVERHÄLTNIS BEI PAPPELN

H. F. JOACHIM

Institut für Forstwissenschaften, Eberswalde, beim Staatlichen Komitee für Forstwirtschaft

EINLEITUNG

Frühere Untersuchungen und Erfahrungen der Praxis weisen für Arten und Sorten der Gattung Populus auf ein plastisches, den jeweiligen Bodenbedingungen angepaßtes Wurzelsystem hin. Angaben über eine vorherrschend flache Wurzelausbildung beziehen sich in der Regel nur auf grundwasserbeeinflußte Standorte, auf denen diese Baumart bevorzugt angebaut wurde, bzw. auf bestimmte Arten. Kenntnisse über das Sproß-Wurzelverhältnis und hiermit in Verbindung stehende Probleme liegen dagegen nicht vor.

Anhand von Sortenversuchen, die mit dem Ziele der Sortenbewertung unter verschiedenen ökologischen Bedingungen angelegt worden waren, sollen nachstehend neue Ergebnisse von Wurzeluntersuchungen an Pappeln vorgelegt werden. Es handelt sich um:

1. einen mehrjährigen Sortenversuch auf sandüberlagertem, grundwasserfernem Lehmboden (Versuchsgarten Bärendikte),
2. einen in gemauerten Gruben (Fassungsvermögen 1 m^3) auf drei Bodensubstraten (Sand - Lehm - Teichschlamm) mit 10 Sorten durchgeführten vierjährigen Versuch. Hier erfolgte eine Erfassung des Sproß- und Wurzelgewichts (Trockengewicht) und
3. einen zweijährigen Versuch mit 8 Sorten im Graupaer Hydrofeld (JOACHIM 1971) auf Sand-, Moor- und Lehmboden mit den Wasserstufen "naß" - "feucht" - trocken", wobei von der Variante "trocken" Niederschläge durch Überfahren mit einem Glashaus ferngehalten wurden. Das Wurzel- und Sproßgewicht wurde als Frischgewicht bestimmt.

WURZELFORM

Im Hydrofeld (Versuch 3) ließen sich Unterschiede in der Bewurzelungsform auf die Bodenarten, die Wasserstufen und die Sorten zurückführen.

Bei allen Sorten trat der Einfluß der Bodenart auf die Ausbildung der Wurzelform deutlich hervor. So wurde auf Lehm meist ein schwächeres, nicht tief- und weitreichendes, weniger intensives, feinwurzelarmes, von Wasservariante zu Wasservariante sehr unterschiedliches Wurzelsystem ausgebildet. Auf Moor herrschten bei sowohl guter Tiefendurchwurzelung als auch Horizontalwurzelbildung zahlreiche, mehr oder weniger kräftige Wurzeln mit höherem Feinwurzelanteil vor. Beim Sand trat dieser dagegen, wie auf dem Lehm stark zurück, es herrschten weitestreichende Horziontalwurzeln und ein herzwurzelartiger Tiefenaufschluß vor. Hiermit werden Ergebnisse des Grubenversuches (Versuch 2) und frühere Angaben (JOACHIM 1953) bestätigt.

Die drei Wasserstufen - Varianten : hoher und mittlerer Grundwasserstand mit Niederschlägen sowie kein Grundwasser und Abhalten der Niederschläge wirkten sich z. T. sehr deutlich auf die Wurzelbildung aus. Besonders auffällig war dies in den Trockenparzellen. Hier traten auf Lehm und Sand verstärkt Vertikalwurzeln auf, während dies auf Moor nicht so deutlich wurde. In den grundwasserbeeinflußten Parzellen ist auf Sand eine größere Durchwurzelungstiefe zu erkennen.

Die Prüfsorten stimmten in ihrer Wurzelform sowohl unter gleichen als auch bei von einander abweichenden ökologischen Bedingungen im allgemeinen nicht überein (JOACHIM 1970). Besonders deutlich traten diese Unterschiede zwischen Schwarzpappelhybriden (Aigeiros) und Balsampappeln (Tacamahaca) hervor. Doch auch innerhalb dieser Sektionen ergaben sich z. T. markante Gegensätze. Auf die einzelnen Sortenunterschiede soll hier nicht näher eingegangen werden. Im Versuch 2, in dem das Bodensubstrat nicht noch durch Wasserstufen unterschiedlich beeinflußt wurde, verhielten sich die Pflanzen einer Sorte hinsichtlich der Wurzelausbildung auf den drei Substraten meist annähernd ähnlich. Der Faserwurzelanteil war hier auf Lehm jedoch deutlich geringer. Dies entspricht Beobachtungen von LEIBUNDGUT, DAFIS und RICHARD (1963) an anderen Laubholzarten.

Im Verlauf von Dürreperioden fiel die stärkere Schädigung bzw. Reaktion einzelner Sorten und die z. T. ungleiche Beeinflussung der Pflanzen innerhalb einer Sortenfläche auf. Wurzelgrabungen führten bereits meist zur Klärung dieser Unterschiede (Versuch 1). Bei gleichartigem Boden innerhalb einer Sortenparzelle war auch die Bewurzelung aller untersuchten Pflanzen nach Intensität und Tiefenaufschluß weitgehend ähnlich. Abweichungen wurden durch Bodenunterschiede erklärbar. Bestimmte Sorten zeigten aber eine hiervon regelmäßig abweichende Wurzelmorphologie, so hatten die vorhandenen Balsampappeln (wie auch im Versuch 2) nur flache Wurzelsysteme ausgebildet. Bei der Dürrebonitierung ergaben sich für diese Sorten in allen Fällen Boniturwerte zwischen "mittel" und "sehr stark" beeinflußt. Diese straffen Zusammenhänge zwischen Wurzelausbildung und Dürreeinfluß bestätigten sich auch für Schwarzpappelhybriden. Die Sorten 'Brabantica', 'Löns' und 'Leipzig', die den Boden tief und intensiv aufschlossen, blieben äußerlich ohne eine Dürreeinwirkung, bzw. zeigten nur geringe Blattvergilbungen. Entgegengesetzte Bonitierungswerte innerhalb einer Sorte fanden durch eine tiefreichende bzw. flache Wurzelausbildung dieser Pflanzen ebenfalls ihre Erklärung. Nach der Aussagekraft, die der Wurzelmorphologie hinsichtlich der Dürrebeeinflussung der Sorten in dieser Fläche zukommt, muß hier eine konstitutionelle Dürreresistenz bzw. -empfindlichkeit angenommen werden.

In diesem Zusammenhang ist von Interesse, in welchem Umfange sich eine unterschiedlich ausgebildete Bewurzelung auf die Ertragsleistung in Dürreperioden auswirken kann. Da Pappeln, sortenweise unterschiedlich, im allgemeinen zwischen Ende August und Ende Oktober ihren Höhenzuwachs abschließen, lassen sich eventuell vorhandene Beziehungen gut erfassen. Der Höhenzuwachs einer stark dürrebeeinflußten 2jähr. P. x berolinensis-Pflanzung sank mit Beginn der Trockenheit laufend ab und wurde frühzeitig mit Bildung der Terminalknospe (13. VIII.) beendet. Die innerhalb dieser Anlage vorhandenen wenigen, nicht geschädigten Pflanzen wurzelten im Gegensatz zu den anderen tief und setzten ihr Höhenwachstum dagegen noch 4 Wochen lang fort.

WURZEL-SPROSSVERHÄLTNIS

Das Gewicht des Wurzelsystems sagt allein, wie dies schon WALTER (1951) hervorhebt, noch nichts über dessen Leistungsfähigkeit. Der Wurzelanteil an der Gesamtpflanze gewinnt jedoch hinsichtlich ökologischer Bewertungen und im Zusammenhang mit Fragen der Stoffproduktion an Bedeutung. Die im Versuch 2 ermittelten Relationen zwischen Wurzel- und Sproßgewicht sprechen dafür, daß zwischen den ober- und unterirdischen Teilen der Pflanze keine straffen Beziehungen bestehen, wie dies auch BARTKOWIAK und BIALOBOK (1965) hervorhoben. Am Material des Versuches 3 tritt dagegen in dieser Hinsicht eine größere Abhängigkeit hervor. Damit werden die Ergebnisse von FRITZSCHE und KEMMER (1961), von MELZER (1962) und von FRITZSCHE (1966) bestätigt. Allgemein ist der Wurzelanteil an der Gesamtpflanze (ohne Blätter) auf Sand am höchsten. Er kann hier (Versuch 2) die oberirdische Trockenmasse des Sproßsystems erreichen und sogar übertreffen (Quotient: 1, 1), während auf Lehm relativ mittlere (Quotient: 0, 9) und auf Teichschlamm die geringsten (Quotient: 0, 7) Wurzelmengen ausgebildet wurden.

Entsprechende Zahlen ergaben sich auch anhand der Frischgewichte (ohne Blätter) im Versuch 3. Dabei blieben die vorstehend unter angespannteren ökologischen Bedingungen und nach mehrjährigem (4) Wachstum ermittelten Werte zwar der Tendenz, aber nicht der absoluten Höhe nach erhalten. Der Wurzelanteil am Gesamtgewicht der Pflanze lag allgemein nur zwischen 20% und 50%, er ist bei den drei Wasserstufen innerhalb einer Bodenart, in der Trockenvariante und bei gleicher Wasserstufe, aber unterschiedlicher Bodenart auf Sand - ausgenommen Variante "trocken" hier auf Moor - am höchsten, gefolgt von Moor und Lehm. Nachstehend sind die $\frac{\text{Wurzel}}{\text{Sproß}}$-Gewicht-Quotienten im einzelnen aufgeführt:

		Lehm	Moor	Sand
Grundwasser	30-40cm	0, 4	0, 4	0, 6
"	60-70cm	0, 4	0, 5	0, 6
	trocken	0, 5	0, 8	0, 7

Während der Wurzelanteil im grundwasserbeeinflußten Lehm, Moor und Sand auch weitgehend mit der Höhenwuchsleistung parallel verläuft, tritt dies in den Varianten "trocken" auf Lehm und Moor weniger hervor und verhält sich auf Sand entgegengesetzt; einer geringeren Wuchsleistung entspricht hier ein hoher Wurzelanteil.

Der entscheidende Einfluß ökologischer Bedingungen auf das Wurzel/Sproß-Verhältnis geht anhand der vergleichbaren diesbezüglichen Werte der ökologisch und altersmäßig unterschiedlichen Versuche 2 und 3 hervor. Dies entspricht der bei Nährstoffzufuhr in Düngungsversuchen (Mitscherlich-Gefäße) erkannten Tendenz zu einer größeren Zunahme der oberirdischen Pflanzenmasse bei gleichzeitig relativer Verringerung des Wurzelgewichtes (FRITZSCHE 1966, S. 88).

Neben dem Einfluß des Bodens und der Wasserstufen können noch Sortenunterschiede als Variationsursache hinzutreten. Die von MÜLLER (1952) vermuteten sortentypischen Eigenheiten im Massenverhältnis Sproß/Wurzel deuten sich anhand der Versuche zwar ebenfalls an, sie werden durch die ökologischen Bedingungen meist aber so stark überdeckt, daß Sortenwerte nur für die jeweiligen Versuchsvarianten Gültigkeit beanspruchen. Im Versuch 3 liegt der Quotient $\frac{\text{Wurzel}}{\text{Sproß}}$-Gewicht bei den acht Sorten, als Mittelwert aus allen Varianten, zwischen

0,4 und 0,6 auch eng beisammen. Doch der höhere Wurzelanteil der bisher in Dürreperioden bzw. auf dürregefährdeten Standorten als wenig trockenheitsempfindlich bekannten Sorte 'Candicans' (0,6) und der geringe Wurzelanteil der dürreempfindlichen Sorte 'Androscoggin' (0,4) verdienen Beachtung.

DISKUSSION DER ERGEBNISSE

Aus den Versuchen ging die z. T. starke Beeinflussung der Wurzelmorphologie durch Bodenfaktoren hervor. Gleichzeitig wurde die Schwierigkeit unterstrichen, für die einzelnen Sorten typische Wurzelformen unter bestimmten Bodenbedingungen erfassen zu können. Vor einer solchen verallgemeinernden Kennzeichnung dürften noch weitere, unter verschiedenen ökologischen Bedingungen und in unterschiedlichem Alter gewonnene Informationen erforderlich sein.

Die engen Zusammenhänge zwischen der Wurzelausbildung der Sorten und ihrer Dürreempfindlichkeit im Versuch 1 können jedoch nicht darüber hinwegtäuschen, daß es allgemein nicht möglich ist, auf Grund der bisher bekannten Wurzelmorphologien allein auf eine Dürreverträglichkeit bzw. -empfindlichkeit schließen zu wollen. Das Wurzelsystem ist nur ein Teil im vielseitig verbundenen Beziehungsgefüge der Dürreresistenz.

Die Angaben über das Wurzel/Sproßverhältnis sind nur als Orientierung zu werten, was allein schon aus den größenordnungsmäßig sehr unterschiedlichen Zahlen der Versuche 2 und 3 hervorgeht. Bemerkenswert in diesem Zusammenhang ist auch noch die Möglichkeit, den Wurzelanteil allein durch den Oberbodenzustand zu beeinflussen. Unter Umrechnung von Gewichtsangaben WALTERs (1960, S. 274) ergab sich für Apfelbäume bei Strohabdeckung ein Quotient von 0,21, bei gelockertem Boden von 0,23 und unter Rasen von 0,42. - Beeinflussend kann außerdem wirken, daß das Längenwachstum von Pappelwurzeln, z. B. in Perioden geringen Höhenwachstums der Bäume, gefördert werden kann (JOACHIM 1953). Zu bemerken ist dazu, daß auch LYR und HOFFMANN (1965) weder positive noch negative Beziehungen zwischen Intensität des Sproß- und Wurzelwachstums, untersucht an verschiedenen Baumarten, nachweisen konnten. Die zeitliche Entwicklung und die Ausbildungsform des Wurzelsystems ist auch bei den Arten und Sorten der Gattung Populus für Anbaufragen und Bodenpflegemaßnahmen von Bedeutung, so daß einer genaueren Kenntnis der möglichen Zusammenhänge wirtschaftliche Bedeutung zukommt.

Auf Grund unserer Ergebnisse über den unterschiedlichen Wurzelanteil in den einzelnen ökologischen Varianten und bei den angebauten Sorten wurde im Rahmen von Untersuchungen über Assimilationsintensität und Wuchsleistung zum Vergleich die Gesamttrockensubstanz-Produktion und nicht nur die oberirdische Pflanzenmasse herangezogen (BORSDORF und JOACHIM 1965).

LITERATUR

BARTKOWIAK, S. und S. BIALOBOK, 1965: Badanie zależności mędizy objetością systemu korzeniowego a wysokościa mieszańców topoli (Über die Beziehungen zwischen dem Wurzelsystem-Volumen und der Aufwuchshöhe von Pappel-Hybriden.) Arbor. kórnick. 10, 169-173.

BORSDORF, W. und H. F. JOACHIM, 1966: Modellversuch als Beitrag zur Klärung der Standortsansprüche von Schwarzpappelhybriden. Forschungsbericht Institut für Forstpflanzenzüchtung Graupa.

FRITZSCHE, K., 1966: Erforschung der Relationen zwischen dem Bodennährstoffgehalt und den Blattanalysenwerten bei Pappelsorten der Sektionen Aigeiros und Tacamahaca als Grundlage für eine Düngeberatung. Dissertation TU Dresden.

FRITZSCHE, K. und Ch. KEMMER, 1961: Beitrag zur Frage der Pappeldüngung auf diluvialen Kippensanden der Niederlausitz. Wiss. Abhdlg. Nr. 52, Beitr. z. Pappelforschung Nr. VI, 7-21.

JOACHIM, H. F., 1953: Untersuchungen über die Wurzelausbildung der Pappel und die Standortsansprüche von Pappelsorten. Wiss. Abh. Dt. Akad. Landwirtschaftswiss. Berlin 7.

JOACHIM, H. F., 1970: Pappelsorten und Wasseransprüche. Unveröffentl. Forschungsbericht, Institut f. Forstwissenschaften Eberswalde.

JOACHIM, H. F., 1971: Über die Höhenwuchsleistung von Pappelsorten im Graupaer Hydrofeld. Soz. Forstwirtsch., im Druck.

LEIBUNDGUT, H., S. DAFIS und F. RICHARD, 1963: Untersuchungen über das Wurzelwachstum verschiedener Baumarten. II. Das Wurzelwachstum in einem Tonboden. Schweiz. Z. Forstwes. 114, 621-646.

LYR, H. und G. HOFFMANN, 1965: Untersuchungen über das Wurzel- und Sproßwachstum einiger Gehölze. Silva Fennica 117, 1-19.

MELZER, E. W., 1969: Die stochastischen Beziehungen zwischen Sproß und Wurzelsystem des Baumes. Arch. Forstwes. 11, 822-838.

MÜLLER, R., 1952: Die Gewichtsverhältnisse bei Pappelpflanzen mit besonderer Berücksichtigung der Wurzelmasse. Pappelwirtsch. 3, 48-59.

WALTER, H., 1951: Einführung in die Phytologie. III: Grundlagen der Pflanzenverbreitung. 1. Teil: Standortslehre. Stuttgart.

ZUR FRAGE DER BODENDURCHWURZELUNG DURCH FICHTEN UND DOUGLASIEN IN GLEICHALTRIGEN REINBESTÄNDEN

A. ŠIKA

Vyzkumný Ustav lesního Hospodářství a myslivosti, Zbraslav-Strnady, ČSSR

1. PROBLEMATIK

Die auf maximale Ausnützung des Produktionsvermögens des Bodens zur Holzmassebildung gerichteten waldbaulichen Maßnahmen müssen auch auf die Kenntnis der vertikalen und horizontalen Verteilung der Wurzeln in verschiedenen Bodenbedingungen gestützt sein.

Das Ziel dieser Studie war die Bestimmung der Bodendurchwurzelung in den gleichaltrigen Reinbeständen von Fichte (Picea excelsa Link.) und Douglasie (Pseudotsuga menziesii (Mirb.) Franco) auf drei unterschiedlichen Standorten.

2. METHODIK

Die Bodendurchwurzelung wurde mit Hilfe der Monolithmethode untersucht. Diese Methode eignet sich am besten zur Gewinnung von Zahlen über Feinwurzeln (schwächer als 1 mm) und zur quantitativen Charakteristik der rhizologischen Probleme. Die Methode ist jedoch sehr mühsam und aus diesem Grunde muß der Umfang des abgenommenen Bodens begrenzt werden. Wir wählten die Größe eines Bodenblocks 25x25x100 cm; die Bodendurchwurzelung bei jeder Holzart wurde auf jedem Standort auf Grund von 6 Bodenblöcken mit dem Gesamtvolumen 0,375 m^3 bewertet. Die Monolithen wurden in den Kronenzwischenflächen aufgenommen, weil in den völlig geschlossenen gleichaltrigen Reinbeständen man das beste Bild über die Bodenausnutzung durch die Wurzeln gerade hier bekommt. Die lebenden Wurzeln, getrennt nach 5 Stärkenklassen (unter 0,5 mm, 0,5-1 mm,

1-2 mm, 2-10 mm, über 10 mm), wurden gemessen und nach der Lufttrocknung gewogen. Bei den Proben von Humushorizonten maß man nur Teilmuster und führte die Umrechnung auf das Gesamtgewicht der Probe durch.

3. STANDORTSBEDINGUNGEN

Die Flächen in dem Forstrevier Uzeničky (Forstbetrieb Rožmitál, Abt. 103, 570 m ü. M.) stellen in der Produktion sehr gute Standorte in dem Hügelgebiet vor, sind frisch, auf mäßig sauerer illimerisierter Braunerde, Waldtyp: Tannenwald mit Oxalis acetosella.

Die Flächen im Forstrevier Nový Hradec (Forstbetrieb Vysoké Chvojno, Abt. 97, 270 m ü. M.) sind in der Produktionscharakteristik ein schlechterer Standort im feuchteren Gebiet des östlichen Elbetales, ab und zu stärker vernäßt, vom Typ der Equisetum-Tannenwälder auf oberflächlich saurem Gleypodsol mit Kalkton im Untergrund, zur Vertorfung geneigt.

Die Flächen in dem Forstrevier Ohařice (Forstbetrieb Hořice, Abt. 173e, 320 m ü. M.) repräsentieren in der Leistungsfähigkeit sehr schwache Standorte am südlichen Rande des Sandsteinmassivs des Prachovské skály-Gebirges. Die Böden sind oberflächlich trocken. Die Standorte gehören zum Typ der Kiefern-Eichen-Wälder und Buchenwälder auf Eisenpodsol mit kalklosem Gleyton im Untergrund.

4. WUCHSLEISTUNG DER BAUMARTEN

Der Wuchs der Douglasie und der Fichte wurde auf den Versuchsflächen, die vor allem zu rhizologischen Zwecken angelegt wurden, bewertet; obwohl die Flächen relativ klein sind, bieten die Taxationsangaben trotzdem ein gutes Bild über Wuchsleistung der Baumarten. Aus der Tabelle 1 ist der unterschiedliche Wuchs der Douglasie und Fichte auf einzelnen Standorten deutlich zu erkennen. Den besten Wuchs weisen beide Baumarten auf Braunerden (Fläche Uzeničky) auf, den schlechtesten dagegen auf Gleypodsol (Fläche Nový Hradec). Die Douglasie überholt die Fichte im Wuchs an allen Standorten, am meisten auf den Braunerden, am wenigsten auf dem Gleypodsol.

Tabelle 1

Wachstum der Holzarten

Fläche	Holzart	Alter	Fläche	Stammzahl		Mittelhöhe	Mitteldurchmesser	Derbholzmasse auf 1 ha
				auf Fläche	auf 1 ha			
			m^2			m	cm	fm
Ohařice	Douglasie	70	1144	85	740	24, 5	24, 5	503
	Fichte	69	625	81	1296	21, 0	17, 8	374
N. Hradec	Douglasie	64	950	99	1040	20, 9	19, 5	447
	Fichte	62	630	94	1495	20, 6	16, 2	370
Uzeničky	Douglasie	56	1250	40	320	32, 8	37, 3	547
	Fichte	55	1000	85	850	26, 0	23, 2	430

Tabelle 2

Durchwurzelung der Zwischenräume durch Douglasie und Fichte

Fläche	Holzart	Tiefe in cm	Boden-horizont	Gewicht (g/m^2)			Länge (m/m^2)			Oberfläche (dm^2/m^2)		
				unter 1 mm	1-10	über 10 mm	unter 1 mm	1-10	über 10 mm	unter 1 mm	1-10	über 10 mm
Ohařice	Douglasie	0- 20	A_{eh}	463	588	468	4686	322	4, 6	570	281	13, 8
		20- 40	A_e	90	340	501	839	180	1, 9	124	156	13, 3
		40- 50	Bs	14	29	53	143	22	0, 5	18	20	2, 2
		50- 70	D_{gl}	126	204	74	1316	91	0, 8	147	88	3, 7
		70-100	D_{g2}	135	170	-	1386	108	-	162	92	-
				828	1331	1096	8370	733	7, 8	1021	637	33, 0
	Fichte	0- 20	A_{eh}	747	928	3583	7265	629	10, 6	902	499	80, 7
		20- 30	A_e	113	134	12	1090	80	0, 5	137	67	1, 2
		30- 40	Bs	66	68	-	719	32	-	71	28	-
		40- 60	D_{gl}	231	154	22	2510	104	0, 5	249	92	1, 3
		60-100	D_{g2}	60	80	-	603	104	-	71	86	-
				1217	1364	3617	12187	949	11, 6	1430	772	83, 2

N. Hradec	Douglasie	0- 10	A_h	186	268	213	2219	97	1, 2	203	93	8, 6
		10- 30	A_g	79	274	12	927	129	0, 4	88	120	1, 1
		30- 50	G_1	2	23	-	29	7	-	3	11	-
		50-100	G_2	7	146	130	80	23	1, 6	9	34	9, 3
				274	711	355	3255	256	3, 2	303	258	19, 0
	Fichte	0- 10	A_h	429	437	159	4893	304	0, 9	556	234	2, 8
		10- 30	A_g	111	178	-	1311	137	-	139	99	-
		30- 50	G_1	43	40	-	483	49	-	56	28	-
		50-100	G_2	54	32	-	603	31	-	72	20	-
				637	687	159	7290	521	0, 9	823	381	2, 8
Uzeničky	Douglasie	0- 20	A_h+A_b	96	108	-	1196	132	-	138	103	-
		20- 50	B	25	72	-	314	102	-	35	79	-
		50- 90	B_2/C	12	32	-	151	42	-	15	33	-
				133	212	-	1661	276	-	188	215	-
	Fichte	0- 20	A_h+A_b	282	322	-	3420	198	-	412	168	-
		20- 50	B	80	133	-	982	105	-	117	96	-
		50- 90	B_2/C	27	105	-	348	76	-	39	72	-
				389	560	-	4750	379	-	568	336	-

5. BODENDURCHWURZELUNG DURCH FICHTE UND DOUGLASIE

Die Bodendurchwurzelung bewertete man nach Gewicht, Länge und Oberfläche von Wurzeln der einzelnen Durchmesserklassen, die in der Summe aller Monolithen, die auf der Fläche entnommen und auf 1 m^2 umgerechnet werden, enthalten sind. Die numerischen Angaben nach den Bodenhorizonten sind aus der Tabelle 2 ersichtlich. Aus der Tabelle ist deutlich zu erkennen, daß die Intensität der Bodendurchwurzelung der einzelnen Standorte sehr unterschiedlich war. Die intensivste Durchwurzelung fand man auf dem Sandpodsol, die schwächste dagegen auf der frischen Braunerde. Die Gesamtlänge der Feinwurzeln war auf dem Sandpodsol bei der Fichte 2, 5 mal, bei der Douglasie sogar 5 mal größer als auf der Braunerde.

Auch die vertikale Verteilung der Wurzeln war auf den untersuchten Böden sehr unterschiedlich (Abb. 1). Die höchste Konzentration von Feinwurzeln und schwachen Skelettwurzeln in der obersten Bodenzone zeigten die beiden Baumarten auf dem Pseudogley; die niedrigste Konzentration der Wurzeln im Oberboden wurde auf dem Sandpodsol gefunden.

Der Vergleich der Bodendurchwurzelungsintensität bei der Fichte und der Douglasie zeigte, daß die Fichte eine erheblich größere Gesamtlänge und Oberfläche von Feinwurzeln als die Douglasie auf allen Standorten hatte. Auf der frischen Braunerde erreichte die Länge der Feinwurzeln der Fichte aus dem untersuchten Bodenprofil 286 % der Länge der Douglasienwurzeln, auf dem Pseudogley 224 % und auf dem Sandpodsol 146 %. Die Fichte bildete auch an allen Standorten mehr schwache Skelettwurzeln als die Douglasie, besonders in den Oberbodenschichten.

Die Douglasie, gleichfalls wie die Fichte, konzentriert die meisten Feinwurzeln in den Oberflächenschichten, wo sie günstigste physikalische Bodeneigenschaften und besten Nährstoffvorrat findet. Auf der Braunerde und dem Pseudogley hatten die beiden Baumarten eine ähnliche vertikale Verteilung von Feinwurzeln; der Anteil schwacher Skelettwurzeln war jedoch bei der Fichte in den Oberflächenschichten höher als bei der Douglasie. Auf dem Sandpodsol hatte die Douglasie eine niedrigere Konzentration von Feinwurzeln im Oberboden; im Unterboden hatte die Douglasie eine höhere Durchwurzelungsintensität als die Fichte.

6. DISKUSSION

Die Intensität der Durchwurzelung von Zwischenflächen, die auf den untersuchten Standorten sehr unterschiedlich war, wird meistens durch Bodenbedingungen beeinflußt. Aus den Ergebnissen unserer Untersuchung ist deutlich zu erkennen, daß auf den trockeneren armen Sandböden die Baumarten viel mehr Wurzeln zur Wasser- und Nährstoffversorgung bilden als auf den frischen Braunerden oder auf zeitweilig vernäßten Pseudogleyen.

Nach KÖSTLER, BRÜCKNER und BIBELRIETHER (1968) bildet die Douglasie unter vergleichbaren Bedingungen eine wesentlich größere Anzahl von Feinwurzeln als die Fichte. Aus unseren Ergebnissen geht jedoch hervor, daß auf allen untersuchten Standorten die Durchwurzelungsintensität der Zwischenflächen bei der Douglasie wesentlich geringer als bei der Fichte war.

Es wurde herausgestellt, daß in den völlig geschlossenen, gleichaltrigen, reinen Fichten- und Douglasienbeständen die Menge der Feinwurzeln im Oberboden von der Entfernung vom Stamme nicht abhängig ist. Deshalb kann aus der Durchwurzelung der Oberflächenschichten der Zwischenflächen durch Feinwurzeln deren annähernde, auf den Mittelstamm auf der Fläche anfallende Menge abgeleitet werden (Abb. 2). Die größte Länge der Feinwurzeln fiel auf den Mittelstamm beider Baumarten auf dem Sandpodsol (Douglasie-76, 5 km, Fichte-83, 6 km), die kleinste Länge fand man auf dem Pseudogley (Douglasie-30, 5 km, Fichte-44, 8 km). Der Mittelstamm der Douglasie hatte auf allen drei Standorten die kleinere Länge und Oberfläche von Feinwurzeln als die Fichte, die Taxationswerte waren jedoch höher als bei Fichte.

7. SCHLUSSFOLGERUNG

Die Douglasie bildet im Vergleich mit der Fichte auf allen beschriebenen Standorten erheblich weniger Feinwurzeln und schwache Skelettwurzeln aus und zwar sowohl in den Oberflächenhorizonten, als auch in dem gesamten Bodenprofil.

Die vertikale Verteilung der Douglasienfeinwurzeln war auf der Braunerde und auf dem Pseudogley etwa dieselbe wie bei der Fichte; der Anteil von schwachen Skelettwurzeln war jedoch bei der Douglasie im Oberboden niedriger. Auf dem Sandpodsol hatte die Douglasie im Unterboden eine höhere Konzentration aller Wurzeln als die Fichte.

Die Durchwurzelungsintensität in den Zwischenflächen durch Wurzeln der Douglasie und Fichte war auf den untersuchten Böden sehr unterschiedlich. Auf dem Sandpodsol war die Gesamtlänge der Feinwurzeln der Douglasie fünfmal höher (bei der Fichte 2, 5 mal) als auf der Braunerde.

Es wurde festgestellt, daß keine direkte und eindeutige Abhängigkeit zwischen der Wurzelmenge und dem Wuchs der überirdischen Teile besteht. Auf den trockenen, nährstoffarmen Sandböden muß die Baumart viel mehr Feinwurzeln zur Sicherstellung der Nährstoff- und Wasserversorgung ausbilden als auf den Pseudogleyen oder den frischen Braunerden. Die positive Korrelation zwischen der Entwicklung der unterirdischen und oberirdischen Teile gilt nur für gleiche Bodenbedingungen. Es ist wahrscheinlich, daß der Zuwachs des oberirdischen Teiles vor allem von der physiologischen Effektivität der aktiven Wurzeln abhängig ist.

LITERATUR

KÖSTLER, J., N. E. BRÜCKNER und H. BIBELRIETHER, 1968: Die Wurzeln der Waldbäume. Hamburg-Berlin, 1968.

ŠIKA, A. und K. MRÁZ, 1969: Ekologie kořenového systému douglasky (Pseudotsuga menziesii). Práce VULHM 37, 89-107.

ŠIKA, A., 1969: Utilization of soil space by roots in pure spruce stands. Communicationes instituti forestalis Čechosloveniae, 6, 71-78.

ŠIKA, A., 1970: Horizontal distribution of roots in norway spruce forest. PT-PP Report No 1, Czechoslovak NC/IBP.

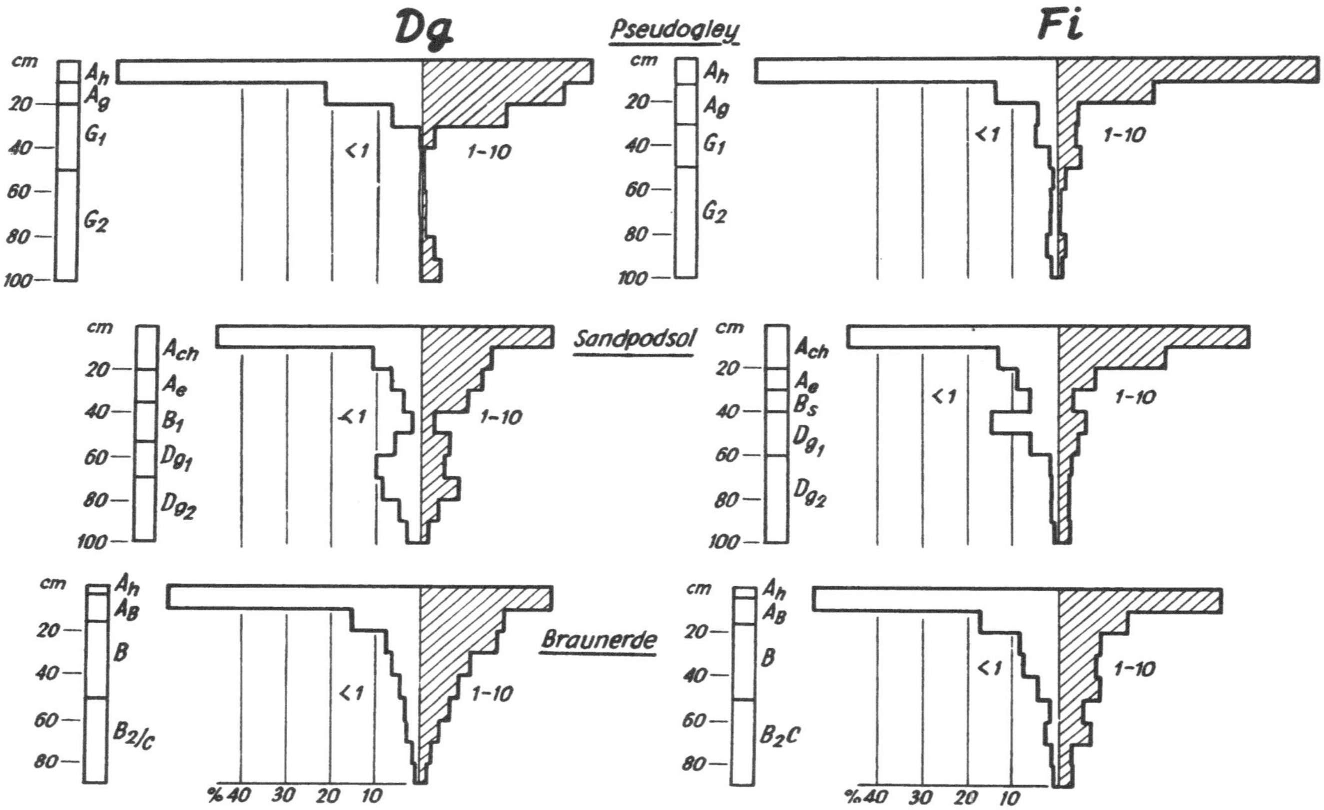

Sika

Abb. 1. Vertikale Verteilung der Wurzeln.

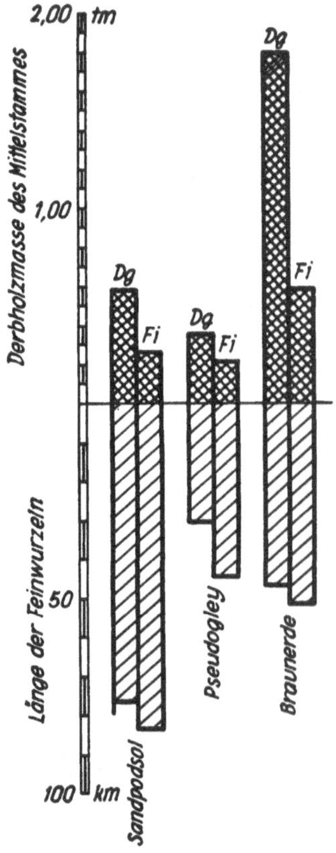

Abb. 2. Schätzung der Menge von Feinwurzeln an einem Baum im Bodenprofile 0-50 cm.

ROOT-SHOOT-ENVIRONMENT RELATIONSHIPS AND GROWTH OF RED PINE

D. C. F. FAYLE

Institute of Forestry, Canada, Richmond/Ontario

The development and growth of a tree - above and below ground - must be considered in the context of space and time. We must consider the interrelationships, physical and physiological, between the tree and its environment. The environment is constantly changing, between years, within a year and from one part of the tree to another. The tree itself changes in size, shape and responses within genetically controlled confines, influenced by - and influencing - the environmental conditions.

My discussion is based primarily on previous studies (FAYLE 1968) and on current analysis of radial and length growth in the stem and the main root components of five similar 33-year-old red pine (Pinus resinosa Ait.) from a 2 x 2m spaced plantation in southern Ontario growing on a deep, dry sand. Analysis and interpretation of the data are not complete, nor has the relevant literature been fully explored. Rather than describing details of data or methods of obtaining information, I will give some idea of the growth and development of the average tree and the changes in its root-shoot-environment relationships.

The average tree in this recent study was 14m tall with a crown length of 6m. Diameter at 1.3m height was 15cm. The main framework of the surface root system consisted of 8 major roots, up to 8m long, and some minor roots. The main vertical system contained 10 roots of which the majority originated within 1m of the stem base. Seven of the verticals extended to depths of nearly 3m through old root channels. The other three had a fan-shaped appearance and did not extend below 1m in depth where the bulk density of soil - except in old root channels - had increased to 1.4.

LENGTH

The average horizontal surface root was 1m long at 4 years from planting, 2m at 6 years, 3m at 8 years, 5m at 12 years, and virtually reached maximum length between 15 and 20 years. Vertically, all main roots started within 4 years of planting. Those not in old root channels took 20 years to reach the 1m depth, whereas the average root in old channels reached 1m depth at 5 years, 2m in 8 years and a moist layer at nearly 3m one to two years later.

Some part of the developing root system overlapped the root systems of the 8 adjacent trees at about 5 years, of 20 trees at about 8 years and of over 40 trees at the end of the first decade. By this time, it would appear that no more than 10% of the soil volume within the limits of its root system ($radius^2$ x depth x π) was penetrated by roots of a tree.

The stem had not attained 1m in height 5 years from planting, but by 10 years it was nearly 3m tall, at 15 it was 6, 5m and at 20 it was 8, 5m tall. Crown closure at the base occurred about the tenth year followed by death of whorls at the crown base. Crown size increased until about the twentieth year; after that, development of new whorls was more or less offset by death of those at the base.

Maximum annual increment in length growth of the roots occurred at about 5 years, with the verticals reaching a maximum a little after the horizontals and with a more rapid drop in increment. Maximum annual increment in stem extension occurred considerably later, at about 15 years.

Initially, stem height was less than the horizontal radial spread of the roots and less than the depth of rooting. Later, stem height equalled the radius of root spread and between 30 and 40 years would equal the diameter of the root spread. Thus the relationship between the sites of nutrient and water uptake and sources of carbohydrates and growth regulators has changed, as have the physical and physiological stresses within the tree.

The environment has changed from an open, grassy field at the time of planting, fully exposed to the sun and precipitation, to a surface protected from the sun, with precipitation subject to interception by the crown and stem flow. Litter and humus have accumulated on the surface. Regardless of climatic changes from year to year, temperature and moisture gradients have changed with this development as has the ability of the tree to obtain water and nutrients from different layers and locations.

ANNUAL GROWTH LAYER

In the early stages of plantation growth when the tree was essentially open grown, maximum width of the growth layer in the stem was at the base. As the canopy closed and the crown moved up, maximum width, associated with the whorls of most foliage, also moved away from the base. A secondary maximum occurred at the stem base with a narrower layer between, i. e. the same pattern as reported by DUFF and NOLAN (1953). In the roots the new growth layer of xylem added each year tapered from base to tip. It tapered rapidly in those parts adjacent to the stem base. The degree of taper varied within and among roots and so did the distribution of growth around the roots.

The pattern of ring width across the successive growth layers at the stem base was one of increasing width to a maximum around the tenth year, followed by a decline and levelling off. This same pattern occurred at each of the root bases at the stem, reflecting the increasing remoteness of the crown. Distinct annual rings could often not be detected after 20 years beyond 2m from the base of the surface roots. Possibly the "plumbing system" which these roots constituted was adequate and a greater share of assimilates was diverted to activity of the many root ends.

At the stem-root base, the order of greatest to least ring width in the roots changed with time. The same occurred at each branch in the root system; one root branch may have gained or lost in growth relative to another. Comparison of ring widths of distal root branches on two main roots tended to show less similarity than a comparison at the base of these two main roots. However, the patterns in the distal roots still fell within the overall pattern of the stem-root base. Within a year or two of formation, ring width in the main vertical roots was greater than in the distal part of the horizontal parent roots. It was difficult to relate changes in ring width between individual roots to the location of the root end(s) and the possible environment. Some changes may reflect differences in the contribution of the particular root to growth of the tree.

Shifts in growth can be shown by comparing the width of one growth layer with that of the previous year and expressing ring width along the layers as a ratio - the growth layer ratio (GLR). A GLR less than one indicates a decrease in growth from one year to the next; a ratio greater than one indicates an increase. Likewise, a GLR that increases from base to tip of a layer indicates a relative shift in growth towards the tip; one that decreases from base to tip indicates a relative shift towards the base.

The GLR s of the stem and roots revealed that the relative distribution of the annual sheath of xylem varied from year to year between and within the stem and roots. The relative shifts in growth were: from the root and stem tips towards the base, from the stem-root base towards the tips, from the stem tip towards the root ends and vice versa. Some of the shifts in the distribution can be attributed to moisture availability throughout the growing season. A shift in growth towards the root tips tended to be associated with relatively more moisture available later in the season. A relative decrease in moisture availability tended to produce a shift towards the root base. For given years, roots did not always respond the same way, perhaps reflecting the differences and changes in moisture availability at different locations and depths. Effects such as an increase in tree sway could also cause shifts in growth - towards the stem-root base. The severity and sequence of environmental conditions, the effects of cumulative and lag responses and feedback systems in the tree all have an effect on this annual distribution of xylem growth.

VOLUME OF WOOD

Maximum annual increment in volume (just over $0.1 m^3/yr$) of the root system occurred between 15 and 20 years, whereas that in the stem (nearly $0.7 m^3/yr$) was not reached until nearly 25 years. Within the root system volume increment in the horizontal roots reached a maximum earlier (15 years) but was less than that in the vertical roots (20 years). Also, maximum annual volume increment of the basal portions of the roots was reached earlier than in more distal parts. At the end of the first decade, root volume as a percent of the stem-plus-root volume was about 40%, by the end of the second decade it was around 20% and declined slightly thereafter. Initially the horizontal roots were the major component; the proportion of horizontal to vertical root volume was 4 to 1 at 5 years, 1 to 1 at 15-20 years and a little over 2 to 3 later on.

It will be seen, then, that maximum annual increment in volume in the tree was reached about the time that the net increase in foliage reached its maximum. It is also possible that the biomass and total length of the fine roots, and total surface area of the root system, reached their greatest value around this time (KARIZUMI 1968).

In conclusion, we can see that rapid changes have taken place in the growth dimensions of the tree and changes have occurred in its environment. Maximum annual increment in length, diameter and volume occur at different times with maximum root increments being attained before those in the stem. Within this sequence of events there are also yearly changes in the distribution of growth which reflect some environmental condition.

LITERATURE

DUFF, G.H. and N.J. NOLAN, 1953: Growth and morphogenesis in the Canadian forest species. I. The controls of cambial and apical activity in Pinus resinosa Ait. Can. J. Bot. 31, 471-513.

FAYLE, D.C.F., 1968: Radial growth in tree roots. Fac. Forest., Univ. Toronto, Tech. Rep. No. 9. 183 p.

KARIZUMI, N., 1968: Estimation of root biomass in forests by the soil block sampling. In Methods of productivity studies in root systems and rhizosphere organisms. GHILAROV, M.S., V.A. KORDA, L.N. NOVICHKOVA-IVANOVA, L.E. RODIN and V.M. SVESHNIKOVA (ed.). USSR Acad. Sci. p. 79-86.

ROOT SYSTEMS OF PINUS SILVESTRIS L. ON SANDY SOILS.

N.A. VORONKOV.

VNIILM, Geb. Moskau, Puschkino, U.S.S.R.

Each plant species is characterized by its own peculiar type of root system. The most typical of pine is a root system harmoniously developed in the upper as well as in the deeper soil layers. Usually such a type of rooting is most prominently expressed in sufficiently rich and moist sandy loam soils. In other ecotopes the rooting manner of pine does essentially deviate from the typical one. Moisture regime, soil texture, physical properties of soils, their nutritive status, aeration conditions, and some other factors are most strongly affecting the size and form of root systems.

The present paper deals with the peculiarities of pine root structure and water absorption by roots from sandy soils of the USSR steppe zone. In certain localities (f.i. blow-out "kettle holes", river terraces, stratified sands accumulating leakage water) of this zone ground-water table is rather shallow and consequently a considerable portion of pine roots does extend to the zone of ground-water wetting, the many-year average water-table level creating thus the limit of penetration of vertical roots into the soil.

Under such circumstances pine does usually form two maxima of root concentration in the soil, the first one being located in the surface, humified (A+B) horizon, the second one - in the zone of capillary fringe. The diurnal fluctations of water table may thus reflect the amount of ground water intake by plants. With a water table depth of 1.0-1.5m the amplitude of its fluctation under pine stands amounts to 3.0-3.5cm per day, and at the depth of 3-4m the value does not exceed 0.5cm per day (VORONKOV, 1963).

Sometimes in the deep soil horizons several root strata may be formed apparently accomodating to the different water-table levels occuring throughout the life period of plants. On sands where water table is quite low pine roots penetrate to a depth of 5-6m. However, the average depth of root penetration into sands cannot yet afford an adequate evaluation of extents of the soil water utilization by plants.

The fact is that in explaining the character of pine root systems developing in sands we can by no means proceed from the habitual literary assumptions according to which plants do so prolifically penetrate the whole solum with their roots that they can drain it up to the wilting point and even to the maximum hygroscopicity limit (MAKSIMOV, 1952; MICHURIN, 1959).

Pine roots are distributed more or less regularly and unobstructed only in the upper horizons of sandy soils. Therefore horizons A+B and also the aeolian sand deposits containing residual humus are usually penetrated through by roots during the first four-five years of the life of plants. In this case they go to a depth of 170-180cm in deeply humified soils (horizons A+B up to 120-130cm) and to a depth of 70-80cm in medium-humified ones (horizons A+B up to 50-60cm). Averagely the upper 50-cm layer of sufficiently rich sandy loam soils comprises 60-70% of roots; in the poor sands of coniferous habitats root occupancy amounts to 85-90% (GAEL and VORONKOV, 1965). On reaching the compacted layer of sand originated from parent material, roots slacken their further growth into the depth and only individual roots in the form of thick interlacings with a diameter up to 8-10cm do penetrate to a depth of 4-5cm and deeper (Fig. 1). Such interlacings are usually composed of thin cords consisting of a number of dead roots.

The said peculiarities of root distribution are especially typical of mineralogically poor quartz sands. However, even in rich (polymineral) sands the localized root distribution, beginning from a depth of 150-200cm, is a regular phenomenon. As a result of such peculiarities of root distribution in sands, the root occupancy of deeper soil layers does not exceed 10-15%, the rest of the soil volume remaining utterly uninhabited by roots (Fig. 2).

The penetration of roots into deeper soil horizons does apparently occur most often through sand lenses characterized by more favorable texture or by the presence of organic debries. It is impossible to determine any differences in the texture of sands within the zone of root distribution and outside it.

It should be reasonable to assume that the most important factors impeding root growth are the size of soil pores and structural regidity of pores (WIERSUM, 1957; HIDDING and BERG, 1960) that prevents the forcing off sand particles of puddled-structure sands by root tips. However, in disturbed (loosened) medium sands the roots go into the depth more intensively, but almost always do that within the limits of holes, pits (GAEL , 1952), and also the channels of decayed roots (TOLSKY, 1905; 1907; RAKHTEENKO, 1952).

Critical values of physical soil-characteristics constants with regard to root growth of farm crops are contained in the works of a number of researchers (HIDDING and BERG, 1960; TAYLOR and BRUCE, 1968; MAZURAK and POHLMAN, 1968 etc.).

For pine these values will be as follows (GAEL and VORONKOV, 1965; ZIUZ , 1968):

	Critical	Optimum
Porosity (%)	38-42	46-52
Bulk density (gm/cm^3)	1.6-1.8	1.4-1.5
Hardness (kg/cm^2)	22-38	10-25

The difficulty of penetration of roots through sands is also largely dependent on the sizes of their tips. Pine in comparison with other tree species has thicker tips (0.4-0.5mm for absorbing roots and 3-4mm - for the growth roots). This, in particular, may be responsible for more than once recorded facts of deeper penetration of hardwoods roots and their beneficial effect on the depth-penetration of roots of conifers in mixed stands (TKACHENKO, 1939; AKHROMEIKO, 1950, RAKHTEENKO, 1963).

According to ORLOV (1970) the mass of absorbing roots does increase annually by 10-15 thous. m^2 per ha in the sandy soils of Yaroslavl region. In puddled sands, lacking humus and any other organic matter, roots do practically remain within the same soil layers. If we assume the life period of active pine roots to be 4-5 years (HEIKURAINEN, 1955; ORLOV, 1970), even in this case their surface will exceed the feeding area only by 4-5 times. These figures are much smaller than those indicated in a great number of works on root systems of cultivated and wild plants. The localized distribution of roots in sands results in ununiform draining of soils and is responsible for a number of peculiarities of soil-water regime and soil-water reserves for plants.

On puddled sands undisturbed by cultivation plants do actively absorb water only in the places of root concentration, which, beginning from a depth of 140-150cm, occupies no more than 10% of the whole soil volume. Under such circumstances the sand gets drained up to the wilting point usually within 20-30 days after its moistening through. At a distance of 2-3mm of the roots moisture content of soil decreases rather slowly, and during growing period the loss of water from soil does not exceed 30-35% of its absolute water holding capacity (VORONKOV, 1967). Therefore the physical so to say water content of soil is not yet adequately indicative of soil-water reserves available to plants. For evaluating these reserves in deep soil horizons it is convenient to subdivide the whole soil-water content into two categories - potentially available water, whose lower limit clearly coincides with the wilting point, and actually available water, whose limit of availability to plants lies well higher than wilting point and depends on water-physical properties of soil and subsoil, as well as on their root-occupancy degree (Fig. 3). The value of the latter constant may be obtained basing on the data of studies in soil-moisture content under field conditions or through assertaining the ratios between total soil volume and the volume of root occupancy (VORONKOV, 1967, 1969).

In conclusion it may be noted that the depth of root penetration in sands is largely dependent on mineralogic composition of soil-forming rocks, their water content, presence of calcium carbonates and clay incorporations. Other things being equal, the root systems of highly productive forest stands do penetrate into soil deeper and are characterized by higher occupancy than the root systems of low siteclass stands.

LITERATURE

AKHROMEIKO, A.I., 1950: Physiological grounds for pine cultivation in steppes. Buzuluk Bor, v.3. Goslesbumizdat, M., L.

VORONKOV, N.A., 1963: Ground-water pulsation and ground-water losses from Archedinsk-Don sands. Vestnik of Moscow University, 2.

VORONKOV, N.A., 1967: Spatial variation of moisture content of sandy soils under pine stands. Soil Sci., 10.

VORONKOV, N.A., 1969: Water reserves under pine stands on the steppe and sand soils and methods of their assessment. Soil Sci., 4.

GAEL, A.G., 1952: Afforestation of hilly sands in arid regions. Geographgiz.

GAEL, A.G. and N.A. VORONKOV, 1965: Root system of pine (Pinus silvestris L.) in sandy soils of Kazakhstan and Don. Bot. J., 4.

ZIUZ, N.S., 1968: Bulk density and hardness of hilly sands of the Middle Don. Scientific Papers of Higher School. Biol. Sci., 8.

MAKSIMOV, N.A., 1952: The development of concepts on water relations and drought-resistence of plants during the period from Timiriazev to our time. Selected Works on drought-resistence and winter-hardiness of plants.

MICHURIN, B.N., 1959: Evaporation of water from soil. In: Fundamentals of agrophysics. Fizmatgiz, Moscow.

ORLOV, A.Ya., 1970: The ecology of pine forests in the Central Part of the Russian Plain. Competitor s essay for the degree of doctor of biological sciences, Leningrad.

RAKHTEENKO, I.N., 1963: Growth an interaction of woody plants root system. Minsk.

TOLSKY, A.P., 1905: Data from the studies on the form and development of pine roots and roots of other tree species. Experiment forests papers, Iss. 3.

TOLSKY, A.P., 1907: Data from the studies on the structure and vitality of pine roots. Transactions of Forest Experiment Activities in Russia. Iss. 3, Petersburg.

HIDDING, A.P. and A.C. VON DEN BERG, 1960: The relation between pore volume and the formation of root systems in soils with sandy layers. Transactions of 7-th Intern. Congr. of Soil Sci., Madison, USA, I.

HEIKURAINEN, L., 1955: Über Veränderungen in den Wurzelverhältnissen der Kiefernbestände auf Moorböden im Laufe des Jahres. Acta Forest. Fenn., 65.

MAZURAK, A.P. and R. POHLMAN, 1968: Soil compaction and plant growth. Nebraska, 9-th Intern. Congr. of Soil Sci., Adelaide, Australia.

TAYLOR, H.M. and R.R. BRUCE, 1960: Effects of soil strength on root growth and crop yield in the Southern United States. 9-th Intern. Congr. of Soil Sci., I, Adelaide, Australia.

WIERSUM, L.K., 1957: The relationship of the size and structural rigidity of pores to their penetration by roots. Plant and Soil, IX, I.

Fig. 1. Pine roots in habiting compact sands.

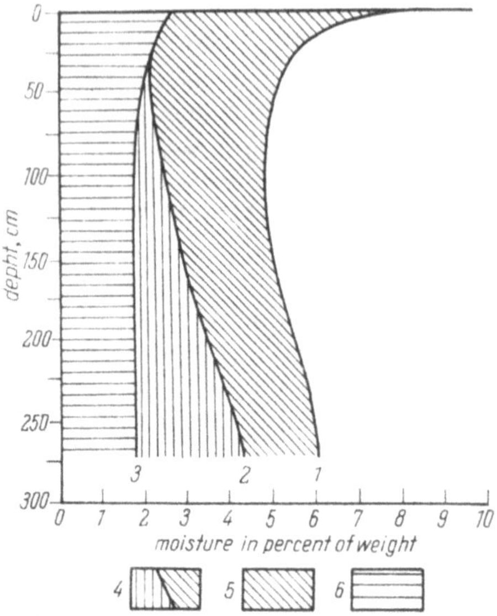

Fig. 3. Relation between potentially available water and actually available water in the sand under pines.
1. Field water capacity. 2. Limit of ultimate actual soil drainage by roots. 3. Wilting point. 4. Potentially available water. 5. Actually available water. 6. Inavailable water.

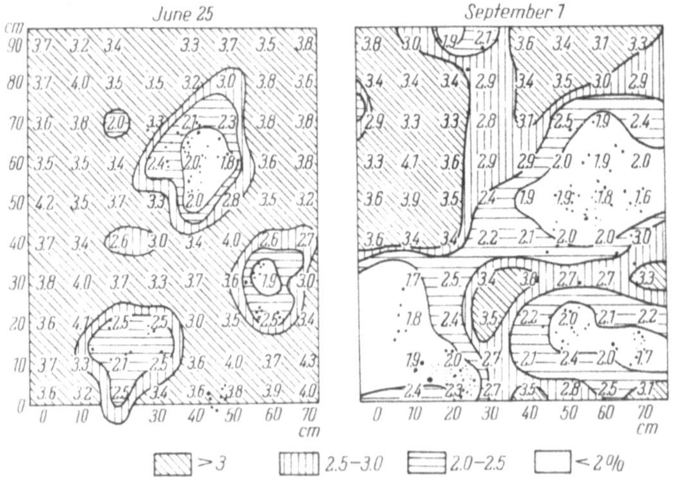

Fig. 2. The character of soil drainage by pine roots. The black dots denote pine roots.

VERFAHREN ZUR MESSUNG DES WURZELWACHSTUMS UNTER FREILANDBEDINGUNGEN

G. HOFFMANN

Akademie der Landwirtschaftswissenschaften der DDR, Institut für Pflanzenschutzforschung Kleinmachnow, Zweigstelle Eberswalde, Abt. Wachstumsregulatoren

Entsprechend dem jeweiligen Wissensstand und der Zielstellung der Forschungsarbeiten sind die angewandten Methoden zur Untersuchung des Wurzelwachstums sehr verschieden. Um zu der notwendigen Aussagekraft und Genauigkeit der Ergebnisse zu gelangen, wurden die Verfahren unter steigender Verwendung von technisch-baulichen Einrichtungen immer kosten- und arbeitsintensiver.

Die ersten Mitteilungen über das Wurzelwachstum bezogen sich meistens auf zufällige Beobachtungen beim Ausheben und Umpflanzen von Gehölzen (u. a. HALES 1748; DU HAMEL du MONCEAU 1758). Mit systematischen Wurzelausgrabungen begannen HARTIG (1863); von MOHL (1862) und RESA (1877). Während im Mittelpunkt der Arbeiten von HARTIG die morphologische und statische Ausbildung der Wurzelsysteme stand, von MOHL insbesondere Studien über das Wurzeldickenwachstum betrieb, begann RESA mit den eigentlichen Spezialuntersuchungen über die Wachstumsperiodizität. Seine Methode bestand in einem mehr oder weniger regelmäßigen Ausgraben von Baumwurzeln zur Feststellung aktiven Wachstums (im Winter wurde der Boden aufgetaut (ENGLER 1903). Genaue Werte sind hierdurch kaum zu erhalten, da nur durch das Vorhandensein von weißen Wurzelspitzen auf Wachstum geschlossen werden kann. Fehleinschätzungen entstehen auch dadurch, daß die unterschiedliche Verkorkungsgeschwindigkeit der einzelnen Arten und bei wechselnden Temperaturen nicht berücksichtigt wird. Wurzelgrabungen wurden später z. B. von WIELER (1894), TOLSKY (1901), ENGLER (1903) und McDOUGALL (1916) angewendet.

STEVENS (1931), REED (1939), LADEFOGED (1939) und VOROBIEVA (1961) versuchten, durch Markierung ausgesuchter Wurzelspitzen gleichzeitig quantitative Angaben zu erhalten. LADEFOGED kennzeichnete die Lage von Wurzelspitzen durch Kupferdrähte und ermittelte in periodischen Intervallen den Zuwachs. Jedoch lassen sich hierdurch nur oberflächlich liegende, horizontal wachsende Wurzeln erfassen. Durch das wiederholte Aufgraben kommt es zu einer Wachstumsstörung durch die Bodenlockerung oder Austrocknung. Hierdurch wurden irreführende Ergebnisse erzielt. Außerdem gestattete diese arbeitsintensive Methode (allein das Aufsuchen wachsender Wurzelspitzen ist schwierig) nur die Untersuchung weniger Exemplare. Daher sind mit Längenmessungen kombinierte, langfristige Wurzelaufgrabungen, die zu sicheren Werten führen sollen, arbeitstechnisch unlösbar.

Ein für Wurzeluntersuchungen in Baum- und Althölzern sehr zweckmäßiges Verfahren ("air-layering-technique") entwickelten LYFORD und WILSON (1966). Hierbei werden 5-10 mm starke Wurzeln freigelegt, durchtrennt und 20-30 cm des mit dem Stamm verbundenen Wurzelendes in feuchtem Boden eingebettet und mit Folie umgeben. Nach 2-3 Wochen ist starke Wurzelneubildung zu verzeichnen. Die freipräparierten Wurzelstränge werden dann auf Tabletts mit feuchtem Substrat oder in Containern ausgebreitet und stehen für Experimente zur Verfügung. Diese Untersuchungen wurden z.T. auch in überdachten 1 m tiefen Gräben durchgeführt, an deren Seitenwänden die Wurzeln freizulegen waren.

Im Zusammenhang mit den Wurzelaufgrabungen sind auch die Methoden anzuführen, die durch Bestimmung der Wurzelmasse nach Länge und Gewicht aus periodisch entnommenen Bodenblöcken den Wachstumsrhythmus der Wurzeln festlegen. Die Entnahme der Monolithe geschieht z.B. durch Herausschlagen mit 10 cm starken Eisenzylindern (KALELA 1955), Herausstechen von genormten Bodenblöcken-Kuben, Prismen - (HEIKURAINEN 1955, LESHEM 1965), RAKHTEENKO und JAKUSHEV 1968) oder durch Bohrkerne unter Verwendung des Utah- oder Albrecht'schen Erdbohrers (SIMON und EICH 1955). Es muß darauf hingewiesen werden, daß durch die häufigen Entnahmen, insbesondere durch das Auswaschen der Wurzeln, ein hoher Arbeitsaufwand entsteht, selbst wenn durch Hydraulik oder Motoren getriebene Bohrgeräte (DAHLMAN 1968) und Wurzelwaschmaschinen (SHALYT und ZHIVOTENKO 1968) eingesetzt werden. Die Anwendung auf steinhaltigen Standorten und bei Vorhandensein eines Grobwurzelsystems wirkt weiter erschwerend. Das Verfahren ist geeignet in Forstbaumschulen, Kahlschlagfloren und in homogenen Grünland- und Feldgesellschaften mit gleichmäßiger Verteilung der Wurzeln im Boden.

Gewisse Parallelen zum Monolith-Verfahren weist die von ROZE (1937) entwickelte Methodik auf. In durchlöcherten Containern wachsende Gehölze werden in mit lockerem Humus gefüllte Bodengruben gesetzt. Maßstab für die Intensität des Wurzelwachstums ist die Anzahl der aus den durchbohrten Töpfen herauswachsenden Wurzeln. TODD (1964) und KAUFMANN (1968) stellten in Bodenblöcken wachsende Pflanzen mit dem Wurzelwerk in feuchte Behälter. Das Erntegewicht der in bestimmten Abständen herauswachsenden Wurzeln diente als Bezugsgröße der periodischen Wurzelneubildungen (Die nach diesem Verfahren zur Ermittlung des Wurzelregenerations-Potentials gewonnenen Werte sind nicht dem Verlauf des Wurzelwachstums gleichzusetzen, da durch die Wurzelverletzungen die Zuwachsrhythmik verändert wird).

Einen bedeutenden methodischen Fortschritt brachte die Anwendung von transportablen Wurzelkästen nach SACHS für die Ermittlung der Wachstumsrhythmik von Gehölzwurzeln in situ (BÜSGEN 1901). Hierdurch konnte die Längenbestimmung einer größeren Zahl von Wurzeln ermöglicht und gleichzeitig die mechanischen Störungen bei den Messungen vermindert werden (Andere Autoren benutzten Glas- oder durchsichtige Kunststoffrohre mit verschiedenen Durchmessern für Wurzeluntersuchungen (RICHARDSON 1953, BILAN 1964, NILSSON 1965). Ein Vorteil der transportablen Wurzelkästen besteht darin, daß sie in klimatisierte Räume gesetzt werden können. Die Benutzung der SACHS schen Wurzelkästen zur Untersuchung der Periodizität des Wachstums der Gehölzwurzeln rief eine Intensivierung der Forschungsarbeiten hervor. Hiervon zeugen eine Vielzahl von Arbeiten (u. a. BODO (1926), CRIDER (1928), WOODROOF und WOODROOF (1934), WILCOX (1954)).

Um eine kontinuierliche Messung des Wurzelwachstums am natürlichen Standort vornehmen zu können, zogen KINMAN (1932), ROGERS (1935), BUSAROVA (1961) und OVINGTON und MURRAY (1968) Gräben oder Erdgruben (TURNER 1936) in der Nähe der Stammbasis, setzten gerahmte Glasfenster an das Bodenprofil und deckten die Grube zwischen den Messungen wieder ab. In diesen Wurzelgräben war es möglich, Wurzelwachstumsmessungen am natürlichen Standort und an Bäumen aller Altersklassen vorzunehmen. Eine Schwierigkeit dieser Methode besteht jedoch darin, daß es nicht gelingt, eine so ausnivellierte Bodenprofilwand herzustellen, daß die Glasrahmen ohne Zwischenraum dem Erdboden anliegen. Bei der Anlage von Wurzelgräben im Freiland geben im ersten Jahr Regenerationseffekte ein nicht richtiges Bild von dem Wurzelwachstum (KINMAN 1932). Bewährt haben sich derartige Wurzelbeobachtungsgräben z. B. für die Analyse der

Radikation von Sträuchern (MEUSEL 1961). Zunehmende Bedeutung für die Untersuchung des Wurzelwachstums erlangen Wurzellaboratorien (HOFFMANN 1960, ROGERS und HEAD 1968). Wurzellaboratorien sind Gebäude (Abb. 1 und 2), deren Konstruktion die kontinuierliche Messung des Wurzelwachstums und die Beobachtung von bodendynamischen, - mikrobiologischen und -zoologischen Vorgängen im Erdboden durch Sichtfenster gestatten. Die Einrichtung enthält technisch-apparative Ausrüstungen, mit deren Hilfe einzelne Umweltfaktoren für die Wurzel- und Sproßorgane modifiziert werden können. Eine programmierbare Klimatisierung des Wurzel- und Sproßraumes ist - im Gegensatz zum Rhizotron - nicht möglich. Durch die breiten Schauscheiben lassen sich viele Einzelwurzeln messen. Für die Darstellung von Wachstumskurven von Gehölzwurzeln (HOFFMANN 1969) wurden bis 1800 Einzelmessungen herangezogen.

Alle Verfahren, die das Wurzelwachstum hinter Glassichtflächen registrieren, sind nur unter der Voraussetzung anwendbar, daß die Wurzeln aller Arten in gleicher Weise an der Scheibe wachsen. Durch vorgenommene Kontrollgrabungen an den hiesigen Wurzelkästen ließ sich nachweisen, daß dieses für die meisten Gehölze zutrifft (Auch an Tomaten wiesen LEONARD und HEAD (1958) nach, daß die wenigen an der Scheibe sichtbaren Wurzeln einen genauen Einblick in die Durchwurzelung und Wachstumsperiodizität geben).

BODO (1926) beschreibt an Obstbäumen "ein Wegwachsen der Wurzeln von der Scheibe" nach 2-3 Tagen, wenn die Wurzeln 2-3 Stunden stärkerem Sonnenschein ausgesetzt waren. ROGERS (1939 b) und LYFORD und WILSON (1966) konnten diese Ergebnisse an Apfel- bezw. Ahornwurzeln nach längerer Belichtungsdauer nicht bestätigen. Nach JANSEN und BOPP (1965) war eine negative phototropische Reaktion von Wurzeln in lichtdurchlässigen Kunststofftöpfen in langfristigen Versuchen nicht nachzuweisen.

Ein sehr modernes, in der Aussage aber begrenztes Verfahren zur Untersuchung des Tiefenwachstums ist die Verwendung von radioaktiven wurzelaufnehmbaren Verbindungen (^{86}Rb und ^{131}I). Diese Substanzen werden in verschieden tiefgelagerte Bodenschichten eingeführt und können dann nach Erreichen der betreffenden Bodenhorizonte durch die Wurzeln im Sproß nachgewiesen werden (HOUGH, WOODS und McCORMACK 1965). Verwendung finden ebenfalls ^{14}C und ^{137}CS, um die Absterberaten von Wurzeln zu ermitteln (DAHLMAN 1968, OLSON 1968). Es ist zu erwarten, daß diese Verfahren trotz der gegenwärtig noch vorhandenen praktischen Schwierigkeiten zukünftig für Freilanduntersuchungen an Bedeutung gewinnen werden. Darüber hinaus gibt es eine Reihe weiterer Verfahren, die aber nur für Spezialzwecke verwendbar sind, so z.B. das Phytocyclon (TRANQUILLINI 1967), in dem die Sprosse und Wurzeln unabhängig voneinander klimatisiert werden. Erwähnt sei weiter die Wurzelwachstumsmessung auf Filtrierpapier in Polyäthylenbeuteln (ELIASSON 1968) und in mit durchsichtigen Kunststoffstücken gefüllten Plexiglasküvetten (BLOOMBERG 1963), die sich für bestimmte Problemstellungen bewährten.

Gegen alle beschriebenen Untersuchungsmethoden lassen sich verschiedene Einwände machen, da das Wurzelwachstum nicht unter absolut natürlichen Bedingungen vonstatten geht. Aus arbeitstechnischen und ökologischen Gesichtspunkten scheinen die Methoden der Wurzelgräben mit senkrecht oder schräggestellten Schauscheiben und die Wurzellaboratorien mit möglichst großen Wurzelkästen am günstigsten zu sein. Die Wurzelgräben - einschließlich dem "air-layering"-Verfahren können in natürlichen Beständen mit kurzfristigeren Problemstellungen Verwendung finden. Das Wurzellaboratorium mit verschiedenen technischen Einrichtungen ist dagegen für langfristige Fragestellungen am wertvollsten.

Allerdings weist auch das Wurzellaboratorium Nachteile auf. Auch hier ist nur ein Teil der wachsenden Wurzeln an den Schauflächen sichtbar. Aber es dürfte das Verfahren darstellen, das den natürlichen Verhältnissen unter den gegebenen Bedingungen am nächsten kommt und Dauerbeobachtungen (kinematographische Registriermethoden) erlaubt. Außerdem bietet es mit den vorhandenen technischen Einrichtungen die Möglichkeit, bestimmte Umwelteinflüsse (Variation der Bodenfeuchte und -temperatur, Einbau bestimmter Bodenprofile) zu simulieren und Registrier- und Meßgeräte (z.B. URAS, Neutronensonde) einzusetzen. Gleichzeitig lassen sich bodendynamische, -mikrobiologische und -zoologische Fragen günstig untersuchen.

LITERATUR

BILAN, M.V., 1964: Acrylic resin tubes for studying root growth in tree seedlings. For. Sci. 10, 461-462.

BLOOMBERG, W.J., 1963: A translucent rooting medium for the observation of douglas fir seedling roots. Plant Dis. Rep. 47, 455-458.

BODO, F., 1926: Untersuchungen auf dem Gebiet des Wurzelwachstums des Apfels und der Zwetschge. Fortschr. Landw. 24, 768-773.

BUSAROVA, E.S., 1961: Influence of some environmental factors on the growth of spruce and pine in swamp forest types (Russ.). Lesn. Hoz. 14, 11-14.

BÜSGEN, M., 1901: Einiges über Gestalt und Wachstumsweise der Baumwurzeln. Allg. Forst- u. Jagdztg. 77, 273-278.

CRIDER, F.J., 1928: Winter root growth of plants. Science 68, 403-404.

DAHLMAN, R.C., 1968: Root production and turnover of carbon in the root-soil matrix of a grassland ecosystem. Internat. Symp.: "Methods of Productivity Studies in Root Systems and Rhizosphere Organisms", Leningrad, 11-21.

DU HAMEL du MONCEAU, H.L., 1758: "La physique des Arbres", 280 S. übersetzt ins Deutsche von C.C. OELHAFEN von SCHÖLLENBACH als "Naturgeschichte der Bäume", 2 Bd., 4 Teile, Winterschmidt, Nürnberg, 1764-1767.

ELIASSON, L., 1968: Dependence of root growth on photosynthesis in Populus tremula. Plant Physiol. 21, 806-810.

ENGLER, A., 1903: Untersuchungen über das Wurzelwachstum der Holzarten. Mitt. Schweiz. Centralanst. forstl. Versuchswes., 7, 247-272.

HALES, S., 1748: "Statik der Gewächse". Übersetzt von Reichs-Freyherrn von WOLFF (Engl. Ausg. 1727). Rengerische Buchhandlg., Halle.

HARTIG, T., 1863: Über die Zeit des Zuwachses der Baumwurzeln. Bot. Ztg. 21, 288-289.

HEIKURAINEN, L., 1955: Über Veränderungen in den Wurzelverhältnissen der Kiefernbestände auf Moorböden im Laufe des Jahres. Acta for. fenn. 65, 1-70.

HOFFMANN, G., 1960: Untersuchungen über die symbiontische Stickstoffbindung der Robinie (Robinia pseudoacacia L.). Diss. Humboldt-Univ. Berlin.

HOFFMANN, G., 1969: Untersuchungen über die Wachstumsrhythmik der Wurzeln von Forstgehölzen. Diss. zur Erlangung des Grades eines Doktors der Wiss. (Sc.) Humboldt-Univ. Berlin.

HOUGH, W.A., F.W. WOODS and M.L. McCORMACK, 1965: Roots extension of individual trees in surface soils of a natural longleaf pine-turkey oak stand. For. Sci. 11, 223-224.

JANSEN, H. und M. BOPP, 1965: Weitere Versuche mit lichtdurchlässigen Kunststofftöpfen. Gartenbauwiss. 30, 541-548.

KALELA, E.K., 1957: Über Veränderungen in den Wurzelverhältnissen der Kiefernbestände im Laufe der Vegetationsperiode. Acta. for. fenn. 65, 1-42.

KAUFMANN, M.R., 1968: Water relations of pine seedlings in relation to root and shoot growth. Plant Physiol. 43, 281-288.

KINMAN, C.F., 1932: A preliminary report on root growth studies with some orchard trees. Proc. Amer. Soc. Hort. Sci. 29, 220-224.

LADEFOGED, K., 1939: Untersuchungen über die Periodizität im Ausbruch und Längenwachstum der Wurzeln bei einigen unserer gewöhnlichen Waldbäume. Forstl. Forsogsv. Danm. 16, 1-256.

LEONHARD, E.R. und G.C. HEAD, 1958: Technique and preliminary observations on growth of the roots of glasshouse tomatoes in relation to that of the tops. J. Hort. Sci. 33, 171-185.

LESHEM, B., 1965: The annual activity of intermediary roots of the Aleppo pine. For. Sci. 11, 291-298.

LYFORD, W.H. und B.F. WILSON, 1966: Controlled growth of forest tree roots: Technique and application. Harv. For. Pap. 16, 12 S.

McDOUGALL, W.B., 1916: The growth of forest tree roots. Amer. J. Bot. 3, 384-392.

MEUSEL, H., 1961: Bewurzelung und Wuchsform einiger Asteriscus-Arten. Flora, 150, 441-453.

MOHL, H.v., 1862: Einige anatomische und physiologische Bemerkungen über das Holz der Baumwurzeln. Bot. Ztg. 20, 313-319.

NILSSON, H.E., 1965: Preliminary report on a method for studies of root development and root diseases. Kurze Mitteilung. Phytopath. Z. 53, 190-194.

OLSON, J.S., 1968: Distribution and radiocesium transfers of roots in a tagged mesophytic Appalachian forest in Tennessee. Internat. Symp.: "Methods of productivity studies in root systems and rhizosphere organisms." Leningrad, 133-139.

OVINGTON, J.D. und G. MURRAY, 1968: Seasonal periodicity of root growth of birch trees. Internat. Symp.: "Methods of productivity studies in root systems and rhizosphere organisms", Leningrad, 146-154.

RAKHTEENKO, J.N. und B.I. JAKUSHEV, 1968: A complex method for investigating root system of plants. Internat. Symp.: "Methods of productivity studies in root systems and rhizosphere organisms", Leningrad, 164-168.

REED, J.F., 1939: Root and shoot growth of short-leaf and loblolly pines in relation to certain environmental conditions. Bull. Duke (Univ.) Sch. For. 4, 1-52.

RESA, F., 1877: Über die Periode der Wurzelbildung. Diss., Bonn, 37 S.

RICHARDSON, S.D., 1953: Studies of root growth in Acer saccharinum L.. I. The relation between root growth and photosynthesis. Proc. Ned. Akad. Wet. C 56, 185-193.

ROGERS, W.S., 1935: Root studies. VI. Apple roots under irrigated conditions, with notes on use of soil moisture meter. J. Pomol. 13, 190-201.

ROGERS, W.S., 1939 b: Root studies. IX. The effect of light on growing apple roots: A trial with root observation boxes. J. Pomol. 17, 131-140.

ROGERS, W.S. und G.C. HEAD, 1968: Studies of roots of fruit plants by observation panels and time-lapse photography. Internat. Symp.: "Methods of productivity studies in root systems and rhizosphere organisms", Leningrad, 176-185.

ROZE, E., 1937: Priezu un eglu stadu dzinumsaknu garuma pieaugsanas gaita (Dt. Zusfsg.). Rep. Latv. For. Res. Sta. 7, 1-76.

SHALYT, M.S. und L. F. ZHIVOTENKO, 1968: Overground and underground parts of certain grass and dwarf semishrub phytocoenoses of the crimean Jaila (Mountain pastures) and the technique of their estimation. Internat. Symp.: "Methods of productivity studies in root systems and rhizosphere organisms", Leningrad, 204-208.

SIMON, M. und D. EICH, 1955: Probleme und Methoden der Wurzeluntersuchungen unter besonderer Berücksichtigung leichterer Böden. Z. Acker- u. Pfl.bau, 100, 179-198.

STEVENS, C.L., 1931: Root growth of white pine (Pinus strobus L.). Yale Univ. School For. Bull. 32, 1-62.

TODD, G., 1964: Douglas-fir seedlings have roots. J. For. 62, 561-563.

TOLSKY, A.P., 1901: The influence of different temperatures on the growth of roots (Russ.). Zh. Opintu. Agron. 2, 733-744.

TRANQUILLINI, W., 1967: Das Phytocylon, eine neuartige, vollklimatisierte Gaswechselmeßkammer für Pflanzen. Angew. Bot. 41, 1-12.

TURNER, L.M., 1936: Root growth of seedlings of Pinus echinata and Pinus taeda. J. agric. Res. 53, 145-149.

VOROBIEVA, T.G., 1961: The dynamics of growth of birch roots under various ecological conditions (Russ.). Obsc. Ispyt. Prir. Bjull. Otd. Biol. Moskau, 66, 89-96.

WIELER, A., 1894: Über die Periodizität in der Wurzelbildung der Pflanzen. Forstwiss. Cbl. 16, 333-349.

WILCOX, H., 1954: Primary organization active and dormant roots of noble fir (Abies procera). Amer. J. Bot. 41, 812-821.

WOODROOF, J.G. and N.C. WOODROOF, 1934: Pecan root growth and development. J. Agric. Res. 49, 511-530.

Abb. 1. Aufsicht auf das Eberswalder Wurzellaboratorium. Zum Zeitpunkt der Aufnahme ist das Wurzellaboratorium für die Durchführung von Dürreversuchen überdacht.

Abb. 2. Blick in das Eberswalder Wurzellaboratorium.

IN SITU OBSERVATIONS OF WOODY PLANT ROOT GROWTH AT THE UNIVERSITY OF GUELPH RHIZOTRON

R.J. HILTON and H. KHATAMIAN

Department of Horticultural Science, University of Guelph, Guelph, Ontario, Canada

INTRODUCTION

In nature, roots of plants develop and function in opaque media and for this reason the application of observation criteria is less facile than is the case with aerial plant organs. This report deals mainly with recent experience in studying root growth phenomena at the University of Guelph rhizotron. Copies of other papers relating to research since 1967 are on file at this Symposium. Only selected results will be included in this summary.

Various means have been employed for root research during the past century. These range from mechanical and hydrological excavations, through uses of hydroponics, dyes and radioisotopes, to various trench observation methods. The latter were developed in sophisticated manner by ROGERS and his co-workers (3, 14, 15). Recently a modification of the East Malling root observation laboratory was constructed at the University of Guelph in Ontario, and this has been termed a Rhizotron (4). Other rhizotron units are now in use in Alabama (2) and Trinidad (19). These follow the Guelph design in utilizing discrete "plant compartments" along both sides of the glass-paned observation trench. In these compartments any desired soil or other root-supporting medium may be introduced. Much of the work at Guelph and Trinidad involved reconstituting selected soil types by careful horizon excavation and filling these in reverse order into the rhizotron compartments, tamping to result in a degree of compaction approaching that of the original undisturbed soil.

The methods employed for studying root growth have been reviewed in some detail by MASON (9). Excavation techniques have been refined and reported by various workers (1, 11, 12, 13, 14, 17). These have the advantage of allowing observation of entire root systems and of permitting reassembly of large systems where that is desired. As has been discussed by SUTTON (18) the disadvantage of excavating roots is that there is little chance of continued growth of the plant under study, and the practices are slow and often laborious. Partial excavation techniques also have been reported but, as with total excavations, these do not allow observation of roots while they are growing, or the use of timelapse photography or other means for determining rates of development (8, 11, 18).

Data on ion mobility, uptake and exchange in the rhizosphere have been secured by means of dyes and radioactive compounds (16) and MASON notes that these techniques should be particularly effective when combined with a rhizotron where in continued study of roots on in situ bases can be maintained (9).

MATERIALS AND METHODS

The initial University of Guelph rhizotron consists of an underground heated filing and collating room (2.5 x 2.5 m) and an observation corridor connected by an insulated door to prevent temperature fluctuation (4, 5, 6). The corridor is 9,15 m long x 1.52 m wide, with vertical plate glass (6 mm thickness) along each side from soil surface to a depth of 1.7 m. The corridor ceiling is about at soil surface and the internal height is 2 m. The glass panes have 56 x 117 cm dimensions. The compartments outside the glass walls are 1.2 x 1.2 x 1.2 m but may be divided to half the volume if more separation of plants is desired. Compartment dividers used at Guelph are 2 cm thick wood ply or 0.75 cm thick epoxy-impregnated glass fibre panels. In 1971 a major addition has tripled the capacity of the Guelph rhizotron. In the new unit, two important design changes concern the windows. Instead of single glass sheets for the entire vertical length, a T-iron frame allows for three panes, each 38 cm in height, installed in each vertical 60 cm width. The second improvement was the substitution of fixed bolts in the window frames, permitting the installation of windows by tightening wing-nuts on the bolts. The use of tiered windows allows removal within the corridor of any one pane for root or soil sampling without the danger of soil face slumping that is a possibility when a full-height pane is removed.

Since June, 1967, the original rhizotron compartments have been used to observe roots of Asclepias, Cydonia, Juniperus, Malus, Pinus, Populus, Prunus, Pyrus and Vitis. Several of these still are being recorded and Rhus and Asparagus plants are now established in the added section. During 1969 and 1970 studies were made of the root:shoot relationships with Malus pumila Mill. cl. 'McIntosh' on MIX rootstock; Populus deltoides x P. nigra cl. 'Redhaven' on seedling peach rootstock; Prunus salicina Lindl. cl. 'Shiro' on P. cerasifera Ehrh. cl. 'Myrobalan' rootstock; Pyrus communis L. cl. 'Bartlett' on Cydonia oblonga L. cl. 'Quince A' rootstock; and Vitis vinifera L. x V. rupestris Scheele cl. 'Seibel 10868'.

Root growth records were made on Pinus resinosa Ait. both by detailed mapping and by grid-intersect counts, with records taken at twice-weekly intervals. Other observations included day-night rates of root elongation and the relationship to root elongation of day length and of soil temperature and moisture. In these trials no irrigation, mulching or differential fertilization practices were employed and all plants grew under field conditions subject only to the restriction to root spread that was imposed by the confines of the rather large soil compartments. As all trees were relatively young this restriction was assumed to be of very minor significance.

To test the root growth reactions of a deciduous and a coniferous species to winter rest, or quiescent, period, young trees of the Eugenei' poplar clone and of red pine (P. resinosa) were selected in September 1969 and divided into two trial lots, one of which was subject to normal outdoor conditions until January 20, 1970 (during which period temperatures several times fell to -20° C). In mid-September, 1969 the other trees were moved into a warm greenhouse where they were subjected to optimum external conditions for growth. These trees had been grown outside during the 1969 growing season in glass-sided observation boxes of 30 x 30 x 30 cm dimension, with wood ply shutters fitted outside the glass to exclude light and add insulation. Phenological observations on the chilled and unchilled plants were secured by weekly recording of shoot and root activity until the trial was concluded on June 8, 1970.

Plots were in duplicate except for Pinus and Populus where four trees of each species were used.

Instruments used at the rhizotron included:

1. Zeiss stereo-microscope mounted on a trolley of local design.

2. Dial-type direct-reading thermometers and a Rustrak automatic recording thermometer unit using 2 galvanometers and with probes set in soil at depths of 5, 30, 60 and 90 cm.

3. Nuclear-Chicago soil-moisture probe, using Americium-241 and finely ground Beryllium as the source of neutrons. The amplified electrical pulse of "slow neutrons" is measured by a ratemeter (scaler) which is connected to the probe and which provides readings that are convertable to % moisture in the soil at chosen depths.

4. Bolex 16 mm cine-camera for time-lapse photography. This was connected with a time controller and set to expose frames at 10-minute intervals.

RESULTS

Data for the root and shoot growth of each kind of plant are presented below. Root elongation and suberization data were recorded as the number of 2-cm grids intersected by roots at each twice-weekly recording.

Root:shoot relationships

'McIntosh' Apple on MIX: Vegetative buds broke into growth early in May whereas new white roots did not appear until 3 weeks later. The duration of the root:shoot growth variables is shown in Figure 1. One major shoot growth peak is noted early in June, followed by secondary peaks later in June and in July and August. In general, the minor activity periods followed periods of optimum soil moisture and high air temperatures. Roots of MIX grew most strongly from mid-July to mid-August.

Populus cl. Eugenei'. Data for shoot length growth and for root elongation and suberization are noted in Figure 2. Six obvious shoot growth peaks are noted in descending magnitude from June until early August. Roots began growth early in May and were most active at two periods, about June 23 and July 24. Root growth was slow and relatively stable from mid-August until early December, ceasing for the winter on December 11.

Prunus persica Redhaven' on Peach Seedling. Figure 3 shows that shoot growth of peach corresponded in activity periods to that of poplar. Root elongation, however, was less well defined and was relatively slow through the season, ceasing (August 23) much earlier than any other species on test. Many flower buds were formed during the late summer and this may have exhausted the root ramification potential for that season.

Prunus salicina 'Shiro' on *P.* 'Myrobalan'. Shoot elongation of Shiro plum corresponded closely with that of the Redhaven peach but continued somewhat later. These data, and those for root growth and suberization, are shown in Figure 4. There was much more prolonged root activity from the Myrobalan plum than from the seedling peach but the major peak periods were similar. One of the Myrobalan roots under observation grew slowly throughout the winter of 1970-1971. It was below the frost line, at a point where the soil temperature held at $3^{o}C$ to $4^{o}C$.

Pyrus communis 'Bartlett' on *Cydonia oblonga* 'Quince A'. In contrast to the other species on trial, shoots of Bartlett pear made very limited growth, commencing in late May and ceasing elongation by mid-July. Root growth of quince was strong and continued so well into September, with diminishing activity in October and November (Fig. 5). The 3 peaks for quince root growth reported by KOCETKOVA (7), which were April, May and autumn, did not correspond to the July, August and early September periods of major root activity noted in our trial. KOCETKOVA did note, however, that these coincided with optimal weather conditions and the 3 peaks we observed also followed that pattern.

Vitis hybrid 'Seibel 10868'. Grape shoots began elongation early in June and, after early summer fluctuation, continued until mid-November. This observation, and those relating to root elongation and suberization, are noted in Figure 6. Root growth, as a rule, was most active when shoot growth began to decline. The 2 major periods of shoot elongation were mid-June and early August and this species was alone, of those under test, in showing strong shoot growth in mid-summer. In England, however, a late summer period of vigorous shoot growth on 'Conference' pear on 'Quince A' stock has been reported by HEAD (3).

Techniques for recording root position, number and length.

These trials at the rhizotron were carried out on roots of *Pinus resinosa* (Red pine). New white roots appeared at the glass walls on May 22, 1970 and these or other roots continued length growth until November 20. Root counts were made (1) by recording the number of white roots that intersected 4-cm^2 squares on gridded Mylar plastic sheets, and (2) by tracing all new growth on polyethylene sheets, using a colourcode system. The results demonstrate that the tracing method is more accurate where complete data are required but the much less laborious gridintersect method is effective for establishing comparative peak and valley rhythms and major variations in elongation rates during the season (Fig. 7).

Circadian rhythms in root growth.

Time-lapse photographic films were used during May to October, 1970, to measure variations in root elongation rates during day (0600 to 1800 hrs.) and night (1800 to 0600 hrs.) periods. Individual roots of apple, grape, quince and poplar were selected at random for photographs, each root for periods varying from 4 to 17 days. During May to August all roots grew more during the night than during the day but during September and October day and night growth was essentially equal (Table 1).

Precipitation and temperature effects.

Records of these environmentally influenced parameters are given in Figures 8 and 9. Careful examination of the charted data for root elongation and suberization confirmed an earlier observation that periods of major fluctuation occur generally from 3 to 5 days following weather influences on soil moisture and on air and soil temperature (6). As the growing season mean air temperature lowers but temperature in the insulated medium (the soil) remains relatively high, root growth is active if adequate soil moisture is available.

Chilling effects on growth of poplar and pine.

The non-chilled plants of Populus x 'Eugenei' showed little root activity until late February, 5 month after they were moved to a warm greenhouse environment. Chilled plants, moved to the greenhouse in mid-January, started root growth late in April (Fig. 10). Although the non-chilled poplars showed twice as much root elongation as the chilled poplars, there was little difference in weights of roots at the conclusion of the trial; hence the chilling had a positive influence on thickness or volume of individual roots. Bud break and shoot growth of non-chilled poplars was below normal and was irregular and apical dominance was suppressed.

Table 1

Diurnal length growth of woody plant roots in University of Guelph rhizotron, observed during some part of the 1970 growing season. Data are measured from time-lapse photo frames.

Average Root Elongation During 12 hr. "Day" and "Night" Periods

Species	Date recording began	No. of 24-hr. periods observed	Night (mm)	Day (mm)
Apple	July 12	7	13.14	11.36
"	Sept. 9	5	7.00	7.05
Grape	July 20	8	13.39	11.84
Pear	Aug. 17	4	13.63	12.42
"	Sept. 21	6	3.88	3.03
Poplar	May 27	8	6.01	4.88
"	Oct. 19	17	3.88	3.91
Red Pine	June 11	7	3.30	2.60

"Night": 1800 - 0600 hrs.

"Day": 0600 - 1800 hrs.

Roots of the non-chilled pine trees began to grow in late January but it was very limited until late April. Roots of chilled pines began to grow shortly after plants were moved to the greenhouse in mid-January and a sharp growth break was recorded a month later. Contrary to the situation with poplars, the chilled pines made the greater mean root elongation growth but the difference in root weights was insignificant, leading to the conclusion that the roots of non-chilled pines were of greater radial dimension (Table 2, Fig. 11). The buds of non-chilled pines did not break and therefore no new shoot growth was recordes whereas shoot growth was normal on chilled pines.

Table 2

Mean shoot and root weights (g) for 4 chilled and non-chilled Carolina poplars and red pine grown during the 1969-70 winter. Greenhouses of the Department of Horticultural Science, University of Guelph.

	Shoots		Roots	
	Fresh Wt. (g)	Dry Wt. (g)	Fresh Wt. (g)	Dry Wt. (g)
Poplar				
"chilled"	73.0	35.0	285.0	74.0
"non-chilled"	82.5	39.8	307.0	79.0
Red Pine				
"chilled"	155.0	76.3	202.8	51.8
"non-chilled"	129.0	59.8	234.3	53.5

No new shoots grew during trial.

DISCUSSION AND CONCLUSIONS

Each species or clone studied under in situ conditions showed, to varying degrees, a root:shoot growth pattern in which greatest shoot activity was correlated with relatively reduced root elongation rates. At the same time, differences in peak activity of root growth between species are noted: e.g. roots of Myrobalan plum and Quince A stocks had two and three major activity periods respectively whereas apple, peach, poplar and pine showed one such period.

In all woody plants studied except Vitis root growth began earlier in spring and continued later in autumn than terminal and radial growth of aerial parts. We attribute this to the influence of accumulated growth reserves in the autumn as well as to the fact that roots have much less well defined rest or chilling requirements than do aerial plant organs.

Environmental records, and measurements of root growth during day and night, suggest strongly that a photoperiodic effect on root growth exists, as well as direct effects of air and soil temperature and soil moisture. It may well be that roots of many, or perhaps all, woody plants will be found to conform to the growth pattern suggested for red pine by MERRITT (10); that is, the basic pattern is autonomic but subject to environmental modification.

Observations on the effects of normal chilling on a pine species and a poplar clone showed that the two kinds differed widely in their response to the interruption of the quiescent period that is required for normal development of aerial organs. It seems not possible, without experimental evidence, to extrapolate the effects of true rest on shoot and root growth of one species by comparing it with another.

ABSTRACT

A subterranean observation corridor (rhizotron) was used to study root growth of Cydonia, Malus, Populus, Prunus and Vitis. Study areas included root-shoot relationships, circadian rhythm of root elongation, root vigour recording, and the effects on roots of soil and air temperature and soil moisture. The influence of seasonal chilling on shoot and root growth of Populus and Pinus was studied. Roots tend to grow least actively when shoot growth is strongest; new roots emerge earlier and finish emerging later than growth of aerial parts; roots of Prunus cerasifera grew all winter below frost line and at a soil temperature range of 3 to 4°C. Growing season changes in root elongation occur 3 to 5 days after marked variations in soil moisture and soil and air temperature. Roots of the above species make more night than day growth during late spring to midsummer but no such difference was found for the late summer and autumn period. Absence of chilling prohibited shoot growth in red pine and caused delayed and inhibited bud break and irregular shoot growth in hybrid poplar. Chilling hastened root formation and elongation with both species but eventually chilled and non-chilled plants were approximately equal in root dry weight.

LITERATURE

1. DOLL, C.C., 1961: Apple tree development in terraced loess soils. Proc. Amer. Soc. Hort. Sci. 78, 1-7.
2. HARWOOD, J.D., 1969: The Auburn Rhizotron. In: Agricultural Research Agr. Exp. Stat. of Auburn. Univ. Auburn Alabama. pp 1-4.
3. HEAD, G.C., 1968: Seasonal changes in the amount of white unsuberized roots on pear trees on quince rootstock.
4. HILTON, R.J., 1967: University of Guelph rhizotron announcement. Dep. of Horticulture, University of Guelph, Guelph, Ont. Oct. 27/67.
5. HILTON, R.J., D.S. BHAR and G.F. MASON, 1969: A rhizotron for in situ root growth studies. Can. J. Plant Sci. 49, 101-104.
6. HILTON, R.J. and G.F. MASON, 1971: Responses of Mugho pine roots to soil temperature and of Bolleana poplar roots to light. Hort. Science 6, 43-45.
7. KOCETKOVA, U.A., 1966: Root growth is related to root stock and variety. Sadovodstvo 2, 16-17. In: Hort. Abstr. 36, 4071.
8. KOLESNIKOV, W.A., 1962: Studies on the root systems and nutrition of fruit trees. Arch. Gartenbau, 10, 447-459. In: Hort. Abstr. 33, 2366.
9. MASON, G.F., 1968: In situ root growth studies. M.Sc. Thesis, Univ. of Guelph, Ontario pp 1-186.
10. MERRITT, C., 1959: Studies in the root growth of red pine (Pinus resinosa Ait.) Dissert. Abstr. 20, 1513-1514.
11. PAVLYCHENKO, T.K., 1937: Soilblock washing method in quantitative root study. Can. J. Res. (Sec. C-D) 15, 33-57.
12. ROGERS, W.S., 1932: Root development of an apple tree in a wet clay soil. J. Pomol. and Hort. Sci. 10, 219-227.
13. ROGERS, W.S., 1939: Root studies IX. The effect of light on growing apple roots. J. Pomol. and Hort. Sci., 17, 131-140.
14. ROGERS, W.S. and G.C. HEAD, 1964: Studies of growing roots of fruit plants in a new underground root observation laboratory. Proc. 16th Int. Hort. Congr. (Brussels 1962). 3, 311.318.
15. ROGERS, W.S., 1969: The East Malling root observation laboratories. In: Root growth. W.D. WHITTINGTON (ed). Butterworths, London England pp. 361-376.
16. SAIZ DEL RIO, J.D., C.E. FERNANDEZ and O. BELLAVITA, 1961: Distribution of absorbing capacity of coffee roots determined by radioactive tracers. Proc. Amer. Soc. Hort. Sci. 77, 240-244.
17. STOECKELER, J.H. and W.A. KLUENDER, 1938: The hydraulic methods of excavating the root systems of plants. Ecology 19, 355-369.

18. SUTTON, R. F., 1969: Form and development of conifer root systems. Commonwealth Forestry Bur., Oxford, England. pp 131.

19. TAI, E. A., 1969: Investigations on avocado in Trinidad. Proc. Trop. Prod. Conf. Trop. Prod. Inst., London, England. pp 231-235.

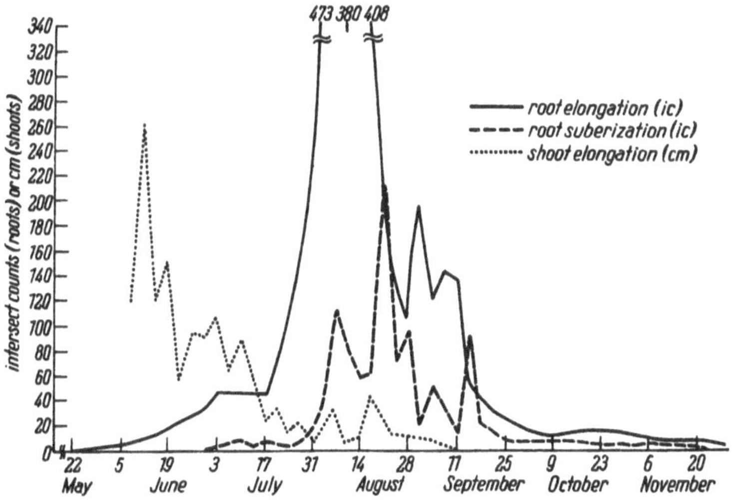

Fig. 1. Mean root and shoot growth records for two 5-year apple trees (cv. McIntosh/M IX Stock) at University of Guelph rhizotron, 1970.

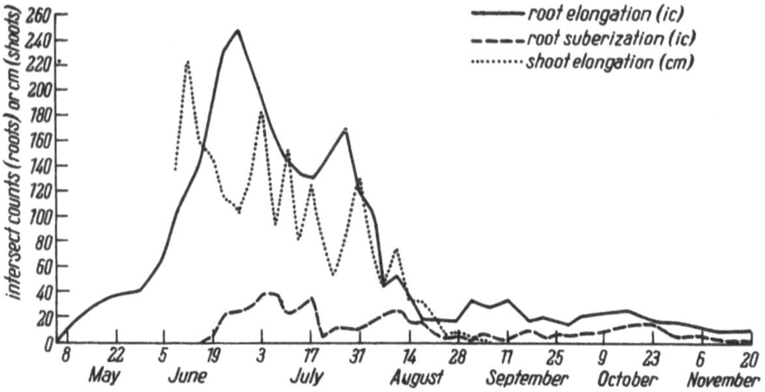

Fig. 2. Mean root and shoot growth records for four 3-year Carolina poplar trees (P. deltoides x P. nigra) at University of Guelph rhizotron, 1970.

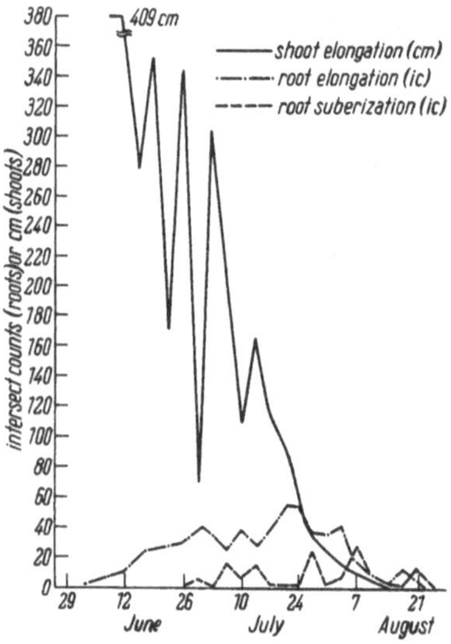

Fig. 3. Mean root and shoot growth records for 5-year peach tree (cv. Redhaven/seedling stock) at University of Guelph rhizotron, 1970.

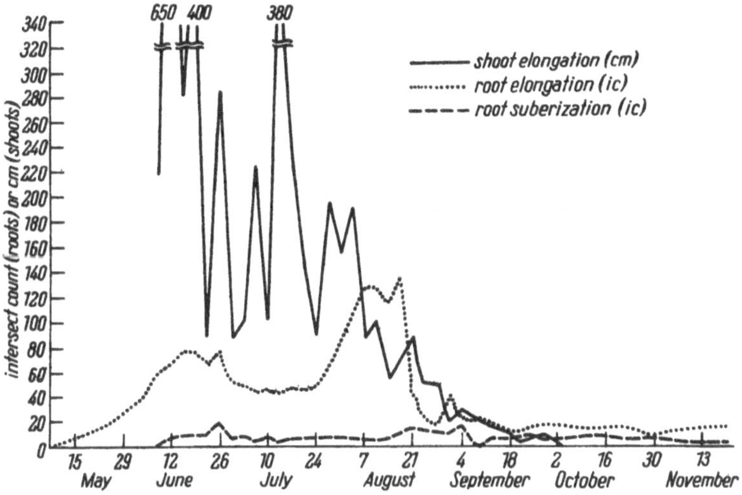

Fig. 4. Mean root and shoot growth of two 5-year plum trees (cv. Shiro/Myrobalan Stock) at University of Guelph rhizotron, 1970.

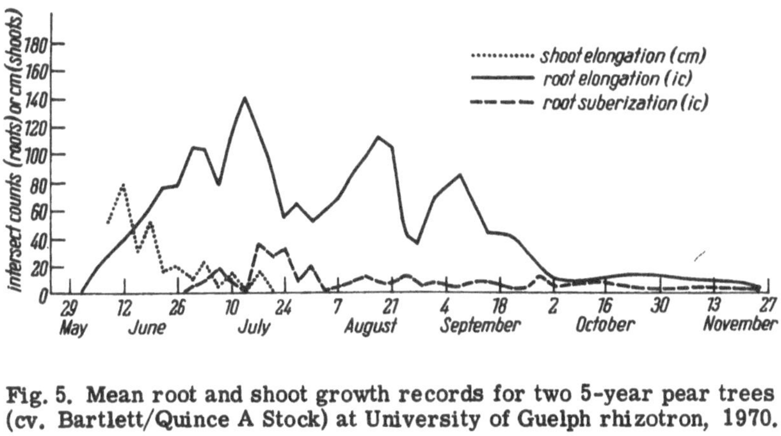

Fig. 5. Mean root and shoot growth records for two 5-year pear trees (cv. Bartlett/Quince A Stock) at University of Guelph rhizotron, 1970.

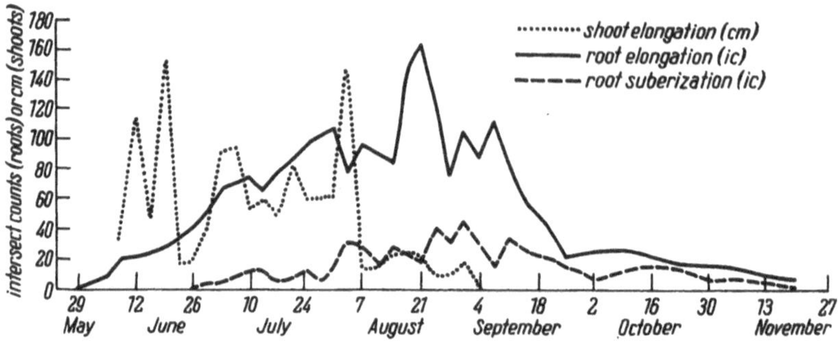

Fig. 6. Mean root and shoot growth records for two 3-year grape vines (French hybrid/own roots) at University of Guelph rhizotron, 1970.

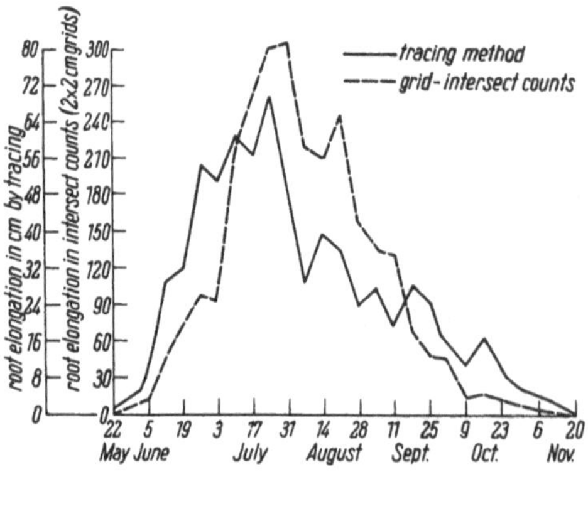

Fig. 7. Comparison of root elongation data during 1970 from four 5-year old red pine trees, recorded by tracing and by grid-intersect counts. University of Guelph rhizotron.

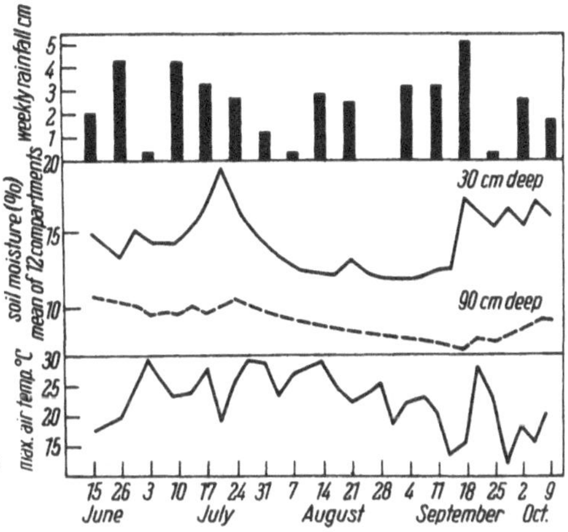

Fig. 8. Records of precipitation, soil moisture and air temperature at the University of Guelph rhizotron for the June 15 - October 9 period of 1970.

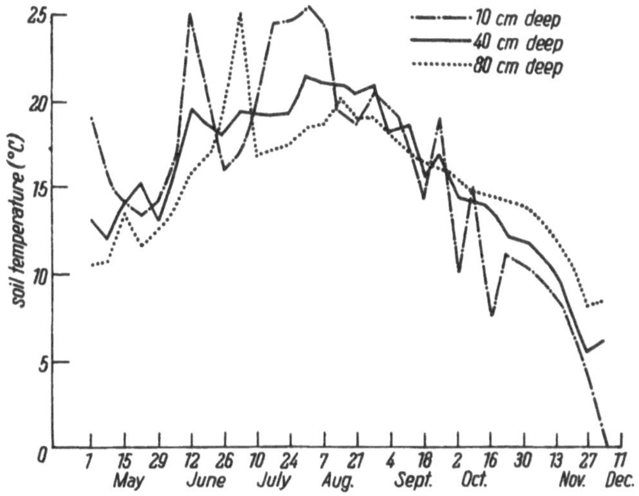

Fig. 9. Soil temperature records for 3 depths in reconstituted Fox Sandy loam at University of Guelph rhizotron; 1970 growing season. The abnormally high value for 80 cm depth between June 26 and July 10 cannot be explained unless due to recording error.

Fig. 10. Monthly root elongation in cm for 4 replications each of chilled and non-chilled 3-year Carolina poplars grown in glass-sided boxes. Greenhouses of the Department of Horticultural Science, University of Guelph, 1970. The February reading includes very minor root activity from November to January.

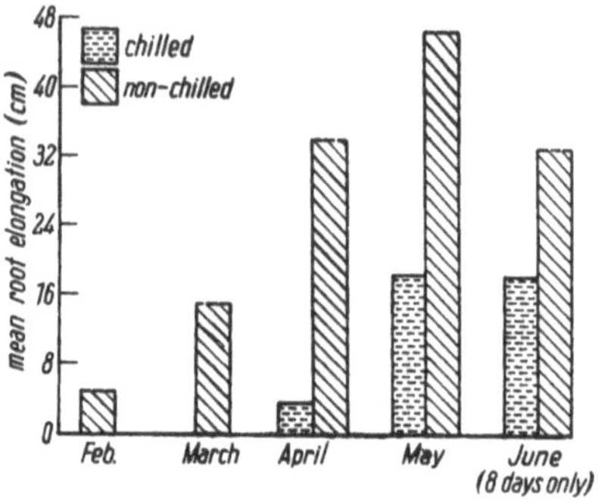

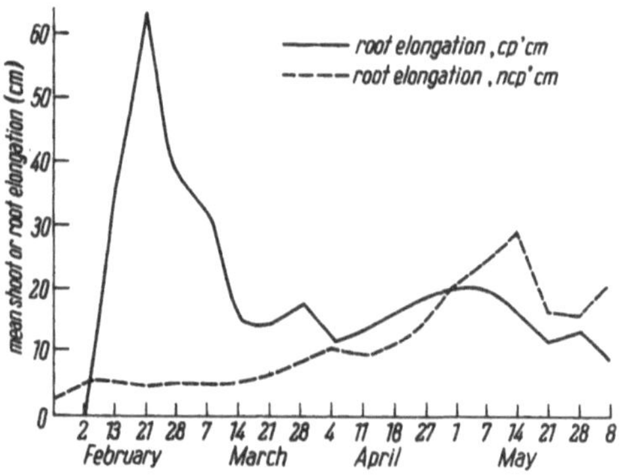

Fig. 11. Mean root extension in cm of chilled (CP) and non-chilled (NCP) red pine grown in glass-sided boxes. Greenhouses of the Department of Horticultural Science, University of Guelph. 4 trees in each treatment.

UNTERSUCHUNGEN ÜBER SPROSS/WURZELRELATIONEN BEI LUZERNE IM AUSSAATJAHR UND IM 1. HAUPTNUTZUNGSJAHR

Dr. M. KÜCHLER

Akademie der Landwirtschaftswissenschaften der DDR
Institut für Getreideforschung Bernburg-Hadmersleben

Die Luzerne zählt zu der Gruppe von Pflanzen, die einen ausgeprägten Reservestoffwechsel führen. Erfahrungen aus der praktischen Futternutzung der Luzerne, Untersuchungsbefunde aus der Literatur, (DOBERENZ und MASSENGALE 1966, SMITH und SILVA 1969, HESSLAND 1969, NISHIKAWA 1965/66 u. a.) und eigene Forschungsergebnisse (KÜCHLER 1969 und 1970) zeigen, daß der Reservestoffhaushalt der Luzernewurzel in Wechselbeziehung zur oberirdischen Substanzproduktion steht. Im Verlaufe eines Vegetationsjahres läßt sich eine entwicklungsabhängige Resonanz der Wurzelmassenentwicklung als unmittelbare Wirkung auf den Grünschnitt und den nachfolgenden Wiederaustrieb nachweisen. Unmittelbar nach dem Grünschnitt zeigt sich entweder eine Stagnation in der Wurzelsubstanzzunahme oder eine starke Reduzierung der Wurzelmasse. Dieser Vorgang hält etwa bis in die 3. Woche nach dem Grünschnitt an. Nach diesem Zeitpunkt beginnt eine starke Massenzunahme der Wurzel, die bis zur erneuten Schnittreife ständig zunimmt. SMITH und SILVA konnten nachweisen, daß der Anteil der aktuellen Photosynthese an der oberirdischen Stoffproduktion von der 1. bis zur 3. Woche nach dem Schnitt von 0 auf 70 % ansteigt, d. h. die sich entwickelnde photosynthetische Kapazität ermöglicht etwa ab 3. Woche nach dem Schnitt die Wiedereinlagerung der zuvor verausgabten Reservestoffe.

Diese allgemeinen Erkenntnisse lassen interessante Sachverhalte erkennen und eröffnen neue Betrachtungsweisen über den Ertragsbildungsprozeß der Luzerne. Dennoch gibt es heute erst wenig hinreichende Erklärungen über quantitative Zusammenhänge zwischen dem Reservestoffhaushalt und der oberirdischen Stoffproduktion.

In zwei- und dreijährigen Untersuchungen an Luzerne in Gefäßkulturen wurde von uns im Ansaat- und im ersten Hauptnutzungsjahr durch wöchentliche Ernten der Substanzzuwachs an ober- und unterirdischen Organen verfolgt. Weiterhin kam ein Versuch zur Anlage, in dem durch variierte Schnittnutzung der Reservestoffhaushalt der Wurzel beeinflußt werden sollte, um evtl. daraus resultierende Ertragsänderungen zu erklären.

ERGEBNISSE

Im ersten Aufwuchs des Ansaatjahres vollzieht sich zunächst die Konstituierung der Jungpflanze unter annähernd gleicher Verteilung der Biomasse auf Sproß und Wurzel (Abb. 1). Der Wiederaustrieb nach dem ersten Schnitt hat anfangs eine Stagnation in der Wurzelmassenzunahme zur Folge, die jedoch in der zweiten Hälfte der Periode durch eine intensive Stoffeinlagerung in die Wurzel abgelöst wird. Diese Erscheinung im zweiten Aufwuchs kann jedoch noch nicht direkt auf Umlagerung von Wurzelreserven in austreibende Sproßorgane zurückgeführt werden, sie kommt durch die Bevorzugung der Sproßorgane in der Stoffeinlagerung zustande. Erst nach der Anlage eines ausreichenden Potentials an mobilisierbaren Reservestoffen, wie z. B. nach dem zweiten Grünschnitt, zeigt sich eine deutliche Beziehung zwischen dem Neuaustrieb und der Reduktion der Wurzelmasse.

Im Herbst, gegen Ende der Vegetationsperiode, tritt eine bevorzugte Wurzelmassenentwicklung ein. Dabei handelt es sich um die Einlagerung von Reservekohlenhydraten in die Speicher- und Regenerationsorgane der Wurzel und Wurzelkrone. Dieser Vorgang erklärt sich aus der Verringerung des Sproßwachstums, der herabgesetzten Atmung (COOPER und WATSON 1968) und den zunehmenden Kurztagsbedingungen, die die Translokationsrichtung der Assimilate zur Wurzel hin umkehren (FOCKE und FRANZKE 1967, HESSLAND 1969).

Über die Bedeutung des Reservestoffhaushaltes am Vegetationsende, in der Winterperiode und für den Wiederaustrieb im Folgejahr bestehen widersprüchliche Aussagen. Nach unseren Ergebnissen vollzieht sich während des Winters eine Stoffumwandlung in der Form, daß die Reservekohlenhydrate zum großen Teil in lösliche Kohlenhydratfraktionen umgebildet werden (Tab. 1). Der gleichzeitig zu beobachtende Rückgang der Wurzeltrockenmasse läßt die Annahme zu, daß die löslichen Fraktionen der Kohlenhydrate letztendlich veratmet werden. Somit dürfte die Funktion der Wurzelreservekohlenhydrate in erster Linie darin bestehen,

Tabelle 1

Vergleich zwischen dem Gehalt an Reservekohlenhydraten und dem Gehalt an löslichen Kohlenhydraten in Luzernewurzeln während der Winterperioden 1968/69 und 1969/70.

	% Reservekohlenhydrate		% lösl. Kohlenhydrate	
	68/69	69/70	68/69	69/70
Veg. ende	23, 20	20, 21	7, 72	8, 02
November	21, 26	19, 88	11, 02	10, 56
Dezember	20, 68	23, 15	9, 97	14, 50
Januar	15, 71	17, 24	8, 41	12, 00
Februar	14, 92	12, 16	9, 64	10, 70
März	15, 34	11, 86	9, 32	9, 67
April	12, 30	10, 13	6, 68	5, 70
Veg. beginn	9, 01	8, 50	5, 39	4, 74

in der Winterperiode die Wurzel- und Regenerationsorgane gegen Auswinterungsschäden zu schützen. Die Reduktion der Kohlenhydratreserven über Winter geht soweit, daß der verbleibende Rest keinesfalls ausschlaggebende Auswirkungen auf die Intensität der Ertragsbildung des ersten Aufwuchses im Folgejahr nehmen kann.

Der Wiederaustrieb im Frühjahr des ersten Hauptnutzungsjahres unterliegt in der Intensität des Ertragszuwachses viel stärker den exogenen Faktoren, als der Umfang der Reservestoffmobilisierung, wie später noch gezeigt wird. In der Periode des ersten Aufwuchses findet zunächst, neben dem Ertragszuwachs an den oberirdischen Organen, die Wiedereinlagerung der über Winter veratmeten Reservekohlenhydrate in die Wurzel statt (Abb. 2).

Erst im zweiten Aufwuchs tritt mit dem Neuaustrieb eine signifikante Reduzierung der Wurzelsubstanz ein. Im Durchschnitt der Versuchsjahre 1969 und 1970 betrug die Reduktionsrate rund 40, 0 % gegenüber der Ausgangsmasse am Ende der ersten Aufwuchsperiode. Der Gehalt an Reservekohlenhydraten sank dabei in der Zeit des 1. Schnittermines bis zur 3. Woche danach von 17, 0 auf 4, 7 %.

Im dritten Aufwuchs ist die Reaktion des Reservestoffhaushaltes der Wurzel auf den vorangegangenen Grünschnitt bedeutend geringer.

Um Einsichten in das Stoffproduktions- und Ertragsbildungsgeschehen der Luzerne zu erlangen, dürften der erste und zweite Aufwuchs im Hauptnutzungsjahr von besonderem Interesse sein. Da der Reservestoffmobilisierung im ersten Aufwuchs keine entscheidende Bedeutung für den Ertragsbildungsprozeß beizumessen ist, obliegt der aktuellen Photosynthese das Primat der Ertragsbildung. Demnach unterliegt der erzielbare Ertrag den Bedingungen, die Einfluß auf die Photosynthese nehmen.

Tabelle 2

Beziehungen zwischen Nettoassimilationsrate und Temperatur während des I. und II. Aufwuchses 1970

Streuungsursache	SQ	FG	MQ	F-Test
I. Aufwuchs				
Gesamt	6 499573,5	5		
Regression	6 374248,1	2	3 187124,0	76,29^{++}
linear	1 571820,1	1	1 571820,1	37,62^{++}
quadr.	4 802428,0	1	4 802428,0	114,96^{+++}
Rest	125325,4	3	41775,1	
II. Aufwuchs				
Gesamt	5 337318,8	5		
Regression	1 800212,9	2	900106,4	< 1
linear	1 712126,0	1	1 712126,0	1,45
quadr.	88087,0	1	88087,0	< 1
Rest	3 537105,9	3	1 179035,3	

Zwischen der Nettophotosyntheserate und der Tagesmitteltemperatur besteht im ersten Aufwuchs eine signifikante Beziehung (Tab. 2). Für Luzerne läßt sich dabei ein Temperaturoptimum für die höchste Nettophotosyntheserate im Bereich um 18° C nachweisen (Abb. 3). Im zweiten Aufwuchs sind die Temperaturbedingungen in diesem Bereich im Regelfalle erfüllt, demzufolge konnte kein begrenzender Einfluß der Temperatur auf die Photosynthese nachgewiesen werden.

Die Möglichkeit der ertragswirksamen Einbeziehung von Reservekohlenhydraten im ersten bzw. zweiten Aufwuchs wird auch durch die Befunde von FOCKE und FRANZKE (1967) bestätigt. Danach verläuft der Translokationsstrom der Assimilate unter Kurztagsbedingungen in basaler und unter Langtagsbedingungen in apikaler Richtung. Diese Erkenntnis unterstützt unsere Aussage über das Verhältnis von Photosynthese und Reservestoffmobilisierung im ersten und zweiten Aufwuchs.

Zur Stützung unserer Hypothese über das Primat der aktuellen Photosynthese für die Ertragsbildung im ersten Aufwuchs bei einjähriger Luzerne vergleichen wir die Ergebnisse der Versuchsjahre 1969 und 1970 (Tab. 3).

Tabelle 3

Beziehungen zwischen Ertrag, Wurzelmasse und Reservekohlenhydraten im Verlauf der I. Aufwuchsperiode der Hauptnutzungsjahre 1969 und 1970 unter Berücksichtigung der Temperaturbedingungen.
(in g Trm/Mitscherlich-Gefäß = MG)

1969

Probe-nahme am:	Ertrag g/MG	Wurzel-masse g/MG	Res.-Kohl. hydrt. g/MG	% Trm.	Tagesmittel-Temp. °C
29.4.	29,8	29,0	2,57	8,85	10,4
6.5.	30,2	26,3	1,70	6,44	13,5
13.5.	39,8	27,8	1,68	6,03	15,1
20.5.	47,6	27,5	1,98	7,21	13,4
27.5.	63,5	36,2	4,40	12,12	12,9
3.6.	61,2	35,2	4,64	13,16	13,2
10.6.	61,8	42,0	7,34	17,48	13,3
17.6.	99,2	50,5	9,22	18,25	19,9
GD 5 %	10,2	16,6	3,12		
1970					
14.4.	15,5	26,5	2,46	9,29	4,0
21.4.	18,0	29,5	2,58	8,74	10,3
28.4.	22,4	29,8	1,96	6,57	9,7
5.5.	21,8	23,8	1,79	7,57	7,7
12.5.	27,8	24,5	1,50	6,15	15,8
20.5.	28,0	22,5	1,77	7,88	13,0
27.5.	38,8	25,8	2,51	9,77	12,1
3.6.	50,5	32,8	4,95	15,11	12,2
GD 5 %	11,0	7,2	0,54		

Bei annähernd gleichen Wurzel- und Reservestoffmengen sowie Reservekohlenhydratgehaltszahlen in beiden Jahren ist der Ertragszuwachs 1969 fast doppelt so hoch wie 1970. Zum ersten Schnitt wurden 1969 99. 2 g/Gefäß und 1970 nur 50, 5 g Trockenmasse/Gefäß geerntet. Die Temperaturbedingungen waren 1969 der Photosynthese weit förderlicher als 1970. Außerdem ließen sich 1969 für den ersten Aufwuchs keine effektiven Reduktionen in der Wurzelmasse nachweisen, dagegen trat 1970 in der gleichen Periode ein signifikanter Rückgang in der Reservestoffmenge ein.

Es muß angenommen werden, daß 1970 durch die betonte Reservestoffverausgabung und die verminderte Photosyntheseleistung im ersten Aufwuchs auch der zweite Aufwuchs beeinträchtigt wurde (Tab. 4).

Tabelle 4

Beziehungen zwischen Ertrag, Wurzelmasse und Reservekohlenhydraten im Verlauf der II. Aufwuchsperiode der Hauptnutzungsjahre 1969 und 1970 unter Berücksichtigung der Temperaturbedingungen.
(in g Trm/Mitscherlich-Gefäß = MG)

Probenahme am:	Ertrag g/MG	Wurzelmasse g/MG	Res. -Kohl. hydrt. g/MG	Res. -Kohl. hydrt. % Trm.	Tagesmittel-Temp. °C
1969					
24. 6.	15, 3	33, 5	3, 76	12, 20	19, 3
1. 7.	20, 0	22, 8	1, 01	4, 45	15, 5
8. 7.	23, 5	18, 8	0, 84	4, 45	17, 9
15. 7.	57, 5	44, 0	3, 78	8, 60	14, 7
22. 7.	64, 0	52, 5	6, 19	11, 80	20, 3
29. 7.	76, 5	48, 5	5, 77	11, 90	25, 5
GD 5 %	30, 2	27, 0	2, 49		
1970					
3. 6.	18, 8	29, 5	1, 90	6, 44	12, 2
10. 6.	22, 0	27, 0	1, 42	5, 24	18, 8
17. 6.	30, 8	29, 2	1, 44	4, 90	17, 8
24. 6.	38, 8	29, 0	2, 64	9, 09	21, 2
1. 7.	49, 5	39, 0	8, 92	22, 87	18, 0
8. 7.	58, 5	36, 8	7, 43	20, 22	17, 7
GD 5 %	6, 8	13, 1	1, 12		

Der unter günstigeren Temperaturbedingungen ablaufenden Photosynthese fehlt der durch Reservestoffmobilisierung aktivierte Austrieb. Es hat für den Austrieb des zweiten Aufwuchses 1970 keine signifikante Umlagerung aus der Wurzel stattgefunden.

Wenn unter besonderer Beachtung der Temperaturbedingungen und der Relationen im Reservestoffhaushalt die Erträge beider Versuchsjahre verglichen werden, gelangt man zu dem Schluß, daß

- die aktuelle Photosynthese im ersten Aufwuchs gegenüber der Reservestoffumlagerung die größere Ertragswirksamkeit besitzt
- der Wiederaustrieb im zweiten Aufwuchs und die Stoffproduktion des Sprosses mit dem eingelagerten Reservestoffpotential aus dem ersten Aufwuchs in Beziehung stehen.

Es erhebt sich nunmehr die Frage, in welcher Weise die Reservekohlenhydrate in die Stoffproduktion des Sprosses einbezogen werden. Sie können auf energetischer Basis wirksam sein, indem der Energiehaushalt für die Photosynthese und Assimilationstranslokation aus Reserven gedeckt wird. Es lassen sich auch regulative Beziehungen zwischen Reservekohlenhydraten, löslichen Kohlenhydraten und der Bruttoassimilation nachweisen. Diese Regelfunktion erwies sich besonders im zweiten Aufwuchs als äußerst sensibel. Schließlich besteht ein Zusammenhang zwischen der Reservekohlenhydratmenge, der Wurzelmasse und der Zahl sowie dem relativen Anteil der wurzelkronenbürtigen Triebe (Tab. 5).

Tabelle 5

Beziehungen zwischen Reservekohlenhydraten (g/Gefäß) der Wurzelmasse (g/Gefäß) und der Zahl sowie dem Anteil der wurzelkronenbürtigen Triebe im zweiten Aufwuchs

Reserve-kohlenhydrate g	%	Wurzelmasse g	Wurzelkronentriebe Stck/Gefäß	% v. Ges. Triebe
0,88	8,4	10,5	8,9	18
2,92	16,7	17,5	8,1	33
5,28	16,0	33,2	13,9	41
7,35	16,0	46,0	27,4	63

Dabei ist folgendes Untersuchungsergebnis bemerkenswert:
Die Ertragsleistungen von kronenbürtigen und stoppelbürtigen Trieben unterscheiden sich bedeutend. Im ersten Aufwuchs sind es vorwiegend kronenbürtige Triebe, die den Ertrag bilden. Im zweiten Aufwuchs wird jedoch der Anteil der stoppelbürtigen Triebe am Gesamtaustrieb wesentlich größer. Der Vergleich der Austriebs- und Ertragsanteile im zweiten Aufwuchs ergab, daß beispielsweise 64 % Stoppeltriebe nur 44 %, dagegen 36 % Kronentriebe 56 % des Gesamtertrages erbrachten (Tab. 6). In einem anderen Fall lieferten 82 % Stoppeltriebe 67 % und 18 % Kronentriebe 33 % des Gesamtertrages.

Tabelle 6

Relativer Anteil der kronen- und stoppelbürtigen Triebe an der Gesamttriebzahl und am Gesamttrockenmassenertrag/Gefäß sowie die anteilige Stoppeltrockenmasse
(1. Hauptnutzungsjahr)

	I. Aufwuchs			II. Aufwuchs		
Stoppellängen (cm)	0	4	8	0	4	8
Gesamttriebe	199	277	316	200	544	732
rel.	(100)	(100)	(100)	(100)	(100)	(100)
kronenbürt. Tr.	100	92	90	100	36	18
stoppelbürt. Tr.	0	8	10	0	64	82
Gesamttrockenm.	158, 3	186, 8	193, 6	52, 5	81, 8	83, 3
rel.	(100)	(100)	(100)	(100)	(100)	(100)
kronenbürt. Tr.	100	97	96	100	56	33
stoppelbürt. Tr.	0	3	4	0	44	67
Stoppeltrockenm.	0	64, 0	86, 1	0	64, 7	92, 9
rel. zur Ges. Trm.	0	34	44	0	79	112

Das Verhältnis zwischen Kronen- und Stoppelaustrieb kann mit der Stoppellänge variiert werden. Mit Verlängerung der Stoppeln beim Schnitt wird der Anteil der stoppelbürtigen Triebe erhöht. Gleichzeitig steigt die Bestandesdichte, das Reservestoffpotential wird weniger in Anspruch genommen, und die Ertragsleistung wird weitgehend nivelliert, d. h. bei der Prüfung verschiedener Genotypen können die Ertragsunterschiede dabei stark verwischt werden.

Bei sehr tiefer Schnittführung werden die Reservestoffe, infolge eines überwiegenden Austriebes aus der Wurzelkrone, stärker in Anspruch genommen, Bestandesdichte und Ertragsleistung werden dagegen je nach dem Photosynthesepotential des vorangegangenen Aufwuchses stärker differenziert. Das zeigt, daß diese Schnittführung die Selektionseffektivität fördert, weil dabei derjenige Genotyp die höhere Ertragsleistung bringt, der in der Lage war, die größere Reservestoffmenge in die Wurzel einzulagern. Diese Reaktion müßte am stärksten beim Austrieb und im Ertrag des zweiten Aufwuchses zu beobachten sein, denn mit dieser Schnittbehandlung wird eine Störung im System des Reservestoffhaushaltes herbeigeführt, ohne die das Toleranzgefüge des Ertragsbildungsprozesses nicht analysiert werden kann.

Zusammenfassend und schlußfolgernd kann gesagt werden: Den Ergebnissen unserer Untersuchungen zufolge müßten

- die aktuelle Photosynthese im ersten Aufwuchs der Hauptnutzungsjahre,
- das am Ende des ersten Aufwuchses erzeugte Reservestoffpotential, dargestellt an der Austriebsintensität wurzelkronenbürtiger Triebe im zweiten Aufwuchs und
- das Reservestoffpotential vor Eintritt des Winters

ertragsentscheidende Kriterien der Luzerne darstellen, was experimentell an einem Genotypensortiment unbedingt zu überprüfen ist. Möglicherweise können bei entsprechender Einrichtung der Prüfbedingungen diese Kriterien zur objektiven Beurteilung des Ertragspotentials und damit zur Erhöhung des Selektionserfolges beitragen.

LITERATUR

DOBERENZ, A.K. and M.A. MASSENGALE, 1966: Veränderungen der Kohlenhydrate in Luzernewurzeln zwischen Blütenanlage und Samenbildung (engl.). Crop science 6, 604-607.

COOPER, C.S. and C.A. WATSON, 1968: Total available carbohydrates in roots of sainfoin (Onobryches viciaefolia Scop.) and alfalfa (Medicago sativa L.) when grown management regimes. Crop science 8, 83-85.

FOCKE, R. und W. FRANZKE, 1967: Der Einfluß der Photoperiode und Düngung auf einige Inhaltsstoffe sowie den Ertrag der Luzerne. Albrecht-Thaer-Archiv, 11, (5) 415-425.

HESSLAND, F., 1969: Untersuchungen über den Einfluß der Tageslänge im Herbst auf die Anreicherung von Kohlenhydrat- und Stickstoffverbindungen in den Wurzeln von Luzerne verschiedener Herkunft. Dissertation 14660, Halle/Saale Landw. Fak.

KÜCHLER, M., 1969: 1. Erste Ergebnisse aus Untersuchungen zu Massenänderungen im Laufe der Vegetationsperiode im Ansaatjahr der Luzerne und Wechselwirkungen zwischen Organrelationen und der Ertragsbildung. Ergebnisbericht - Projekt Stoffproduktion und Ertragsbildung bei Nutzpflanzen. Bernburg.

KÜCHLER, M., 1970: 2. Ergebnisse aus Untersuchungen über die Massenänderung bei ober- und unterirdischen Organen über Winter und im ersten Hauptnutzungsjahr sowie stoffwechselphysiologische Untersuchungen unter Berücksichtigung des Reservestoffhaushaltes der Luzerne. Abschlußbericht Bernburg.

NISHIKAWA, K., 1965: Studies on the physiological nature of alfalfa plants. 3. Growth of the upper organs and roots of alfalfa and changes in the tree essential nutrient elements in the course of its growth. Proc. Crop science 34, 52.

SMITH, D. and J. P. SILVA, 1969: Die Ausnutzung von Kohlenhydrat- und Stickstoffreserven der Wurzeln beim Wiederaustrieb von Luzerne im Gewächshausversuch unter Licht- und Dunkelbedingungen (engl.). Crop science 9, 464-467.

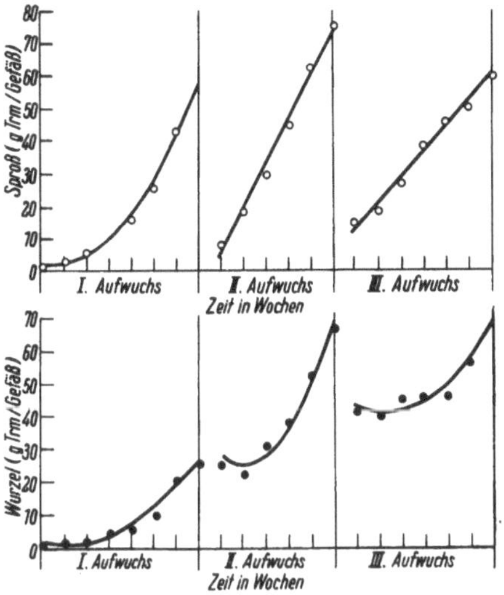

Abb. 1. Verlauf des Stoffzuwachses in der Schnittfolge des Ansaatjahres bei Luzerne im Durchschnitt von 3 Jahren, 1967-1969.

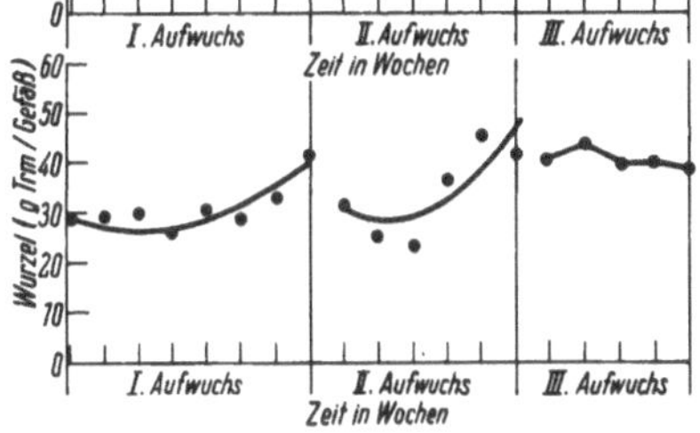

Abb. 2. Verlauf des Stoffzuwachses in der Schnittfolge bei 1-jähriger Luzerne im Durchschnitt von 2 Jahren, 1969-1970.

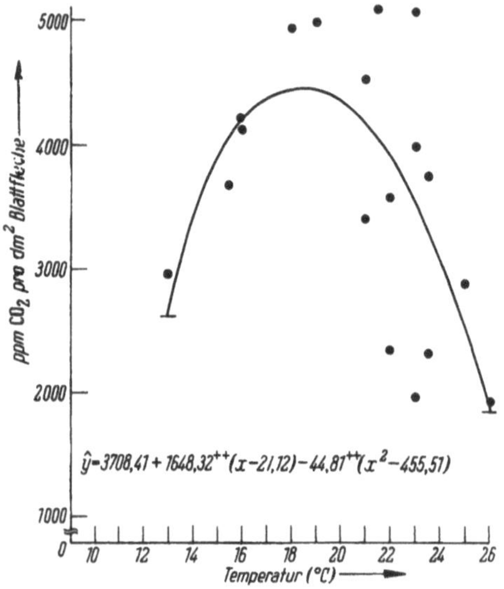

Abb. 3. Darstellung der Beziehungen zwischen Temperatur (°C) und Netto-assimilation (ppm CO_2/h/dm^2 Blattfläche) bei Luzerne im I. Aufwuchs des Hauptnutzungsjahres.

WURZELWACHSTUM UNTER STERILEN UND MONOBAKTERIELLEN VERHÄLTNISSEN

S. KLUGE

Sektion Biowissenschaften der Karl-Marx-Universität Leipzig

Untersuchungen zur Physiologie der Wurzel sind stets eng verbunden mit Fragen nach der Zusammensetzung und den Eigenschaften des Nährsubstrates. Das natürliche Nährmedium der meisten höheren Pflanzen ist der Boden. Er ist hinsichtlich seiner physikalischen und chemischen Eigenschaften schwer zu definieren. Hinzu kommen die z. T. nur ungenügend bekannten ökophysiologischen Beziehungen zwischen Edaphon und Pflanzenwurzel einerseits und Edaphon und den Bodenbestandteilen andererseits. Die Bodenorganismen können durch Hitzebehandlung der Erde - allerdings nicht ohne Folgen für die später kultivierten höheren Pflanzen - abgetötet werden. Das hitzesterilisierte Erdsubstrat beeinflußt das Pflanzenwachstum in ungünstiger Weise. Verschiedene Mikroorganismen können diese Schädigungen jedoch z. T. kompensieren. Hinsichtlich dieser Fähigkeit wurden folgende Bakterienarten geprüft: Azotobacter chroococcum A 205, Rhizobium meliloti R 4, Leptothrix cholodnii str 5 und Sphaerotilus natans ATCC 15291.

Von den genannten Bakterienstämmen war Rhizobium meliloti R 4 am besten in der Lage, die bei Trifolium pratense L. auftretenden Wachstumsdepressionen teilweise rückgängig zu machen. In der Tabelle 1 sind als Parameter für die Wachstumsleistungen die Länge, Frisch- und Trockengewichte und der prozentuale Wassergehalt von Wurzel und Sproß vier Wochen alter Pflanzen von Trifolium pratense L. (Sorte "Marino") wiedergegeben. Im Vergleich zur unbehandelten Kontrolle (FR) zeigen die Pflanzen in autoklavierter Erde (AU) ausgesprochenen Kümmerwuchs. Bezüglich der Verringerung des Längenwachstums ist die Wurzel wesentlich stärker betroffen als der Sproß. Die Wurzel ist im

Tabelle 1

Wachstumsleistungen von Trifolium pratense L. in unbehandelter (FR), autoklavierter (AU) und mit Rhizobium meliloti versetzter sterilisierter (AU + Rhiz.) Komposterde

Variante	Länge (cm)		Frischgewicht (mg)		Trockengewicht (mg)		Wassergehalt (%)	
	Wurzel	Sproß	Wurzel	Sproß	Wurzel	Sproß	Wurzel	Sproß
FR	12, 9±0, 8	14, 3±0, 2	30, 0±2, 7	157, 1±4, 7	2, 9±0, 2	17, 3±0, 5	90, 3	89, 0
AU	1, 6±0, 1	4, 3±0, 3	6, 3±0, 6	25, 4±1, 6	1, 2±0, 1	5, 5±0, 3	81, 0	78, 3
AU + Rhiz.	11, 1±0, 7	11, 0±0, 5	25, 1±1, 6	82, 7±3, 7	2, 9±0, 1	11, 1±0, 4	88, 4	86, 6

sterilen Substrat intensiv braun gefärbt; nur während der Kulturzeit gelegentlich neu gebildete Wurzelabschnitte oder Seitenwurzeln sind hell und bilden zahlreiche Wurzelhaare aus. Die stark geschädigte Wurzel ist kaum verzweigt, aber stets verdickt. Der prozentuale Trockensubstanzgehalt ist gegenüber der Kontrolle erhöht. Nur in wenigen Fällen ist eine solche Wurzel in der Lage, in größerer Zahl Seitenwurzeln zu bilden. Unter diesen Umständen sind dann sekundär auch die Frisch- und Trockengewichte der Wurzel und des Sprosses erhöht.

Bei Zusatz einer wäßrigen Suspension von Rhizobium meliloti R 4 (AU + Rhiz.) zu Beginn der vierwöchigen Kulturzeit ist das Wachstum von Trifolium pratense L. deutlich verbessert. Das Wachstum der Wurzel wird in jedem Fall stärker begünstigt als das des Sprosses (Tabelle 1 und 2). Die äußere Gestalt der Wurzel normalisiert sich.

Tabelle 2

Begünstigung des Wachstums von Wurzel und Sproß von Trifolium pratense L. durch Zusatz von Rhizobium meliloti (AU + Rhiz.) gegenüber steril kultivierten Pflanzen (AU) und im Vergleich zur unbehandelten Kontrolle (FR), ausgedrückt in Relationen

	Länge	Frischgewicht	Trockengewicht
Wurzel			
AU : AU + Rhiz. : FR	1 : 6, 9 : 8, 1	1 : 4, 0 : 4, 7	1 : 2, 4 : 2, 4
Sproß			
AU : AU + Rhiz. : FR	1 : 2, 5 : 3, 3	1 : 3, 3 : 6, 2	1 : 2, 0 : 3, 1

Die starken sichtbaren Schädigungen in steriler Erde lassen vermuten, daß auch Veränderungen bezüglich der Nährstoffaufnahme durch die Wurzel eintreten. Um solche Veränderungen zu erfassen, wurden einer jeden Versuchspflanze 24 Stunden vor der Ernte 5 ml $H_3{}^{32}PO_4$ (10 μCi/ml) über den Boden verabreicht. Der Sproß wurde bei der Ernte von der Wurzel getrennt, getrocknet und naß verascht. In der Tabelle 3 sind die spezifischen Zählraten dargestellt. Sie zeigen, daß die Aufnahme von ^{32}P bei steriler Kultur sehr stark behindert ist, daß aber in Gegenwart von Rhizobien größere Mengen von ^{32}P aufgenommen werden. Offensichtlich wird diese um das Achtfache erhöhte Aufnahme von ^{32}P durch die Substratveränderungen begünstigt, die durch die Hitzesterilisation verursacht werden.

Tabelle 3

^{32}P-Aufnahme durch Wurzeln von Trifolium pratense L. unter verschiedenen Kulturbedingungen

Variante	Spezifische Zählrate (imp . min^{-1} . mg^{-1} Trockensubstanz)
FR	659 ± 63
AU	65 ± 20
AU + Rhiz.	5415 ± 532

Anmerkung: Alle Differenzen sind hochsignifikant.

Die starke Schädigung der äußeren Gestalt der Wurzel in autoklavierter Erde hat somit eine deutliche Hemmung der Aufnahme zumindest bestimmter Nährstoffe zur Folge. Ist unter monobakteriellen Bedingungen die Ausbildung der Wurzel normalisiert, dann erhöht sich infolgedessen die Menge an aufgenommenem ^{32}P. Der große Unterschied zur Nährstoffaufnahme der auch normal entwickelten Wurzel in frischer, d. h. unbehandelter Erde liegt vermutlich im wesentlichen in den durch die Hitzesterilisation verursachten veränderten adsorptiven Eigenschaften der Bodenkolloide begründet.

WIRKUNG VON BODENTROCKENHEIT AUF DEN STOFFWECHSEL VON WURZEL UND SPROSS BEI FICHTENJUNGPFLANZEN

M. TESCHE, CHRISTA BELLMANN, SONJA FEILER, E. JAHN, H. JAHNEL, GERDA MICHAEL, W. ZENTSCH

Bereich Biologie der Sektion Forstwirtschaft Tharandt
der Technischen Universität Dresden, DDR

Mit dem Ziel, den Einfluß langzeitiger Trockenbelastung nahe an der Grenze des Letalbereiches auf morphologische Merkmale, Stoffbildung und andere stoffwechselphysiologische Reaktionen bei Fichtenjungpflanzen zu erfassen, verpflanzten wir im Mai 1970 1280 Stück zweijährige Fichten zweier verschiedener Herkünfte (H und T[1]) aus zwei verschiedenen Anzuchtorten (Bi und Kr[1]) in Koniferentöpfe und brachten diese nach Tharandt (200 m NN) auf eine mit lichtdurchlässiger Folie bedeckte Stellage.

Um ein gleichmäßiges Ausgangsmaterial zu erhalten, wurden nur solche Pflanzen getopft, deren Sproßlängen innerhalb der einfachen Streuung lagen.

Nach 14tägiger "Einwurzelungszeit", in der den Pflanzen reichlich Wasser zur Verfügung stand, wurde eine Hälfte der Pflanzen bei einem Bodenwassergehalt von ca. 20 % gehalten - das entspricht einer Bodensaugkraft von <1 atm (=Kontrolle=Variante I) - und die andere bei einem Bodenwassergehalt von 7% $\pm$ 1% - das entspricht einer Bodensaugkraft von 7 bis 4 atm (= Variante III).

Der permanente Welkepunkt (15 atm) liegt bei dem Versuchsboden bei einem Bodenwassergehalt von 5, 3 %.

Die Trockenbelastung von 7 bis 4 atm Bodensaugkraft wurde von Mai bis Oktober 1970 (= 5 Monate) beibehalten.

---

1) Es bedeuten:

H	=	Hochlage	(920 m NN)
T	=	Tieflage	(520 m NN)
Bi	=	Biehla	(110 m NN)
Kr	=	Kretscham	(920 m NN)

Bei Versuchsabschluß (Oktober 1970), teilweise vor Versuchsbeginn (April/Mai 1970) und während des Versuchsablaufes wurden an morphologischen und physiologischen Merkmalen erfaßt:

1a. Verlauf des Höhenzuwachses 1970
1b. Länge des Höhenzuwachses 1970
2. Pflanzenabgänge
3. Gesamtlänge der Sproßachsen
4. Wurzellänge
5. Sproß-Wurzel-Verhältnis (Länge)
6. Knospenzahl am Höhentrieb 1970
7. Zahl der Seitentriebe mit Austrieb 1970
8. Frischgewicht)
9. Trockensubstanz) Gesamtpflanze, Triebe 1970, Nadeln gesamt, Sproßachsen, Wurzeln
10. Wassergehalt)
11. Osmotisches Potential (kryoskopische Methode; Wurzeln, Triebe 1970
12. Transpiration (Wägemethode)
13. CO_2-Assimilation (URAS)
14. Respiration (URAS)
15. Gehalt an Kohlenhydraten (3 Fraktionen; Wurzeln, Triebe 1970)
16. Gehalt an Stickstoffverbindungen (3 Fraktionen; Wurzeln, Triebe 1970)
17. Aufnahme von Phosphor-32 (in vivo)
18. Gehalt an Phosphor-32 (3 Fraktionen; Wurzeln, Triebe 1970)
19. Gehalt an Chlorophyll (Chlorophyll a, b und gesamt)

Wir erzielten folgende Ergebnisse:

Abbildung 1 zeigt den Verlauf des Höhenzuwachses in der Zeit vom 10. Juni bis 14. August 1970. Es ist ersichtlich, daß der Höhenzuwachs der Pflanzen von Trockenvariante III geringer war als der von Variante I, daß aber das Wachstum bei Variante III etwa 10 Tage länger anhielt als das bei Variante I.

Abbildung 2 verdeutlicht die Pflanzenabgänge im Versuchsverlauf (Ordinate: Pflanzenabgänge in %, Abszisse: Boniturdatum). Die Höhe der Abgänge bei Versuchsende betrug bei Variante III 7,3 %, bei Variante I nur 3 %. Diese Unterschiede sind hochsignifikant. Auffallend ist, daß die Abgänge 2 Krisen mit dazwischenliegender Stabilisierungsphase erkennen lassen. Bei Variante III beginnt die etwa 5 Wochen anhaltende Stabilisierungsphase ca. eine Woche später als die nur 3 Wochen anhaltende Stabilisierungsphase bei Variante I. Die 2. Krise ist bei beiden Varianten zum gleichen Zeitpunkt (17. September) beendet.

Ähnliche Befunde erzielte GÜRTH (1968) unter Freilandbedingungen.

Zu Versuchsbeginn waren die Pflanzen so auf die Varianten I und III verteilt, daß ihre Sproßachsen gleiche Längen aufwiesen (Abb. 4, 1. Säulenpaar).

Mit Versuchsende waren bei der Trockenvariante III Höhenzuwachs, Sproßachsenlänge, Wurzellänge und Zahl der Knospen am Höhentrieb 1970 hochsignifikant geringer als bei Variante I. Dagegen war bei Variante III die Anzahl der Seitentriebe mit Austrieb 1970 signifikant und das Sproß-Wurzel-Verhältnis (Länge) hochsignifikant größer als bei Variante I.

Daß die Wurzeln der Trockenvariante III kleiner waren als die der Variante I, steht im Gegensatz zu bisher bekanntgewordenen Versuchsergebnissen anderer Autoren, ist aber wahrscheinlich durch die Versuchsbedingungen zu erklären.

Alle im Folgenden dargelegten Ergebnisse wurden bei Versuchsabschluß im Oktober 1970 gewonnen.

Frischgewicht und Trockensubstanzproduktion der Wurzeln, der Triebe 1970, der gesamten Nadeln, der Sproßachsen - und damit der gesamten Pflanzen - waren bei den trockenbelasteten Pflanzen hochsignifikant kleiner als bei denen der Variante I.
Die Pflanzen der Variante III produzierten nur 63 % an Frischgewicht und 68 % an Trockensubstanz gegenüber denen der Variante I.

Ebenso wie Frischgewicht und Trockensubstanzproduktion war der Wassergehalt (in % der Trockensubstanz) bei den trockenbelasteten Pflanzen in den Wurzeln, Trieben 1970, Nadeln und in den gesamten Pflanzen hochsignifikant niedriger als bei Variante I. Eine Ausnahme bildeten die Sproßachsen; ihr Wassergehalt zeigte keine Unterschiede zwischen den Varianten I und III.

Bei Trockenvariante III ist das - mit der kryoskopischen Methode ermittelte - osmotische Potential sowohl in den Trieben 1970 als auch in den Wurzeln hochsignifikant größer als bei Variante I. Für Fichtentriebe unter "Normalbedingungen" (Variante I) erscheint uns das gemessene osmotische Potential (33, 9 atm) als ungewöhnlich hoch. Es entspricht den in der Literatur beschriebenen Winterwerten von Fichten (WALTER 1931).

Die erwartete Erhöhung des osmotischen Potentials bei Trockenvariante III ist in den Wurzeln bedeutend auffallender als in den Trieben 1970.

Wurzeln der Variante III weisen gegenüber denen von Variante I eine Erhöhung um ca 5 atm auf.

Die Transpiration der trockenbelasteten Pflanzen betrug unter konstanten Bedingungen (Klimakammer, Wägemethode) mit 83, 9 mg H_2O/g Frischgewicht . h nur 51 % derjenigen der Variante I (165, 7 mg H_2O/g FG . h).

Die Stomata der Variante III waren nicht vollständig, sondern um eine Boniturstufe weiter geschlossen als bei Variante I (Methode s. b. MICHAEL 1969).

Die Kohlenhydrate wurden nach der Methode von SOMOGYI-NELSON bestimmt. Es wurden 3 Fraktionen erfaßt:

A. Wasser- (bis 40° C) und alkohollösliche reduzierende Kohlenhydrate

B. Wie A, aber nichtreduzierende Kohlenhydrate

C. Wasser- und alkoholunlösliche, leicht hydrolysierbare (2 % HCL) Kohlenhydrate, wie z. B. Stärke und Pektine

Bei allen Fraktionen der Trockenvariante III war in den Wurzeln und in den Trieben 1970 die Tendenz einer Kohlenhydratanreicherung erkennbar.

Hochsignifikant ist diese Anreicherung bei den Fraktionen B und C in den Trieben 1970 und bei C in den Wurzeln; das bedeutet, daß z. B. in den Wurzeln und Trieben 1970 der Trockenvariante III wesentlich mehr an Stärke, Pektinen usw. auftrat als bei Variante I.

Die in der Literatur häufig zitierte Anreicherung von Monosacchariden und der Abbau von Stärke bei einsetzender Trockenbelastung konnte unter unseren Versuchsbedingungen nicht beobachtet werden. Insgesamt gesehen enthielten die Wurzeln mehr Kohlenhydrate der Fraktion A, aber weniger der Fraktionen B und C als die Triebe 1970.

Der Stickstoffgehalt wurde mit der KJELDAHL-Methode bestimmt. Es wurde fraktioniert in Gesamtstickstoff, alkohollösliche (Äthanol 80 %ig, 24 h Extraktionszeit) und -unlösliche Stickstoffverbindungen. Mit Ausnahme des Gehaltes an "N-löslich" in den Trieben 1970 ist - ebenso wie beim Gehalt an Kohlenhydraten - bei den Pflanzen der Trockenvariante III die Tendenz einer N-Anreicherung erkennbar, aber nur bei "N-löslich" in den Wurzeln signifikant.

Signifikante Unterschiede zwischen den beiden Versuchsvarianten treten außerdem beim Gehalt an "N-löslich" und an "N-unlöslich" im Bezug zum Gesamtstickstoff in Wurzeln auf.

Die Aufnahme von ^{32}P in vivo erfolgte nach der Methode von RITTER (1969); (Aufnahmedauer 2 h bei 2000 Lux). Die Pflanzen der Trockenvariante III zeigten hochsignifikant erhöhte ^{32}P-Aktivitäten in den Höhentrieben 1970.

Nach erfolgter in vivo-Messung wurde die Gesamtaktivität an aufgenommenem ^{32}P und der Gehalt an ^{32}P in den Fraktionen "anorganischer-" und "organischer Phosphor" ermittelt.

In Wurzeln und in Trieben 1970 ist bei der Trockenvariante III sowohl der Gehalt an Gesamt-^{32}P als auch der der Fraktion "anorganisch-^{32}P" und "organisch-^{32}P" hochsignifikant höher als bei Variante I. Bezieht man jedoch die Aktivität des ^{32}P in der "organischen" Fraktion auf die Gesamtaktivität, so wird deutlich, daß die Relation ^{32}P-organisch zu ^{32}P-gesamt auch nach erhöhter Aufnahme weitgehend gewahrt bleibt.

Weitere Untersuchungsbefunde, wie die der CO_2-Assimilation, der Respiration und des Chlorophyllgehaltes erlauben infolge großer Streubreiten der Einzelwerte keine statistisch sicherbaren Aussagen.

Zusammengefaßt zeigen die Ergebnisse, daß sich während einer langzeitigen subletalen Trockenbelastung die Pflanzen im Untersuchungszeitraum weitgehend an die belastenden Bedingungen anpaßten.

An der Durchführung der Versuche wirkten alle technischen Mitarbeiter des Teilbereiches Botanik mit. Ihnen danken wir auch an dieser Stelle sehr herzlich.

LITERATUR

GÜRTH, P., 1969: Wachstum und Wasserhaushalt von Fichtenverschulpflanzen unterschiedlicher Qualität nach dem Verpflanzen in das Freiland. Dissertation, Albert-Ludwig-Universität Freiburg i. Br.

MICHAEL, G., 1969: Eine Methode zur Bestimmung der Spaltöffnungsweite von Koniferen. Flora Abt. A, 159, 559-561.

RITTER, G., 1969: Über die Wirkung unterschiedlicher Beschattung auf die Phosphataufnahme von Gehölzjungpflanzen. Arch. Forstwesen 18, 973-977.

WALTER, H., 1931: Die Hydratur der Pflanze und ihre physiologisch-ökologische Bedeutung. Verl. G. Fischer, Jena.

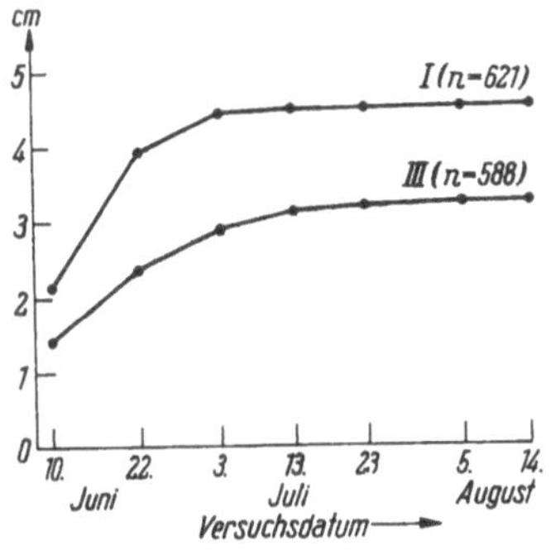

Abb. 1. Versuch 70/2. Verlauf des Höhenzuwachses 1970.

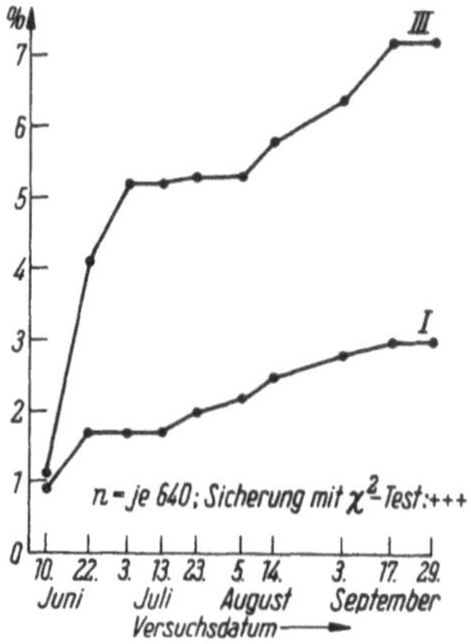

Abb. 2. Versuch 70/2. Pflanzenabgänge.

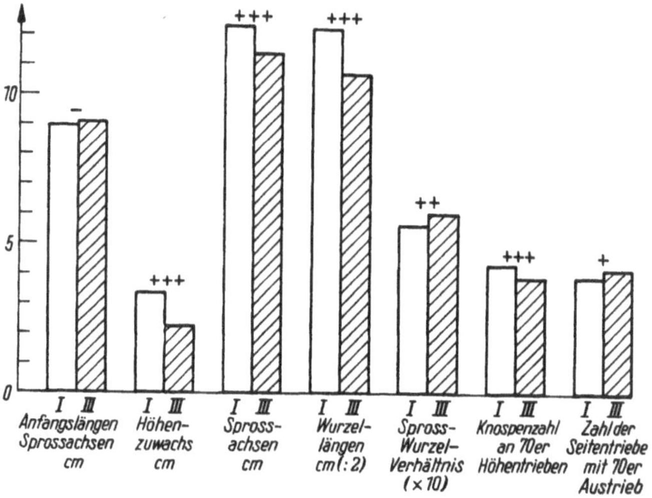

Abb. 3. Versuch 70/2. Morphologische Merkmale.

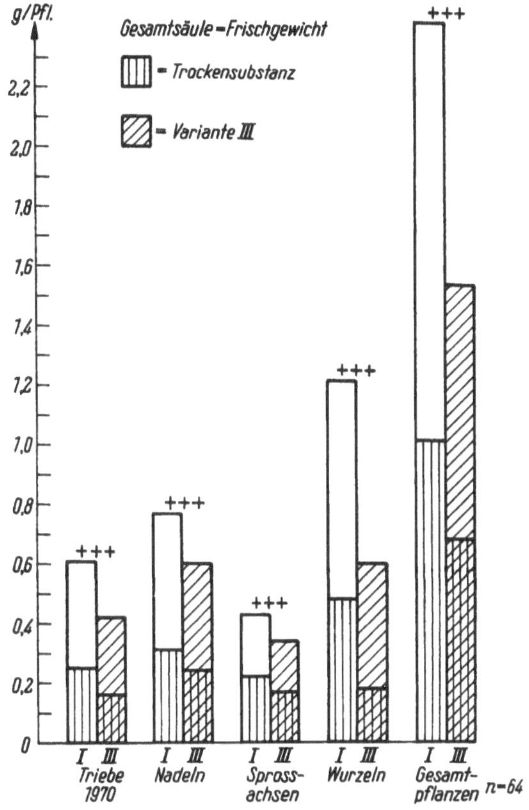

Abb. 4. Versuch 70/2. Mittleres Frischgewicht und Trockensubstanz.

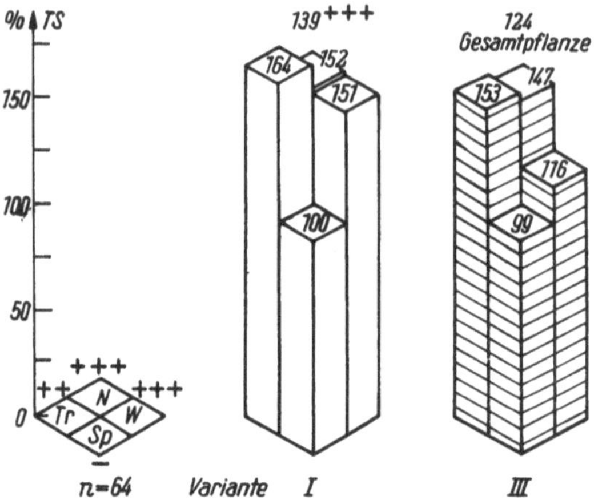

Abb. 5. Versuch 70/2. Mittlerer Wassergehalt (in % Trockensubstanz)

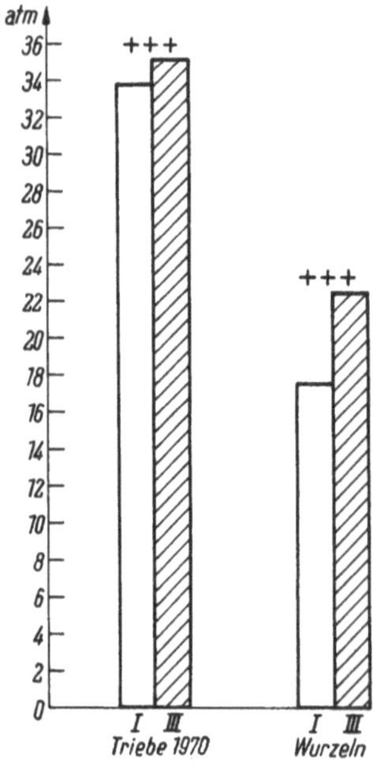

Abb. 6. Versuch 70/2. Osmotisches Potential.

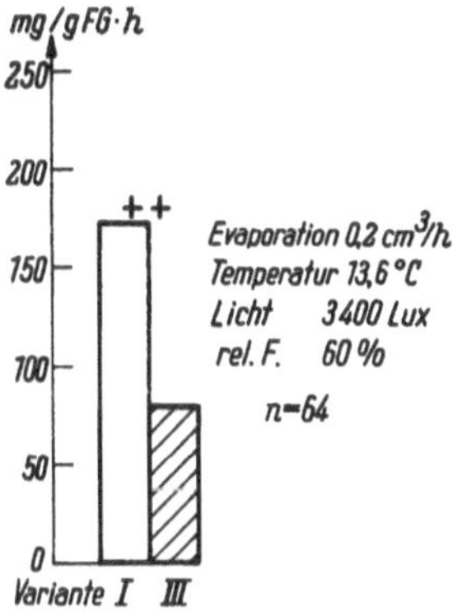

Abb. 7. Versuch 70/2. Mittlere stündliche Transpiration.

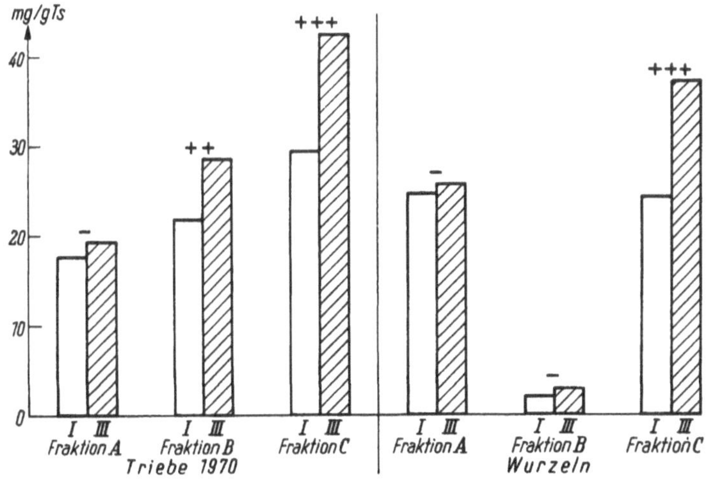

Abb. 8. Versuch 70/2. Kohlenhydratgehalt.

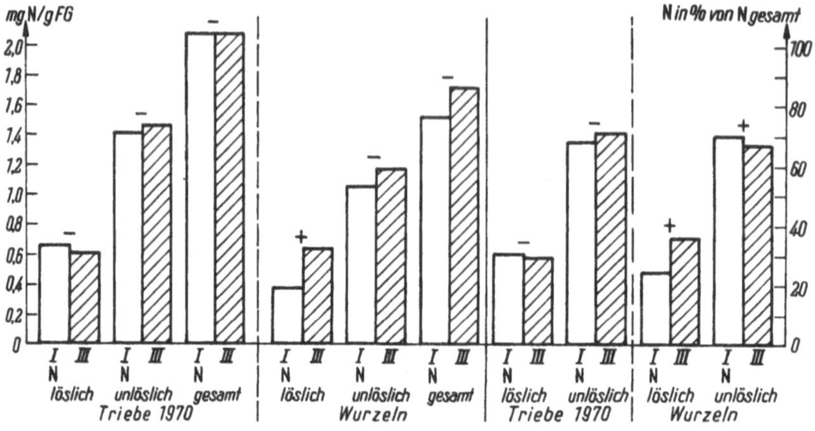

Abb. 9. Versuch 70/2. Stickstoffgehalt.

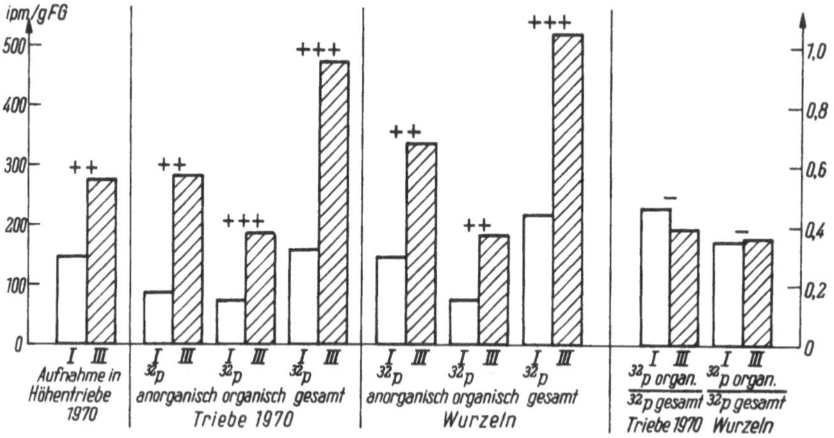

Abb. 10. Versuch 70/2. Phosphor-32; Aufnahme und Gehalt.

EINFLUSS VON SOMMERDÜRRE AUF DAS WURZEL- UND SPROSSWACHSTUM VON LÄRCHE (Larix leptolepis)

G. HOFFMANN

Akademie der Landwirtschaftswissenschaften der DDR
Institut für Pflanzenschutzforschung Kleinmachnow
Zweigstelle Eberswalde, Abt. Wachstumsregulatoren

Experimentelle Untersuchungen über die Auswirkung unterschiedlicher Bodenfeuchte auf das Wurzelwachstum sind selten durchgeführt worden (KRAMER 1956; SLATYER 1960; LYR und HOFFMANN 1967). Die Ursache für diesen Tatbestand liegt darin, daß es selbst für kurze Zeiträume kaum gelingt, im Wurzelraum gleichen Bodenfeuchtegehalt einzustellen. Ferner ist es schwer, das pflanzenaufnehmbare Wasser zu bestimmen. Erschwerend wirkt weiter, daß Gehölze - z. B. Pinus ponderosa - befähigt sind, Tau aufzunehmen (STONE und FOWELLS 1954), wodurch eine höhere Dürrefestigkeit hervorgerufen wird. Ferner erfolgt bei einigen Gehölzen ein zusätzlicher Schutz durch Wurzelausscheidungen (SAMTSEVICH 1968). Diese ermöglichen Wurzelwachstum in trockenen Böden.

Freilanduntersuchungen sind methodisch noch schwieriger, da bereits ein geringer Teil des Wurzelsystems, der sich in feuchteren Bodenstellen befindet, den Bedarf der Pflanzen decken kann. Erschwerend ist ferner, daß Einzelwurzeln auch trockene Bodenschichten durchwachsen können, sofern eine ausreichende interne Wasserversorgung gewährleistet ist (HUNTER und KELLEY 1946; KAUSCH 1959). Da die Bewegungsrichtung des Wassers vom Gradienten der Saugkräfte in den einzelnen Zellen der Pflanzen abhängt, ist dieser Wassertransport zu Wurzeln, die sich in den trockenen Bodenregionen befinden, möglich (SLAVÍKOVÁ 1963). Das hat für die Freilandresistenz von Baumarten mit weiträumigem Wurzelsystem große ökologische Bedeutung (HOFFMANN 1969 b). Daher haben sich die Arten als besonders dürrefest erwiesen, die befähigt sind, durch schnelles Wurzelwachstum - z. B. Robinia - große Bodenräume zu durchwurzeln. Dabei sind in Mischbeständen die Holzarten im Vorteil, die besonders tief in den Boden eindringen (HOFFMANN 1962). Ferner ist die Dürreresistenz nicht nur genetisch bedingt, sondern ergibt sich auch als Funktion einer Reihe anderer Ursachen, wie z. B. Wurzel/Sproß-Verhältnis (HOFFMANN 1969 a). In Trockenjahren erwies sich die Japanlärche unter den forstlich wichtigen Baumarten als besonders gefährdet durch Sommerdürre (HOFFMANN und LUTHARDT 1964). Diese Tatsache war auch 1969 festzustellen. Ursachen für die hohe Dürreempfindlichkeit der Lärche sind im einzelnen nicht bekannt.

Das Ziel der im Folgenden beschriebenen Untersuchungen war, festzustellen, wie schnell und in welchem Umfang das Wachstum der Lärche durch Senkung der Bodenfeuchte beeinflußt wird. Dabei stand besonders das Wurzelwachstum im Mittelpunkt, da hierüber keine Kenntnisse vorhanden sind. Als Vergleichsholzart diente Douglasie. In weiteren Untersuchungen wurde der Einfluß von filmbildenden Antitranspirantien auf das Wurzelwachstum untersucht, um festzustellen, ob durch deren Wirkung der Wurzelzuwachs unter Dürreeinfluß in geringerem Maße gehemmt wird.

Methodik: Die Untersuchungen wurden an in Wurzelkästen wachsenden Sämlingen (2.0) durchgeführt. Die Wurzelmessungen erfolgten täglich. Infolge des geringen Sproßzuwachses wurden die Höhen in Abständen von ca. 3 Tagen gemessen. Die Bestimmung des Bodenfeuchtigkeitsverlustes durch Transpiration und Evaporation erfolgte durch Wägung der Wurzelkästen in dreitägigen Abständen. Die als Kontrolle dienenden Wurzelkästen wurden ständig auf Gewichtskonstanz gegossen.

Zu Beginn der Wurzelmessungen am 7. 8. wiesen die Wurzeln aller drei Varianten übereinstimmende Zuwachsintensitäten auf. Während die Kontrollpflanzen weitere Zuwachssteigerungen zeigten, hatten die unter Dürrebelastung wachsenden Lärchen gleichbleibendes Wachstum während der folgenden sechs Versuchstage, obwohl der Bodenwassergehalt sehr stark abnahm. Interessant ist die Tatsache, daß während dieser Zeit die Sprosse noch merkliches Wachstum aufwiesen (Abb. 2). Erst mit weiter sinkender Bodenfeuchte fiel der Wurzellängenzuwachs stark ab. Dies entspricht ebenfalls dem weiteren Verlauf des Sproßwachstums. Die Nadeln zeigten ab 27. 8. deutliche Schäden. Das Sproßwachstum der Lärche war jedoch bereits am 21. 8. beendet. Spätester Wurzelzuwachs konnte bei ständig geringer werdendem Wassergehalt am 5. 9. ermittelt werden. Die am 13. 8. vorgenommene Applikation des Antitranspirans ergab im Prinzip keinen zu sichernden Einfluß auf den Wurzelzuwachs. Die geringe Überlegenheit im Wurzellängenwachstum ist nicht zu sichern. Interessant ist die Tatsache, daß die Wurzelkästen der Antitranspirans-Variante ständig einen etwas höheren Bodenwassergehalt aufwiesen (Abb. 1). Hierdurch dürfte auch das etwas stärkere Wurzelwachstum der mit Dürreschutzmittel behandelten Pflanzen hervorgerufen sein. Es erscheint möglich, daß dies Präparat die Transpiration hemmte und dadurch einen geringeren Wasserverbrauch hervorrief.

Die mit dem Antitranspirans behandelten Lärchen beendeten am 5. 9. das Wurzelwachstum. Die Wurzeln dieser Pflanzen sind zu diesem Zeitpunkt physiologisch so geschwächt, daß ihre Saugkraft nicht mehr ausreicht, das noch vorhandene wenige Bodenwasser zu nutzen. Ein Teil der dürregeschädigten Pflanzen wurde am 11. 9. bewässert. Eine Regeneration des Wurzelwachstums trat jedoch nicht wieder ein.

Das Sproßwachstum der mit dem Antitranspirans applizierten Lärchen ist etwas geringer als bei den Kontrollpflanzen unter Dürreeinfluß. Diese Tatsache kann wahrscheinlich auf einen kurzfristig hemmenden Einfluß des Mittels auf die Assimilation zurückgeführt werden. Die Versuche zeigten, daß die Wurzeln bereits vor dem Auftreten auffälliger Nadelschäden sehr hohe Zuwachsdepressionen aufwiesen.

Die Ursache dürfte darin zu suchen sein, daß die Assimilation bereits vor diesem Zeitpunkt in hohem Maße gesenkt ist. Da das Wurzelwachstum von einer ständigen Wirkstoff- und Kohlenhydratzuführung aus dem Sproß abhängig ist, wirkt sich eine Senkung der Assimilation sehr schnell auf das Wurzelsystem aus. Durch weitere Versuche war nachzuweisen, daß Wurzeln kurzfristig auf derartige Einflüsse reagieren (HOFFMANN 1969 b). Zu gleichen Schlußfolgerungen gelangte KELLER (1966) an Picea. Durch diese vom Sproß induzierte zusätzliche Wachstumshemmung steigt die Dürreanfälligkeit, da infolge des gehemmten Wurzellängenzuwachses in geringerem Maße wasserreichere Bodenstellen erschlossen werden.

Die Behandlung mit einem Antitranspirans erbrachte keine fördernde Wirkung auf das Wurzel- wie Sproßwachstum unter Dürre-Stress wachsender Lärchen, da es durch Applikation dieser Verbindung nicht gelang, die Assimilation im Vergleich zu den Trockenkontrollen über einen längeren Zeitraum aufrechtzuerhalten. Günstige Wirkungen eines Antitranspirans auf das Wurzelwachstum können daher nur von einer Formulierung erwartet werden, die bei Dürrebelastung über einen längeren Zeitraum eine ausreichende Assimilationsleistung gewährleistet. Eine Einstellung der Assimilation führt in jedem Fall kurzfristig zum Sistieren des Wurzelwachstums.

LITERATUR

HOFFMANN, G., 1962: Untersuchungen über die Beeinflussung von Baumarten in Mischkulturen mit Robinien. Tag. -Ber. Dt. Akad. Landwirtsch. -Wiss. Berlin 50, 149-159.

HOFFMANN, G., 1969 a: Folgeschäden schlechter Pflanzqualität. Soz. Forstwirtsch. 19, 228-229.

HOFFMANN, G., 1969 b: Gute Pflanzenanzucht - prophylaktischer Forstschutz. Soz. Forstwirtsch. 19, 68-70.

HOFFMANN, G. und W. LUTHARDT, 1964: Befall von Larix leptolepis Gord. durch Botrytis cinerea Pers. Soz. Forstwirtsch. 14, 246-250.

HUNTER, A.S. and O.J. KELLY, 1946: The extension of plant roots into dry soil. Plant Physiol. 21, 445-451.

KAUSCH, W., 1959: Der Einfluß von edaphischen und klimatischen Faktoren auf die Ausbildung des Wurzelwerkes der Pflanzen. Habilitationsschrift, Techn. Hochschule, Darmstadt

KELLER, Th., 1966: Über den Einfluß von transpirationshemmenden Chemikalien (Antitranspirantien) auf Transpiration, CO_2-Aufnahme und Wurzelwachstum von Jungfichten. Forstwiss. Cbl. 85, 65-79.

KRAMER, P.J., 1956: Roots as absorbing organs. In: Handbuch der Pflanzenphysiologie (Herausg. W. Ruhland) 3, 188-214, Berlin.

LYR, H. und G. HOFFMANN, 1967: Growth rates and growth periodicity of tree roots. Int. Rev. For. Res. (New York), 2, 181-236.

SAMTSEVICH, S.A., 1968: Gel-like excretions of plant roots and their influence upon soil and rhizosphere microflora. Int. Symp. "Methods of productivity studies in root systems and rhizosphere organisms", Leningrad, 200-204.

SLAVÍKOVÁ, J., 1963: Eine ökologische Methode zur Wurzelsaugkraftmessung. Preslia 35, 241-242.

SLATYER, R.O., 1960: Absorption of water by plants. Bot. Rev. 26, 331-392.

STONE, E.C. and H.A. FOWELLS, 1954: Drought survival of Ponderosa. Calif. Agric., 1-10.

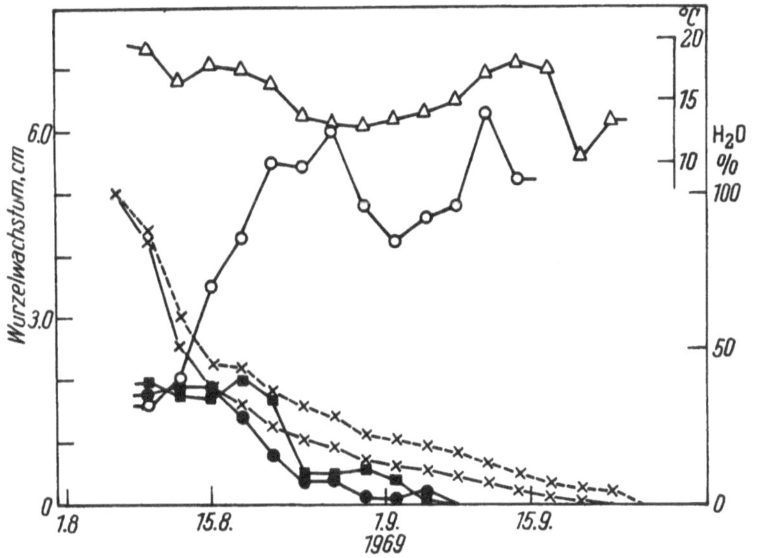

Abb. 1. Wurzelwachstum von in Wurzelkästen wachsenden Japanlärchen (2. 0) unter verschiedenen Versuchsbedingungen.

o——o	Gesamtwurzelzuwachs einer Lärche bei normalen Bodenfeuchtebedingungen. Die Einzelwerte sind zu "Dreitagessummen" zusammengefaßt worden;
•——•	Gesamtwurzelzuwachs bei abnehmender Bodenfeuchte;
■——■	Gesamtwurzelzuwachs bei abnehmender Bodenfeuchte und Applikation eines Antitranspirans am 13. 8.;
x——x	Abnahme des Bodenwassers in %;
x-----x	Abnahme des Bodenwassers in % der Antitranspirans-Variante;
Δ——Δ	Tagesdurchschnittstemperaturen von drei Tagen.

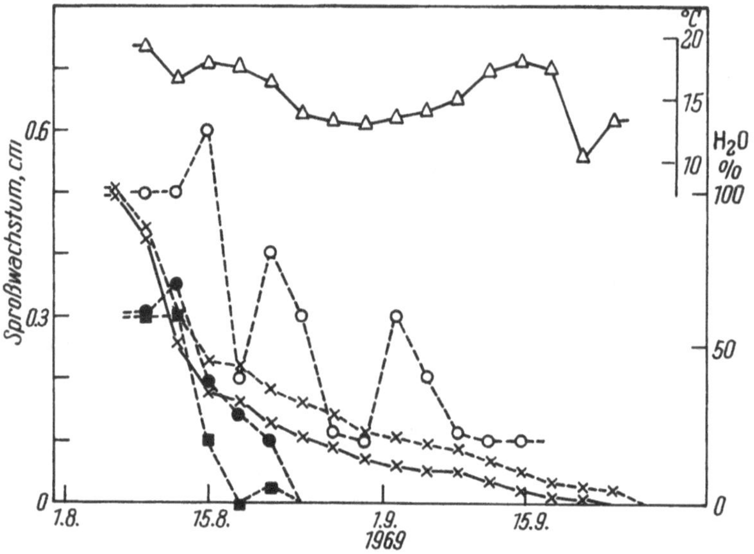

Abb. 2. Sproßwachstum von in Wurzelkästen wachsenden Japanlärchen (2. 0) unter Dürrebelastung.

o----o	Gesamtsproßzuwachs einer Lärche bei normalen Bodenfeuchtebedingungen. Die Einzelwerte sind zu "Dreitagessummen" zusammengefaßt worden;
●-----●	Gesamtsproßzuwachs bei abnehmender Bodenfeuchte;
■-----■	Gesamtsproßzuwachs bei abnehmender Bodenfeuchte und Applikation eines Antitranspirans am 13. 8.;
x——x	Abnahme des Bodenwassers in %;
x-----x	Abnahme des Bodenwassers in % der Antitranspirans-Variante;
Δ——Δ	Tagesdurchschnittstemperaturen von drei Tagen.

RELATIONSHIP BETWEEN NEEDLE MOISTURE AND ROOT GROWTH IN LOBLOLLY PINE SEEDLINGS

M. BILAN

Stephen F. Austin State University, Nacogdoches, Texas 75961 U.S.A.

The experimental material consisted of two-year-old loblolly pines (*Pinus taeda* L.) grown in an air-conditioned greenhouse where temperature ranged between 70°F and 80°F, natural light intensity was reduced by 30 percent, and the relative humidity varied between 40 percent and 90 percent.

Plants were grown from seed in transparent acrylic resin tubes filled with sandy-loam soil. The tubes were 4 inches in diameter and about 50 inches long. They were positioned at the 45-degrees angle to encourage the root growth along the lower side of the tube. A wooden box built around the tubes was provided with cut-outs on the top to expose the upper inch of tubes to the light. The method of using acrylic resin tubes for studying root growth in tree seedlings was described by the author in detail in another paper (BILAN, 1964).

Four weeks before the beginning of experimentation, ten experimental plants were moved into a growth chamber where the following environmental conditions were maintained: light intensity of 3, 500 foot candles; photoperiod of 12 hours; thermoperiod of 70°F - 80°F during the light and 60°F - 70°F during the darkness; relative humidity of 50% - 60%. During this four-week period, an attempt was made to maintain the soil moisture at or near the field capacity. Black plastic was wrapped around individual tubes to exclude light from roots. New root growth was traced weekly on a transparent acetate sheet wrapped around tubes after the removal of the black plastic. Each weekly tracing of root extension was made with a different color of acetate ink, thus simplifying the dating of root growth.

One mature, at least six-months old, needle fascicle was collected weekly to determine needle moisture content (NMC) by using the following formula:

$$\text{NMC}(\%) = \frac{\text{Needles Fresh Weight - Dry Weight}}{\text{Dry Weight}} \times 100$$

After four weeks of adjustment to the growth chamber environment, watering of the plants was discontinued but root tracings and NMC determinations were continued. The time after watering was discontinued is referred to as dry-down period.

The relationship between NMC and root elongation during the dry-down period is presented graphically in the Figure 1. NMC indicates conditions on the last day of the week, while root growth values represent elongation during that week.

During the first week of the dry-down period, NMC level and root elongation remained about the same as earlier when watered. Average NMC was about 200%, while the average weekly root growth per seedling amounted to 55 cm. By the eighth week of the dry-down period, NMC fell to 173% and the weekly root elongation was only 35 cm. From the eighth week on, root growth declined rapidly, reading zero at the end of the eleventh week when NMC was 155%. Cessation of root elongation progressed from the root collar downward beginning with the rootlets of the highest order.

One-half of plants were rewatered immediately after cessation of root elongation. The NMC of these plants rose to the initial level within 24 hours, and most of the roots resumed elongation within one to two weeks.

The second one-half of plants was allowed to dry down until NMC fell to about 100%, the lethal threshold reported for this species by BRIX (1960) and STRANSKY (1963). First visible root mortality was observed at NMC of 130%. Rootlets of the highest order died first.

Plants were rewatered at NMC of about 100%; three plants recovered and two died. NMC of the recovered plants built up to about 200% within 48 hours, but the first evidence of root growth was noted only five weeks after rewatering. The sequence of root regeneration progressed from top of the tube downward, tips of the first order laterals being the first to resume the growth.

The author concludes that moisture content of mature needle is a reliable indicator of root activity in loblolly pine and probably other forest tree species.

LITERATURE

BILAN, M. V., 1960: Acrylic resin tubes for studying root growth in tree seedlings. For. Sci. 10 (4), 461-462.

BRIX, H., 1960: Determination of viability of loblolly pine seedlings after wilting. Botan. Gaz. 121, 220-223.

STRANSKY, J. J., 1963: Needle moisture as mortality index for southern pine seedlings. Botan. Gaz. 124, 178-179.

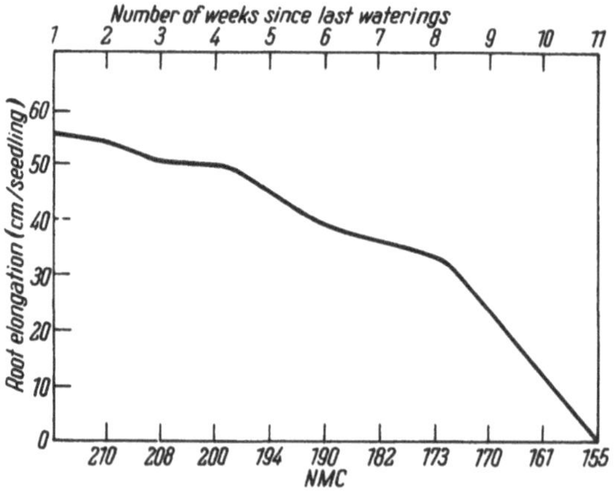

Fig. 1. Average NMC and root elongation per pine plant during dry-down period.

INITIAL ROOT AND TOP GROWTH OF THE SEEDLINGS OF SOME KINDS OF OAK AS INFLUENCED BY OSMOTIC PRESSURE OF THE NUTRIENT SOLUTION

I. PALASHEV

Forest Experiment Station, Burgas, Bulgaria

Soil moisture is of primary importance for the afforestation in the dry growth conditions at S. E. Bulgaria. The most important broadleaved forest species in the region are the oaks - Q. sessiliflora, Q. conferta and in some extent - Q. pubescens. It is known that plants cannot continue to grow for a long time when the soil moisture stress exceed 15 atmospheres. At the same time some of the authors point out that soil moisture is equally available for growth from field capacity to the permanent wilting percentage (VEIHMEYER, 1956). Another one (RICHARDS and WADLEIGH, 1952) reported that growth is limited long before the permanent wilting percentage is reached. (After LARSON - Ohio ARDC - Project No 398).

This study was dedicated to the effect of various constant osmotic water stress on initial root and top growth of the three kinds of oak seedlings.

MATERIALS AND METHODS.

These investigations were carried out after the method of LARSON and SCHUBERT (1969). The three kinds of oak acorns (50 number of each kind) were germinated and individually planted in granular polyethylene in 60 cm glass tubes with one -hole -stoppers on down side. The seedlings of each kind of oak were divided into 5 groups of 10 seedlings. Seedlings of each group were watered with one of the five PEG-400[1)] solutions with nutrient added that provided osmotic potentials

1) PEG-400 - Polyethylene glycol -400.

of 0, 3, 6, 9 and 12 bars[1]. The required concentrations of PEG-400 in water needed for the graded solutions were determined by cryoscopy (HARRIS and GORTNER, 1914). Each week fresh solutions were prepared. The seedlings were watered two times a day to maintain a nearly constant osmotic potential and to keep the matric potential at or near to 0 bars. Excess solution was removed through small glass tube at the bottom of the test tube. The study was conducted in laboratory conditions during 1970 (Q. sessiliflora) and 1971 (Q. conferta and Q. pubescens).

Root penetration in the tubes was measured every second day. Terminal measurement included length of the central roots and the stems, leaf area, number of lateral roots, and dry weight of roots, stems, leaves and cotyledons.

RESULTS AND DISCUSSION

The growth of the oak seedlings was strongly influenced by the osmotic potentials of the root media. The root penetration significantly decreased in all of the cases as the osmotic potential of the nutrient solutions decreased. (Fig. 1). It was comparatively deep for seedlings, grown at 0, 3 and 6 bars. For example the average root penetration at 0 bars is about three times greater than the same at 12 bars. This data verify the viewpont of RICHARDS and WADLEIGH (1952) that every soil water potential determines a respective intensity of growth of the plants.

Roots of seedlings that had grown at 9 and some more at 12 bars grew very little. In fact some of the roots at 9 bars and most of these at 12 bars appeared dormant at the end of the experiments. Roots of the seedlings grown at 0 bars and some of these grown at 3 bars penetrated at a fairly constant rate, whereas at lower potentials penetration rates decreased with time. And it is about the same for the three kinds of oak (Fig. 1).

The top growth begins first at 0 bars, at 3 bars it begins 6-8 days later, at 6 bars - 11 days later and at 12 bars it did not begin at all.

The length of stems, leaf areal, development of laterals (Fig. 2) and dry weight of the roots, stems and leaves (Table 1) also descreased significantly with a decrease in the osmotic potential.

---

1) In fact the added nutrients increase osmotic stress of the solutions by about one - third bar.

It is obvious that the top of the seedlings require higher soil water potential to grow than their roots. Thus at low water potential (9 and 12 bars) the seedlings develop no stems but at the same time some of them developed a kind of poor root system (Fig. 2). So the roots of the three oak seedlings were less sensitive to a low osmotic potential of the nutrient solution than the roots are.

Table 1

The average dry weight (grams) of the roots, stems, leaves and cotyledons of the seedlings.

Osmotic potential of nutrient solution (bars)	Roots	Stems	Leaves	Cotyledons
	Q. pubescens Willd.			
0	0, 3556	0, 0677	0, 0880	0, 6066
3	0, 2779	0, 0902	0, 0719	0, 8182
6	0, 2154	0, 0352	0, 0310	0, 9225
9	0, 1856	-	-	1, 0380
12	0, 0299	-	-	1, 1379
	Q. conferta Kit.			
0	0, 5405	0, 0722	0, 0913	1, 3028
3	0, 3724	0, 0596	0, 0576	1, 4512
6	0, 1249	0, 0190	-	2, 4298
9	0, 0359	-	-	2, 2587
12	0, 0205	-	-	2, 8479
	Q. sessiliflora Salisb.			
0	0, 6452	0, 9150	0, 3864	0, 8821
3	0, 5248	0, 0567	0, 1333	1, 4516
6	0, 3119	0, 0210	-	2, 0500
9	0, 1494	-	-	2, 0141
12	0, 1122	-	-	2, 0813

Shoot and root elongation was significantly reduced at 6 bars, at 9 bars it was greatly suppressed and at 12 bars it was completely reduced (Fig. 2). LARSON and SCHUBERT (1969) point out that root penetration of Ponderosa pine seedlings is reduced when the soil moisture stress exceeds 7 atmospheres. BON-

NER, FARMER and BONNER, and STRANSKY and WILSON (after LARSON and WHITMORE, 1970) respectively reported that: terminal growth of sycamore, sweetgum and oak seedlings begin to decrease at matric potential of 1 to 2 bars; the growth in length of cottonwood seedlings in solutions with osmotic pressure more than 5 bars is small; the terminal growth of loblolly pine seedlings stopped at 3,5 bars and they wilted at 5 bars. PALASHEV (unpublished) demonstrated that root and shoot growth of Q. pedunculiflora seedlings decreases significantly when the osmotic potential of nutrient solutions is 6, 9 and 12 bars.

The number of lateral roots decreased as the osmotic potential decreased. Thus there exist average more than 100 laterals at 0 bars and about five times less at 12 bars for Q. sessiliflora seedlings. The number of the laterals for Q. conferta and Q. pubescens is smaller but the interrelation between 0 and 12 bars is the same.

Q. sessiliflora and Q. conferta seedlings developed leaf area only at 0 and 3 bars and Q. pubescens ones-at 0, 3 and 6 bars. The value of the leaf area at 0 bars is greatest.

Thus not only the laterals but also the leaf area development, and hence the capacity for transpiration and water uptake are also reduced by water stress. The final result is that the dry weight of roots, stems, and leaves is greatest at 0 bars and regularly decreased (Table 1). The same was reported by JARVIS and JARVIS (1963) for pine, spruce, birch and aspen seedlings; LARSON and SCHUBERT (1969) for Ponderosa pine seedlings; LARSON and WHITMORE (1970) for red oak seedlings and PALASHEV (unpublished) for Q. pedunculiflora seedlings.

The dry weight of the cotyledons increased as the osmotic potential decreased (Table 1). Similar results are reported by TWERSKY et al. (1965) for the corn; by LARSON and SCHUBERT (1969) for Ponderosa pine and PALASHEV for Q. pendunculiflora acorns. The increase in cotyledon weight indicates that the plants under moisture stress absorb less of the reserve food form the cotyledons.

As LARSON and SCHUBERT (1969) point out, PEG-400 is a suitable osmotic substrate to induce water stress - the seedlings of the three oak species were healthy and completely normal.

The results of the investigations led to the following conclusions:

1. The three oak seedlings reacted very definitly in growth intensity and dry substance accumulation to the osmotic potentials of the nutrient solutions, and hence to the osmotic potentials of the soil solutions.

2. Root penetration, dimensions and dry weight of roots, stems, and leaves regularly decreased with decreased osmotic potential of the nutrient solutions.

3. The weight of cotyledons increased with decreased osmotic potential of the nutrient solution because the plants absorb less reserve food when they are under moisture stress.

4. A successful growth of the three oak seedlings is possible, when the osmotic potential of the soil solution is 6 or less bars.

5. Polyethylene glycol - 400 is a suitable osmotic substrate to induce desired osmotic stress - the oak seedlings were completely normal and healthy.

6. The method of research applied is suitable for water requirement investigations of other kinds of plants also.

LITERATURE

HARRIS, J.A. and R.A. GORTNER, 1914: Notes of the Calculation of the Osmotic Presure of Expressed Vegetable Saps from the Depression of the Freezing Points, with a Table for the Values of P for $\Delta = 0,001^{\circ}$ to $\Delta = 2,999^{\circ}$. Amer. J. Bot. 1(2), 75-78.

JARVIS, P.G. and M.S. JARVIS, 1963: The Water Relations of Tree. I. Growth and Water Use in Relation to Soil Water Potential. Physiol. Plant. Vol. 16.

LARSON, M.M. and G.H. SCHUBERT, 1969: Effect of Osmotic Water Stress on Germination and Initial Development of Ponderosa Pine Seedlings. For. Sci. 15, 1.

LARSON, M. and F. WHITMORE, 1970: Moisture Stress Affects Root Regeneration and Early Growth of Red Oak. For. Sci. 16, 4.

PALASHEV, I.: Initial Growth and Development of Q. pedunculiflora Seedlings Depending on Osmotic Pressure of the Nutrient Solutions (unpublished).

RICHARDS, L.A. and C.H. WADLEIGH, 1952: Soil Water and Plant Growth. In: Soil Physical Conditions and Plant Growth, Acad. Press, New York.

TWERSKI, M. et al., 1965: Effect of Soil Moisture Tension on CO_2 from Corn Seedlings. Agr. J. 57.

VEIHMEYER, F.J., 1956: Soil Moisture. In: Encyclopedia of Plant Physiology, 3.

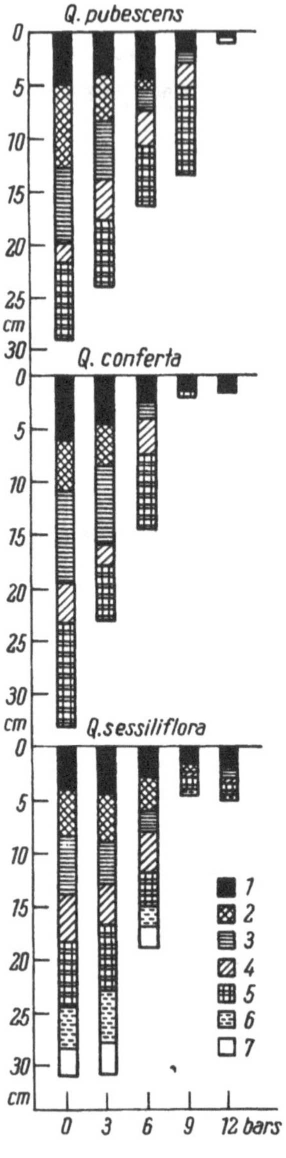

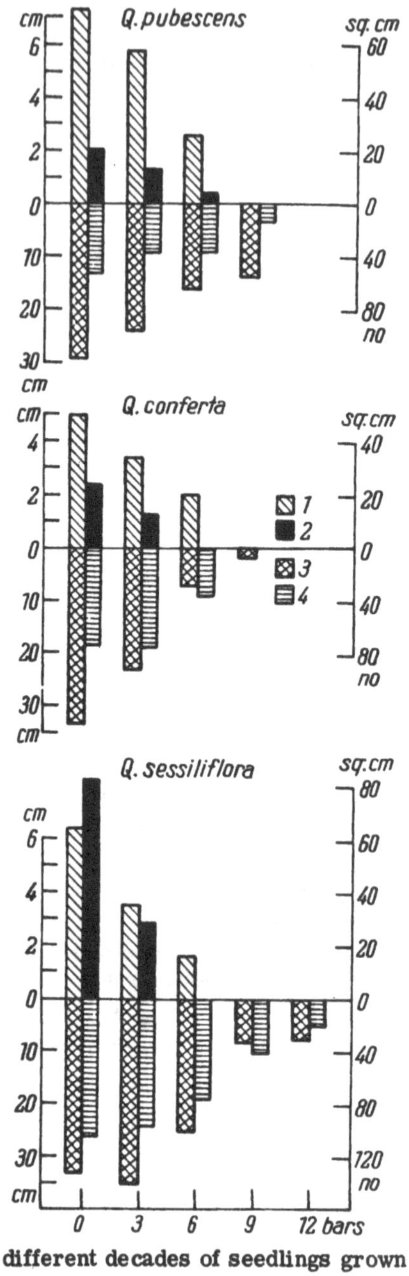

Fig. 1. Average root penetration during the different decades of seedlings grown at various osmotic potentials.

1 - first decade; 2 - second decade; 3 - third decade; 4 - fourth decade; 5 - fifth decade; 6 - Sixth decade; 7 - seventh decade.

Fig. 2. Average growth of roots and shoots of Q. pubescens, Q. conferta and Q. sessiliflora seedlings grown at various osmotic potentials.

1 - length of stems; 2 - leaf area; 3 - length of main roots; 4 - lateral roots (no)

EFFECTS OF ROOT EXPOSURE ON ESTABLISHMENT AND GROWTH OF OUTPLANTED TREES

R. E. MULLIN

Ontario Department of Lands and Forests,
Research Branch, Maple, Ontario, Canada

The use of bare-root seedlings and transplants is common practice in most large-scale tree planting programs. This process involves the exposure of tree roots to air, wind, and light. In the series of experiments on which this report is based we have been chiefly interested in lasting effects on survival and growth of root exposure to air, eliminating wind and direct sunlight where possible.

REVIEW OF LITERATURE

A limited number of specific references are available which give measurements of the effects of exposures, or the magnitude of the damage, in terms of survival and growth for particular species, weather conditions, or developmental stage of the nursery stock. In the most general terms, it has usually been stated that exposure results in injury (23), in mortality (15, 20), or in reductions in both survival and growth (10). It has been found in coniferous planting stock that losses have occurred from exposure as short as two minutes (3), four min'ıtes (8), and five minutes (9). No reports were found on the lasting effects of exposure, or on the inhibition of growth for several years.

There are many references to relationship of extent of damage and the developmental stage, physiological condition, or degree of dormancy of the stock (9, 10, 11, 16, 17). Generally, the closer to dormancy, the less the damage sustained from exposure. Apart from the consideration of the effects of exposure by itself, as only one factor in the lifting and planting process, it has been shown that planting losses increase with the breaking of dormancy (1, 5, 18, 19, 22). This has been related to the periodic or cyclic nature of root and top growth (2, 9, 11, 13, 18, 19, 21), and of carbohydrate reserves. (12, 14).

We were also interested in possible use of a water-dipping process as a means of reduction of exposure damage. References on dipping frequently relate to use of slurry (mud or clay mixed with water) for application after trees have been taken to the shipping barn. Some reports have had negative aspects (6, 24), others more favourable (4, 7). Only two references were found to dipping in water, and these both indicated favourable results (4, 19).

EXPERIMENTAL PROCEDURE

A greenhouse study was carried out in 1963 with white spruce (Picea glauca (Moench) Voss) (16). Survival and growth effects of exposures of 0, 1/2, 1, 1 1/2, 2 and 2 1/2 hours on "active" seedlings (10 days in greenhouse after frozen storage) and "dormant" seedlings (3 days) were examined. The survival of the dormant stock was not significantly affected whereas survival of the active stock decreased with duration of exposure. The growth of all stock, subsequent to transplanting, was reduced by exposure of even 1/2 hour. On the basis of this work, and including the suggestion of dipping, we proceeded with two field planting experiments to examine long-term effects, one with white spruce in 1967, and one with red pine (Pinus resinosa Ait.) in 1968.

Randomized plots in regular nursery seedbeds provided replications of stock for lifting and planting at weekly intervals, to include and extend the regular spring planting season. At each weekly lifting, half of the stock was root dipped in water for about 10 seconds in the field. The other half of the stock was left dry, or in the natural field state or condition. All the stock was packed in boxes with moist sphagnum moss and taken to the planting site, several kilometers distant. Here the trees were subjected to the treatments of immediate planting (control, as close as possible to 0 exposure), and to 1, 2 and 3 hour exposures. This was done on 1 cm x 1 cm string nets, in a shaded enclosure, protected from wind by plastic screens. The planting design was a split-split-plot as shown in Table 1. The earliest lifting, Time 1, was in accord with the start of the normal nursery procedure, as early as possible after the frost leaves the ground, or as close to the dormant condition as practical.

Table 1

Treatments

Main Plots	Code 1 to 6 6 weekly plantings
Sub-plots	Code D and W D = dry, or not dipped W = wet, or dipped
Sub-sub-plots	Code C, 1, 2, and 3 C = Control, or immediate planting 1 = Exposed one hour 2 = Exposed two hours 3 = Exposed three hours
Replications	5
Total Plots	5 x 6 x 2 x 4 = 240 of 20 trees each

The white spruce was 3 + 0 seedling stock which averaged 23, 0 cm in height, or top length, and 6. 6 g in oven-dry weight (24 hours at 105 c). The red pine, also 3 + 0, averaged 22. 8 cm in height and 8. 9 g in oven-dry weight.

The data collected included soil temperatures at the planting sites at 15 and 30 cm depths, soil moisture block readings at several depths, daily temperature and precipitation for the growing season, and relative humidity at hourly intervals on the dates of planting. The plantations were measured for first and second year survivals and terminal lengths; fifth year survivals, heights and terminals for white spruce; and fourth year survivals, heights and terminals for red pine.

All the data have been examined by the analyses of variance, using the angular transformation of the percentage of survival, and the approximate method for unequal plot frequencies for heights and terminals, supported by analyses of plots averages.

EFFECTS OF EXPOSURE

An earlier report on the white spruce field experiment (17) has shown that exposure of the roots reduced the survival, and terminal growth in the second year after planting, in general accord with the duration of exposure, although the severity of damage varied with the time of lifting and planting.

At five years after planting the reduction in survival due to exposure was still very highly significant (Figure 1), as was the reduction in height (Figure 2). The relative differences of proportion of damage in accord with duration of exposure, were more definite with the survival data than with the height data; but the losses due to exposure were significant, extensive, and important in both criteria. It was only on the last date of planting, Time 6, that exposure was not seriously damaging to survival or growth. Examination of the terminal or leader measurements at the fifth-year level showed a lower significance. There were overall significant differences at the 5, 0% level for reduction in accord with duration of exposure, but not for the differences at each time of planting. The average fifth-year terminal length decreased from 12. 7 cm for the control to 10, 4 cm for the 3-hour exposure.

Study of the supporting records indicated that the lack of real differences in survival or growth at Time 6 planting were probably due to high relative humidity on that date. It was wet and rainy, the relative humidity averaged 85. 2 $\pm$ 3. 8 for the hours of exposure, much higher than any other date.

It had been considered that there would be little damage due to exposure at the Time 1 planting as the trees would be close to dormancy. This was not the case. The damage to survival was as severe at the beginning as at later dates. Judging from the previous greenhouse study this would indicate that the trees were considerably removed from the state of dormancy by the time we were able to lift.

The effects of exposure on the red pine can be examined from the fourth-year data for the 1968 experiment. The percentages of survival are shown in Figure 3. The overall effects of exposure in reduction of survival are easily apparent, although at different intensities on different dates. If we take part of this information, the survival rates for control and 2-hour exposure and compare it with average relative humidity on the afternoon of exposure, Figure 4, we can see how closely survival was related to relative humidity. The survival of exposed trees fluctuated with relative humidity very uniformly, as did the Control trees after the earliest planting.

The effects of the exposure treatments on the height growth of red pine are summarized in Figure 5. This shows that the significance level is considerably lower, and that there is much less consistency in pattern than with the white spruce. Part of this is due to large losses in numbers of trees, and resultant averages based on few trees. Analysis of the fourth-year terminals of the red pine also showed significance but with much variation.

There is little doubt, as in white spruce, that exposure of the roots of red pine caused losses in survival and inhibited growth for some years subsequent to planting, largely in accord with the length of exposure, but greatly influenced by the relative humidity of the exposure period. There was no clear trend or indication that the effects of exposure became greater as the season advanced or as growth developed.

Table 2

Summary of Effects of Exposure

	Period of Exposure				
	Control	1 hour	2 hours	3 hours	Significance
White Spruce					
5th year					
Survival %	75.4	46.0	30.0	24.1	+++
Height, cm	58.1	52.2	51.3	49.3	+++
Terminals, cm	12.7	11.8	11.8	10.4	+
Red Pine					
4th year					
Survival %	47.7	31.3	18.3	13.5	+++
Heights, cm	80.9	73.7	77.3	75.0	+++
Terminals, cm	29.2	28.6	28.4	28.4	+

\+ Significant at the 5.0 % level
+++ Significant at the 0.1 % level

A summary of the effects of exposure is given in Table 2, for both species. This shows that both species were affected very drastically by losses in survival due to exposure. White spruce, however, suffered more than red pine in magnitude of growth inhibition. Both species showed large differences in the effects of exposure on different dates of planting, not due to the advance in growing season and change in physiological condition, but more directly related to relative humidity at the time of exposure.

EFFECTS OF DIPPING

In this treatment the bundles of trees, 25 in each, were root dipped in water for about 10 seconds immediately on pulling from the ground in the nursery compartment. This was done for half the trees, and was the basis for the main split in the planting design.

The previous report (17) showed that dipping was of benefit in its effect on survival at the second-year level for the white spruce. In Figure 6 are shown the comparisons at five years in the survival of the dipped (wet) and the non-dipped (dry) for the Control treatment and the 1-hour exposure. This shows a firm benefit for dipping in the normal planting, or Control, and also that dipping reduced losses due to exposure. In terms of growth, however, total height or terminals at five years, the dipping procedure showed no significant benefits.

In the red pine, on the other hand, the dipping procedure showed no consistent pattern in survival, height, or terminal growth for the Control, or normal planting. However, in the stock which was subjected to exposure, the dipping treatment did offset losses, and resulted in better survival and growth.

The results of the dipping procedure are summarized for both species in Table 3. In the top of this table the benefits to white spruce in survival of Control and to survival and growth of exposed trees is clearly shown. In the lower part of the Table, dealing with red pine, the benefit of dipping is apparent for exposed stock. It is obvious that we are dealing with species differences and that more work will be required before general recommendations can be made.

Table 3

Summary of Effects of Dipping

	Dipping	Not Dipping
White Spruce - 5th Year		
Control - No Exposure		
Survival, %	79.5	71.3
Height, cm	59.1	57.0
Terminal, cm	12.5	12.8

	Dipping	Not Dipping
1 hour Exposure		
Survival, %	52.7	39.3
Height, cm	53.4	50.7
Terminal, cm	12.1	11.3
Red Pine - 4th Year		
Control - No Exposure		
Survival, %	47.3	48.0
Height, cm	78.6	83.3
Terminal, cm	29.1	29.2
1 hour Exposure		
Survival, %	34.0	28.7
Height, cm	79.6	77.5
Terminal, cm	29.0	28.0

LITERATUR

1. ACKERMANN, R.F. and H.J. JOHNSON, 1962: Continuous planting of white spruce throughout the frost-free period. Can. Dep. Forestry; Forest Res. Br. Techn. Note No. 117, 13 p.
2. CROSSLEY, D.I., 1956: The possibility of continuous planting of white spruce throughout the frost-free period. Can. Dep. Northern Affairs and National Resources, Forestry Branch; Forest Res. Div. Techn. Note No. 32, 31 p.
3. DASKEVITSH, M.D., 1960: Don't leave roots of seedlings exposed. Lesnoe Khoziaistvo, No. 4, Vol. 12; Abstract translated by F. Kudrjavcev; Oregon Forest Research Centre.
4. DAVEY, C.B., 1964: Current studies on clay, slurry root dips. Proc. Reg. 8; Forest Nurserymen's Conference 53-56.
5. DENGLER, A., 1930: Waldbau auf ökologischer Grundlage; Verlag Springer, Berlin.
6. DIERAUF, T.A. and R.L. MARLER, 1969: Clay dipped vs. bare-rooted seedling survival. U.S. Forest Service; Tree Planters' Notes 20(2), 5-8.
7. HAMMER, J.G. and F.S. BROERMAN, 1967: A comparison of three packaging methods for slash pine seedlings. U. S. Forest Service; Tree Planters' Notes 18(4), 3-4.
8. HERMANN, R.K., 1962: The effect of short-term exposure of roots on survival of 2-0 Douglas-fir stock. U. S. Forest Service; Tree Planters' Notes 52, 29-30.

9. HERMANN, R. K., 1964: Effects of prolonged exposure of roots on survival of 2-0 Douglas-fir seedlings. J. Forestry 62, 401-403.

10. HERMANN, R. K., 1967: Seasonal variation in sensitivity of Douglas-fir seedlings to exposure of roots. U.S. Forest Service; Forest Sci. 13(2), 140-149.

11. HERMANN, R. K. and D. P. LAVENDER, 1967: Physiological changes in dormant Douglas-fir seedlings and their implications for nursery and planting practices. IUFRO Congress, Munich. Sec. 22, 270-277.

12. KRUEGER, K. W., 1966: Hidden changes in Douglas-fir seedlings suggest timing of nursery operations. Tenth Biennial Western Forest Nursery Council Meeting Proceedings (p. 56-59).

13. KRUEGER, K. W. and J. M. TRAPPE, 1967: Food reserves and seasonal growth of Douglas-fir seedlings. U.S. Forest Service; Forest Sci. 13(2), 192-202.

14. LAING, E. V., 1932: Studies on tree roots. Forestry Comm. Bull. 13, London.

15. LIMSTROM, G. A., 1963: Forest planting practice in the Central States. U.S. Forest Service; Agric. Handbook 247, p. 69.

16. MULLIN, R. E., 1967: Root exposure of white spruce nursery stock Forestry Chron. 43(2); 155-160.

17. MULLIN, R. E., 1971: Some effects of root dipping, root exposure and extended planting dates with white spruce. Forestry Chron. 47.

18. SCHUBERT, G. H., L. J. HEIDMANN and M. M. LARSON, 1970: Artifical reforestation practices for the southwest. U.S. Forest Service Agric. Handbook No. 370, p. 25.

19. SISSINGH, G., 1964: Planting time, vitality and physiological condition of Douglas-fir planting material. Netherlands Forest Research Station "De Dorschkamp" 6(2), p. 67.

20. STOECKELER, J. H. and G. W. JONES, 1957: Forest Nursery Practice in the Lake States. U.S. Forest Service; Agric. Handbook No. 110.

21. STONE, E. C. and G. H. SCHUBERT, 1959: Root regeneration by seedlings. California Agriculture 13(2), 12-14.

22. URSIC, S. J., H. L. WILLISTON and R. M. BURNS, 1966: Late planting improves loblolly survival. U.S. Forest Service; Res. Paper SO-24, p. 12.

23. WAKELEY, P. C., 1954: Planting the southern pine. U.S. Forest Service; Agric. Monograph No. 18.

24. WILLISTON, H. L., 1967: Clay slurry root dip impairs survival of loblolly pine seedlings in Mississippi. U.S. Forest Service; Tree Planters' Notes 18(4), 28-30.

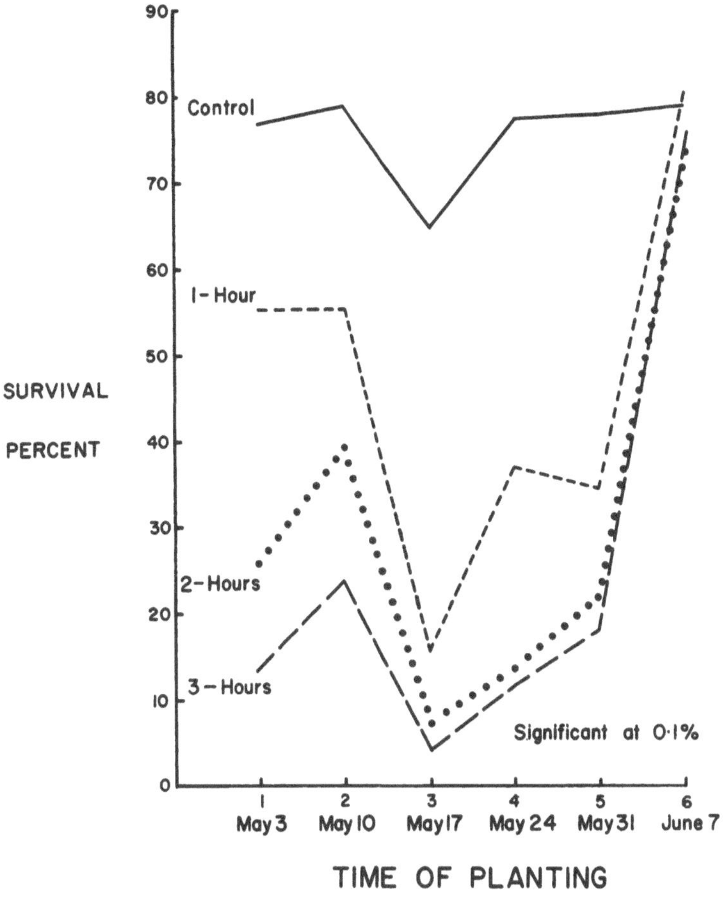

Fig. 1. Percentages of survival of white spruce at five years after planting. Comparison of Control, 1-, 2-, and 3-hour exposures for the six times of planting at weekly intervals.

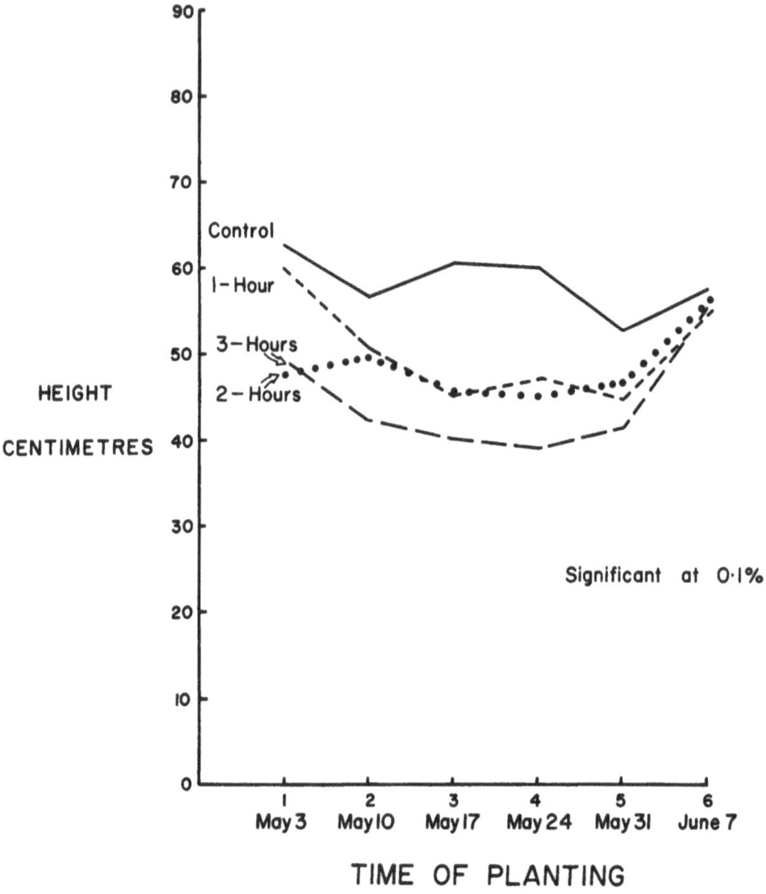

Fig. 2. Average heights of white spruce at five years after planting. Comparison of Control, 1-, 2-, and 3-hour exposures for the six times of planting at weekly intervals.

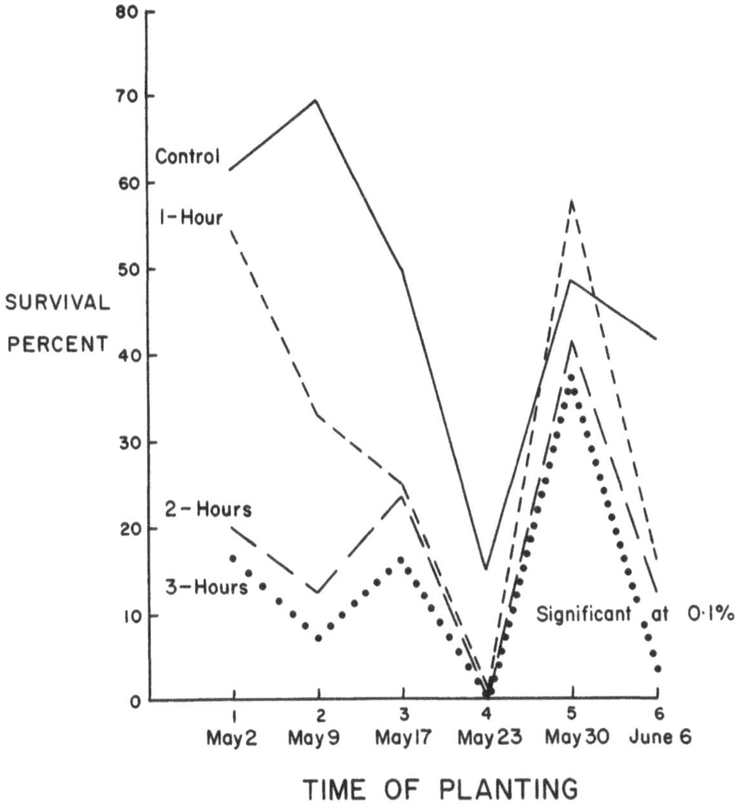

Fig. 3. Percentages of survival of red pine at four years after planting. Comparison of Control, 1-, 2-, and 3-hour exposures for the six times of planting at weekly intervals.

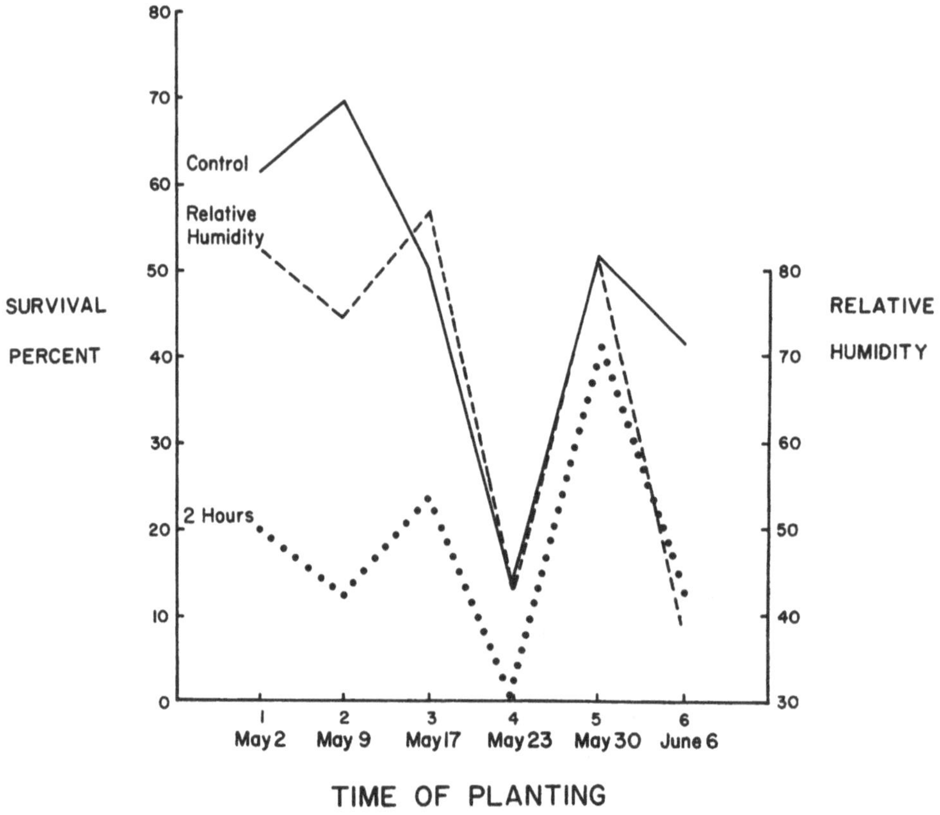

Fig. 4. Percentages of survival of red pine at four years after planting. Survival percentages for Control and 2-hour exposure compared with relative humidity.

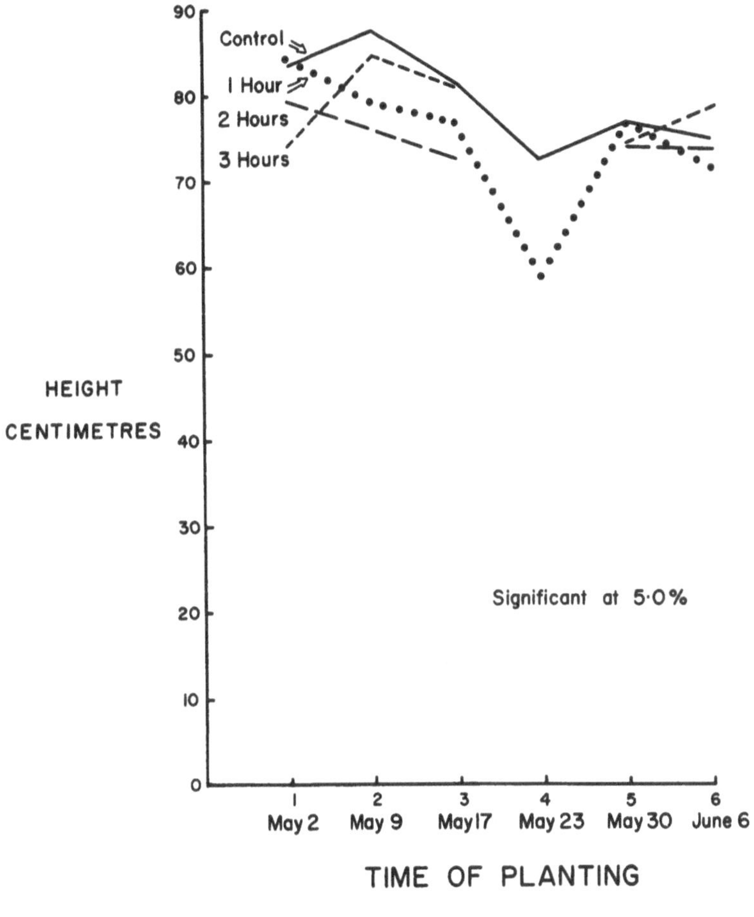

Fig. 5. Average heights of red pine at four years after planting. Comparison of Control, 1-, 2-, and 3-hour exposures for the six times of planting at weekly intervals.

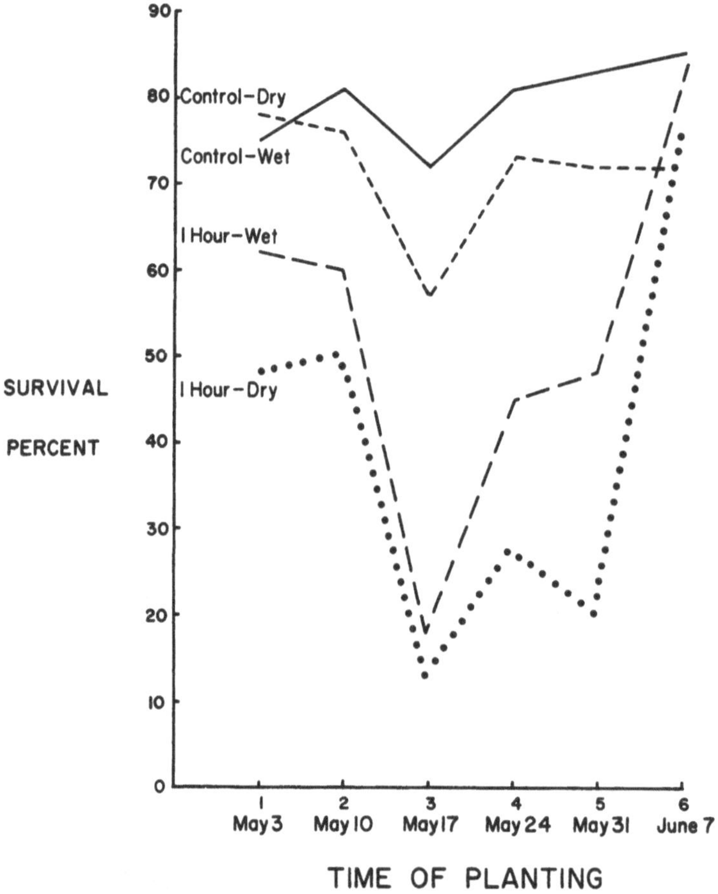

Fig. 6. Percentages of survival of white spruce at five years after planting. Illustration of effects of dipping (wet) and non-dipping (dry) for the Control and the 1-hour exposures.

EFFECT OF LONGTERM FERTILIZATION ON THE UNDERGROUND PARTS OF MEADOW PLANTS AND - PHYTOCENOSES

T.A. RABOTNOV and A.P. DEMIN

Department of Geobotany, Lomonosov State University of Moscow, Moscow, USSR.

A study has been made during 1967-1970 on two types of flood meadows of the Oka river to clearing up the effect of longterm fertilization on the rootsystems of different meadow plants and on the underground part of meadow phytocoenoses. The first meadow, designated as "dry meadow", is inundated by river water 5-6 times per decade for 2-5 days; the second one ("moist meadow") is inundated almost every year (9 times per decade) for 5-10 days. The summer level of ground-water on the first meadow is below 200 cm, on the second one - about 150 cm. The soils are neutral, loamy, rich in humus. The fertilizers were applied every year in early spring on dry meadow since 1955 and on moist one since 1950. The vegetation on both types was represented by polydominant communities with change of dominants from year to year as a result of difference in inundation and meteorological conditions. Average ratio of botanical groups on dry meadow: grasses 38.5% legumes - 17.0%, herbs 44.5%, while on moist/one respectively, 70, 20, 10.

On the dry meadow the most important species were: of grasses - Poa pratensis and Festuca pratensis; of legumes - Lathyrus pratensis; of herbs - Achillea millefolium. However in some years Agrostis stolonifera, Agropyron repens, Bromus inermis, Dactylis glomerata, Phleum pratense, Trifolium pratense, T. hybridum, Cirsium setosum, Campanula glomerata, Libanotis montana, Silene cucubalus also dominated.

On the moist meadow amongst dominants were: of grasses Agrostis stolonifera, Agropyron repens and to a lesser extent Alopecurus pratensis; of herbs - Cirsium setosum and Geranium pratense. The obervations were carried out on two treatments: on "control" (without fertilization) and on "NPK" (annually application

60 kg/ha N, P_2O_5 and K_2O). The average yields on dry meadow were: on "control" 45.5 mc/ha, on "NPK" - 78 mc/ha; on moist one 54 and 90 mc/ha respectively.

On dry meadow repeated application of NPK gave rise of participation of grasses (average to 62%), chiefly as a result of yields increase of Bromus inermis and Agropyron repens and to a lesser extent of Festuca pratensis, Dactylis glomerata and Phleum pratense. Herbs (Geranium pratense, Stellaria graminea, Heracleum sibiricum, Silene cucubalus) had considerable lesser participation in the increasing of yields.

On most meadow participation of grasses under NPK was rised from 70% to 90%, chiefly owing to increase of yields of Bromus inermis and Alopecurus pratensis.

In the rootsystem of plants on the dry meadow on NPK considerable changes were observed. The depth of roots of most species was decreased, but to different extent. In some species the decrease of root's depth was combined with the change in type of rootsystem. For example Heracleum sibiricum had on "control" tap rootsystem - while on "NPK" its rootsystem was formed of adventitious roots. The type of rootsystem of Veronica longifolia was not changed, but depth of its roots was greatly decreased. In some species (Bromus inermis, Lathyrus pratensis) depth of roots changed slightly or did not change (Glechoma hederacea). The different changes of width of rootsystems were observed; increase in taprooted species; decrease in species with adventitious roots.

The quantity of hairlike rootlets on roots of most species were increased. This phenomenon was the most expressed in the most superficial layer of soil (0-2 cm.). Thus under NPK the volume of soil occupied by roots was decreased but intensity of its utilization was rised. The most competitiveable species on "NPK" were those with welldeveloped system of superficial adventitious roots, capable of reproducing themselves vegetatively.

Rootsystems of meadow plants are formed, for the most part, of adventitious roots. Under NPK, as a result of changes both in ratio of components of swards and in rootsystems of separate species, the total number of adventitious roots and the total weight of underground organs were changed.

In 1970 on the dry meadow there was on "control" 6730 tillers per 1 m^2, including 5725 of those of grasses and Carex praecox (85% of total number of tillers), while on "NPK" there was 3765 tillers per 1 m^2, including of those of grasses and Carex - 3415 (91% of total number). This decrease of tillers for the most part occured as a result of considerable diminishing of tillers of low grasses (Festuca rubra, Poa pratensis) (on "control" - 5130, on "NPK" - 2005 per 1 m^2).

The total number of roots in the 0-10 cm layer of soil was: on "control" - 95980, including adventitious ones - 95800; on "NPK" respectively 64850 and 64795. The number of grasses and Carex praecox roots was: on "control" 87555 (92% of total quantity of adventitious roots), on "NPK" respectively 60410 (93%). The total length of rhizomes was: on "control" - 13390 cm per 1 m^2, including rhizomes of grasses and Carex praecox - 9335, on "NPK", respectively, 7350 and 5550. The total length of underground organs in the 0-10 cm layer of soil on "NPK" was lesser than on "control", as a result both decreasing in number of adventitious roots and the length of rhizomes. The cause of this phenomenon was in decreasing of participation in sward of low grasses (Festuca rubra and Poa pratensis).

The number of roots per tiller in most species of grasses on "NPK" was approximately the same as on "control", with exeption of short-rhizomatous grasses (Agrostis stolonifera, Alopecurus pratensis) with average 24.1 roots per tiller on "NPK" and 13.5 on "control".

All species of grasses had more roots attached to dead tillers on "NPK", than on "control": longrhizomatous (Bromus inermis, Agropyron repens), - 10.2 on "NPK", 4.9 on "control"; shortrhizomatous (Agrostis stolonifera, Alopecurus pratensis) - 7.4 and 1.8; bunch grasses (Festuca pratensis; Dactylis glomerata, Phleum pratensis) 8.7 and 4.0 respectively. The total weight of underground organs in volume of soil 0-100 cm was determined on both types of meadow 27/VIII - 4/IX. 1967. On dry meadow the weight of underground organs was: on "control" 1180 g/m^2, including 840 g alive roots and 340 dead ones; on "NPK" respectively 1510, 880, 630 g/m^2.

On moist meadow the weight of underground organs was: on "control" 1430 g/m^2, including 910 alive and 520 dead; on "NPK" respectively, 2060, 1290 and 770 g/m^2. This total weight of underground organs on moist meadow was higher than on dry one; these data confirm observations of the other authors. The increase in weight of underground organs on both types of meadows was observed under NPK, on dry meadow chiefly as a result of increasing in weight of dead roots. The higher content of dead roots on "NPK" is apparently connected with increasing in partici-pation of grasses, as mineralization of their roots proceeds more slowly, than roots of legumes and herbs.

Dynamics of weight of underground organs has been studied in 1970-1971 on both types of meadow. The higher mass of underground organs on moist meadow, than on dry one was again observed, however the higher weight of underground organs on "NPK" was observed only on moist meadow.

The total weight of underground organs in 1970 was considerably higher than in 1967, namely - on dry meadow on "control" 1690 g/m^2 in layer 0-50 cm in 1970, compared with 1140 g/m^2 in 1967; on "NPK", respectively, 1680 and 1440 g/m^2. On moist meadow on "control" 2240 (1970) and 1370 (1967); on "NPK", respectively, 2530 and 1960 g/m^2. This phenomenon was apparently caused by more favourable conditions of growth for meadow plants in 1970, than in 1967 (longer inundation and higher sedimentation). Thus, on meadows from year to year not only mass of the aboveground organs, but also underground ones can be changed.

ROOT GROWTH OF PONDEROSA PINE IN SOILS OF VOLCANIC ORIGIN

K. HERMANN

School of Forestry, Oregon State University, Corvallis, Oregon, U.S.A.

Pinus ponderosa Laws. is the most widely distributed pine in North America. Knowledge concerning growth and behavior of roots of this species is limited, despite its importance as a forest tree. Studies on regeneration areas in Arizona and New Mexico (HAASIS 1921; PEARSON 1918, 1923), in Idaho (BATES 1924), in South Dakota (VAN HAVERBEKE 1963), and in a nursery in Nebraska (BOLDT & SINGH 1964) have indicated that young ponderosa pines quickly develop deep-reaching root systems. Penetration of tap roots to depths of 50 cm at the end of the first growing season after germination, and to 160 to 180 cm after the fourth years, have been reported by several investigators. The growth habit of roots of ponderosa pine has been considered as an adaptation to the semi-arid sites where the species is commonly found. Roots of ponderosa pine in the pumice soils of central Oregon, however, frequently fail to exhibit the growth pattern so characteristic of this species elsewhere. Roots tend to remain for decades within the upper 30 to 40 cm of pumice soils, although the soil in which they grow, the eastern half of the ponderosa pine belt in central Oregon, belongs to the driest parts of the species' range.

Many forest soils in central Oregon are derived from pumice, a volcanic rock of very light weight. The most common is Mazama pumice derived from the showers and flows of pumice from ancient Mt. Mazama that blanketed vast areas east of the crest of the Cascade range. A second major source of pumice was the Newberry volcano. The pumice soils of central Oregon have two characteristics in common. They show little weathering, for they are still in the incipient stages of development, and their fertility is low.

Newberry pumice is coarse. About 70 per cent of its particles are gravel-sized. Weathering of Newberry pumice and accumulation of organic matter is largely confined to the upper 10 to 15 cm of soil. The remainder of the mantle of coarse pumice, about 50 cm in depth, has undergone little change since it was deposited 2,000 years ago. The layers of older pumice below the gravelly Newberry pumice have the texture of fine sand.

Mazama pumice varies in thickness from more than 30 meters close to the source to a few centimeters at the fringes of its occurrence. Most of the ponderosa pine stands occur on Mazama pumice about 100 cm deep, however. Here, Mazama pumice consists of two distinct layers. The upper layer, nearly 50 cm thick, has a high percentage of gravel-sized pumice; the lower layer consists of finer pumice with the texture of coarse sand. Mazama pumice overlies much older pumice with the texture of fine sand. Like Newberry pumice, Mazama pumice is low in fertility and has remained largely unweathered, except for the top 20 to 25 cm, although it was deposited more than 7,000 years ago.

Elevation of the pine belt in central Oregon ranges from about 1,200 to 1,600 meters. Annual precipitation ranges from 700 mm at its western boundary to below 300 mm at its eastern fringe. The climate is continental. Winters are cold and summers are hot. Large diurnal amplitudes of temperature in the growing season are also characteristic of this region.

Probably the first recorded observations on rooting characteristics of ponderosa pine in northwestern American pumice soils were those of DYRNESS (1960). He noted that roots were more numerous in the surface horizon of well-weathered Mazama pumice, extremely sparse in the deeper and unweathered layers of Mazama pumice, and again more numerous in underlying older and finer material. Analyses of roots and stems excavated from Newberry and Mazama pumice indicated that roots frequently needed 30 to 50 years to reach a depth of 50 cm (HERMANN & PETERSEN 1969). Data presented in this paper are from studies that were conducted to obtain further information concerning the growth habits of ponderosa pine roots in these particular pumice soils.

Morphological characteristics of roots that had been excavated from Newberry pumice suggested that interlocking of particles may be a major obstacle to downward penetration of roots in coarse-textured pumice soils. To see whether such an obstructing effect could be duplicated experimentally, young pines were grown in observation boxes placed in a greenhouse. Observation boxes were 75 cm long. 30 cm wide, and 20 cm deep. The front consisted of glass, covered with a removable wooden lid. Boxes were filled with a 20-cm-deep layer of fine pumice sand at the bottom and a 50-cm-deep layer of Newberry pumice gravel on top. Other boxes were filled with a mixture of the two materials. Two newly germinated seeds of ponderosa pine with radicles extending about 5 mm were planted in each box. Boxes were in a greenhouse where temperatures fluctuated between 22 $^{\circ}$ C in the daytime and 17 $^{\circ}$ C at night. Seedlings were given a 16-hour photoperiod (natural light supplemented with 5, 000 lux fluorescent light) and watered twice a week. A complementary set of boxes was planted with 2-0 ponderosa pines, one seedling to a box. Roots of these seedlings had been pruned uniformly to a length of 15 cm. Downward growth of roots was measured at 7-day intervals for 4 months. After 120 days, root systems were washed out of the pumice and length of tap roots was measured again as a double check. Shoots of seedlings were still actively growing when the experiment was terminated.

Tap roots of both first-year and 2-year-old seedlings in the mixture of fine and coarse pumice elongated rapidly (Fig. 1). Tap roots in pumice gravel elongated at a significantly slower rate and those of 2-year-old seedlings ceased downward growth after about 60 days. Although differences in speed and depth of penetration of tap roots were conspicuous between seedlings in the two media, development of tap roots in pumice gravel appeared to be far better than analyses of excavated root systems had indicated. Whether our inability to pack pumice gravel as tightly as under natural conditions, or the favorable conditions of temperature and moisture, or a combination of these factors contributed to relatively deep penetration in pumice gravel remained questionable. Therefore, we repeated the experiment in the field.

For this purpose, two small root cellars were built in the Deschutes National Forest. The site of these cellars is located at 44°01 north latitude, 121°12 west longitude; elevation 1, 530 m above sea level; 410 mm annual mean precipitation; -9 $^{\circ}$ C mean minimum January temperature, 31 $^{\circ}$ C mean maximum July temperature.

Boards, 5 cm thick and 100 cm long, with steel edges attached to the lower ends, were driven into Newberry pumice to enclose soil blocks 30 by 20 by 100 cm. Pumice gravel extended, in this location, from the soil surface to a depth of 60 cm. A trench about 1 meter wide was dug along the front of the soil blocks. The frontal board was then exchanged for a sheet of 1-cm-thick, clear plastic mounted in a wooden frame. The second cellar was constructed in Newberry pumice from which circular cores, 15 cm in diameter, of the entire depth of coarse pumice had been removed and the holes filled again with fine-textured pumice. Trenches were kept covered between visits to the cellars.

Seeds of ponderosa pine from trees in the vicinity of the root cellars were germinated at the end of May and planted in each soil block. Pregerminated seeds were planted, because differences in time of germination have been demonstrated as a source of significant variation in depth of initial penetration of tap roots of ponderosa pine (LARSEN 1963). Seedlings were neither watered nor fertilized. Soil blocks were free of competing vegetation, however. Seedlings were allowed to grow in soil blocks for 6 years. The cellars were visited regularly to check for growth of roots. During periods of visible growth, vertical and horizontal elongation of roots were recorded at weekly intervals. Measurements of downward elongation of roots represented difficulties in some instances, because roots grew away from the windows.

In the first growing season, tap roots of seedlings in Newberry pumice grew to depths ranging from 11 to 16 cm. Number of first-order laterals that were formed varied from 16 to 35. Most of these laterals were very short, between 4 and 8 mm in length but a few extended up to 20 mm. No second-order laterals were formed during the first growing season. Tap roots elongated at a rate of slightly less than 3 cm per year during the next five growing seasons (Fig. 2). Formation of lateral roots, and branching of these laterals, increased about tenfold for most seedlings from the second to the sixth year, however.

Elongation of tap roots in the cores of fine-textured pumice proceeded at nearly the same pace as in pumice gravel during the first 4 years. But downward growth of tap roots accelerated greatly in the fifth and sixth years (Fig. 2). Development of lateral roots began to differ noticeably between seedlings in fine and coarse pumice in the third year. Thereafter, roots in the cores of fine-textured pumice formed almost twice as many laterals as did roots in pumice gravel. Parallel with this marked increase of root growth in the cores of fine-textured pumice went accelerated elongation of shoots (Fig. 2).

Climate becomes progressively more unfavorable for growth of trees toward the eastern boundary of the pine zone of central Oregon. This climatic gradient is reflected by a correspondent shortening of the growing season within the pine zone from west to east. Radial growth of ponderosa pines in the area where the root collars are located began between May 10 and May 25 during 5 years of observation and lasted from 131 to 142 days. Elongation of terminal shoots started 30 to 35 days after commencement of radial growth. The period of shoot elongation varied during the 5 years between 29 and 61 days.

Activity of roots varied with age and type of root. Growth of radicles was very slow after germination. Radicles elongated about 5 cm in 30 days. Following this initial period of growth, rate of elongation quickened and radicles turned into tap roots that reached their first-year length within 20 to 27 days. All tap roots ceased elongation in late July, but formation of laterals continued until early September.

During the following five growing seasons, growth of tap roots in pumice gravel occurred only for 7 to 14 days in the first half of July. Activity of lateral roots started in mid-June but increased considerable in July after the initial burst of shoot elongation, and ceased about the same time when radial growth of stems terminated. Growth of laterals did not continue at a uniform rate in any of the 5 years, however. Instead, growth alternated at irregular intervals between periods of activity and near suspension of it. Tap roots in the cores of fine-textured pumice began to show a different pattern of growth during the seedlings' fifth growing season. These tap roots maintained nearly continuous growth for 33 to 38 days at seedling age 5, and for 40 to 51 days at age 6.

Climatological investigations (HOLBO 1971) at and near the root cellars have provided data that may help to interpret the observed patterns of root growth. These data showed that changes in air temperature from +45 $^{\circ}$ C to below 0 $^{\circ}$ C, and again to 40 $^{\circ}$ C or more within a 24-hour period occur between five and fifteen times a month throughout the entire growing season. These diurnal fluctuations of air temperature are mirrored to about 20 cm depth in pumice soils. The quick elongation of tap roots in a mixture of fine and gravelly pumice in boxes in the greenhouse, and the slow initial penetration in the root cellar suggest that temperature, and to a lesser degree moisture, were probably major factors limiting root growth. Once the tap roots had penetrated into deeper soil layers unaffected by daily fluctuations of temperature, growth extended considerably.

Our observations in the root cellar that tap roots in pumice gravel could not penetrate beyond the top layer of soil supports the conclusion that interlocking of pumice gravels indeed forms an effective obstacle to downward growth. The adverse effect of mechanical resistance is apparently compounded because it tends to keep roots in a soil layer whose regime of temperature and moisture is anything but favorable for growth.

Our understanding of root growth in pumice soils is far from complete. For instance, pilot studies have indicated that lack of certain nutrients, especially boron and sulfur, are often limiting factors to growth in Mazama pumice. Further investigations under controlled environmental conditions are needed to unravel the complex interactions between environmental factors and the resulting physiological responses of ponderosa pine.

LITERATURE

BATES, C.G., 1924: Physiological requirements for Rocky Mountain trees. J. Agric. Res. 24, 97-164.

BOLDT, C.E. & T. SINGH, 1964: Root development of ponderosa pine transplants at Lincoln, Nebraska. U.S. For. Serv. Res. Note RM-20, 4pp.

DYRNESS, C.T., 1960: Soil-vegetation relationships within the ponderosa pine type in the central Oregon pumice region. Oregon State University, Ph.D. thesis, 217 pp.

HAASIS, F.W., 1921: Relations between soil type and root form of western yellow pine seedlings. Ecology 2, 292-303.

HERMANN, R.K. & R.G. PETERSEN, 1969: Root development and height increment of ponderosa pine in pumice soils of central Oregon. For. Science 15: 226-237.

HOLBO, H.R., 1971: The energy budget and soil thermal regime of a pumice desert. Final Report FS-PNW-1203, For. Res. Lab., Oregon State Univ., 13 pp.

LARSON, M.M., 1963: Initial root development of ponderosa pine seedlings as related to germination date and size of seed. For. Science 9; 456-460.

PEARSON, G.A., 1918: The relation between spring precipitation and height growth of western yellow pine saplings in Arizona. J. For. 16, 677-689.

PEARSON, G.A., 1923: Natural reproduction of western yellow pine in the Southwest. U.S. Dept. Agric. Bull. 1105, 143 pp.

VAN HAVERBEKE, D.F., 1963: Root development of ponderosa pine seedlings in the Black Hills. Ecology 44, 161-165.

Fig. 1. Average cumulative taproot penetration of first-year seedlings of ponderosa pine in pumice gravel (0-1 G) and in mixture of fine pumice sand and pumice gravel (0-1 M), and of 2-year old seedlings in pumice gravel (2-0 G) and in mixture of fine pumice sand and pumice gravel. Averages are based on 40 seedlings each. Roots of 2-0 seedlings were 15 cm long at time of planting.

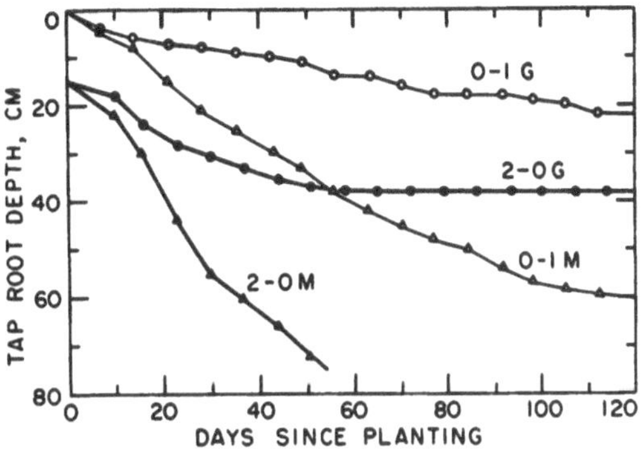

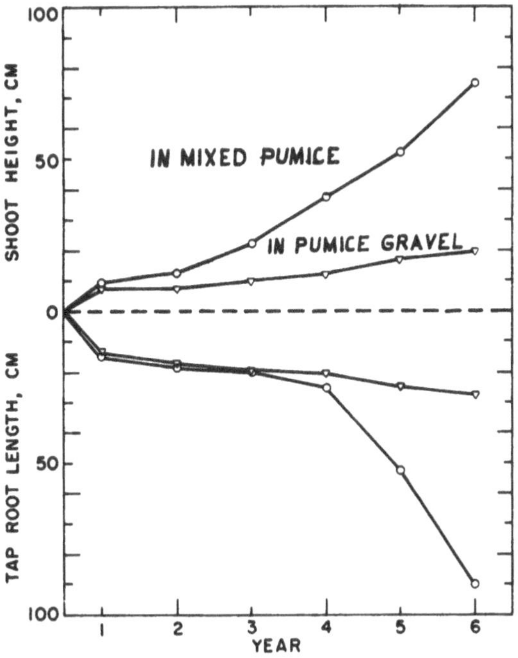

Fig. 2. Average taproot penetration of ponderosa pine under field conditions. Each point represents the average of 40 measurements.

DIE EINWIRKUNG DER DÜNGUNG AUF DIE WURZELVERHÄLTNISSE DER KIEFER AUF MOORBÖDEN

E. PAAVILAINEN

Forstliche Forschungsanstalt in Finnland,
Abteilung für Moorforschung

EINLEITUNG

Die Walddüngung ist in den letzten 10 - 20 Jahren sehr bekannt geworden und hat sich zu einer der wichtigsten Arbeitsformen der Waldverbesserungstätigkeit entwickelt. Im Jahre 1970 wurden z. B. in Finnland etwa 180 000 ha Wälder gedüngt und es wird angestrebt, möglichst bald ein Areal von 500 000 ha jährlich zu düngen. Von dem zu düngenden Areal entfallen zwei Drittel auf die Moore, d. h. organische Böden, und der Rest auf die Mineralböden.

Um die Grundlagen für die Düngung erarbeiten zu können, braucht man Kenntnisse über die Einwirkung der Düngung sowohl auf das Wachstum der oberirdischen Teile der Bäume wie auch auf die Wurzeln. Auf Mooren ist es bisher verhältnismäßig wenig erforscht worden, wie sich die Wurzeln der Bäume zur Düngung verhalten. Ergebnisse von den ziemlich alten schwedischen Untersuchungen sind zwar vorhanden, aber sie betreffen in erster Linie die Mykorrhiza-Verhältnisse der Wurzelsysteme, während die Wurzelmenge und die Verteilung der Tiefenlage von Wurzeln nur in geringem Maße aufgeklärt werden (MALMSTRÖM 1935, 1952, BJÖRKMAN 1941).

Der Verfasser hat in zwei Untersuchungen erstrebt (PAAVILAINEN 1967, 1968), die Einwirkung der Düngung auf die Wurzeln des auf nährstoffarmen Mooren wachsenden Kiefernpflanzenbestandes zu klären. Hauptsächlich ist die Aufmerksamkeit auf die Verteilung der Tiefenlage und die Menge von dünnen Wurzeln und ihren Kurzwurzeln gerichtet worden, aber die Untersuchungen haben sich auch auf die Wurzeln der Bodenvegetation bezogen.

DURCHFÜHRUNG DER UNTERSUCHUNG

In den Wurzeluntersuchungen wurde das von KALELA (1949, 1954, 1955) und HEIKURAINEN (1955a, 1955b) entwickelte Verfahren verwendet, das die Sortierung und Messung der in der Bodenprobe befindlichen Wurzeln vorsieht. Die Proben, 14-15 Stück je zu untersuchende Probefläche, wurden als Torfstückchen mit Querschnittareal von 4 x 5 cm entnommen. Nach der Entfernung der Streuen und der lebenden Moosschicht wurden die Torfstückchen in sieben 3 cm dicke Teile geteilt, aus denen alle Wurzeln im Laboratorium ausgewaschen wurden. Danach wurden die Kiefernwurzeln von anderen Wurzeln geschieden und von allen Probeteilen wurden noch die Länge der Kiefernwurzeln, die Kurzwurzelmenge der Kiefer (von jedem fünften zu untersuchenden Wurzelteil), die Länge der Wurzeln der Bodenvegetation und das gemeinsame Trockengewicht der Kiefer- und Bodenvegetationswurzeln gemessen. Auch der Stickstoff-, Phosphor- und Kaligehalt der Wurzeln wurde von einem Teil des Materials bestimmt (Kivisuo).

Das Forschungsgebiet von Alkkia war im Gebiet der Forstlichen Forschungsstation von Parkano in einem natürlich entstandenen Kiefernpflanzenbestand gelegen, dessen mittlere Höhe etwa 4 m und Stammanzahl 1200 St./ha war. In diesem Gebiet wurde im Sommer 1961 ein Düngeversuch angelegt. Das Material wurde aus fünf NPK-gedüngten Probeflächen (100 kg/ha N, 150 kg/ha P_2O_5, 100 kg/ha K_2O) und vier ungedüngten Kontrollprobeflächen gesammelt. Die Proben wurden am 6. Juni 1966 entnommen.

Das Forschungsgebiet von Kivisuo war auf einem weiten Walddüngungsversuchsfeld in Leivonmäki gelegen. In diesem Gebiet wurde einmal Torf nach dem sogenannten Hydrotorfverfahren gewonnen. Demzufolge war der Boden des Feldes sehr gleichmäßig und fast ohne Pflanzendecke. Im Jahre 1959 wurde dieses Gebiet mit Kiefern in Abständen von 2 x 2 m bepflanzt. Bei der Pflanzung wurden verschiedene Düngermengen und -kombinationen verwendet. Die verwendeten Düngungsdosen waren folgende:

N_I = 50 kg/ha	P_I = 66 kg/ha P_2O_5	K_I = 50 kg/ha K_2O
N_{II} = 100 "	P_{II} = 132 "	K_{II} = 100 "
N_{III} = 200 "	P_{III} = 198 "	K_{III} = 200 "

Die Proben wurden aus auf verschiedene Weise gedüngten Probeflächen in der Zeit vom 31.5.-8.6.1967, das heißt acht Wuchsperioden nach der Pflanzung, entnommen. Die Höhe der gedüngten Pflanzen war damals etwa 2 m. Es gab insgesamt 59 untersuchte Parzellen.

ERGEBNISSE

Nach den sowohl in Alkkia wie in Kivisuo erzielten Ergebnissen hat die Düngung die Wurzelmenge von Kiefern und Bodenvegetation deutlich erhöht (Tabellen 1, 2). Die von der NPK-Düngung verursachte Zunahme des Trockengewichtes der Wurzeln war durchschnittlich etwa 800 kg/ha.

Tabelle 1

Trockengewicht der Kiefern- und Bodenvegetationswurzeln in Alkkia

	Gedüngt	Ungedüngt	Unterschied
	Trockengewicht der Wurzeln, kg/ha		
Kiefer	630	310	320
Bodenvegetation	2110	1630	480
Insgesamt	2740	1940	800

Tabelle 2

Trockengewicht der Kiefern- und Bodenvegetationswurzeln in Kivisuo

Düngungsstufe	Düngemittel							
	O	N	P	K	NP	NK	PK	NPK
	Trockengewicht der Wurzeln, kg/ha							
I	-	240	378	761	699	396	795	1567
II	-	533	608	742	1088	792	1251	1061
III	-	638	1056	458	825	922	1393	741
Mittelwert	347	470	681	654	871	703	1146	1123

Die Länge der Kiefernwurzeln wurde nur in dem Fall wesentlich erhöht, wenn man bei der Düngung Phosphor allein oder zusammen mit Stickstoff und/oder Kali gab (Tabelle 3). Der Mangel an Phosphor, der in Kivisuo die hauptsächliche Ursache des schwachen Wachstums der oberirdischen Teile der Kiefern ist, ist also ein Minimumfaktor gewesen, der auch das Wachstum der Wurzeln begrenzt hat.

Auch die Kurzwurzelmenge der Kiefer wurde durch die Düngung bedeutend erhöht.

Tabelle 3

Länge der Wurzeln in Kivisuo

Düngungsstufe	Düngemittel							
	O	N	P	K	NP	NK	PK	NPK
	Wurzeln der Kiefer, m/m^2							
I	-	90	233	179	478	141	640	575
II	-	47	337	90	706	170	538	320
III	-	92	322	72	424	179	576	248
Mittelwert	119	76	297	114	536	163	585	381
	Wurzeln der Bodenvegetation, m/m^2							
I	-	375	365	847	586	467	442	606
II	-	854	424	1159	859	784	867	637
III	-	743	905	854	739	1117	867	781
Mittelwert	355	657	565	953	728	789	725	675
	Wurzeln insgesamt, m/m^2							
I	-	465	598	1026	1064	608	1082	1181
II	-	901	761	1249	1565	954	1405	957
III	-	835	1227	926	1163	1296	1443	1029
Mittelwert	474	734	862	1067	1264	953	1310	1056
	Wurzeln der Kiefer, % von allen Wurzeln							
I	-	19	39	17	45	23	59	49
II	-	5	44	7	45	18	38	33
III	-	11	26	8	36	14	40	24
I-III	25	10	35	11	42	17	45	36

Als Folge der Düngung wurde die Wurzelmenge der Kiefern in Alkkia nur in der Tiefe von 0-3 cm (Tabelle 4), aber in Kivisuo in der Tiefe bis 21 cm erhöht. Die Ursache dieses Unterschiedes zwischen den Probeflächen kann an der Struktur des Wurzelsystems zur Zeit der Düngung und an der seit der Düngung vergangenen Zeit liegen. In Alkkia betraf die Untersuchung einen auf einem entwässerten Moor natürlich entstandenen Kiefernpflanzenbestand, wo sich die Wurzeln schon vor der Düngung als ein dichtes Netz überall zwischen den Bäumen verbreiteten. Unter diesen Umständen war es möglich, daß die Wurzeln ganz in der Oberschicht des Torfes schnell und stark auf die Düngung reagierten. In Kivisuo haben sich die Wurzeln dagegen hauptsächlich erst nach der Düngung zwischen die Bäume verbreitet, wo Nährstoffe vielleicht auch ziemlich tief ausgewaschen worden sind. Außerdem waren in diesem Gebiet drei Jahre mehr als in Alkkia seit der Düngung vergangen.

Tabelle 4

Verteilung der Tiefenlage von Wurzeln der Kiefer in Alkkia

Tiefenlage, cm	Gedüngt	Ungedüngt	Unterschied	F
		Wurzeln, m/m^2		
0-3	295	122	173	5.71[x]
3-6	241	123	118	4.13
6-9	134	73	61	2.09
9-12	69	39	30	0.45
12-15	19	16	3	0.70
15-18	9	6	3	0.86
18-21	4	2	2	1.03
0-21	771	381	390	4.37

Nach den Nährstoffanalysen, die von den Proben aus Kivisuo ausgeführt worden sind, haben die Kiefern zur Produktion von dünnen Wurzeln folgende Nährstoffmengen je 1000 kg Trockensubstanz verbraucht:

N 6.7 - 12.3 kg
P 0.5 - 1.5 kg
K 0.8 - 3.5 kg

Angenommen, daß sich das Trockengewicht der Wurzeln bei Gaben von 100 kg N, 150 kg P_2O_5 und 100 kg K_2O pro Hektar um durchschnittlich 800 kg/ha vermehrt hat, wurden für die Bildung der dünnen Wurzeln von Bäumen und Bodenvegetation durchschnittlich folgende prozentuale Anteile der bei der Düngung zugeführten Nährstoffe verbraucht:

N 5.4 - 9.8 %
P 0.6 - 1.8 %
K 0.7 - 3.4 %

In Kivisuo hatte die Stammlänge der Kiefer eine deutliche Korrelation mit der Wurzellänge (r=0.861^{xxx}), mit dem Phosphorgehalt (r=0.659^{xxx}) und mit dem N/P-Verhältnis (r= -0.753^{xxx}) der Wurzeln. Weder die Länge der Bodenvegetationswurzeln (r=0.025) noch der Stickstoff- (r= -0.031) und Kaligehalt (r=0.089) der Wurzeln hatten eine signifikante Korrelation mit der Durchschnittslänge des Kiefernstammes.

BESPRECHUNG DER ERGEBNISSE

Die Ergebnisse der Untersuchungen zeigen, daß das von früher her oberflächliche Wurzelsystem der Kiefer auf Moorböden als Folge der Düngung immer oberflächlicher werden kann. Diese Erscheinung kann einigermaßen schädlich auf das Wachstum der Bäume, z.B. auf sehr intensiv entwässerten Mooren, wo die Oberschicht des Torfes sehr trocken ist, einwirken. Andererseits verbessert die Zunahme der Kurzwurzeln und ihrer Mykorrhizen das Vermögen der Bäume, Nährstoffe in der Schicht aufzunehmen, in der es nach der Düngung am meisten verfügbare Nährstoffe gibt. Wenn die Phosphordüngung die Wurzelmenge der Kiefer relativ mehr als diejenige der grasartigen Bodenvegetation erhöht, dürfte die Kiefer auch nach der Düngung bessere Möglichkeiten als früher haben, sich im Wurzelwettbewerb mit der Bodenvegetation durchzusetzen.

In Kivisuo konnte man beobachten, daß sich die von der Düngung verursachte Zunahme der Trockensubstanz in gewisser Relation auf die oberirdischen und unterirdischen Teile der Bäume verteilt. Die Verteilung dieser Art ist wahrscheinlich vorteilhaft auch für das Wachstum der Bäume. So hat man aus den auf Mineralböden durchgeführten Untersuchungen den Schluß ziehen können, daß in ursprünglich schlechtwüchsigen Beständen die Zunahme des Wachstums der Bäume eine Düngung voraussetzt, wobei die Gesamtwurzellänge bedeutend zunimmt (ZÖTTL 1964). Auch für die Torfböden scheint diese Auffassung, wenigstens unter den Verhältnissen, die wir in unseren Untersuchungen hatten, zu stimmen.

LITERATUR

BJÖRKMAN, E., 1941: Mykorrhizans utbildning och frekvens hos skogsträd pa askgödslade och ogödslade delar av dikad myr (Referat: Die Ausbildung und Frequenz der Mykorrhiza in mit Asche gedüngten und ungedüngten Teilen von entwässertem Moor). Meddelanden fran statens skogsforskningsinstitut (Skogsförsöksanstalt) 32, s. 255-296.

HEIKURAINEN, L., 1955a: Über Veränderungen in den Wurzelverhältnissen der Kiefernbestände auf Moorböden im Laufe des Jahres. (Acta Forestalia Fennica 65. 2.

HEIKURAINEN, L., 1955b: Rämemännikön juuriston rakenne ja kuivatuksen vaikutus siihen. Acta Forestalia Fennica 65. 3.

KALELA, E. K., 1949: Männiköiden ja kuusikoiden juurisuhteista. I. (Summary: On the horizontal roots in pine and spruce stand). Acta Forestalia Fennica 57. 2.

KALELA, E. K., 1954: Mäntysiemenpuiden ja -puustojen juurisuhteista (Referat: Über die Wurzelverhältnisse der Kiefernsamenbäume und -baumbestände). Acta Forestalia Fennica 61. 28.

KALELA, E. K., 1955: Über die Veränderungen in den Wurzelverhältnissen der Kiefernbestände im Laufe der Vegetationsperiode. Acta Forestalia Fennica 65. 1.

MALMSTRÖM, C., 1935: Om näringsförhållandenas betydelse för torvmarkern skogsproduktiva förmaga (Referat: Über die Bedeutung der Nährstoffbedingungen für das waldproduktive Vermögen der Torfböden). Meddelanden fran statens skogsforskningsinstitut (Skogsförsöksanstalt) 28, s. 571-650.

MALMSTRÖM, C., 1952: Svenska gödslingsförsök för belysande av de näringsekologiska villkoren för skogsväxt pa torvmark. Metsäntutkimuslaitoksen julkaisuja 40. 17.

PAAVILAINEN, E., 1967: Lannoituksen vaikutus rämemännikön juurisuhteisiin (Summary: The effect of fertilization on the root systems of swamp pine stands) Folia Forestalia 31.

PAAVILAINEN, E., 1968: Juuristotutkimuksia Kivisuon metsänlannoituskoekentällä (Summary: Root studies at the Kivisuo forest fertilization area) Metsäntutkimuslaitoksen julisuja 66. 1.

ZÖTTL, H., 1964: Düngung und Feinwurzelteilung in Fichtenbeständen. Mitt. St. Forstverw. Bayer. 34, s. 333-342.

Metsäntutkimuslaitoksen julkaisuja = Comm. Inst. forest. Fenn.

FERTILIZATION AND ROOT RELATIONSHIPS IN OLDER PINE STANDS (Pinus sylvestris)

K. KOHMANN

The Norwegian Forest Research Institute

In Norway, fertilization of spruce and pine stands has become a common method of increasing production. In practical forest fertilization on firm land only nitrogen fertilizers have been used.

In spite of this, we know very little about the mechanisms of reaction. Although there generally are positive results from the fertilization experiments with respect to the production of aerial parts, there can be great differences in growth, both between the replications and between the single trees within a plot.

After the positive effect of the fertilization is over (7-9 years), there seems, in some cases, to be a period when the unfertilized stands have a higher production than the fertilized (see Fig. 1).

To know more about the reaction of the roots to fertilization, six of the fertilization trials of the Norwegian Forest Research Institute have been chosen for this study. Because of the sampling technique, using a steel tube, all these experiments are sited on glaci-fluviale deposits with podsol profiles.

First of all, this study concerns the conditions of the fine root fraction (roots $<$ 1 mm in diameter). All roots are sampled with a steel tube (diameter = 4.8 cm). 16 single samples from each layer within every plot (usually 400 m^2) were taken. All experiments were recorded in the late autumn. More details about the method are described in "A root ecological investigation on pine (Pinus sylvestris)". Part I (KOHMANN 1970).

The results from the different experiments may partly seem to be inconsistent. This is not surprising. A great deal of the examinations concerning the above ground reaction to fertilization have also revealed varying results. Especially the urea-fertilization seems to give great variations (BRANTSEG, BREKKA, BRAASTAD 1970). The major reason for this may be different temperature, precipitation and moisture conditions before, under and after fertilization. In addition, it has been shown (OVERREIN 1969) that the different forms of N-fertilizers act differently under the same climatical and edafical conditions.

QUANTITY OF FINE ROOTS.

Fertilization with nitrogen has generally increased the total quantity of the fine root fraction. Effect of such fertilizers may, however, vary both for different quantities of N and in different layers in the soil.

TOTAL QUANTITIES - RAW HUMUS LAYER AND MINERAL SOIL LAYERS TOGETHER.

After 1 growth season there is not recorded any growth reaction of the fertilization to the fine roots. This is according to the reaction of the trunk above ground. It is only after two growth seasons that fertilization starts to give a positive effect to the growth of the trunk (BRANTSEG, BREKKA, BRAASTAD 1970).

After two growth seasons positive fertilizer effects are recorded in the quantity of fine roots (see Fig. 2), likewise after three growth seasons (see Fig. 3) and after five growth seasons (see Fig. 4).

However, after nine growth seasons there is not recorded any positive effects (see e.g. Fig. 3). The fertilized plots here have a lower fine root quantity than the unfertilized, but are not significantly different from them ($p = 0.05$).

ROOT QUANTITIES WITH RESPECT TO THE DIFFERENT LAYERS.

In the 0-10 cm mineral soil layer there has to a great extent been an increasing fine root quantity with increasing N-supply (conf. Fig. 2). In the 10-20 cm mineral soil layer there also are recorded positive effects, but the deviations are small and uncertain.

Roots from the raw humus layer show a more heterogenous picture. Small supplies of nitrogen (e.g. 100 kg N/ha) seem to have a stimulating effect, but the result of large amounts of nitrogen (250 kg N/ha) may be a negative effect to the root development (see Fig. 2), but it has also given positive effects (see Fig. 3). It is typical for more of the trials that while a mean supply of nitrogen (150-200 kg N/ha) has given a positive effect in the upper mineral soil layer (0-10 cm), it has not influenced the root quantities in the raw humus layer.

In all probability, some of the reason for this different effect of the N-fertilization to the root development in the raw humus layer, especially for higher amounts of N, may partly be explained by different precipitation and soil moisture conditions at the time of fertilization. It must be mentioned that for the trial referring to Figure 2, for instance, there was no precipitation at all until 10 days after fertilizer application. In addition, the raw humus layer must have been relatively dried out before fertilization. The trial referring to Figure 3, on the other hand, was fertilized at a period when the ground must have been thoroughly moistened (according to data of precipitation). The first days after application there also came additional precipitation. This may explain why fertilization with high amounts of N in the first case resulted in a negative effect and if the second case had a positive effect upon the root development in the raw humus layer.

THE CONCENTRATION OF NUTRIENTS IN THE FINE ROOTS.

Fertilization with nitrogen increases the concentration of nitrogen in roots. This increment occurs already after the first growth season (see Fig. 5) and this fertilizer-determined higher level can be maintained at least 4-5 growth seasons (see Fig. 6). From all trials can be concluded that increasing supplies of N lead to increasing N-concentration in the roots. Smaller initial supplies of nitrogen (100 kg N/ha) will not influence the N-concentration in roots after 8 to 9 growth seasons, - concerning one trial it may look as if 150 kg N/ha as calciumammoniumsaltpeter (NH_4NO_3+Ca) has lowered the N-concentrations in the fine roots, while the same N-supply as urea is not diverging very much from the control.

From Figure 7 it can be concluded that different fertilizers have given the same N-concentration in fine roots from the raw humus layer. Likewise, it can be seen that urea-fertilizing, in contrast to calciumnitrate ($Ca(NO_3)_2$) and calciumammoniumsaltpeter (NH_4NO_3+Ca), did not effect the N-concentration in fine roots from the mineral layers until the supplied quantity of N exceeded 150 kg N/ha, i.e. for 150 kg N/ha. From Figure 7 it may also be seen that for all applications of N, calciumnitrate has given the highest concentration in the lowest mineral layer. This corresponds with the results of OVERREIN (1969), who in his lysimeter studies found that NO_3-fertilizers are the subject of the highest degree of leaching, urea-N for the lowest degree of leaching and NH_4-N in a mean position. Likewise, it is generally known that urea-N is mainly bound by humus particles, i.e. in the raw humus layer.

Because of high precipitation after fertilizing it is reasonable to believe that urea is leached down the layers before any binding in the humus layers occurs. This is examplified in Figure 5, where urea has given high N-concentrations in roots also in the mineral soil layers.

A dry period 8 days before fertilization and 8 days afterwards resulted in urea not being bound in the raw humus to any great extent until rainshowers the 9th, 10th, and 11th day after application. (Together 120 mm precipitation).

In the lower mineral soil layer (10-20 cm) ammoniumnitrate has given the highest N-values. This shows that the high precipitation after fertilization in this trial has leached the ammoniumnitrate to a higher degree than urea-N. This corresponds with the results of OVERREIN (l. c.). The ammoniumnitrate-fertilization has had the greatest effect upon the N-concentration in roots in all soil layers one growth season after application.

In the trial referring to Figure 6 significant differences between urea-fertilization and ammoniumnitrate-fertilization are also recorded. After 4 growth seasons 200 kg urea-N/ha has given the same N-concentrations in fine roots as 400 kg ammoniumnitrate-N. Likewise, 800 kg urea-N/ha has given far higher concentration than 800 kg ammoniumnitrate-N.

In one trial it appears that 22 kg P/ha and 130 kg K/ha have led to increased N-concentrations in the fine roots from the raw humus layer 5 years after fertilization. The explanation might be that these nutrients have stimulated the mineralization processes in the raw humus.

From one of the trial the thicker root fractions are also analyzed. Roots 1-2 mm in diameter show some of the same tendencies as roots <1 mm in diameter, but when it comes to roots >2 mm in diameter, the picture is less conclusive. It appears that an increased N-supply leads to increased N-concentrations in the roots, but the relationships between different fertilizers and soil layers are more uncertain. This can be explained by the fact that the thicker the roots are, the more typical "transport ways" they will be, and therefore more or less in simultaneous contact with all the soil layers mentioned. Because a lot of physiological processes occur to a greater extent in smaller roots than in thicker ones, it is also reasonable that changes in the nutrient supply will not be manifested so markedly here.

For some of the trials K, P, Mg, Ca and Mn in the roots have also been analyzed. It is found that the deviations from the control are small and it is suggested that they are of little significance for the physiological processes in the trees.

LITERATURE

BRANTSEG, BREKKA, BRAASTAD, 1970: Gjødslingsforsøk i gran- og furuskog. Meddr norske Skogfors Ves. 27, 540-607.

KOHMANN, K., 1970: Rotøkologiske undersøkelser på furu. (I Problems of Methodology and General Root Relationships). (II The Root System's Reaction to Fertilization). Vollebekk. Stensil 31 pp. In press.

OVERREIN, L. N., 1966: Lysimeter studies on tracer nitrogen in forest soil: II Comparative losses of nitrogen through leaching and volatilization after addition of Urea-N, ammonium- and nitrate-N^{15}. Soil Science 107, 149-159.

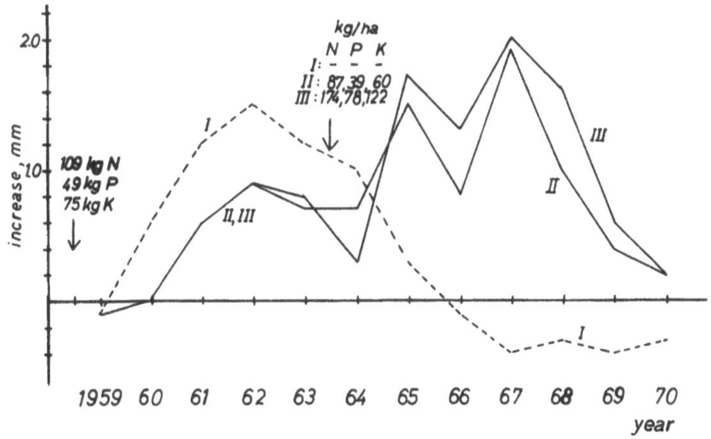

Fig. 1. An example from an old pine forest (Pinus sylvestris) showing that a fertilized plot (I), after a positive reaction to fertilization has got a lesser growth than unfertilized (zero line).

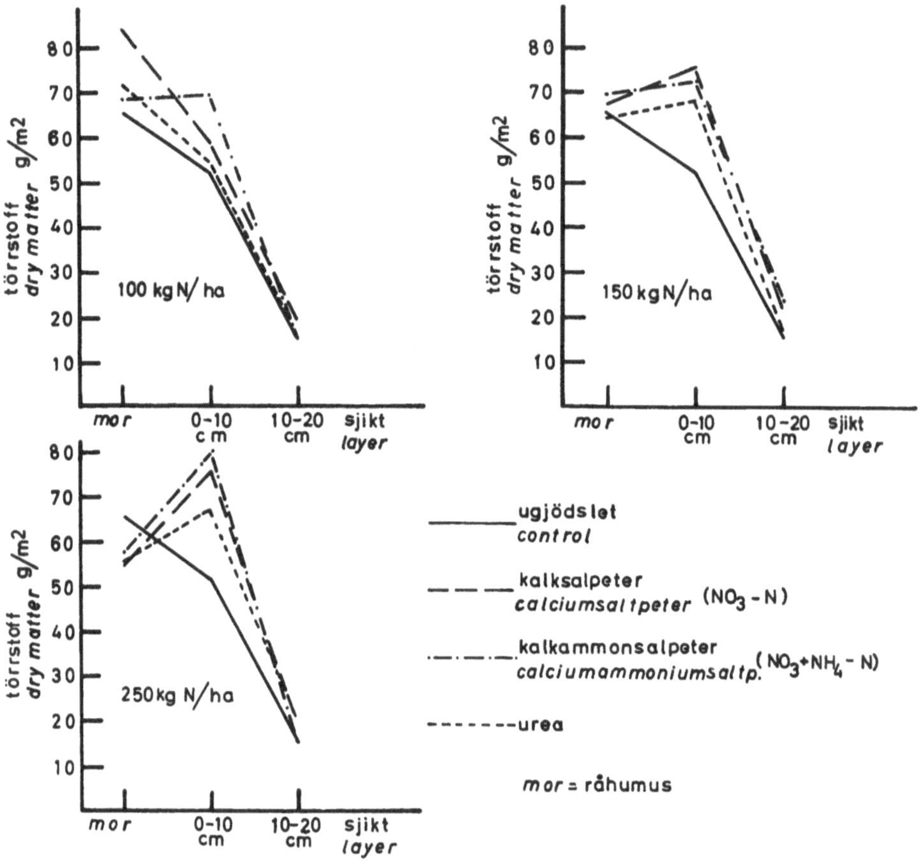

Fig. 2. The effect of different N-fertilizers in different quantities on the root development in different soil layers (roots <1 mm in diameter), 2 growth seasons after application.

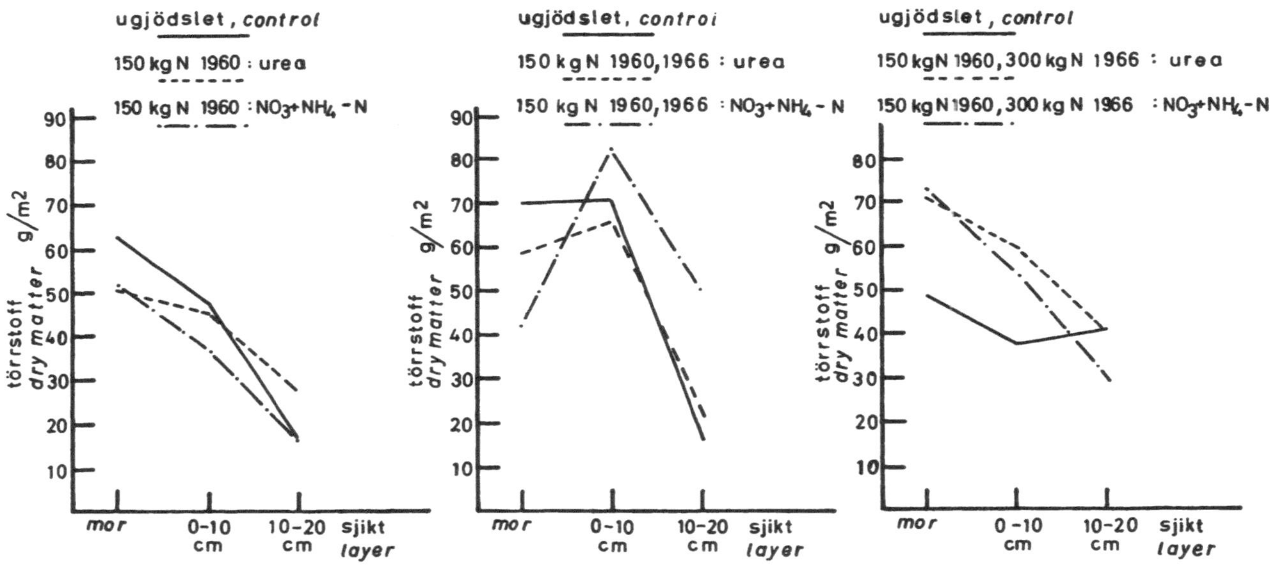

Fig. 3. The effect of different fertilization on the development of roots (<1 mm in diameter) in different soil layers, 9 and 3 growth seasons after application.

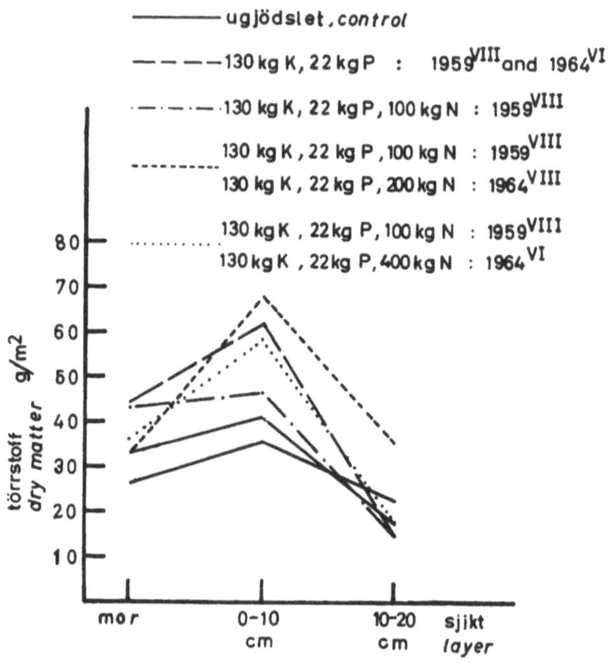

Fig. 4. The effect of different fertilization on root development (roots < 1 mm in diameter) in the different soil layers, 9 and 5 growth seasons after application.

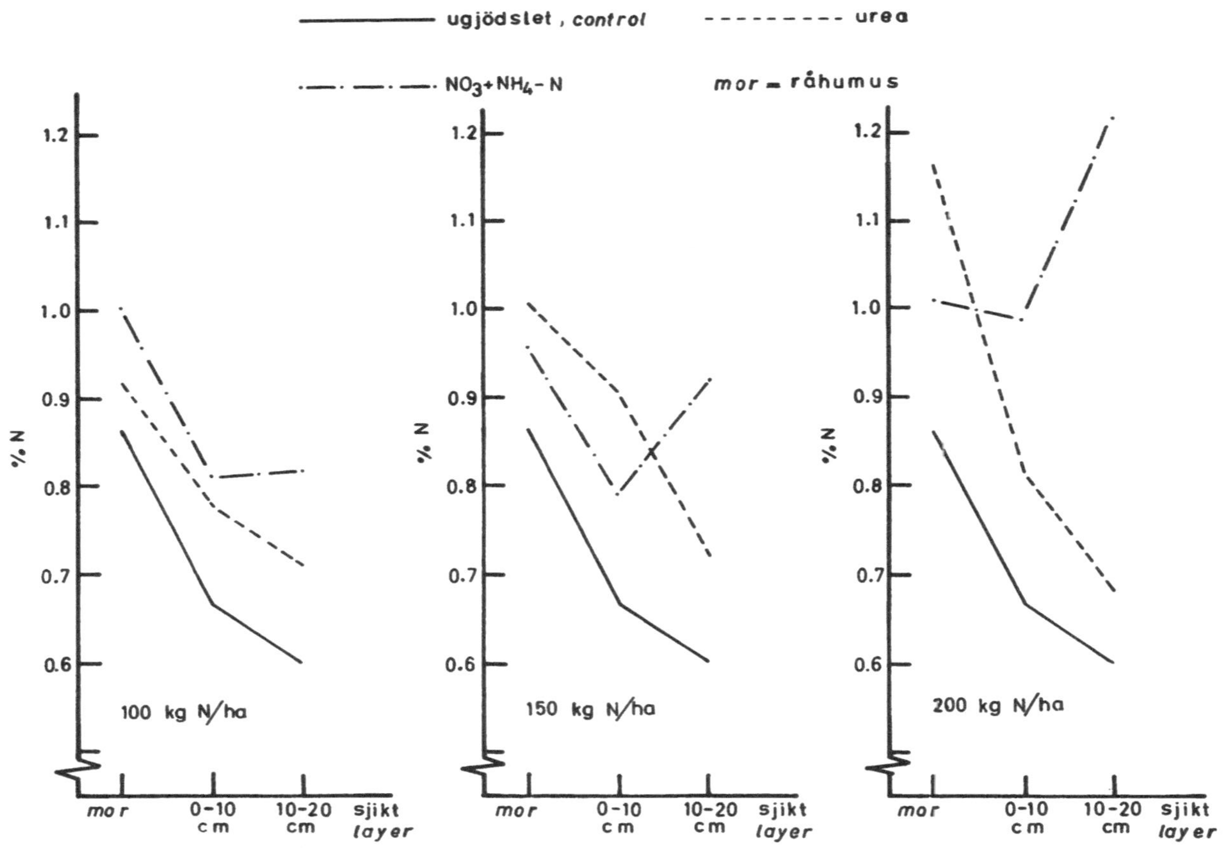

Fig. 5. The concentration of nitrogen in roots (< 1 mm in diameter) in the different soil layers with respect to different fertilizers and quantities, 4 months after application.

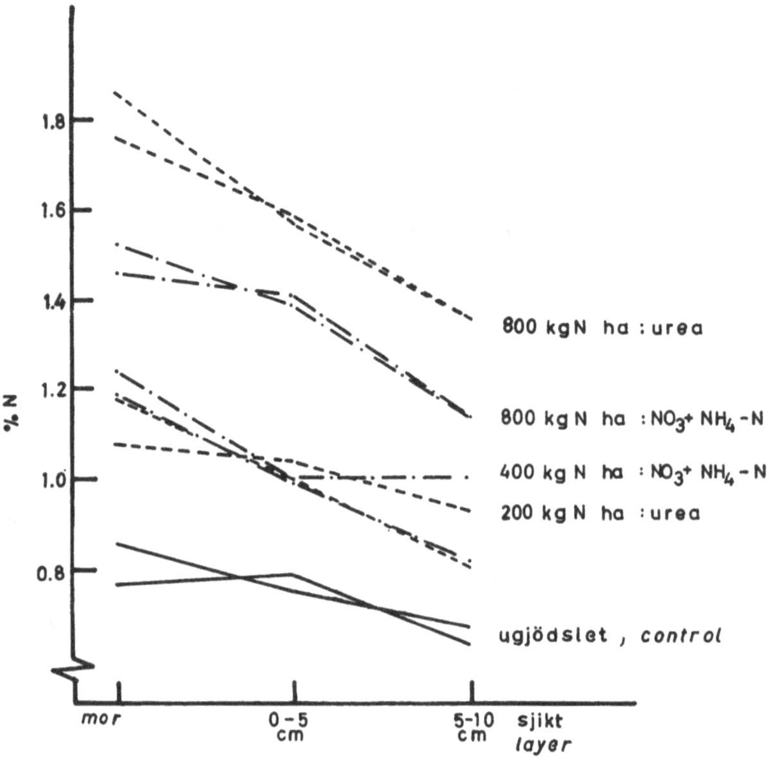

Fig. 6. The concentration of nitrogen in roots (< 1 mm in diameter) from the different soil layers with respect to different fertilization, 4 growth seasons after application.

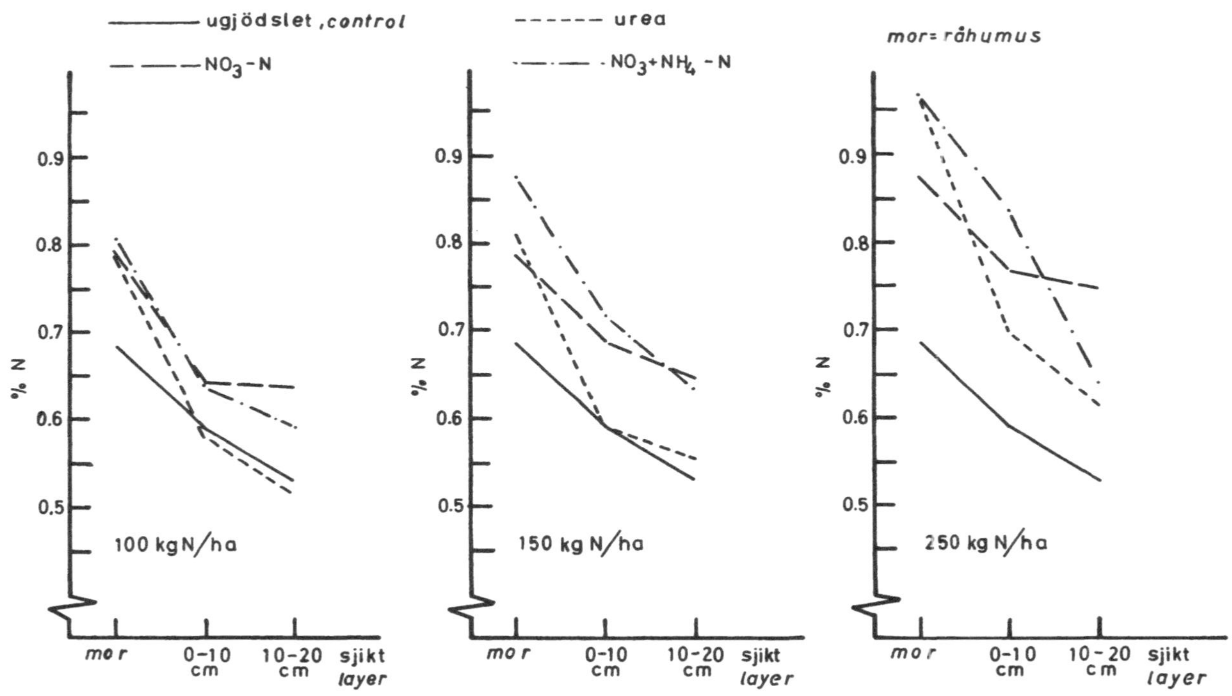

Fig. 7. The concentration of nitrogen in roots (< 1 mm in diameter) in the different soil layers with respect to different fertilizers and quantities, 2 growth seasons after application.

WACHSTUMSSCHEMATA ZUR DARSTELLUNG DES JAHRESZEITLICHEN VERLAUFES VERSCHIEDENER ZUWACHSGRÖSSEN VON GEHÖLZEN

G. HOFFMANN und H. LYR

Akademie der Landwirtschaftswissenschaften der DDR
Institut für Pflanzenschutzforschung Kleinmachnow, Abt. Wachstumsregulatoren

Trotz vieler Untersuchungen über das Wurzel- und Sproßwachstum der Gehölze sind die gewonnenen Erkenntnisse lückenhaft und unzureichend. Dieser Mangel tritt nicht nur bei der Lösung theoretischer Fragestellungen, sondern vor allem in der angewandten Forschung in Erscheinung. Das zeigt sich mit zunehmender Intensivierung und Rationalisierung forstwirtschaftlicher Maßnahmen in immer größerem Maße, da zur Steigerung der Ertragsleistung auf Erfahrung und Beobachtung beruhende Vorstellungen allein nicht mehr ausreichen. Die gleiche Problematik besteht in der landwirtschaftlich-gärtnerischen Produktion. Die Ursachen für die ungenügenden Forschungsergebnisse liegen in artspezifischen Reaktionsweisen der Holzarten und der großen Verschiedenartigkeit der jeweiligen physiologisch-ökologischen Bedingungen. Erschwerend wirkt sich ferner aus, daß die eingesetzten Methoden sehr unterschiedlich sind. Die Ergebnisse sind daher häufig nicht übertragbar.

Im Folgenden soll versucht werden, für Forstgehölze einfache Wachstumsschemata zu konstruieren, die den Verlauf verschiedener Zuwachsgrößen widerspiegeln. Im Rahmen der vorliegenden Untersuchung wird unter einem Wachstumsschema von Gehölzen die "Wiedergabe der artspezifischen Periodik des Zuwachsverhaltens und die Entwicklung der einzelnen Baumorgane in einem Normalwitterungsverlauf der hiesigen Breiten" verstanden (HOFFMANN 1969). In den Wachstumsschemata (Abb. 1 und 2) ist der schematisierte Verlauf des Höhen-, Durchmesser-, Wurzel- und Blattzuwachses sowie die Nettoassimilation und Reservestoffbildung von jungen Einzelpflanzen angegeben, die ohne intra- oder interspezifische Konkurrenz wachsen. Unter Bestandesverhältnissen sind entsprechend der soziologischen Stellung Veränderungen der Zuwachsdauer und -intensität vorhanden. Ebenfalls weisen ältere Bäume in der Zuwachsstärke Abweichungen auf. Der Einfluß von modifizierenden Umweltfaktoren auf die Intensität und den Verlauf des Zuwachses sowie artspezifische meteorologische Grenzwerte für das Wachstum der einzelnen Baumorgane sind aus den gegenwärtig vorhandenen Forschungsergebnissen noch nicht mit ausreichender Sicherheit zu erkennen. Daher wurde dem Schema ein "normaler" durchschnittlicher Witterungsverlauf vom Standort Eberswalde zugrundegelegt. Diese groben Wachstumsschemata sollen als erste Stufe für die Entwicklung von Produktionsmodellen für Holzarten dienen. Dies ist für Gehölze im Vergleich zu annuellen Pflanzen noch komplizierter, da durch die vorhandenen Reservestoffe die multifaktoriellen Zusammenhänge mit endogenen und exogenen Einflüssen noch komplexer werden. Über diese Beziehungen liegen nur gelegentliche Beobachtungen, aber keine phänometrischen Bestimmungen vor. Die Darstellungen (Abb. 1 und 2) weisen nur einfache Differentialmerkmale zwischen den Wachstumstypen auf. Sie enthalten noch keine Kausalfaktoren und deren Rangordnung, die für eine Modellbildung notwendig sind.

Für die Aufstellung der vorgelegten Wachstumsschemata (Abb. 1 und 2) standen die eigenen Bestimmungen der Rhythmik des Wurzel-, Durchmesser- und Höhenwachstums von 2-10 jährigen Gehölzen zur Verfügung. Außerdem konnten Messungen des Nadelzuwachses an Kiefern hinzugezogen werden. Neben diesen experimentellen Ergebnissen wurden andere Parameter (z. B. Nettoassimilation, Reservestoffbildung), deren Messung bisher nicht fortlaufend erfolgte, nur synoptisch durch Verbindung von vorliegenden Einzelwerten anzugeben versucht. Über die Photosynthese-Aktivität von Gehölzen unter variierten Standorts- und Witterungsbedingungen liegen zwar viele Untersuchungen vor (POLSTER 1961), jedoch weisen diese bisher keine Gesamtjahresbilanz aus. Ferner fehlen Angaben über die Beziehungen zwischen Stoffbildung und Verteilung der Kohlenhydrate (PRIESTLEY 1962) während verschiedener Vegetationsabschnitte und Witterungskonstellationen. Daher wurde die Periodik der Nettoassimilation und der Reservestoffbildung durch Verwendung vorhandener Detailergebnisse geschätzt. Da auch für die Größenzunahme der Assimilationsflächen keine kontinuierlichen Meßdaten vorliegen, mußte deren jahreszeitliche Oberflächenzunahme ebenfalls nur überschlagsweise angegeben werden (die nicht auf exakte fortlaufende Messungen zurückgehenden Angaben in den Darstellungen wurden durch dünnausgezogene Linien - Reservestoffe, Nettoassimilation, Blattfläche - wiedergegeben).

Die unter mitteleuropäischen Bedingungen in der Forstwirtschaft angebauten Holzarten lassen sich nach der Wachstumsrhythmik ihrer Sprosse in zwei gattungstypische Grundtypen (LYR und HOFFMANN 1965) - als Quercus- und Populus-Typ bezeichnet, - einteilen. Diese Typen weisen mit einigen der von NITSCH (1957) aufgestellten Gruppen Übereinstimmung auf. Für jeden Typ wurden, entsprechend der autonom vorgegebenen Zuwachsperiodik der Sprosse und den korrelativen Wechselwirkungen zwischen Sproß- und Wurzelsystem, einfache Wachstumsschemata entwickelt.

Abbildung 1 zeigt das Wachstumsschema von Pinus sylvestris, die entsprechend ihrem Wachstumsverhalten zum Quercus-Typ gerechnet wird. Holzarten dieser Gruppe (z. B. Pinus-, Picea- und Fagusarten) zeichnen sich durch stoßartiges schnelles Höhenwachstum aus. Für das Wachstum der Sproßachse dienen hauptsächlich gespeicherte Reservestoffe. Daher korreliert der Höhenzuwachs dieser Arten besser mit der Witterung des Vorjahres (FRIESNER und JONES 1952). Die Sproßbildung dieser Gehölze ist daher ein zweijähriger Prozeß. Einige Arten des Quercus-Typs bilden bei günstiger Witterung Johannistriebe. Die Assimilationsorgane erreichen ihre Endgröße aber erst nach Abschluß des Höhenzuwachses, da z. B. einjährige Nadeln der Kiefer bis Mitte August Dicken- und Längenzuwachs zeigen.

Die Nettoassimilation der Gehölze wird z. B. durch Temperaturwechsel, Frost und Dürre in verschiedenen Phasen der Vegetationsperiode erheblich verändert. Nach starken Frösten erholt sich die Assimilationsfähigkeit erst im Frühjahr. Bei Lufttemperaturen um 10 °C erreicht die Nettoassimilation 25 % der Leistung im Sommer (POLSTER und FUCHS 1963). Bei weiterer Erwärmung steigt der ökonomische Photosynthesekoeffizient bis zum Sproßaustrieb an. Während des Längenwachstums der Baumarten des Quercus-Typs ist deren Atmung so intensiv, daß negative CO_2-Bilanzen auftreten. Erst mit zunehmender Ausbildung des neuen Nadeljahrganges bzw. der Blätter wird die Nettoassimilation positiv. Diese Beziehungen wiesen u. a. BOURDEAU (1959) und NEUWIRTH (1959) an Coniferen nach. Nach Ausbildung der neuen Blattorgane bleibt die Photosynthese-Effektivität von Pinus strobus bis Ende September/Anfang Oktober gleich (McGREGOR und KRAMER 1963). LISTER u. a. (1967) wiesen sogar eine Zunahme der Assimilationstätigkeit immergrüner Coniferen nach. Im September dürfte daher bei genügend hohen Lufttemperaturen und klarem Wetter die intensivste Nettoassimilation stattfinden. In dieser Periode sind nur geringe Atmungsverluste zu verzeichnen, da die kühlen, aber frostfreien Nächte die Respiration senken. Mit zunehmender Abkühlung nimmt die CO_2-Aufnahme ab.

Die Reservestoffbildung wird durch die Zuwachsperiodik der Species und die Intensität der Nettoassimilation geprägt. Während der Wintermonate verringert sich der Reservestoff-pool ständig. Die Abnahme ist jedoch infolge wechselnder Temperaturen nicht kontinuierlich. Durch die im März/April auftretende Erwärmung erreicht der ökonomische Assimilations-Koeffizient der Coniferen positive Werte. Die gespeicherten Substanzen nehmen daher bis zum Treiben der Knospen zu und während des Sproßschiebens in starkem Maße ab, da die vor allem in den einjährigen Nadeln gespeicherten Kohlenhydrate (HOFFMANN und STEINER 1965) durch aktiviertes Phloem zu den neuen Sprossen abwandern.

Für die ersten Zuwachsleistungen der immergrünen Coniferen dienen Reservestoffe des Vorjahres. Dies trifft besonders für das Sproßlängenwachstum zu. Für den Zuwachs der Wurzeln und des Durchmessers der Stammachse erfolgt eine wesentliche Zuführung aus der apparenten Assimilation. Die vorhandenen Reservestoffe werden während der Sproßentwicklung nicht vollständig verbraucht. Ein Restbestand bleibt zurück. Handelt es sich jedoch um fruchtende Bäume, so erfolgt die vollständige Mobilisierung der gespeicherten Substanzen (ZIEGLER 1964). Der Durchmesserzuwachs beginnt gleichzeitig mit dem Höhenwachstum. Er endet im allgemeinen aber erst im September. Die Wachstumsdauer übertrifft dabei stets den Höhenzuwachs.

Das Wurzelwachstum der zum Quercus-Typ gehörenden Baumarten weist eine charakteristische Alternanz mit dem Triebzuwachs auf. Während der Längenzunahme des Sprosses sind nur wenige wachsende Wurzeln vorhanden. Nach Triebabschluß nimmt die Wurzelneubildung zu und 2-4 Wochen später ist das intensivste Wurzelwachstum festzustellen. In dieser Phase kommt es zu einer starken Ableitung von Assimilaten in die unterirdischen Organe. Baumarten des Quercus-Typs, die sich durch Johannistriebbildung auszeichnen, weichen vom beschriebenen Grundtyp dadurch ab, daß in der gleichen Vegetationsperiode ein zweiter Wachstumsschub auftritt (Wachstumsschema wurde von HOFFMANN (1969) vorgelegt). Dieser ist vom Klima und von der Art abhängig.

Baumarten, die dem Populus-Typ angehören (Abb. 2), zeichnen sich durch langanhaltendes spätsommerliches Sproßwachstum aus; einige zeigen bis in den September Höhenzuwachs (z. B. Robinia). Die meisten schließen das Triebwachstum im August ab; wahrscheinlich induziert durch Photo- und Thermoperiode. Zu dieser Gruppe - Klasse A der von NITSCH (1957) vorgenommenen Einteilung - gehören u. a. Betula, Robinia und Lärche. (Larix-Arten, die dem Populus-Typ angehören, zeigen im Vergleich zum Grundtyp ein abweichendes Wachstumsverhalten (HOFFMANN 1969). Dies trifft wahrscheinlich auch für Taxodium und Metasequoia zu). Die Sprosse dieser Gehölze sind nicht in den Winterknospen vorgebildet. Da auch die Reservestoffbildung relativ gering ist, wird das Ausmaß des Längenwachstums von Arten des Populus-Typs vor allem durch die Witterung des gleichen Jahres bestimmt. Daher korreliert die Gesamtlänge des Mitteltriebes von jungen Pappeln (BROEKHUIZEN 1962) oder anderen Arten dieses Wachstumstyps (JOZEFACIUK 1962) besser mit dem Klima des laufenden Jahres. Der Durchmesserzuwachs hält bis Mitte September an. Durch besondere Umweltbedingungen - z. B. Dürre - ist früherer Abschluß des Längen- und Dickenwachstums möglich. Die Blätter entfalten sich bei Vegetationsbeginn aus den Seitenknospen, so daß - im Gegensatz zu Laubholzarten des Quercus-Typs - bei Triebanfang bereits eine größere Assimilationsfläche zur Verfügung steht. Die Nettoassimilation steht in enger Beziehung zur Entwicklung der Blattfläche. Da die jungen Blattorgane hohe Atmungswerte aufweisen, steigt die Nettoassimilation erst mit einer Verzögerung an. Analog zum Sproßwachstum nimmt sie zu, da sich in gleicher Weise die Assimilationsfläche vergrößert. Die meisten vorhandenen Reservestoffe werden bei der Blattbildung und für das erste Durchmesser- und Wurzelwachstum verbraucht. Die Bildung der Triebe erfolgt daher bereits aus dem Stoffgewinn der apparenten Photosynthese. Die Speicherung von Kohlenhydraten bleibt während des stärksten vegetativen Wachstums gering, da diese Organe dann die größten Attraktionszentren ("sink") für die Assimilationsstoffe darstellen. Erst mit nachlassendem Sproß- und Wurzelzuwachs steigt die Reservestoffbildung.

Im Vergleich zum Quercus-Typ weisen Holzarten des Populus-Typs bei langanhaltendem Sproßwachstum keine Alternanz mit dem Wurzelzuwachs auf. Ein Schwerpunkt in der Wurzelbildung zeichnet sich im Juni-August ab. Die Wurzeln weisen bei günstiger Witterung bis Anfang Dezember Zuwachs auf. In diesem Zeitabschnitt wachsen Laubholzwurzeln mit in der Pflanze vorhandenen transportfähigen Reservestoffen, da keine photosynthetisch wirksamen Blätter mehr vorhanden sind. Nadelhölzer können dagegen noch eine positive Nettoassimilation haben.

Die vorgelegten Wachstumsschemata der Stoffproduktion von Gehölzen sind in ihrem Aufbau sehr einfach und spiegeln daher nicht die komplizierten Zusammenhänge zwischen Wurzel- und Sproßorganen in ihrer Komplexität wider. Der gegenwärtige Wissensstand erschwert eine genauere Analyse und gibt nur ungenügenden Aufschluß über die physiologischen Steuerungssysteme dieser Prozesse. Die Wirkung meteorologischer Faktoren sowie deren Schwellen- und Optimalwerte auf den Zuwachs werden in den Wachstumsschemata nicht interpretiert. Jedoch dürften die bisher erarbeiteten Ergebnisse eine Vorstellung von der Komplexität dieser Forschungsproblematik geben. Gegenwärtig sind noch keine theoretischen Verallgemeinerungen möglich, um durch eine gegebene Witterungskonstellation die artspezifische Wachstumsperiodik von Baumorganen vorhersehen zu können. Aussagen über die Wertigkeit eines Einzelfaktors für den Zuwachs sind schwierig darzulegen, da die Resultate aller konvergierenden und parallelen Umweltbedingungen einwirken.

ZUSAMMENFASSUNG

Für Forstgehölze - Pinus sylvestris und Populus nigra - wurden Wachstumsschemata entwickelt, welche die Periodik des Zuwachsverhaltens und die Entwicklung der einzelnen Baumorgane in einem "Normalwitterungsverlauf" hiesiger Breiten widerspiegeln. Angegeben ist der schematisierte Verlauf des Höhen-, Durchmesser-, Wurzel- und Blattzuwachses sowie die Nettoassimilation der Gesamtpflanze und Reservestoffbildung. Der Einfluß modifizierter Umweltfaktoren auf die Intensität und den Verlauf des Zuwachses sowie artspezifische meteorologische Grenzwerte für das Wachstum der einzelnen Baumorgane sind aus den Wachstumsschemata noch nicht abzuleiten. Die Darstellungen weisen nur einfache Differentialmerkmale zwischen den Wachstumstypen auf. Sie enthalten noch keine Kausalfaktoren und deren Rangordnung, die für eine Modellierung wichtig sind.

LITERATUR

BOURDEAU, Ph. F., 1959: Seasonal variations of the photosynthetic efficiency of evergreen conifers. Ecology 40, 63-67.

BROEKHUIZEN, J. T. M., 1962: Over net groeritime van populieren. Inst. For. Res. Wageningen, Comm. Nr. 5, 12 S.

FRIESNER, R. C. and J. J. JONES, 1952: Correlation of elongation in primary and secondary branches of Pinus resinosa. Butler Univ. Bot. Stud. 10, 119-128.

HOFFMANN, G., 1969: Untersuchungen über die Wachstumsrhythmik der Wurzeln von Forstgehölzen. Diss. zur Erlangung des Grades eines Doktors der Wiss. (Sc.) Humb.-Univ. Berlin.

HOFFMANN, G. und J. STEINER, 1965: Über den Einfluß von Nadelverlusten auf das Wachstum von Kiefernjungpflanzen. Tag.-Ber. Dt. Akad. Landwirtsch.-Wiss. Berlin 75, 261-265.

JOZEFACIUK, W., 1962: Observations on the influence of meteorological conditions on the height increment of forest trees. Internat. J. Biometeor. 6, 55-61.

LISTER, G.R., V. SLANKIS, G. KROTKOV and C.D. NELSON, 1967: Physiology of Pinus strobus L. seedlings grown under high or low soil moisture conditions. Ann. Bot. 31, 121-132.

LYR, H. und G. HOFFMANN, 1965: Untersuchungen über das Wurzel- und Sproßwachstum einiger Gehölze. Silva fenn. 117, 1-19.

McGREGOR, W.H.D. and P.J. KRAMER, 1963: Seasonal trends in rates of photosynthesis and respiration of loblolly pine. Amer. J. Bot. 50, 760-765.

NEUWIRTH, G., 1959: Der CO_2-Stoffwechsel einiger Coniferen während des Knospenaustriebes. Biol. Zbl. 78, 559-584.

NITSCH, J.P., 1957: Photoperiodism in woody plants. Proc. Amer. Soc. Hort. Sci. 70, 526-544.

POLSTER, H., 1961: Neuere Ergebnisse auf dem Gebiet der standortsökologischen Assimilations- und Transpirationsforschung an Forstgewächsen. Sitz.-Ber. Dt. Akad. Landwirtsch.-Wiss. Berlin 10.

POLSTER, H. und S. FUCHS, 1963: Winterassimilation und -atmung der Kiefer (Pinus silvestris L.) im mitteldeutschen Binnenlandklima. Arch. Forstwes. 12, 1011-1023.

PRIESTLEY, C.A., 1962: Carbohydrate resources within the perennial plant. Comm. Agricult. Bureaux Farnham Roy.-Bucks - England.

ZIEGLER, H., 1964: Storage mobilization and distribution of reserve material in trees. In: "The formation of wood in forest trees", Ed. M.H. ZIMMERMANN, Acad. Press, New York, S. 303-320.

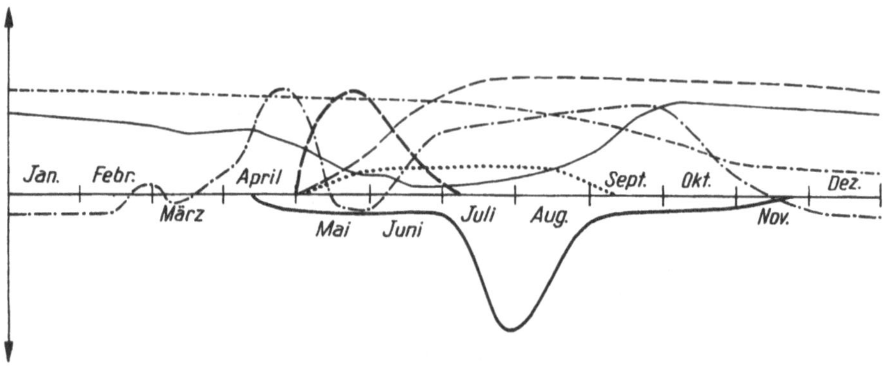

Abb. 1. Wachstumsschema des relativen Zuwachsverlaufes der Sproßorgane und Wurzeln von Pinus sylvestris L.

— — — —	= Triebachse	– – – –	= 1-jährige Nadeln
• • • • • •	= Durchmesser	•–––•––•	= 2-jährige Nadeln
————	= Wurzel	•—•—•	= Nettoassimilation
		————	= Reservestoffe

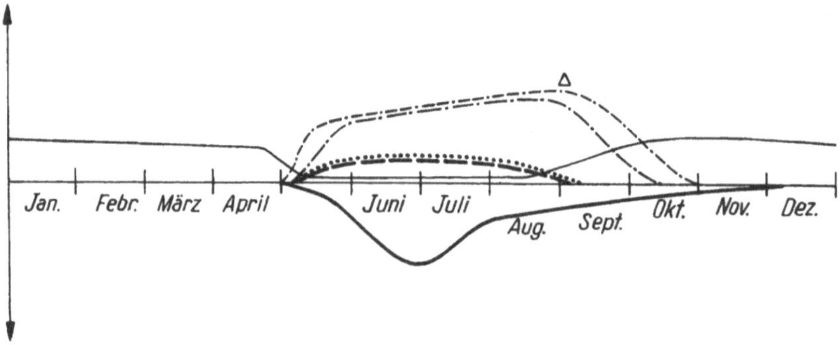

Abb. 2. Wachstumsschema des relativen Zuwachsverlaufes der Sproßorgane und Wurzeln von Populus nigra.

— — — —	= Triebachse	•— — •	= Blätter
• • • • • •	= Durchmesser	•———•	= Nettoassimilation
————	= Wurzel	————	= Reservestoffe
Δ	= beginnende Blattvergilbung		

WURZEL- UND SPROSSWACHSTUM VON EUCALYPTUS CAMALDULENSIS DEHN. IM MITTELMEERGEBIET

A. RIEDACKER

Station des Recherches et d' expérimentation forestière, Rabat-Agdal, Maroc
C.N.R.F., Station de Sylviculture et de Production,
Champenoux-54-Einville, France

Die Zusammenhänge zwischen dem oberirdischen Wachstum von Eucalyptus camaldulensis Dehn. und den Umweltfaktoren wurde in den letzten Jahren von KARSHON (1964) (Dicken- und Längenwachstum) und VALENZIONA und SCARRAMUZZI (1967) (Dickenwachstum) im Mittelmeergebiet untersucht.

WAISEL, NOAH und FAHN (1966) haben den Einfluß der Photoperiode und der Thermoperiode auf das oberirdische Wachstum dieser Holzart in Klimakammern studiert. Bis jetzt wurde aber das Wurzelwachstum weder im Verhältnis mit dem oberirdischen Wachstum, noch mit den Klimafaktoren untersucht, obwohl die Kenntnis über das Wachstum dieser im Mittelmeergebiet sehr verbreiteten Art viele praktische und theoretische Bedeutung hat. Die Eucalyptusarten gehören ja zu jenen Pflanzen, bei denen der Kurztag keine Ruheperiode mitbringt. Daneben könnte man die besten Pflanz- und Pflegeperioden herausfinden, da diese Arbeiten am besten vor einer starken Wurzelwachstumsperiode durchgeführt werden sollen.

MATERIAL UND METHODE

Die Wachstumsmessungen wurden Anfang August 1969 bis August 1971 im Mamora-Wald durchgeführt. Dieser Wald liegt in der Nähe von RABAT (MAROKKO 34° nördliche Breite) und KENITRA an der Atlantikküste, von welcher unser Versuchsfeld ungefähr 15 km entfernt war.

Tabelle 1

Meteorologische Daten 1969 - 70 - 71

Jahr	1969				1970						
Monat	S	O	N	D	J	F	M	A	M	J	J
Lufttempe-ratur °C											
Maxima	25, 9	25, 2	21, 7	15, 9	18, 3	17, 6	17, 9	21, 3	24, 8	24, 8	28, 9
Minima	12, 4	11, 9	9, 7	5, 1	9	4, 9	6, 6	8, 1	10, 4	12, 7	15, 3
Bodentempe-ratur °C											
Maxima -20 cm					14	16, 7	20, 7	24	29	26, 6	31, 1
Minima					11	12	16, 1	17, 8	20, 5	24	28, 2
-50 cm					13, 4	13, 4	18	20	22, 2	22, 6	26, 3
- 1 m					14, 2	14	17, 1	19, 7	20, 2	22, 2	24, 3
Niederschläge mm	15	63, 5	52	167	189	0	27	49, 5	18	6, 5	0

1) KLIMA

Es entspricht dem nach EMBERGER und SAUVAGE definierten "semi-ariden Bioklima". In Kenitra beträgt das Jahresmittel der Temperatur 17, 5 °C (Mittel der Maxima 24°5, Mittel der Minima 20°6).

Monatliche Niederschläge und Temperaturen in Kenitra (Mittel aus 30 Jahren)

Monate	Aug.	Sept.	Okt.	Nov.	Dez.	Jan.	Feb.	März	Apr.	Mai	Jun.	Jul.
Nieder-schläge in mm	1	12	66	111	116	67	66	66	49	32	9	1
Mittel-tempera-tur in °C	24, 3	22, 2	19, 1	15, 1	12, 4	11, 4	12, 2	14, 4	16, 4	18, 1	21, 3	23, 3

Jahr	1970					1971						
Monat	A	S	O	N	D	J	F	M	A	M	J	J
Lufttempe-ratur °C												
Maxima	28, 6	29, 6	24, 8	22, 0	16, 7	16, 3	17, 9	17, 6	18, 6	19, 2	24	27, 2
Minima	14, 9	14, 9	11, 0	8, 3	4, 5	6, 5	5, 3	6, 1	8, 6	10, 1	11, 8	14, 8
Bodentempe-ratur °C												
Maxima	30, 5	28	22, 6	16	12, 5	12, 3						
-20 cm												
Minima	26	21, 2	17	12, 5	9, 4	9, 5						
-50 cm	27, 2	25, 3	21, 3	16, 5	13, 4	12, 8						
- 1 m	25, 8	25, 3	23, 1	21, 7	17, 9	16, 2						
Niederschläge mm	0	0	70	25	105	122	13	116	151, 5	80, 5	4	0

Für 1969, 1970 und 1971 benutzten wir aber die meteorologischen Daten der Station El Mondzine, die nur etwa 8 km von unserem Versuchsfeld entfernt ist.

2) BODEN

Er besteht in unserem Versuchsfeld, wie auch im allgemeinen im Mamorawald aus einer 1, 50 cm dicken Sandschicht (wasser-, luft- und wurzeldurchlässig ohne Karbonat und Humus), welche auf einem sandigen Ton liegt. Die Sandschicht enthält praktisch keine Tonelemente in der Oberschicht.

Am Welkepunkt für Eucalyptus enthält die Sandschicht nur noch 0, 7 % Wasser, und zwischen 10 % und 4 % in der Sandtonschicht. Die Bodenfeuchtigkeit in den verschiedenen Tiefen wurde am Monatsanfang durch Wägung bestimmt und in Prozenten des Bodentrockengewichtes ausgedrückt. Die Bodentemperatur wurde während eines Jahres durch Thermographen registriert und durch Bodenthermometer kontrolliert (Tabelle 1).

Von September bis Februar ist die maximale Durchschnittstemperatur der Luft höher als die Durchschnittsbodentemperatur in 20 cm Tiefe. Von März bis September sind diese Temperaturen fast gleich.

3) WACHSTUMSMESSUNGEN

a) Oberirdische Messungen

Das Sproßwachstum von 40 Bäumen wurde monatlich durch eine Meßlatte bestimmt. Eine Farbmarke in 50 cm Höhe diente als Anhaltspunkt für das Sproßwachstum und das Dickenwachstum, das mit einer Präzisionskluppe (0, 1 mm) gemessen wurde. Die Messungen begannen ein Jahr nach der Pflanzung und die Bäume waren dann ungefähr 1, 6 m hoch; zwei Jahre später erreichten die größten Bäume eine Höhe von 5, 7 m und einen Umfang von 34 cm in 50 cm Höhe.

b) Wurzelwachstum

(1) Längenwachstum

Verschiedene Methoden wurden vorgeschlagen, um das Längenwachstum der Wurzeln zu ermitteln (SUTTON 1969):

- Beobachtung durch ein Glasfenster in einer unterirdischen Kammer,
- Entnahme von Bodenproben in der Nähe des Baumes und Bestimmung des Wachstums durch die Länge der weißen Wurzeln,
- periodische Ausgrabung und Messung der Wurzeln oder Wurzelphotos.

Keine von den bis jetzt vorgeschlagenen Methoden ist voll befriedigend. Die erste Methode ist die verbreitetste, ist aber je nach Autor als die beste oder schlechteste Methode angegeben. Um schnellwüchsige Wurzeln beobachten zu können, braucht man jedoch große und teuere Einrichtungen. In Wurzelkästen konnten wir nur das Wachstum sehr kleiner Sämlinge während kurzer Zeit verfolgen. Während dieser Zeit war das Wachstum in den Wurzelkästen und auf dem Feld gleich. Die zweite Methode, die MORROW (1950) benutzte, hat gleichfalls Nachteile, da die Verbraunungsgeschwindigkeit der Wurzeln je nach der Jahreszeit verschieden ist. Deswegen benutzten wir die dritte Methode, die schon von LADEFOGED (1939) mit Erfolg benutzt wurde, und die im Sandboden sehr einfach angewendet werden kann. Zwei Pflöcke (Abb. 1) dienen zur Lokalisierung eines Drahtkastens, in dem eine bestimmte Wurzel wächst; um die Wurzel auszugraben, gräbt man zuerst ein Loch neben dem Drahtkasten. Dann gräbt man langsam unter und über dem Drahtkasten mit der Hand. Der Sand fließt durch die Maschen, und die Wurzel erscheint praktisch ungestört auf dem Draht. Eine 20 cm vom Wurzelende entfernte Meßmarke (Band) erlaubt die Wachstumsmessungen. Die Wurzel, die auch photographiert werden kann, wird dann wieder bis zum nächsten Monat zugedeckt. Während der Messung wird sie durch einen Schirm gegen die direkten Sonnenstrahlen geschützt.

Mit dieser Methode ist es jedoch auch nicht möglich, das Wachstum tiefer als 40 cm liegender Wurzeln zu bestimmen. Vier Personen waren notwendig, um 30 Wurzeln an 10 Bäumen einmal pro Monat zu messen (ein Tag). Jedesmal, wenn eine Wurzel durch irgend eine Verletzung starb, wurde sie durch eine neue Wurzel ersetzt. Dagegen wurden aber Wachstumsstockungen ungestörter Wurzeln, die später wieder wuchsen, berücksichtigt. In Abbildung 3 wurde das durchschnittliche und maximale Wachstum aller Wurzeln dargestellt. Das maximale Wurzelwachstum entspricht dem Mittel von 10 Bäumen. An jedem der 10 Bäume wurden 2 bis 5 Wurzeln beobachtet.

(2) Dickenwachstum der Wurzeln

Das Dickenwachstum von fünf Wurzeln von zwanzigjährigen Bäumen in der Nähe des Versuchsfeldes wurde mit einem fixen Umfangmeßband monatlich gemessen. Die Wurzeln befanden sich in einem 20 cm langen Sperrholzkasten (Abb. 1 bis) ohne Bodenfüllung, welcher mit Erde abgedeckt war.

In welcher Hinsicht stört diese Methode das Wurzelwachstum? FAYLE (1968) konnte beweisen, daß mit dem Boden nicht in Kontakt liegende Wurzeln ungefähr eine Wachstumsintensität von 1, 2 : 1 haben. Dagegen beeinflußt das Licht sehr stark das Dickenwachstum. Mit blauem Licht ist das Wachstum ungefähr 6 mal größer als im Dunklen. Er konnte auch beweisen, daß das Wurzelwachstum wieder normal wird, sobald sie kein Licht mehr bekommen. Man kann daher annehmen, daß die von uns angewandte Methode weder die Intensität noch den Wachstumsrhythmus stört.

ERGEBNISSE

1) LÄNGENWACHSTUMSRHYTHMUS DER WURZELN UND ÖKOLOGISCHE FAKTOREN

Im Jahresablauf kann man zwei Wachstumsminima und -maxima feststellen. Man findet ein erstes Minimum im Sommer, wenn die Bodenfeuchtigkeit den Welkepunkt erreicht (0, 6 % im Sand), und das zweite Minimum im Winter, wenn die Bodentemperaturen gleichfalls ein Minimum aufweisen (Dezember 1969 und Januar 1971 - Tabelle 1).

Das erste und stärkste Wachstumsmaximum erscheint am Ende des Frühlings (Mai 1970) oder am Anfang des Sommers (Juli 1971); im Herbst erscheint ein zweites Maximum (Oktober 1969 und Dezember 1970).

Temperatur

Im Winter ist der Boden wassergesättigt, und das Wurzellängenwachstum scheint nur von der Bodentemperatur abzuhängen. Das Wachstum war am geringsten im Dezember 1969, als die Lufttemperatur minimal war; im Januar 1971 erreichte die Lufttemperatur 0 ^{o}C und die Bodentemperatur in 20 cm Tiefe betrug 10 ^{o}C. Aus Tabelle 1 ersieht man, daß die Durchschnittstemperatur im Dezember 1970 auch sehr gering war, während die Wurzeln noch aktiv waren. Anfang Dezember registrierte man aber noch dieselbe Bodentemperatur wie im November (12°5 in 20 cm Tiefe). Erst in der zweiten Hälfte des Monats sank die Bodentemperatur sehr stark bis unter 10 ^{o}C und war dann der Januar-Bodentemperatur ähnlich (10 ^{o}C im Januar 1971). Die Bodentemperatur erhöht sich dann bis Juli-August. Sie erreicht in 20 cm Tiefe ihr Maximum im Juli (29, 7 ^{o}C) und in 50 cm Tiefe im August (27 ^{o}C). Aber in dieser Jahresperiode ist die Bodentemperatur nicht mehr ein begrenzender Faktor für das Wurzelwachstum. Erst im Herbst beeinflußt die Bodentemperatur wieder das Wurzelwachstum. Infolge der unterschiedlichen Niederschläge war der Einfluß der Bodentemperatur im Jahre 1969 bereits ab Oktober bemerkbar, während dies im Jahre 1970 erst im Dezember der Fall war.

Bodenfeuchtigkeit

Im Frühjahr 1970 fiel die Bodenfeuchtigkeit in 20 cm Tiefe bereits im Mai unter 1 %. Diesem Minimum entspricht ein Maximum des Wurzelwachstums (34 cm); im folgenden Monat sank aber das Wurzelwachstum auf 20 cm und im Juli auf 2 cm. Dagegen schob sich das Längenwachstum viel länger hinaus, da die Niederschläge im März, April und Mai und sogar im Juni sehr hoch waren. Am Ende der Messungen, im Jul. 1971 dauerten sie noch an.

Die Herbst-Niederschläge im Jahre 1970 erfolgten später und waren geringer als im Jahre 1969. Im Oktober und November 1969 erreichte die Bodenfeuchtigkeit in 50 cm Tiefe schon 4, 3 %, während sie in denselben Monaten des Jahres 1970 nur 1, 6 % und 2, 7 % betrug. Im Dezember 1970 betrug die Bodenfeuchtigkeit in 50 cm Tiefe 4, 5 % und gewährte ein gutes Wurzelwachstum, da die Bodentemperatur während der ersten Hälfte des Monates noch günstig war. Das Wachstum stellte sich dann im Januar wegen der niedrigen Bodentemperatur ein.

2) VERGLEICHUNG DES SPROSS- UND WURZELLÄNGENWACHSTUMS

Wurzel- und Sproßwachstum haben gleichzeitig ein Minimum im Winter (Dezember 1969, Januar 1971). Da die Luft sich aber schneller erhitzt als der Boden, nimmt das Sproßwachstum rascher zu, als das Wurzelwachstum. Dagegen aber hatten die Wurzeln nicht unter Frost zu leiden und ihr Wachstum stellte sich im Februar und März 1970 nicht ein.

Während des Frühlings nehmen das Wurzel- und Sproßwachstum gleichlaufend zu. Wenn die alten Blätter abfallen, scheint das Sproßwachstum etwas nachzulassen, während das Wurzelwachstum gleich bleibt.

Kurz darauf hört jedoch das Wurzelwachstum auf und beginnt erst wieder im Herbst. Das Sproßwachstum nimmt aber nur langsam bis Dezember oder Januar ab.

3) VERGLEICHUNG DES DICKEN- UND LÄNGENWACHSTUMS DER WURZELN UND DER SPROSSE

Aus der Abbildung 3 entnimmt man, daß das Dickenwachstum von Sproß und Wurzel zuerst einen annähernd gleichen Rhythmus hat. Das Dickenwachstum ist zuerst vom Längenwachstum unabhängig, und stellt kleinere Schwankungen im Laufe des Jahres dar. Das Dickenwachstum wurde auch nicht durch den Frost gestört und nahm während des kalten Januars 1971 auch nicht ab. Die Minima und Maxima des Dickenwachstums erschienen nicht sehr deutlich und entsprechen nicht den Extremen des Längenwachstums.

Das Dickenwachstum und das Längenwachstum des Sprosses nehmen zwar gleichzeitig im Sommer ab, aber das erstere erreicht sein Minimum bereits im Oktober/November und nicht erst im Winter, wie dies beim Längenwachstum des Sprosses der Fall ist. Im allgemeinen ist das Dickenwachstum praktisch unabhängig vom Klima, oder zumindest wirken die ökologischen Faktoren nicht in gleicher Weise wie beim Längenwachstum.

DISKUSSION DER ERGEBNISSE

Der Wachstumsrhythmus hängt abwechselnd von der Bodentemperatur und der Bodenfeuchtigkeit ab. In dieser Hinsicht verhalten sich die Wurzeln des Eucalyptus wie die meisten Holzarten (LYR und HOFFMANN 1967, SUTTON 1969).

Ein Bodenwasserdefizit beeinflußt aber viel schneller das Längenwachstum der Wurzeln als der Sprosse. Obwohl das Wurzelwachstum im August in einer Ruheperiode ist, bewirkt ein Abstocken die rasche Bildung von Ausschlägen.

NOAH, FAHN und WAISEL (1967), die das Sproßwachstum derselben Art untersuchten, fanden ähnliche Resultate (Maximum des Sproßwachstums im Freiland zwischen April und Juli).

Auf Grund dieser Beobachtungen könnte man annehmen, daß der Wurzel-Sproß-Rhythmus von Eucalyptus dem von HOFFMANN und LYR (1968) definierten Populustyp ähnlich ist. Der Wurzelwachstumsrhythmus entspricht zwar ziemlich gut diesem Typ, das Sproß- und Dickenwachstum sind aber verschieden. Im Herbst treten die Sprosse der Pappel in eine Ruheperiode und verlieren ihre Blätter, während die Sprosse des Eucalyptus weiterwachsen. Der Kurztag verursacht bei dieser Art keine Ruheperiode. Das Dickenwachstum des Eucalyptus erstreckt sich mit mehr oder weniger Intensität über das ganze Jahr; dies ist bei der Pappel jedoch nicht der Fall (Abb. 4).

Die jungen Eucalyptus haben nur eine geringe Dickenwachstumsverminderung am Ende des Sommers, während bei älteren Bäumen das Dickenwachstum "aufhört" (FAHN 1959).

Es ist aber nicht ausgeschlossen, daß die Messung des Dickenwachstums im August, September und Oktober durch die Austrocknung des Holzes und durch den Rindenabwurf ungenau wird.

Nach dem Studium des oberirdischen Wachstumsrhythmus von Eucalyptus camaldulensis in Klimakammern (NOAH und a. 1968) kann weder das Dickenwachstum noch das Längenwachstum dieser Baumart auf einfache Weise erklärt werden. Es scheint, als ob durch den Übergang von einer Photo- oder Thermoperiode zu einer anderen das Sproßwachstum stimuliert wird.

PRAKTISCHE ERGEBNISSE

Das Längenwachstum des Sprosses hat nur ein Maximum im Frühjahr. Das Wurzelwachstum im Herbst kann also nicht nach dem Sproßwachstum ermittelt werden und ein geringes Sproßwachstum bedeutet nicht, daß die Pflanzen schlecht anwachsen.

Um die beste Pflanzperiode herauszufinden, muß man also die Niederschläge oder besser die Bodenfeuchtigkeit messen. Man kann den Eucalyptus verpflanzen, sobald die Oberschicht (30 bis 40 cm) genügend feucht ist (3 bis 4 %). Je früher man pflanzen kann, umso besser ist es, da das Wurzelwachstum im Winter wieder stark abnimmt.

Die Pflegemaßnahmen im Frühjahr zur Verminderung der Unkrautkonkurrenz kann man solange durchführen, wie der Boden noch eine Feuchtigkeit von 1 % aufweist.

ABSTRACT

Root and shoot growth rhythm of Eucalyptus camaldulensis Dehn in the mediteranean area

Growth of Eucalyptus seedlings has been measured monthly during two years in Marocco and meteorological datas, soil moisture and soil temperature simultaneously recorded.

Root extension has been measured by periodic excavation (Abb. 1) and radial root growth with microdendrometers fixed on the roots (Abb. 1 bis).

Temperature and soil moisture alternately limited root extension growth. The latter has two peaks a year; the most important in late spring, early summer and one in fall (Abb. 2). Shoot extension growth has only one maximum, in late spring and then decreases steadily until winter (Abb. 3).

Radial growth of roots and shoots have a similar pattern, and seem to be fairly independant of the present climatic conditions. This was not the case for extension growth. No relationship could be discovered between extension and radial growth.

Some informations of practical value could be drawn from this study: it is best to plant the seedlings as soon as possible in the fall once the soil is moist enough (3 to 4 % of water on a d. w. basis). Later in winter soil moisture has but little or no effect on root growth, the low soil temperature reducing or even stopping root growth.

RESUMÉ

Croissance des racines et des tiges d'Eucalyptus camaldulensis Dehn en région méditerranéenne.

La croissance des Eucalyptus a été mesurée mensuellement durant deux ans, et les conditions climatiques, la température et l'humidité du sol déterminées simultanément.

Pour mesurer la croissance en longueur des racines, on les a déterrées périodiquement (Abb. 1); la croissance radiale a été mesurée à l'aide de microdendromètres fixés sur les racines (Abb. 1 bis). La température et l'humidité du sol limitent alternativement la croissance en longueur des racines. Celle-ci présente deux pics de croissance; le premier et le plus fort à la fin du printemps et au début de l'été et un second moins important en automne (Abb. 2).

L'élongation aérienne ne présente qu'un maximum à la fin du printemps ou au début de l'été, puis diminue régulièrement jusqu'en hiver (Abb. 3).

La croissance radiale de la tige et des racines sont semblables et semblent être indépendantes des conditions climatiques actuelles ce qui ne fut le cas ni pour la croissance en longueur de la racine, ni pour l'élongation de la tige. La croissance radiale et la croissance en longueur n'ont apparemment aucun lien entre eux.

Conclusions pratiques -

Il est souhaitable de planter les semis le plus tôt possible en automne, dès que l'umidité du sol atteint 3 à 4 % du poids sec. En effet, bien qu'à cette saison la croissance aérienne soit faible, le croissance racinaire peut être très importante. En hiver, celle-ci diminue et parfois s'arrête lorsque le sol est trop froid.

Les entretiens de printemps destinés à réduire la concurrence herbacée doivent être effectués tant que l' humidité du sol est suprérieure à 1 %.

LITERATUR

FAYLE, D. C. E., 1968: Radial Growth in Tree Roots. Distribution - Timing - Anatomy. University of Toronto - Technical Report no 9.

KARSHON, R., 1964: Periodicity of growth in Eucalyptus camaldulensis DEHN and E. gomphocephela A. DC. National and Univ. Inst. Agric. For. Div., Illanoth, Leaflet no 24.

LADEFOGED, K., 1939: Ausbruch und Längenwachstum der Wurzeln bei einigen unserer gewöhnlichsten Waldbäume. Det Forstlige Forsøgsvaesen i Danmark Bind 16.

LYR, H. und G. HOFFMANN, 1967: Growth rate and periodicity of Tree roots. Int. Rev. Forest. Res., ed. ROMBERGER and PEITSA MIKOLA p. 181-226 Academic Press.

MORROW, 1950: Periodicity and Growth of Sugar Maple Surface Layer Roots. J. Forest. 48, 875-881.

SUTTON, 1969: Form and development of conifer root systems. Technical communication no 7, Commonwealth Agricultural Bureaux.

VALENZIANO, S. and G. SCARAMUZZI, 1967: Preliminary observations of the seasonal diameter growth of Eucalyptus camaldulensis and Eucalyptus vinimalis. In: World symposium on man made forests and their industrial importance, Canberra 14-25 april 1967, p. 1923-1936.

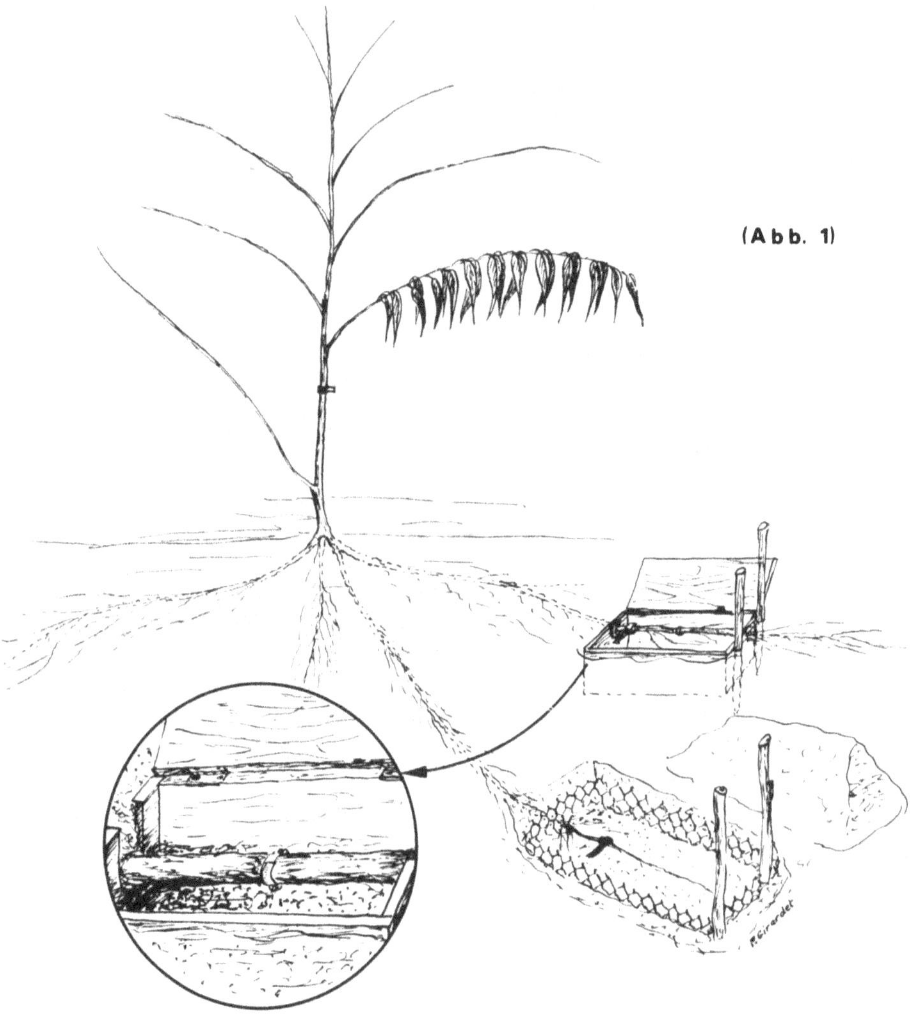

Abb. 1

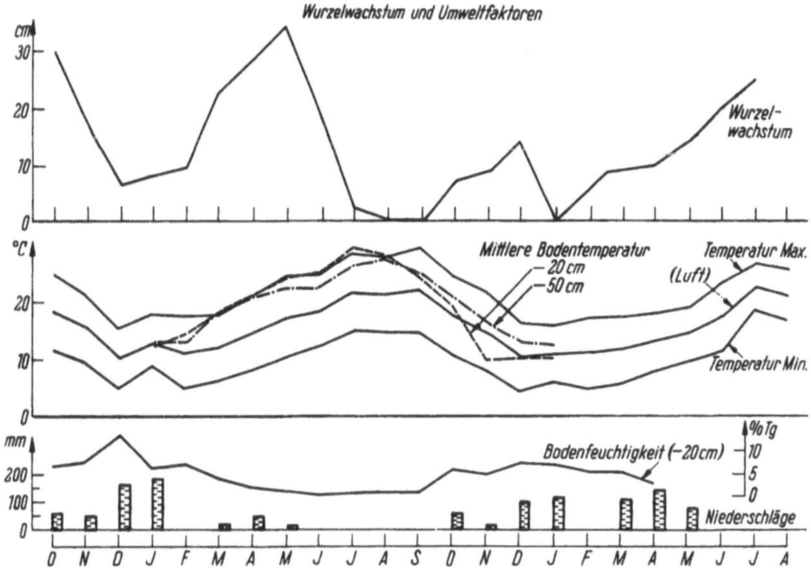
Wurzelwachstum und Umweltfaktoren
cm
30
20
10
0
Wurzel-
wachstum
°C
20
10
0
Mittlere Bodentemperatur
-20 cm
-50 cm
Temperatur Max.
(Luft)
Temperatur Min.
mm
200
100
0
%Tg
10
5
0
Bodenfeuchtigkeit (-20cm)
Niederschläge
O N D J F M A M J J A S O N D J F M A M J J A

Abb. 2

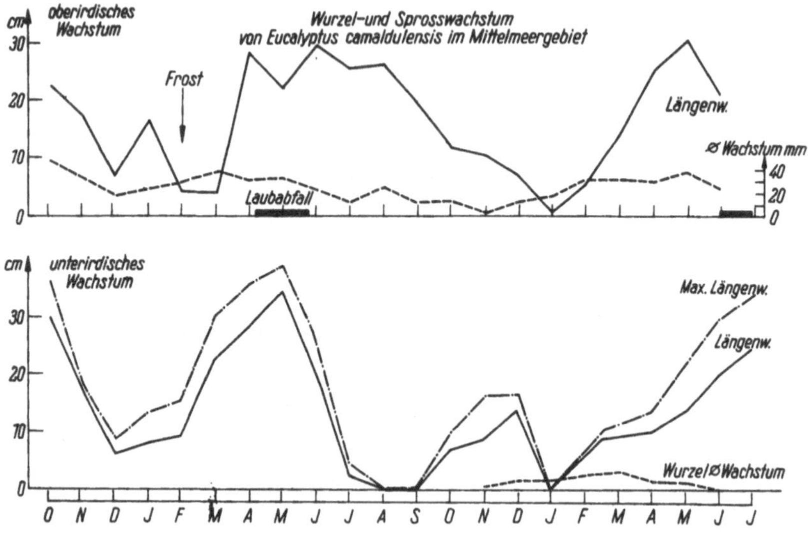
Wurzel-und Sprosswachstum
von Eucalyptus camaldulensis im Mittelmeergebiet
cm
oberirdisches
Wachstum
Frost
Laubabfall
Längenw.
⌀ Wachstum mm
cm
unterirdisches
Wachstum
Max. Längenw.
Längenw.
Wurzel ⌀ Wachstum
O N D J F M A M J J A S O N D J F M A M J J

Abb. 3

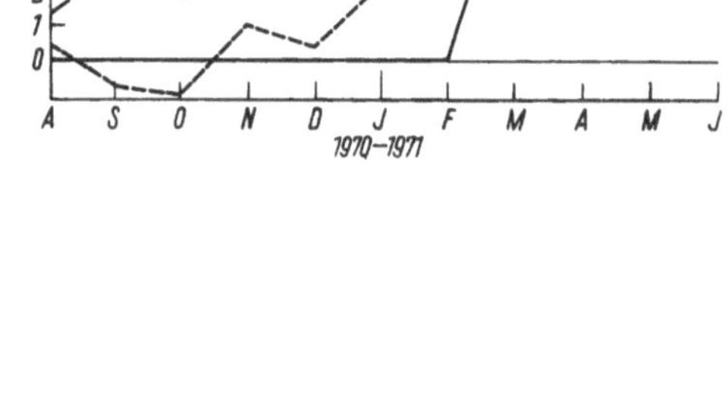
Stammdickenwachstum
mm
Populus (bewässert)
Eucalyptus (bewässert)
Eucalyptus
A S O N D J F M A M J
1970–1971

Abb. 4

О ПЕРИОДИЧНОСТИ РОСТА КОРНЕЙ У ДРЕВЕСНЫХ

П.А. ХУРШУДЯН

Ботанический институт Академии Наук Армянской ССР, Ереван, СССР

Одной из характерных особенностей процессов жизнедеятельности растений является их ритмичность, которой определяются пластичность и приспособляемость в тех или иных экологических условиях. Ритмичность свойственна всем процессам, происходящим в растительном организме и наиболее наглядно проявляется в ходе роста растений, произрастающих в любых географических широтах.

Первые данные о периодичности роста корней в годовом цикле их развития мы находим в исследованиях Ф.РЕЗА / RESA,1878/, который в период вегетации установил наличие двух максимумов роста корней - весеннего и осеннего. В дальнейшем работами А.П. ТОЛЬСКОГО /1902, 1907/, В.БЮСГЕНА /1902/,В.А.КОЛЕСНИКОВА /1951/, С.С. РУБИНА /1954/, И.Н.РАХТЕЕНКО /1963/и др. показано, что активация роста корней происходит в связи с улучшением водоснабжения и иных почвенных условий. Подобный волнообразный ход роста иногда может продолжаться целый год - ТУРНЕР / TURNER ,1936/- и при этом обнаруживается до 8 циклов - ФОЙДРОФ / WOODROFF and WOODROOF 1934/.

Рост и развитие растений во многом обусловлены энергией роста корневой системы, особенно ее активной частью. В связи с этим представляет интерес изучение динамики роста корней в различных фазах развития годового цикла. Эксперименты проводились в Ереванском Ботаническом Саду АН Армянской ССР. Объектом исследования явились 20-25-летние деревья:

Populus deltoides MARSH., Quercus robur L., Fraxinus viridis MICHX. Robinia pseudoacacia H., Ulmus elliptica C.KOCH, Salix alba L.

Показатели жизнедеятельности надземно расположенных активных систем растений, как известно, изменяются в ходе сезонного цикла развития. Поэтому, следует полагать, что энергия роста активных корней коррелятивно изменяется в течение сезона.

Наблюдения и учет корней проводились в течение всего года. К активной части корневой системы относились ростовые и всасывающие корешки первичного строения. Для учета последних специальным буром сечением 10 см^2 брались почвенные монолиты по слоям 10 см. Монолиты брались до глубины 30 см, где, по данным И.Н. РАХТЕЕНКО /1953/, сосредоточена основная масса /80%/ тонких корней. При этом, на участке, где произрастали исследованные породы, почва маломощная и залегает на туфовых пластах, препятствующих проникновению корней вглубь.

Полив культур производился регулярно с начала мая до ноября. Пробы для исследования активных корней брались на третий день после полива. При этом влажность почвы в 0-30 см слое колебалась в пределах 15-19-21% в зависимости от сезона года. Температура почвы в летний период достигала 18-25°С.

После тщательной отмывки монолитов все пряди корней подвергались учету. Активная часть корневой системы характеризовалась количеством и длиной корешков первичного строения, приходящихся на 1 см проводящих корней. Повторность проб и деревьев трехкратная. В некоторых случаях изучалась также продолжительность жизни отдельных всасывающих корешков у 1-2-летних сеянцев, выращиваемых в вегетационных стеклянных контейнерах. Наконец, исследовалась также суточная и сезонная ритмика роста корней и надземных органов для иллюстрации зависимости роста последних от массы всасывающих корней.

Наблюдения за ростом активных корней на глубине 0-30 см в течение вегетации /рис.1-2-3/ показывают, что рост корневой системы исследованных пород в годичном цикле развития протекает непрерывно и волнообразно. Притом, максимальные волны приростов предшествуют определенным фенологическим фазам сезонного развития растений. Наиболее энергичный рост отмечен весною /апрель-май/ и осенью /октябрь-ноябрь/. Весеняя большая волна роста обычно предшествует фазе пробуждения почек и длится 1-3 месяца, охватывая фазы массового облиствения или цветения. У тополя канадского /рис. 1,А/ весенняя волна роста начинается с наступлением фазы разбухания почек и достигает своего максимума к началу фазы созревания плодов. У робинии лжеакации /рис. 1,Б/ весенний максимум роста корней завершается уже к фазе распускания почек. Тогда как у ясеня зеленого /рис. 3,А/ этот период роста корней продолжается до наступления интенсивного роста побегов. Осенний максимум роста слабее и продолжается не более 20-30 дней. У вяза эллиптического /рис. 2,А/ в течение всей вегетации наблюдается непрерывный рост корней. Несмотря на это, начиная с мая месяца, проявляется определенная тенденция к уменьшению числа всасывающих корней. А.К. ПРИЙМАК /1959/ непрерывный рост корней, наблюдавшийся у яблони груши и сливы, объясняет наличие благоприятных почвенных условий у отдельных деревьев. Исследованные же нами деревья произрастали в одинаковых условиях при одинаковой агротехнике. Следовательно, причина, вызывающая непрерывный рост корней, кроется не только в условиях произрастания, а, по всей вероятности, в биологических особенностях данной породы.

Интенсивный рост корней начинается за 1-3 недели до пробуждения надземных частей и продолжается до окончания роста побегов. У некоторых пород, которым присущ второй летний прирост побегов - дуб летний /рис. 2,Б/ ива белая /рис.3,Б/, или вторичное цветение - робиния лжеакации /рис. 1,Б/, наблюдается также летняя волна интенсификации роста корней. В этом случае, опять-таки, подобно весеннему приросту, надземному росту предшествует увеличение массы корней. Рост последних достигает своего максимума до начала или середины периода фазы цветения или роста. Летняя волна роста корней, хотя зачастую не уступает по интенсивности весеннему,но длится значительно короче. Осенняя волна роста корней приурочивается к периоду листопада деревьев и продолжается около одного месяца, т.е.

до наступления морозов. У дуба летнего она начинается в фазе полного созревания желудей /рис. 2,Б/.

Число и длина всасывающих корней у различных пород, произрастающих в одинаковых условиях, различно, что является биологической и экологической особенностями данной породы. Так, например, у ивы белой /рис.3,Б/ число активных корней вдвое больше и длиннее по сравнению с остальными исследованными породами.

Изучение морфологии и интенсивности разветвления корневых мочек также привело к установлению существенных различий у отдельных пород. Расположив исследованные породы по степени убывания их влаголюбивости, - ива бėлая, тополь канадский, вяз эллиптический, дуб летний, ясень зеленый, робиния лжеакация, мы обнаружили прямую зависимость между густотою разветвления мочки, длиной всасывающих корешков и влаголюбивостью пород. У последних эти показатели более развиты.

Наблюдения, проведенные в остекленных контейнерах показали, что продолжительность жизни всасывающих корешков зависит от влажности и температуры почвы. Во влажных условиях они живут 25-30 дней и больше, тогда как в сухих условиях и особенно при высокой температуре почвы /25°C и более/продолжительность их жизни резко сокращается. Так, например, всасывающие корешки дуба летного, березы бородавчатой (Betula verrucosa Ehrh. .)при влажности почвы 18-19 % и температуре 21°C сохранились 25-28 дней, в то время как при той же температуре, но в условиях 6-7 % влажности почвы жизнедеятельность их продолжалась лишь от 6 до 24 часов.

Периодичность роста корней и стеблей не всегда связана с изменением внешней среды. Во многих случаях она имеет эндогенную природу. Последняя, видимо, более характерна для корней, так как среда, в которой развиваются они, изменяется более плавно в годовом аспекте. Кроме этого, корни непосредственно не подвергаются влиянию смены дня и ночи. Исходя из этих соображений, мы склонны допустить, что периодичность роста корней и стеблей асинхронна как в пределах чередующихся сезонов года, так и смены дня и ночи.

Динамика роста главных и боковых корней и стебля дуба летнего /рис.4/ показывает, что активная жизнедеятельность молодого индивида начинается с образования главного корня. После 19-дневного роста формируются боковые корни и лишь спустя 6 дней начинается рост стебля. Приведенные кривые /рис. 4/показывают, что существует определенная периодичность в росте исследуемых органов в течение вегетационного сезона. Длительное прекращение роста имело место у главного корня /с 29/У по 15/УП/, боковые же отличаются почти непрерывным ростом, если не считать два небольших перерыва /с 20 по 30/У1 и с 15/УП по 25/УП/.

Продолжительность роста стебля дуба по сравнению с главным корнем оказалась гораздо меньше. Если исключить два периода перерыва /с 7 по 14 и с 23 по 30/УП/, то общая продолжительность роста равняется 38 дням. С 9 июля верхушечная почка стебля впадала в состояние покоя, тогда как корни продолжали активный рост.

Изучение различия в энергии роста корней и надземной системы в течение темного и светового периода суток показало, что надземный рост осуществляется главным образом в ночные часы. Корни же, произрастая в условиях непрерывной темноты, во многом отличаются от стеблей по активности дневного и ночного роста.По нашим данным, рост всех корней дуба во все дневные часы июня составлял 200 мм, в то время как прирост в ночные часы оказался примерно в три раза больше, т.е. 560 мм /рис.5/

Рост органов и тканей, по А.С. САБИНИНУ /1963/, обусловлен синтезом или наличием в растущих тканях нуклеиновых кислот. В действительности Ю.Л.ЦЕЛЬНИКЕР /1950/установила, что периодичность роста растений определяется ритмическим изменением содержания нуклеиновых кислот и нуклеопротеидов в клетках конуса нарастания. Однако, если подобное изменение содержания нуклеопротеидов в клетках верхушечной меристемы возможно в пределах вегетационного сезона, то вряд ли можно допустить аналогичное колебание указанных соединений в точках роста корней в ходе чередования темного и светового периодов суток.

Ф.У. УОРРИНГ /1961/ритмичность роста связывает с изменением соотношения ауксинов и ингибиторов. С другой стороны, энергичный рост корней осуществляется в условиях повышенной интенсивности света /МАКСИМОВ, ЛЕБЕДИНЦЕВА, КРАСНОСЕЛЬСКАЯ-МАКСИМОВА, 1924/. Следовательно, можно предполагать, что суточная ритмичность роста корней связана именно со сменой света и темноты, т.е. с чередованием усиленного и ослабленного синтеза стимуляторов роста и надземных органах /в листьях и точках роста/ растений. В результате неравномерного /волнообразного/ их передвижения в корни в различные периоды суток соответственно изменяется и интенсивность роста последних. Хотя усиленный синтез ауксинов в надземных органах происходит днём, но, по всей вероятности, корни получают их сравнительно в большом количестве ночью.Подтверждением этого явились результаты исследований БОЙСЕН-ИЕНСЕНА / BOYSEN-JENSEN 1948/, согласно которым в вечерние часы количество указанных веществ в стеблях горазда больше, чем в утрение.Интенсивному росту корней в темновом периоде суток, как отмечает ГУБЕР /HUBER ,1937/, способствует и усиленный отток ассимилятов в корни: ночью он сильнее, чем днём.

Резюмируя вышеизложенное, можно констатировать следующее:

Корни древесно-кустарниковых растений непрерывно подвергаются процессу обновления и отмирания, показывая до двух и более максимальных волн роста в период вегетации. Волна роста корней всегда предшествует определенной фенологической фазе сезонного развития растений. У влаголюбивных пород отмирание активных корней протекает более медленно, в результате чего у них число последних всегда больше.

Корни растений по сравнению с надземными органами отличаются высокой активностью периодичности роста. Последняя у корней и надземных органов асинхронна. Существует суточная периодичность в ак- вности роста корней в пределах светового и темнового периодов суток. Рост корней ночью более интенсивный чем днем.

ZUSAMMENFASSUNG

Erforschung der Wurzelwachstumrhythmik 20-25 Jahre alter Baumarten (*Populus deltoides* Marsch., *Quercus robur* L., *Robinia pseudoacacia* L., *Ulmus elliptica* C.Koch., *Fraxinus excelsior* L., *Salix alba* L.) im Botanischen Garten von Jerewan (Armenische SSR) unter Bewässerungsbedingungen nach der Methode kleiner Monolithen in Glaswurzelkästen ermöglichte die Feststellung, daß im Jahresentwicklungszyklus das Wachstum ununterbrochen und wellenartig erfolgt. Das Maximum der Wurzelwachstumskurve liegt in der Regel vor der Phänophase. Im Frühjahr beginnt das intensive Wurzelwachstum 1-3 Wochen vor dem Knospentreiben und dauert bis zum Ende des Sproßwachstums an.

Die sommerliche Wurzelwachstumskurve unterscheidet sich häufig der Amplitude nach nicht von der Frühjahrswachstumskurve, ist aber bedeutend kürzer und geht der Sproßverholzungsphase und Fruchtreifung voraus. Im Herbst beginnt das Wachstum 2 Wochen vor Laubfall und dauert 15-25 Tage.

Für Gehölzwurzeln ist ununterbrochene Erneuerung charakteristisch. Dabei folgt das Frühjahrswachstum oberirdischer Organe immer einer verstärkten Erneuerung des Wurzelsystems. Bei Xerophyten erfolgt Absterben und Erneuerung aktiver Wurzeln bedeutend intensiver als bei Mesophyten, deshalb weisen die letzteren immer mehr aktive Wurzeln auf.

Wurzeln ist eine scharf ausgeprägte, gegenüber oberirdischen Organen asynchrone Wachstumsperiodizität eigen. Auch im Tageswachstum der Wurzeln tritt Periodizität zutage, dabei ist nachts das Wurzelwachstum intensiver als bei Tage.

ЛИТЕРАТУРА

БЮСГЕН, В., 1902: Заметки о форме древесных корней и способе их роста. Лесной журнал, вып. 6 СПб.

КОЛЕСНИКОВ, В.А., 1951: Плодоводство Крыма. Крымиздат. Симферополь.

МАКСИМОВ, Н.А., ЛЕБЕДИНЦЕВА, Е.В., КРАСНОСЕЛЬСКАЯ-МАКСИМОВА 1924: Изв.Гл.Бот.Сада РСФСР, т. 23, вып. 1,7

ПРИЙМАК, А.К., 1959: Корневая система плодовых деревьев и её реакция на удобрения. Динамика роста активной части корневой системы плодовых деревьев. Итоги научно-исследов.Работы Северо-кавк.науч.-иссл. ин-та.Садоводство и виноградарство. Краснодар.

РАХТЕЕНКО, И.Н., 1953: О взаимодействии корневых систем некоторых древесных растений. Изв.АН БССР, № 5.

РАХТЕЕНКО, И.Н., 1963: Рост и взаимодействие корневых систем древесных растений. Минск.

РУБИН, С.С., 1954: Содержание почвы в саду. Сельхозгиз. М.

САБИНИН, А.С., 1963: Физиология растений. Изд. АН СССР.

ТОЛЬСКИЙ, А.П., 1902: К вопросу о влиянии температуры почвы на развитие корней.

ТОЛЬСКИЙ, А.П., 1907: Материалы по изучению состояния и развития корней у отдельных сосен и в насаждениях Бузулского бора. Труды по лесоопытному делу, вы. 47.

УОРРИНГ, Ф.У., 1961: Межд.биох.конгресс.Рефераты секц.сообщ. т. П, изд-во АН СССР, 133.

ЦЕЛЬНИКЕР, Ю.Л., 1950: К вопросу о физиологических причинах ритмичности роста у деревьев. Бот.журнал, 35.

RESA, Fr., 1878: Untersuchungen über die Periode der Wurzelbildung insbesondere bei den Holzgewächsen. Forstl. Blätter.

TURNER, L.M., 1936: Root growth of seedlings of <u>Pinus echinata</u> and <u>Pinus taeda</u>. J.Agric. Res. <u>53</u> Nr. 2.

WOODROOF I.G. and N.C.WOODROOF 1934: J.Agr. Res. <u>40</u>, 511.

HUBER, B. 1937: Methoden, Ergebnisse und Probleme der neueren Baumphysiologie Ber.Bot.Ges. Bd.IV.

BOYSEN-JENSEN, 1948: Planta <u>37</u>, 108.

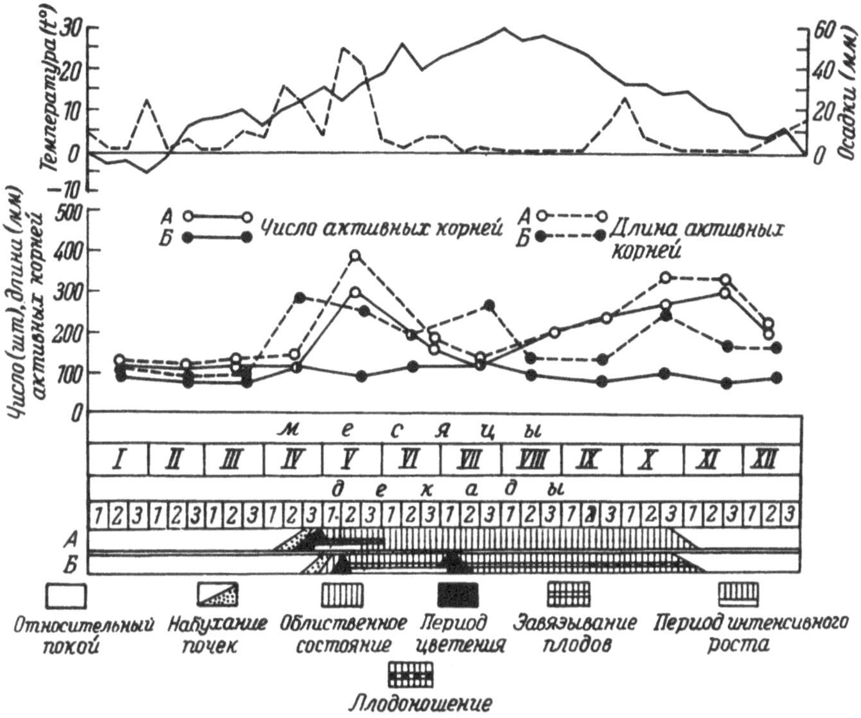

Рис.1. Сезонное изменение числа и длины активных корней по фенофазам.

А.Populus deltoides MARSH. Б.Robinia pseudoacacia L.

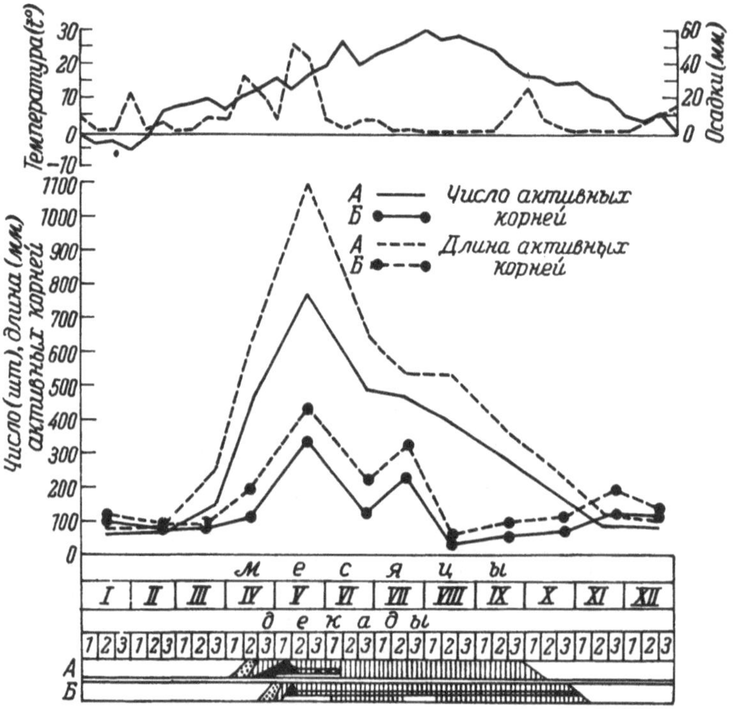

Рис.2. Сезонное изменение числа и длины активных корней ар фенофазам.(Условные обозначения те же, что и на рис.1).
А.Ulmus elliptica С.КОСН. Б.Quercus robur L.

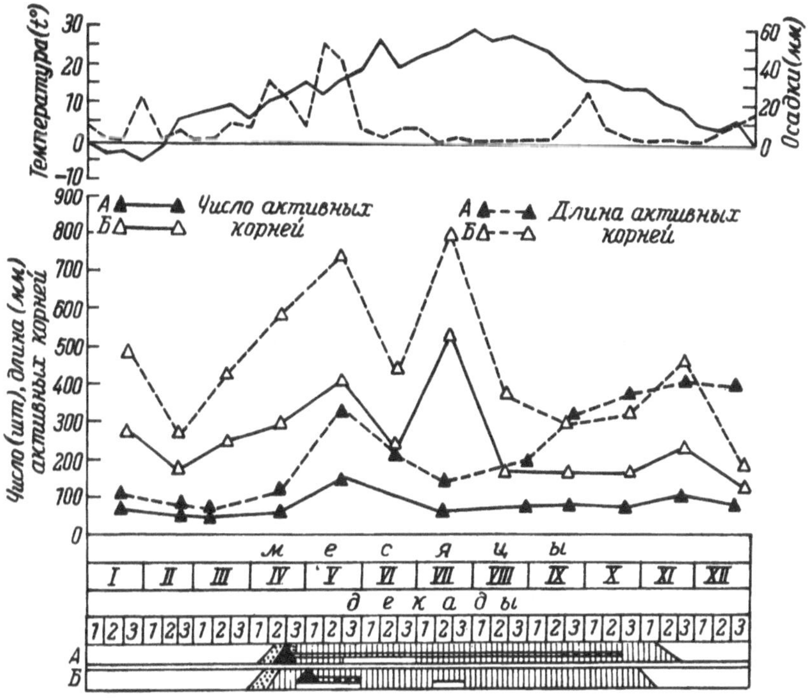

Рис.3. Сезонное изменение числа и длины активных корней по фенофазам. (Условные обозначения те же, что и на рис.1)
A. *Fraxinus viridis* MICHX. Б. *Salix alba* L.

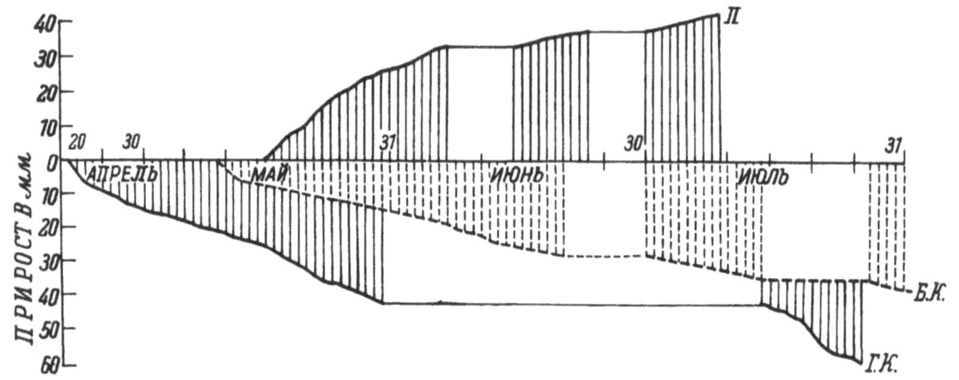

Рис.4. Сезонная ритмика роста стебля (С.), главного (Г.К.) и боковых корней (Б.К.) однолетних сеянцев дуба летнего

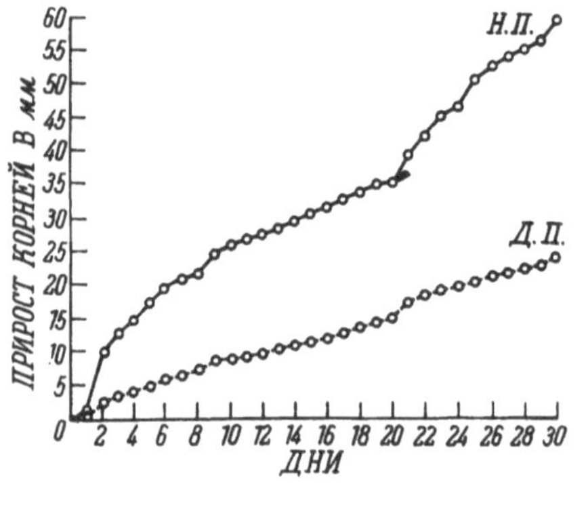

Рис.5. Интенсивность ночного (Н.Р.) и дневного (Д.Р.) роста корней однолетних сеянцев дуба летнего в июне.

PERIODICITY AND INTENSITY OF ROOT GROWTH OF THE TREES OF P. MARITIMA POIR. AND P. NIGRA ARN. IN S. E. BULGARIA.

I. PALASHEV and I. MANOLOVA

Forest Experimental Station, Burgas, Bulgaria.

The question for the periodicity and intensity of root growth of the forest trees has a great importance for the forestry science and practice.

It is well known that low temperature and/or drought break the growth of the shoots and roots of the trees. At the same time there exist some data in the literature which show that in mild winter climate the roots of the trees can grow with changeable intensity during this season. (BILAN, 1968; HARRIS, 1926; KUBIKOVA, 1967).

The following experiments were undertaken to determine the growth periodicity and intensity of the new roots of P. maritima and P. nigra during the year in young forest cultures in Strandja moutain (S. E. Bulgaria). These are the most important coniferous species for man-made forests in Strandja, which are not naturally spread in S. E. Bulgaria. There are no investigations on this problem for the region.

REVIEW OF LITERATURE

The growth of the physiologically active roots of the trees during the period of vegetation is irregular and the period of intensive growth alternates with a period of rest. (ACHROMEIKO, 1965; KOLESNIKOV, 1963; RACHTEENKO, 1963).

The two maxima of the growth occur during the spring-summer period and during the autumn. In the autumn, when the shoot growth is completed, the physiologically active roots grow more vigorously.

KÖSTLER, BRÜCKNER and BIBELRIETHER (1968) point out that the root growth has its maximum during the spring, but when the shoots begin to grow very vigorously, the growth of the roots considerably decreases.

RESA (1877) indicated the same. According ORLOV (1967) and RACHTEENKO, (1963) there exists a periodicity of growth of the new roots and when the soil moisture conditions are constantly favourable. As root dormancy is a naturally occuring phenomenon, it is not merely a result of adverse growing conditions and during the autumn the root growth gradually passes in a status of rest.

CLIMATE CONDITIONS

The experiments are carried out in the two main parts of Strandja - peripheral and central one - because of the considerably different climate conditions between them.

The climate of the region is comparatively mild. The air temperature very rarely remains below the zero for a long time.

In general the peripheral part of Strandja is dryer (578 l/sq. m. average annual sum of precipitations) and 12, 8 °C average annual temperature. The same indices for the central Strandja are 987 l/sq. m. for the precipitations and 11, 4 °C for average annual temperature.

MATERIALS AND METHODS

The experiment forest cultures of P. maritima in peripheral Strandja are at the locality of "Kraimorie" and of P. nigra at the locality of "Otmanlii". These in central Strandja are at the locality of "Makevci".

The investigations were carried out during 1969 and 1970 in plantations aged 7 years after the modified method of LYFORD and WILSON (1968).

We handled the new roots by the same manner, the modification consisting in that we used the tips appearing in the early spring on the older roots. The length of the new roots and the central shoots was measured every ten days.

For every variant in the experiment 10 saplings are taken. The observations began in June 1969 and finished the same month in 1970.

RESULTS AND DISCUSSION

During the period of June 1969 to June 1970 at these growth conditions the new roots of the saplings of P. maritima and P. nigra have grown all year round without pauses (Figures 1 and 2). They show most active growth in the two localities during the period of vegetation (June-November of 1969 and April-June of 1970).

Table 1

Dayly increase in length and total length of the new roots.

	Average dayly increase (mm)					Maximum dayly increase during the year (mm)	Total length (cm)		
	summer	autumn	winter	spring	the year		average	maximum	minimum
				Peripheral Strandja					
P. maritima	5, 0	2, 9	1, 6	5, 4	3, 7	13, 0	96	141	64
P. nigra	4, 0	2, 1	1, 3	3, 8	2, 8	11, 0	53	105	25
				Central Strandja					
P. maritima	4, 3	2, 8	0, 9	2, 7	2, 7	12, 8	77	120	22
P. nigra	2, 7	1, 9	0, 4	2, 7	1, 9	11, 0	47	73	24

The average dayly increase in length of the new physiologicaly active roots of P. maritima is greater (3, 7 mm) than that of P. nigra (2, 8 mm) in peripheral Strandja. The same regularity exists in the central part of the mountain (Table 1).

The greatest dayly increase in length of the new roots reaches 13, 0 mm for P. maritima and 11, 0 mm for P. nigra (Table 1). There exist great fluctuations in the average dayly increase in length, but the two species show clearly outlined peaks - in the period of September-October and in April-May (Figure 1 and 2).

The lesser values of the dayly increase of the roots during the spring are conditioned by the utilization of the nutrients mainly for the top growth of the saplings. OVINGTON and MURREY (1967) have observed the same decrease in the root growth from the blossoming to the full development of the leaves of birch trees. LYR and HOFFMANN (1967) also point out that the roots of Scotch pine grow much poorly during the formation of new pine needles and shoots, but following this period begin to grow very intensively again.

The differences of the climate conditions in Strandja induce also different reactions of the growth of the new roots during the winter and spring time (Table 1). It is evident that the average increase of the new roots in central Strandja during the winter and spring growth period is smaller than in the peripheral locality.

The average length of the new roots of P. maritima which they reach during this year is 77 (22-120) cm in central and 96 (64-141) cm in peripheral Strandja. The length of the P. nigra's new roots for the same period is 47 (24-73) cm in central and 53 (25-105) cm in the peripheral part of the moutain.

The growth cycles of the roots vary in duration, intensity and periodicity, depending on stage of development, position etc. The roots of the trees at similar growth conditions have considerably different growth intensity. In our case some of the roots of P. maritima for four months reach 71 cm, while other roots reach only 35-36 cm for the same time.

Usually the roots with a vigorous growth in length have also a considerably larger diameter - about 4 mm, while the diameters of the poor growing roots are 1, 5 mm.

As LYFORD and WILSON (1966) point out - in this case the new roots obtain a red colour under the action of light.

The branching of the new roots begins average 8 to 10 cm before the tips of the roots. The broken roots restore their growth after 1 to 2 or 3 to 4 weeks, depending on the season. At the two sides of the broken tip of the root there appear two new tips which serve as a substitute for the broken one.

The meaning of the results of studies is as follow:

1. Essentially new aspects of the vital activity of the two coniferous species are established.

2. The excavation and conservation of the seedlings of P. maritima and P. nigra in the nurseries, as their transportation and afforestation at these natural conditions must be planned and carried out in keeping with the established root growth peculiarities.

LITERATURE

ACHROMEIKO, A.I., 1965: Physiological Bases for Building Steady Forest Shelter Belts. Moscow.

BILAN, M., 1968: Some Aspects of Root Growth in Loblolly Pine Seedlings Summary of Informal Root Symposium. Harvard Forest, Petersham, Mass.

HARRIS, G.M., 1926: American Hort. Sci. Proceedings 23, 414-422.

KOLESNIKOV, V.A., 1963: Root System of Fruit Trees and Shrubs and Methods for their Studying. Moscow.

KÖSTLER, J., N.E. BRÜCKNER und H. BIBELRIETHER, 1968: Die Wurzeln der Waldbäume. Verlag P. Parey, Hamburg und Berlin.

KUBIKOVÁ, M., 1967: Materials of the Symposium of Forest Trees Biology. Nitra, ČSSR, 10-17 May 1967.

LYFORD, W.H. and B.F. WILSON, 1966: Controled of Forest Tree Roots: Technique and Application. Harvard Forest, Paper Nr. 16.

LYR, H. and G. HOFFMANN, 1967: Growth Rates and Periodicity of Tree Roots. Intern. Review of Forestry Research, Vol. 2, Acad. Press, New York and London.

ORLOV, A., 1967: Pine Suction Roots in Connection with the Regime of the Soil Factors During the Different Years. U.S.S.R. Bull. MSNR (Section Biology), 1.

OVINGTON, G. and G. MURREY, 1969: Seasons Periodicity of Root System Growth of Birch. Int. Symposium: Methods for Investigations of the Productivity of Root Systems and the Rhizosphere Organisms. Acad. Sci. USSR, Moscow.

RACHTEENKO, I., 1963: Growth of the Root Systems of the Tree Plants and Relationships between their Root Systems. Minsk.

RESA, F.: Über die Periode der Wurzelbildung (after LYR, H. and G. HOFFMANN, 1967).

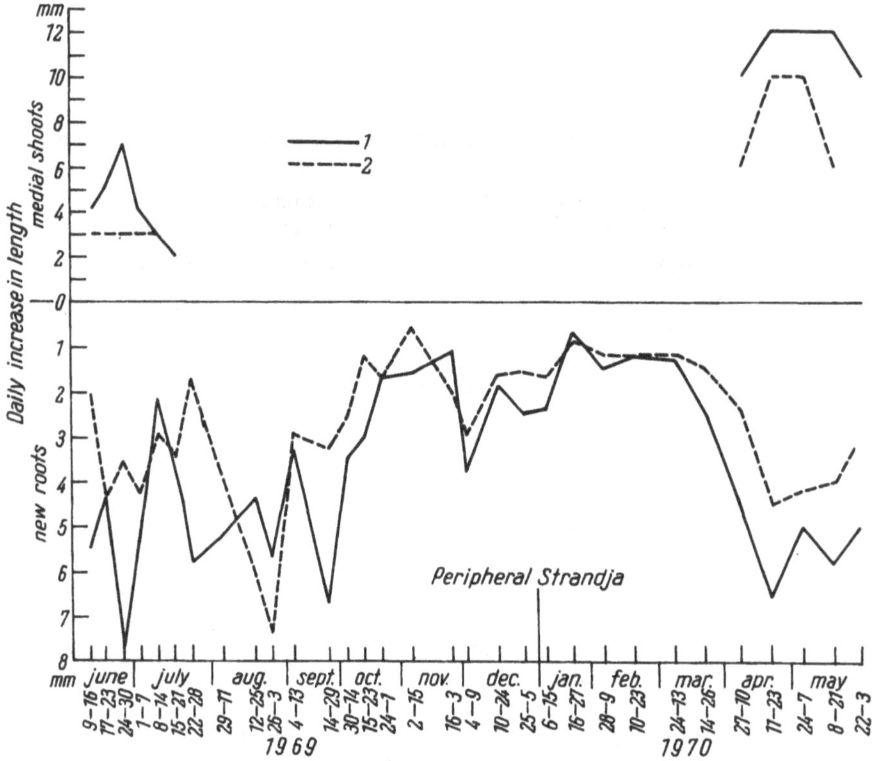

Fig. 1. Average daily increase in length of the new roots and the medial shoot of the saplings of P. maritima and P. nigra in peripheral Strandja.
1 - P. maritima; 2 - P. nigra.

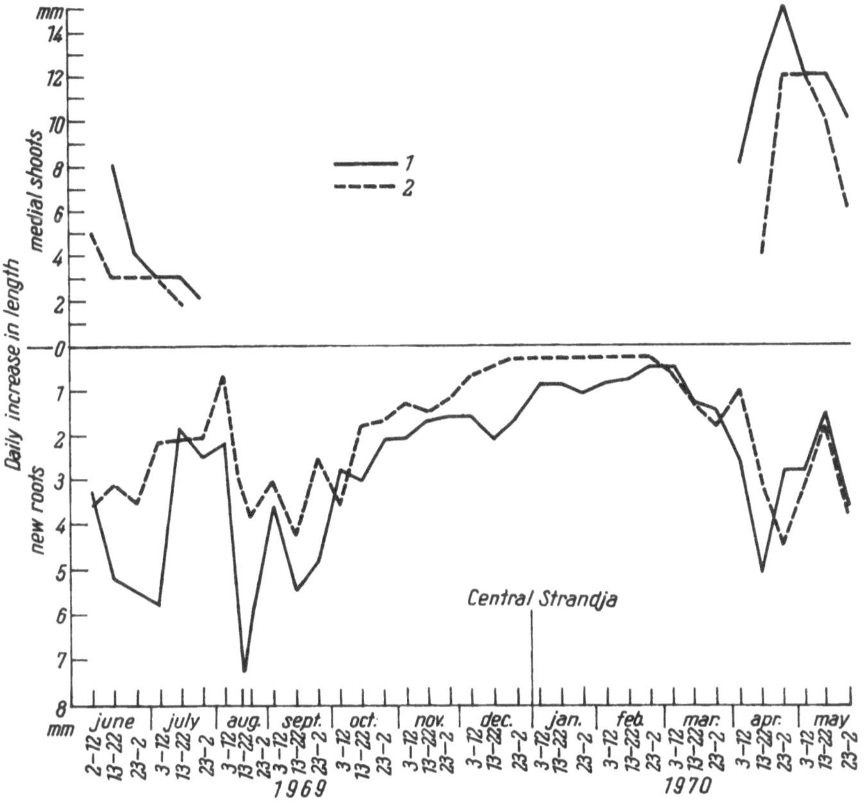

Fig. 2. Average daily increase in length of the new roots and the medial shoot of the saplings of P. maritima and P. nigra in central Strandja.
1 - P. maritima; 2 - P. nigra.

ЗАКОНОМЕРНОСТИ ВРЕМЕННОГО ХОДА РОСТОВЫХ ПРОЦЕССОВ У РАСТЕНИЙ

В.С. ШЕВЕЛУХА

Белорусская ордена трудого красного знамени сельскохозяйственная академия. Горки, Могилевская область, СССР

Рост растений является одним из ведущих процессов онтогенеза растений и формирования урожая посевами. Именно эти особенности роста обуславливают его большую теоретическую и практическую значимость в современной физиологии растений и практическом растениеводстве. По существу все агротехнические и другие приемы в растениеводстве направлены в конечном итоге на регулирование ростовых и органообразовательных процессов,определяющих темпы и масштабность накопления урожая. В связи с этим получение временных характеристик роста при непрерывной регистрации его основных показателей составляет одну из важных задач науки и практики в современных условиях.

Изучение роста как функции времени уже давно позволило выявить неравномерный его ход в онтогенезе растений. Как интегральный физиолого-биохимический процесс рост обладает высокой лабильностью и чувствительностью к различным внешним воздействиям и колебаниям напряженности внутренних факторов, что обуславливает почти постоянные изменения его основных показателей в онтогенезе.

Наиболее общим выражением зависимости ростовых колебаний от внутренних причин - генетических и физиолого-биохимических факторов - является закон большого периода роста, сформулированный Ю. Саксом ещё во второй половине прошлого столетия. Экспоненциальный рост в начале формирования органа /или целого растения/сменяется линейной его зависимостью от временного фактора в средине периода и логарифмической функцией в конце, когда завершаются ростовые процессы.

Работами Ф.М. КУПЕРМАН с сотрудниками, а также исследованиями многих других авторов, в том числе и нашими, показано, что изменение основных показателей роста - интенсивности, направленности и локализации, - происходит не только по фазам роста и развития, но и в зависимости от прохождения отдельных этапов органогенеза, что является дополнительным подтверждением объективности и качественной самостоятельности отделных этапов органогенеза, в предложенной Ф.М.КУПЕРМАН их классификации.

Более того, как показали наши многолетние исследования, влияние этапов органогенеза распространяется не только на онтогенетическую и фазную, но и на суточную периодичность роста растений, на чем мы и остановимся более подробно.

В поисках расшифровки причин и механизмов регуляции и саморегуляции основных процессов жизнедеятельности растений современные науки - физиология, биофизика и биохимия - идут по пути организации непрерывной прижизненной автоматической регистрации их показателей, с тем чтобы получать полную информацию о всех возможных реакциях у растений без нарушения их структуры и функций. Развитие техники и приборостроения позволило уже сейчас осуществить автоматический контроль за временным ходом основных физиологических функций у растений - газообменом, водообменом, движением органов, биоэлектрическими явлениями. В Ленинградском агрофизическом институте, в институте физиологии растений АН СССР, в Московской сельскохозяйственной академии им. К.А.ТИМИРЯЗЕВА, во Всесоюзном институте растениеводства, в Молдавском научно-исследовательском институте селекции и агротехники полевых культур и в некоторых других научных учреждениях СССР уже выполнен значительный объем исследований по изучению временных характеристик фотосинтеза, дихания, транспирации, поглощения и передвижения воды в растении, биопотенциалов, импеданса и др. Подсобные исследования проводятся и за рубежом.

Полученные результаты значительно расширили наши представления об экологии, временной сопряженности и саморегуляции этих процессов.

К сожалению рост растений в этом плане изучается пока ещё недостаточно. Мы ещё не располагаем достаточными сведениями о закономерностях временного хода ростовых процессов у растений с учетом микровременных параметров в зависимости от особенностей вида растений, приемов выращивания, напряженности и сочетания основных факторов среды. В то же время рост из всех физиологических процессов в наибольшей степени коррелирует с ходом накопления урожая растениями и поэтому его показатели в первую очередь должны быть использованы при организации агрономического контроля за посевами.

Такое положение с изучением роста растений как функции времени можно объяснить отчасти причинами методического порядка. Научно-исследовательские учреждения и лаборатории пока ещё не располагают необходимыми приборами для непрерывной автоматической записи ростовых процессов у растений, особенно в полевых условиях. Предложенные около 100 лет тому назад немецким физиологом Ю.САКСОМ и русским ученым И.БАРАНЕЦКИМ ауксанографы и ауксанометры в дальнейшем почти не совершенствовались и практического применения не нашли. В последние годы в СССР создано несколько типов лабораторных образцов ростомеров на современной технической основе - Е.И.ЕРМАКОВЫМ, П.А.ДЕГТЯРЕВЫМ и В.Е.ВЛАДИМИРОВЫМ /АФИ/, О.В. ИВАНОВЫМ /ВИР/, С.Л.ПУМПЯНСКОЙ и Г.М. РОДАМЫСЛЬСКОЙ /АФИ/, Б.Х. ГУРЕВИЧЕМ и К.А.ЛЕВИНОЙ /АФИ/, В.Я. АСТАФЬЕВЫМ и И.А.ГОЛИКОВЫМ, А.КАЩЕЕВЫМ и А.ЗАЙЦЕВЫМ, Д.В. СВЕНТИЦКОЙ и А.ЗАЙЦЕВЫМ и некоторыми другими, но по ряду причин промышленное производство таких приборов ещё не налажено.

Поставив перед собой основную цель изучить особенности временного хода ростовых процессов у растений в полевых условиях, мы также уделили значительное внимание конструированию ауксанографов, пригодных для длительной их эксплуатации не только в лабораторных, но и в полевых условиях. Было создано шесть типов механических ауксанографов для непрерывной записи линейного роста надземных органов растений, а также для регистрации роста клубней картофеля и корнеплодов. Эти приборы являются надежными и удобными в работе. Они дают устойчивую и точную информацию о скорости ростовых процессов при любых колебаниях напряженности основных факторов среды в полевых и искусственно регулируемых условиях.

С помощью таких ауксанографов в течение 8 лет мы изучали суточный и онтогенетический ход роста многих культурных видов растений, возделываемых в БССР и всей нечерноземной зоне СССР: у озимой и яровой пшеницы, ржи, ячменя, кукурузы, сорго, картофеля, люпина, льна-долгунца, сахарной и кормовой свеклы, брюквы, моркови, томатов, салата, цикория, многолетних злаковых трав и некоторых других видов растений.

По некоторым видам растений ауксанографирование и изучение суточной периодичности роста растений в полевых условиях в небольшом объеме проводилось и раньше в нашей стране: С.И.КУЗЬМИЧЕМ /1934/и М.Н. КОПАЧЕВСКОЙ /1939/ по сахарной свекле на Украине; А.Т.МОКРОНОСОВЫМ /1955/ по картофелю на Урале; Н.Н. ПОПОВЫМ /1965/ по кукурузе в Казани;А.КАЩЕЕВЫМ и А.ЗАЙЦЕВЫМ /1968/ по бахчевым культурам в Поволжье; Д.В. СВЕНТИЦКОЙ и А.И. ЗАЙЦЕВЫМ /1969/ по огурцам в условиях теплицы в Подмосковье; И.К.КИРШИНЫМ /1970/ по многолетним злаковым травам на Урале, А.И.КОРОВИНЫМ /1958/ на Крайнем Севере; Л.И. ШАБАЛИНЫМ /1964 / по луговым травам; Е.Г.КИРИЛЛОВОЙ и М.М.ТЮРИНОЙ /1965/ на Памире; Т.А.ЗИМИНОЙ и др./1968/ на юге Сахалина. Нам известны обширные исследования доктора Г.ГОФФМАННА, и др. /Германская демократическая республика/, выполненные по изучению ритмов роста корней и надземных органов у древесных лесных пород. Однако краткосрочность опытов, их методическая разобщенность и пространственная локализация не позволяли сделать обобщений и необходимых выводов из этих опытов о закономерностях суточной и онтогенетической периодичности роста растений в полевых условиях.

Мы продолжили эти исследования, обеспечив их проведение на единой методической основе. Полевое ауксанографирование растений в посевах дополнялось экспериментами в вегетационных опытах и камере искусственного климата, которая специально была сконструирована и изготовлена нами для этих целей.

На примере 20 видов растений из 8 ботанических семейств было установлено, что у всех видов четко и почти постоянно проявляется суточная, а точнее циркадная, периодичность линейного роста как в полевых, так и в искусственно регулируемых условиях, имеющая экзо и эндогенную природу. Обобщение и анализ всех ауксанограмм позволили провести классификацию типов суточной периодичности роста растений в полевых условиях БССР. С учетом формы кривой мы выделили 10 основных типов суточной периодичности и ритмичности роста растений.

Первый тип - околосинусоидальный, с максимумом скорости роста в период от 10 до 19 часов и минимумом в 4 - 6 часов утра. Кривая суточного хода роста имеет форму, близкую к синусоиде. Положение фазы максимума меняется в зависимости от возраста растений, этапа органогенеза и уровня напряженности основных факторов среды. Положение фазы минимума совпадает с минимальными суточными температурами воздуха и является строго фиксированным. По синусоидальному типу осуществляется суточный ход роста у злаковых растений - пшеницы, ржи, ячменя, кукурузы, сорго, а также у льна - долгунца.

Второй тип - угловой. Он характеризуется предомлением восходящей и нисходящей ветвей суточной кривой роста под углом, а также наличием у неё четко выраженных одного максимума /в 17-20 часов/ и одного минимума скорости роста /в 4 - 6 часов/. Амплитуда колебаний скорости роста в течение суток в 1,5-2,0 раза ниже, чем при синусоидальном типе роста. По такому типу происходит суточный рост стеблей и листьев желтого люпина.

Третий тип - параболический. Кривая роста имеет форму параболы с вершиной, приходящейся на 20-21 час. По такому типу происходит изменение скорости роста цветоносов брюквы. Амплитуда её суточных колебаний значительно меньше, чем у злаковых растений и составляет в среднем 4-5 мм.

Четвертый тип - импульсный, при котором усиление и ослобление ростовых процессов в течение суток происходит скачкообразно, резко/ импульсно/, в течение нескольких минут или десятков минут. По такому типу растут листья корнеплодных растений - сахарной и кормовой свеклы. Их рост происходит преимущественно в вечерние и ночные часы суток, а днём ростовые процессы находятся в подавленном состоянии. Начало усиления роста днем наблюдается около 16-18 часов, а начало резкого торможения роста утром приходится на 7-8 часов. Максимум скорости роста меняет свое положение в зависимости от возраста растений. Вначале он приходится на вечерние часы суток /20-21 час/, а к концу вегетации он смещается на конец ночи и ранние утренние часы.

<u>Пятый тип - импульсный с положительным и отрицательным ростом</u>
По такому типу происходит изменение скорости роста корнеплодов свеклы и брюквы, а также клубней картофеля. В дневные часы часто наблюдается не только полная остановка линейного роста этих органов, но и некоторое уменьшение их размеров за счет потери тургора растениями. Начало усиления роста корнеплодов и клубней днём происходит на 1-2 часа позднее, а начало его сильного торможения утром на 1-2 часа раньше, чем листьев и стеблей. Вследствие этого общая продолжительность интенсивного роста корнеплодов и клубней в течение суток уменьшается по сравнению с периодом интенсивного роста надземных органов на 2-4 часа и составляет только 12-14 часов. В онтогенезе в суточной периодичности роста корнеплодов и клубней происходят такие же изменения, как и у надземных органов.

<u>Шестой тип - импульсно-релаксационный</u> с положительным и отрицательным ростом. Такой тип роста присущ кормеплодам моркови. У них также происходит остановка в росте днем и частичное уменьшенных размеров. Импульсное усиление ростовых процессов наблюдается в 16-17 часов, максимум скорости достигает в 20-21 час, а затем в течение всей ночи происходит медленное снижение темпов роста. В 7-8 часов утра наступает резкое торможение роста корнеплодов, а в 9-10 часов - его полное прекращение.

<u>Седьмой тип - импульсно-релаксационный,</u> без отрицательных показателей роста днём. По такому типу происходит изменение скорости роста в течение суток у цветоносов свеклы и моркови,

а также у листьев брюквы 1 года жизни. В дневные часы рост этих органов осуществляется более интенсивно, чем корнеплодов, переход к усилению ростовых процессов во второй половине дня происходит плавно, максимум скорости наступает в 20-22 часа. В ночные часы скорость роста снижается, особенно заметно при пониженной температуре воздуха ($<13^{0}$), а в 5-8 часов утра происходит резкое торможение ростовых процессов под действием возрастающего потока солнечной радиации.

Восьмой тип - релаксационный, при котором происходит медленный подъем скорости роста листьев моркови в вечерние и ночные часы суток, достигается максимум в 7-8 часов утра, после чего наступает резкое торможение ростовых процессов и их прекращение около 10 часов. Днём скорость роста листьев моркови остается ещё довольно высокой.

Девятый тип - двухволновой, при котором в течение суток скорость роста дважды достигает максимальных и минимальных значений, образуя на суточной кривой две волны роста. По такому типу растут надземные органы картофеля - стебли, листья и соцветия. В дневные часы их рост заметно угнетается теми же факторами среды, что и рост клубней и корнеплодов. Первый минимум в росте наступает в 12-15 часов, а второй в 1-2 часа ночи. Максимальных значений скорость роста достигает первый раз в 19-21 час и второй - в 4-6 часов утра. Двухволновой тип роста ботвы возникает у ростков картофеля лишь спустя 3-5 дней после выхода их на поверхность почвы. Второй максимум как правило уступает по величине первому.

Десятый тип - относительно выравненный. Он проявляется у всех видов растений при низких суточных градиентах напряженности основных факторов среды, чаще всего при облачной погоде с выравненным суточным ходом температуры. При таких условиях в первые одни-двое суток ещё сохраняется прежний ритм роста растений, который в дальнейшем затухает.

На примере корнеплодных растений и картофеля нами выяснено, что между надземными и подземными органами у растений в суточном ходе ростовых процессов проявляется определенная асинхронность в положении их основных фаз, что отражает различный уровень экологических требований этих органов, а также закономерно меняющуюся временную и пространственную локализацию роста у растений.

Закономерно повторяющийся характер суточных ростовых колебаний, почти функциональная зависимость их скорости от временного фактора и внешнее сходство кривых роста с графиками некоторых математических функций позволяют выразить их аналитически, т.е. с помощью эмпирических уравнений, в основу которых положены уравнения синусоиды, линейной функции и параболы второй степени.

Приведенная классификация и эмпирические уравнения не исчерпывают всего разнообразия суточной периодичности роста растений. Однако они наглядно свидетельствуют о больших, но ещё недостаточно использованных физиологических резервах в интенсификации ростовых процессов у растений в посевах и повышении их продуктивности.

В опытах установлено, что при внесении минеральных удобрений в оптимальных дозах и сочетаниях под озимую пшеницу, люпин желтый, картофель и корнеплодные растений при нормальной влажности почвы увеличивается скорость линейного роста растений, снижается отрицательный ростовой эффект от действия экстремальных условий, повышаются приросты и привесы сухого вещества и урожайность посевов, увеличивается продолжительность интенсивного роста растений в течение суток, однако циркадный характер ростовых колебаний при этом не меняется.

При орошении корнеплодных растений и картофеля в условиях почвенной засухи происходит сокращение простоев в росте клубней и корнеплодов в течение суток на 3-5 часов, повышается скорость их роста в вечерние и ночные часы суток на 20-50%, что ведет к повышению урожайности этих культур.

Обработка озимой пшеницы ретардантом ССС /хлорхолинхлоридом/ ведет к резкому торможению линейного роста стебля, что может быть зарегистрировано с помощью ауксанографов нашей конструкции уже через 3-5 часов после опрыскивания посевов /или отдельных растений/.

На фоне суточной периодичности роста растений проявляются многочисленные колебания и пульсации с более короткими периодами, отражающие переходные состояния ростовых процессов при быстрых и медленных изменениях напряженности основных факторов среды.

Ростовые реакции на полив почвы наступают у пшеницы,кукурузы и надземных органов картофеля через 2-30 минут, у ячменя через 5-45 минут, у листьев корнеплодных растений через 5-120 минут, у корнеплодов и клубней картофеля через 40-210 минут. По продолжительности латентного периода и силе ростовых реакций у растений на полив можно судить о степени их водообеспеченности и уточнять сроки полива посевов.

Ростовые реакции растений на колебания интенсивности света и различные свето-темновые раздражения наступают почти немедленно и протекают двухфазно. Переходное состояние процессов роста продолжается при этом не более 45-60 минут.Акцепторами световых раздражений у растений являются все органы. Адаптация ростовых процессов к изменившимся условиям освещения происходит у растущих растений пшеницы в течение 3-4 суток.

Угнетающее действие на рост растений различных экологических факторов суммируется и проявляется в последействии. При высокой исходной скорости роста отрицательное влияние экстремальных или близких к ним значений любого фактора среды снижается.

Комплексный характер воздействия на рост растений экологических факторов среды проявляется в различной степени их последействия, в значительной вариабельности кардинальных точек температуры, влажности и освещенности среды и температурных коэффициентов ВАНТ-ГОФФА, а также в различиях ростовых эффектов от действия любого фактора при постоянном уровне его напряженности и колебании других факторов среды. Однозначные показатели коэффициентов ВАНТ-ГОФФА в связи с этим следует признать недостаточными.

Интенсивность и периодичность ростовых процессов у растений в суточном их ходе не обнаруживают строгой временной корреляции в положении основных фаз с колебаниями интенсивности энергетических процессов - фотосинтеза и дыхания, особенно у корнеплодных растений и картофеля. Частое нарушение этой связи обусловлено различным уровнем требований этих процессов для оптимального их проявления. Суммарный прирост за 3-5 и более суток коррелирует с показателями средней интенсивности фотосинтеза и дыхания за соответствующий период.

Растущие и запасающие органы растений являются мощными центрами потребления и мобилизации органических и минеральных веществ. С учетом регуляторной функции мы определяем рост как процесс дифференцировки организма /или ценоза/ за счет образования новых и увеличения старых элементов его структуры /молекул, клеток, тканей и органов/, оказывающий решающее влияние на распределение и перераспределение образующихся при фотосинтезе и метаболизме органических веществ, а также поглощенных минеральных солей, идущих на образование органов и тканей, их регенерацию и на запасные отложения.

Возможности ауксанографического метода в биологии и растениеводстве ещё далеко не использованы. Этот метод может и должен найти широкое применение при изучении экологии и физиологии роста растений, оценке эффективности различных приемов регулирования ростовых процессов, оценке исходного материала на холодостойкость, засухоустойчивость, при селекции хлебных злаков на короткостебельность и неполегаемость, при организации агрономического контроля за водообеспеченностью растений, их ростом и ходом формирования урожая посевами.

Summary

The study of time course of growth processes in plants was checked by the absence of necessary instruments. The author has constructed different types of field auxanographs and used them in his experiments of many years with cultivated plants.

Ten basic types of day's and **circadian** rhythms of linear growth were revealed in 20 varieties of plants under field as well as artificial conditions. It has been determined that exo- and endogenous factors take part in regulating these rhythms.

The possibility of experimental and practical regulating of plant growth rhythms with the aim of increasing their productivity is shown. Growth and turgor reactions have been revealed, studied and classified in many plant varieties in response to sharp variation of tensity of the basic factors of the medium. The possibilities of their practical application are shown too.

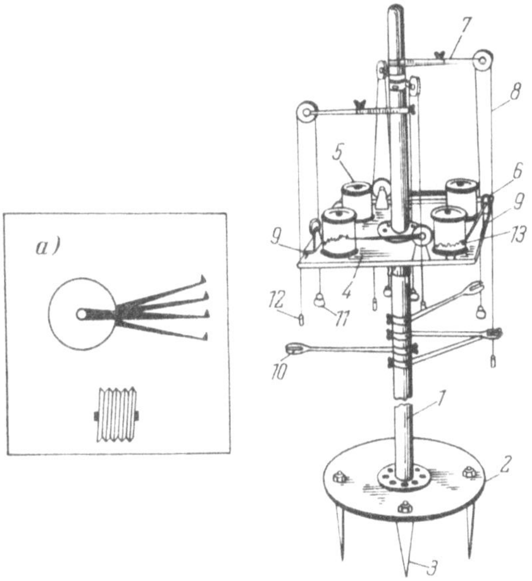

Рис.1. Лабораторно-полевой механический ауксанограф для регистрации роста надземных органов растений.

1 – остов прибора; 2 – основание, опорный диск; 3 – почвозацепы; 4 – приборный столик; 5 – барабаны с часовыми механизмами; 6 – кронштейны с блоками и стрелками перьев; 7 – телескопические кронштейны с поддерживающими блоками; 8 – стальные тросики; 9 – прорези в приборном столике; 10 – кронштейны с держателями для растений; 11 – грузики; 12 – зажимы-датчики; 13 – перья самописцев.

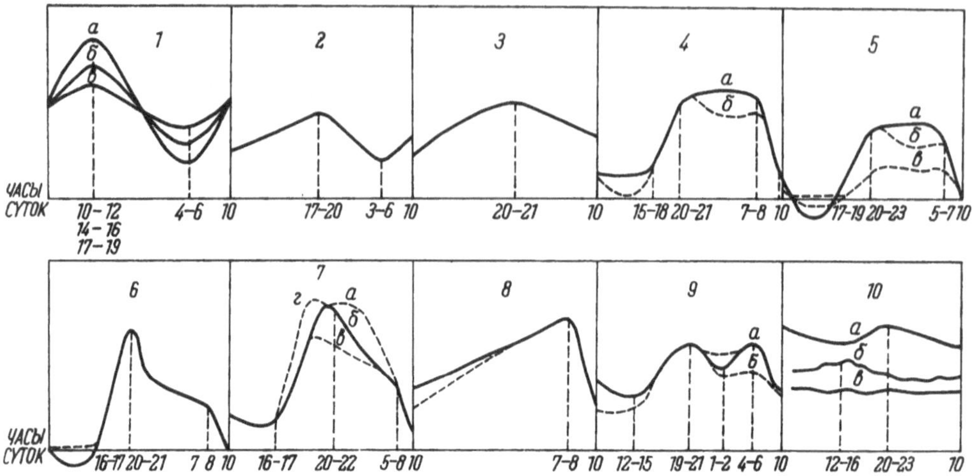

Рис.2. Основные типы суточной периодичности и ритмичности линейного роста растений и их органов в полевых условиях.

1.Околосинусоидальный: а) у кукурузы и сорго; б) у ржи, пшеницы, ячменя и овса; в) у льна, конопли, гороха и кормовых бобов; 2.Угловой – у люпина желтого; 3.Параболический – у цветоносов брюквы; 4.Импульсный – а) листья сахарной свеклы; б) листья кормовой свеклы; 5.Импульсный с "отрицательными" показателями роста: а) корнеплоды сахарной свеклы и брюквы; б)корнеплоды кормовой свеклы; в) клубни картофеля; 6.Импульсно-релаксационный тип с "отрицательными" показателями роста – у корнеплодов моркови; 7.Импульсно-релаксационный тип: а и б – цветоносы сахарной свеклы; в) цветоносы моркови; г) цветоносы кормовой свеклы; 8.Релаксационный тип – у листьев моркови; 9.Двухволновой тип – у надземных органов картофеля; 10.Относительно выровненный ход роста; а) картофель и корнеплодные растения; б)злаковые, лен, конопля, бобовые; в) все изученные в опытах виды растений.

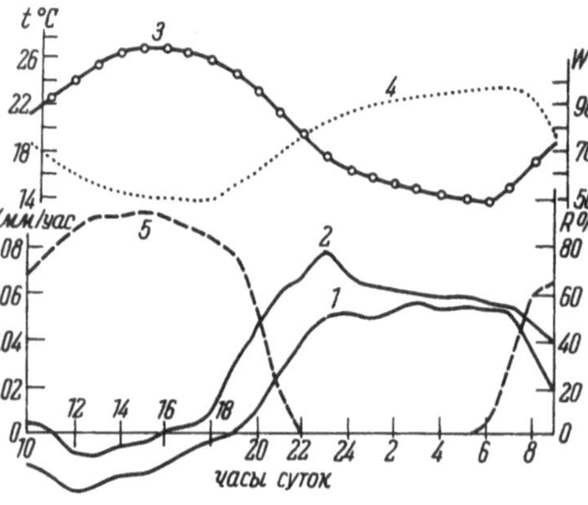

Рис.3. Влияние орошения на суточную периодичность и интенсивность роста клубней картофеля в полевых условиях

1 – скорость роста клубней без полива; 2 – скорость роста клубней при оршении; 3 – температура воздуха; 4 – относительная влажность воздуха; 5 – продолжительность солнечного сияния.

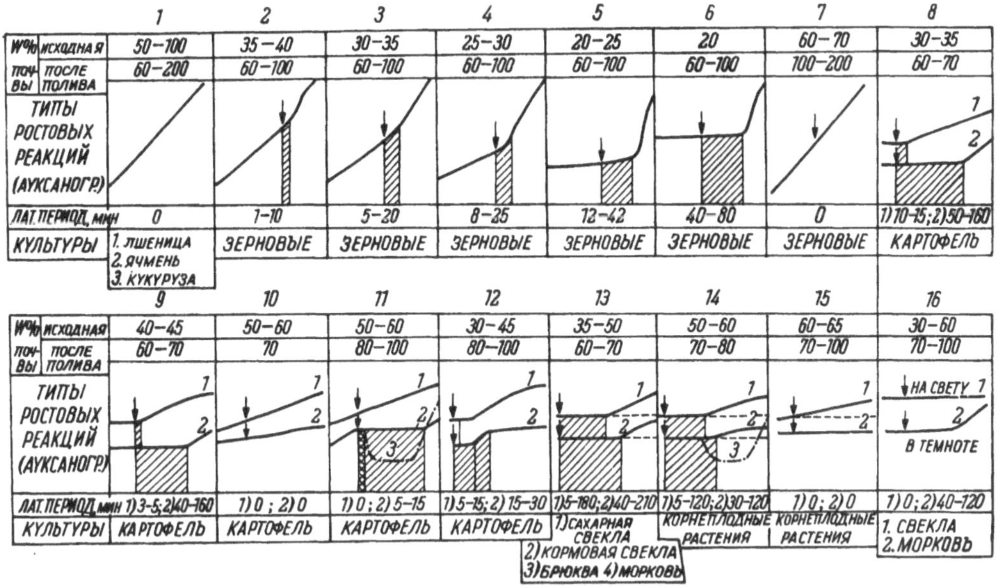

Рис.4. Основные типы ростовых (и тургорных) реакций у растений на полив почвы

W %- влажность почвы в % полной влагоемкости; штриховкой показан латентный период; пунктиром обозначены ауксанограммы корнеплодных растений при интенсивном освещении и высокой температуре воздуха; цифрами на ауксанограммах показаны: 1 - реакции стеблей картофеля и листьев корнеплодных растений; 2 - реакции клубней и корнеплодов; 3 - отрицательные реакции клубней и корнеплодов.

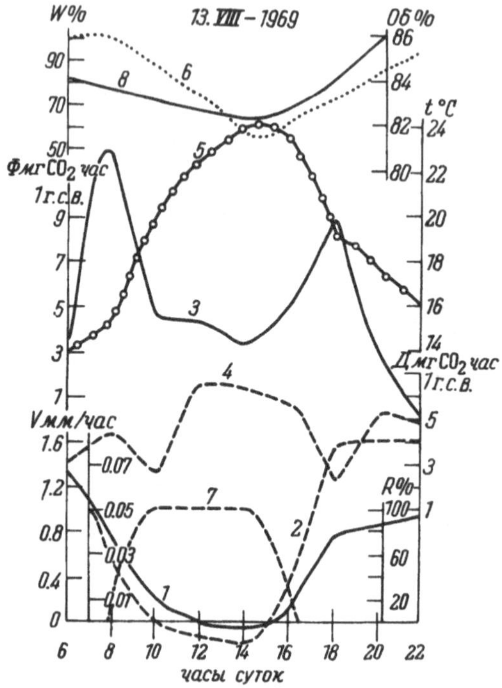

Рис. 5. Фазовые соотношения дневного хода интенсивности процессов роста, фотосинтеза и дыхания у сахарной свеклы 1 года жизни

1 – скорость роста листьев; 2– скорость роста корнеплодов; 3 – интенсивность чистого фотосинтеза; 4–интенсивность дыхания; 5 – темпнратура воздуха; 6 – относительная влажность воздуха; 7 – продолжительность солнечного сияния; 8 – обводненность листьев

SPIRAL OSCILLATIONS RESULTING FROM A FEEDBACK CONTROL SYSTEM IN THE GROWING PEA ROOT (PISUM SATIVUM L.).

M. SPURNÝ

Institute of Experimental Botany, Czechoslovak Academy of Sciences,
Dept. for the Film Study of Vital Processes, Brno, ČSSR

INTRODUCTION

Spiral oscillations (= circumnutations) of the elongating pea root were described in the earlier author's papers (SPURNÝ 1965, 1966, 1968). Many other authors dealing with the growing process of plants organs point out the existence of these "autonomous movements"; from the recent studies let us mention the papers by LARSEN (1965) describing the nutation movements of the geotropically stimulated root of Artemisia and Lepidum, then a series of studies with roots of Lens culinaris reported by PILET and al. (1953), the communications of great theoretical value referring to geotropism and bioelectrical potentials in roots under examination of JOHNSSON and ISRAELSSON in the Lund Institute of Technology in Sweden (1966-1968) and lastly the papers of HEJNOWICZ (1968) who confirms the nutation movements of the elongating Zea-roots in using a method of streak photography.

In the present papers basic parameters of the oscillations i.e. their frequency, amplitude and localization in the first 60 hours of the pea root elongation were ascertained; special attention was given to these parameters in relation to the rate of elongation in the zone displacing during the growth from the base to the root tip. The behaviour of roots with amputated apex growing either in the liminal or in the geotropic stimulated position was regarded as a proof of the compatibility of the proposed feedback control mechanism.

MATERIAL AND METHODS

Pea seeds (Pisum sativum L.) of the green round Servo Holland variety were used in our experiments. Their selection for the experiments, the standard technique of pre-swelling, growth conditions and fixation of the seeds in the growth chamber box have been described in earlier papers (SPURNÝ 1963, 1966 - see (Fig. 1, 2, 3) diagram transparencies). I made shots of the growing radicle on which marks had been drawn with Indian ink, in a liminal position from the front view as well as in a growth chamber adapted for registration of the vertical track of the root apex. From the two trajectories it was possible to reconstruct a spatial image of oscillations. The behaviour of the geotropic stumulated root was studied in the seeds which were fixed in horizontal position on the background-plate of the chamber box. In studies where the centre of both control and geoperception of the root had been eliminated, the root tip in length of 1, 9 mm was amputated (NĚMEC 1964). The existence of oscillations was recorded by means of phase photography as a shadow pictures with frequency 1 frame per 4 hours.

The evaluation of the film records was carried out using special Zeiss microscope with objective 3 x and eyepiece 7 x. There were made 25 film records of the growing root fixed in a liminal position partially in the front view and as a vertical track and 25 film records of growing roots fixed in the horizontal position. A detailed analysis "per frame" was made in the cases of the experiments with amputated root tip and of 5 cases in the group of dark-cultivated roots.

EXPERIMENTAL RESULTS AND DISCUSSIONS

The film recordings show that the growing intact roots perform spiral oscillations (Fig. 4, 5, 6); parameters characterizing the mechanism of elongation as related to oscillation are as follows:

Liminal Position of the Root

1. The trajectories described by the elongating root are screwshaped.
2. The oscillations amplitude changes during the first 60 hours of the root elongation: between 15-24 hours the amplitude is smaller than 1 mm on the average, then it increases and reaches its maxima of $\pm$ 5 mm between 24-36

hours; in the third phase the amplitude diminishes standing in relation to the beginning epicotyl development.

3. A close connection exists between the rate of elongation, the localization of the zone of the fastest growth and the oscillations amplitudes. In the first stage the rate of elongation is relatively small, 2.4×10^{-2} mm/hours on the average, the oscillations are minimal the zone of the fastest elongation being located nearer to the base of the radicule where the oscillatory curving takes place. In the second phase the rate of elongation increases and reaches its maximum about $4. 10^{-1}$ mm/hours and simultaneously the maxima of the oscillations amplitude are attained; the zone of the fastest elongation displacing to the root tip represents the region where the oscillatory curving takes place. After 54 hours the growth rate falls to the value of 10×10^{-2} mm/hours, the oscillations amplitude diminishes and is limited in the narrow zone of the fastest elongation in the region of the root apex.

In general, some factors influencing the oscillatory effect of the growing root could be mentioned: First, one might take it for granted that the type of lightning used in view of its low energy could not induce the oscillatory movements; circumnutations are present in roots cultivated in the darkness. Further experiments observing the possible effect of illumination were made: one-sided illumination (with quality and quantity being the same as with standard series) was used but the parameters of oscillations remain the same. The type of cultivation surroundings seems to be more complicated: it is well known that the autonomous movements of plant differ considerably in relation to the liquid, solid or humide-air media.

It depends not only on the RQ-value but other factors as thigmotropism and hydrotropism can play an important part in the movements of plant organs. LIST (1969) reported that the oscillatory amplitudes of the growing Zea-roots increase with the decrease of the O_2-tension, LARSEN (1957) found circumnutations in Artemisia-roots growing in a nutrient agar between two cover slides, FISHER (1964) described the nutational movements of roots with Poa pratensis L. "that aid in soil penetration and HEAD (1965) studies oscillatory movements of cherry tree roots under natural conditions in soil by means of time lapse camera: the film recordings obtained show that the root tips underwent spiral oscillations with constant frequency. It seems therefore that the oscillatory movements represent a permanent accompanying effect of the elongating in spatially oriented growth of plants organs; moreover we can express this relationship in the following manner: no elongation without oscillation et vice versa.

Horizontal Position of the Root (Geotropic Stimulation):

Roots in this position elongate with standard rate and attain their orthotropic quiet position successively by curving which is accompanied by oscillatory movements. In the first stage roots oscillate more or less lateral, in the second phase, when the substantial part of the elongating root attained geotropically quiet position the apical part of the root underwent standard spiral oscillations.

Decapitated Roots and Their Growth

a) in liminal position b) in horizontal position

a) the rate of elongation of roots with amputated apex is smaller (about 90 % of standard value), the standard displacing of the zones of the fastest elongation can be ascertained but the root does not perform spiral oscillations; this means that the false direction of the growth is not corrected (Fig. 7).
b) roots elongating with rate reduced as given sub a) perform neither geotropic curving nor spiral oscillations. In the first stage roots grow horizontally and only if the physiological regeneration of the root apex started they begin slowly to attain their orthotropic position (Fig. 8).

The behaviour of the elongating roots, their oscillatory movements and the loss of special orientation after decapitation of apex in particular led to the suggestion that the mechanism of the tropic growth of the root could be interpreted on the base of a model of a cybernetic control system where feedback acts to compensate for errors (KARVÉ et al. 1964, HEATHCOTE 1966). We can characterize this approach as a Gradman's theory of "overshooting" 1926 expressed in terms of cybernetics. In order to elucidate it better an analogy is suggested here between the control system of growth and the system of navigation (MOISEJEV 1963): the oontrol centre of a ship consisting of a compass has it analogy in the statolith organ in the root tip cells, the ship rudder corresponds to the mechanism of the auxin's concentration changes in the elongation zone of the root (according CHOLODNY-WENT's theory of the supraoptimal auxin concentration and its transverse transport after geotropic stimulation) enabling local acceleration of growth and unilateral curvature of the organ, while the Diesel engine regulating the ship's speed has its analogy in the total of biochemical factors on molecular level unabling elongation and cell division. The prescribed course of the ship is in the case of radicle given by gravity. When the ship deviates from her course the control centre signalizes deviation to the rudder and the engine parameters are corrected and the ship is brought back on her course after all. The corrected course is signalized back to the control centre. Due to some delay of information between the control centre and the power actuator the resulting trajectory of the ship is not a straight but a wavy line (Fig. 9). Analogously it might be assumed that in the course of the first stage of growth radicles deflected from its direction by accidental irregularities in the growth rate (JOHNSSON 1966). We may assume that the error is signalized from the static organ in the root tip to the hormonal "rudder" in the elongation zone, where the corresponding correction is realized and signalized by feedback to the control centre. The information delay existing between the control centre and the power actuator has an analogous effect: the trajectory of the elongating root is a spatial screw-shaped line (Fig. 10). As to the model of the control system the behaviour of the decapitated root could be interpreted as follows:

a) Liminal position of the root:

Standard rate of elongation and the absence of oscillations signify that the amputation of the apex can neither disturb the function of the hormonal "rudder" nor that of the driving gear in the root but it eliminates the control centre and interrupts the feedback channel to the power actuator. This led to the loss of the spatial orientation what means that the false direction of the growth cannot be corrected.

b) Geotropic stimulated position:

Function of the driving gear is unaffected, the centre of geoperception as well as the control system had been set aside the feedback channel to the power actuator is interrupted.

Consequently the organ behaves in the same manner as might be expected according to the proposed model: the root elongates but it performs neither geotropic curving nor the accompanying oscillatory movements.

If the model is accepted it would mean a new approach to solving problems on the functional level. From the analogy of the two compared systems we can follow the necessity of solving the transport pattern of growth substances and the existence of bioelectric potentials (as possible information channels in plants organs) in respect to the cybernetic control system as proposed.

SUMMARY

Using the time-lapse film technique, activity of the growth centers of the pea seed hypocotyl with radicle (Pisum sativum L.) was followed in the course of the early phases of germination under experimental standard condition. Film records showed that the hypocotyl with radicle underwent spiral oscillations in the course of growth. This phenomenon could be characterized by the following time-space limits: Curving of the hypocotyl with radicle always took place in the zone of the fastest elongation. Maximum deflection of growth corresponds to the time when the maximum growth rate were demonstrated (Fig. 1). The shift of the zone of maximum elongation proceeds in a spiral path, acropetally to the region of the root tip. When studying these self-regulating mechanism the author suggest to use a cybernetic model valid for feedback control system. In order to verify the basic acceptance of the analogy proposed, the trajectory of the growing radicle with the amputated tip, as well as that of the radicle fixed in a geotropic stimulated position are recorded. Although in this case the elongation of the organ was quite normal, neither geotropic curving not spiral oscillations could be observed: the control centre with the feedback mechanism did not come into play to compensate form errors.

LITERATURE

FISHER, J.E., 1964: Evidence of Circumnutational Growth Movements of Rhizomes of Poa pratensis L. that aid in Soil Penetration. Canad. J. Bot. 42, 293-299.

GRADMANN, H., 1926: Die Bewegungen der Ranken und die Überkrümmungs-theorie. Jahrb. wiss. Bot. 65, 224-278.

GRADMANN, H., 1963: Die Rückkoppelung als Urprinzip der Lebensvorgänge. Bayr. Akad. Wiss. Sonderschriften 1.

HEAD, G. C., 1965: Studies of diurnal Changes in Cherry Root Growth and Nutational Movements of Apple Root Tips by Time-lapse Cinematography. Ann. Bot. N. S. 29, 219-224.

HEATHCOTE, D. G., 1966: A new type of rhythmic plant movement: micronutation. J. Exp.Bot. 17, 690-695.

HEJNOWICZ, Z., 1968: Studies on the inhibitory action of auxin on root growth. Acta Soc. Bot. Pol. 3, 451-460.

HEJNOWICZ, Z. and R. O. ERICKSON, 1969: Growth inhibition and recovery in roots following temporary treatment with auxin. Physiol. Plant. 21, 302-313.

JOHNSSON, A., 1965: Photoinduced Lateral Potentials in Zea Mays. Physiol. Plant. 18, 574-576.

JOHNSSON, A., 1965: Investigation of the reciprocity rule by means of geotropic and geoelectric measurements. Physiol. Plant. 18, 945-967.

JOHNSSON, A., 1966: Spontaneous Movements in Plants Studied as a Random Walk Process. Physiol. Plant. 19, 1125-1137.

JOHNSSON, A. and D. ISRAELSSON, 1968: Application of a Theory for Circumnutations to Geotropic Movements. Physiol. Plant. 21, 282-291.

KARVÉ, A. D. and A. S. SALANKI, 1964: Feedback Oscillation of a Relatively High Frequency in Hypocotyl of Carthamus tinctorius L. Z. Bot. 52, 98-102.

LARSEN, P., 1957: The development of geotropic and spontaneous curvatures in roots. Physiol. Plant. 10, 127-163.

LARSEN, P., 1965: Geotropic Responses in Roots as Influenced by their Orientation before and after Stimulation. Physiol. Plant. 18, 747-765.

LIST, A. jr., 1969: Transient Growth Responses of the Primary Roots of Zea mays. Planta 87, 1-19.

MOISSEJEW, W. D., 1963: Fragen der Kybernetik in Biologie und Medizin. Berlin, 1963.

NĚMEC, B., 1964: Über Georezeptoren in Wurzeln. Biol. Plant. (Praha) 6, 243-249.

PILET, P. E., 1953: Auxines et amidon. IV. Essais d'interprétation du géotropisme des racines de Lens culinaris Medicus. Bull. Soc. vaud. Sci. nat. 65, 409.

SPURNÝ, M., 1964: Phasen des Quellungsmechanismus keimender Erbsensamen (Pisum sativum L.). Flora, 155, 167-180.

SPURNÝ, M., 1965: A film study of growth activity of hypocotyl in the early phases of the germinating Pea Seed. Biol. Plant. (Praha) 7, 335-348.

SPURNÝ, M., 1966: Spiral Feedback Oscillations of Growing Hypocotyl with Radicle in Pisum sativum L. Biol. Plant (Praha) 8, 381-392.

SPURNÝ, M., 1968: Effect of Root Tip Amputation on Spiral Oscillations of the Growing Hypocotyl with Radicle of the Pea (Pisum sativum L.). Biol. Plant. (Praha) 10, 98-111.

SPURNÝ, M., 1968: Evidence of a feedback control system in the growing hypocotyl and radicle related to the effect of spiral oscillations and geoperception by the root tip in Pisum sativum L. Folia Biol. Brno 18, 91-97.

Fig. 1. Equipment for cinematographic registration of root growth (Pisum sativum L.).

Fig. 2. Growth chamber for making film recording of pea-root elongation (Pisum sativum L.), adjusted for through-flow of distilled water (flow rate 2 ml./hour). The equipment is fixed on the cross feed of a microscope table, which enables the accurate adjustment of the image in the film frame.
A - panel of black bakelite with aperture for fixing the seed and for time and temperatur markings, B - inflow of distilled water direct on the seed hypocotyl and for soaking the pad of foam polyurethane at the back of the chamber, C - levelling of the water level in the chamber installed outside the chamber, D - tube attached to the water pump, E - illumination of the thermometer scale by means of a low-voltage lamp.

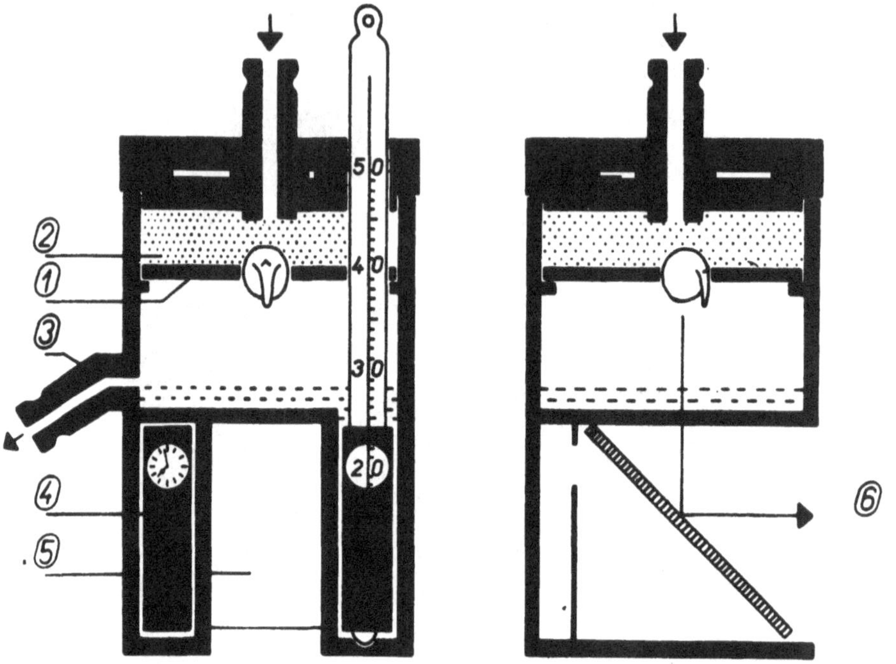

Fig. 3. Continuous-flow growth chamber made of Umaplex for cinematography of the vertical trace of growing pea-root (Pisum sativum L.). Left-hand side, in front view: 1 - plate made of 1 mm black bakelite where the pea seed is fixed, 2 - support of foam polyurethane, soaked in water coming through a tube in the chamber lid, 3 - overflow tube (the constant water level in chamber maintains a high relative humidity), 4 - a black bakelite plate with an opening into which the dial of a watch is projected, 5 - 45° front surface mirror. Right-hand side, in side view: 6 - path of light rays in the camera optics, 7 - projection of the time mark into the opening of the bakelite plate 4.

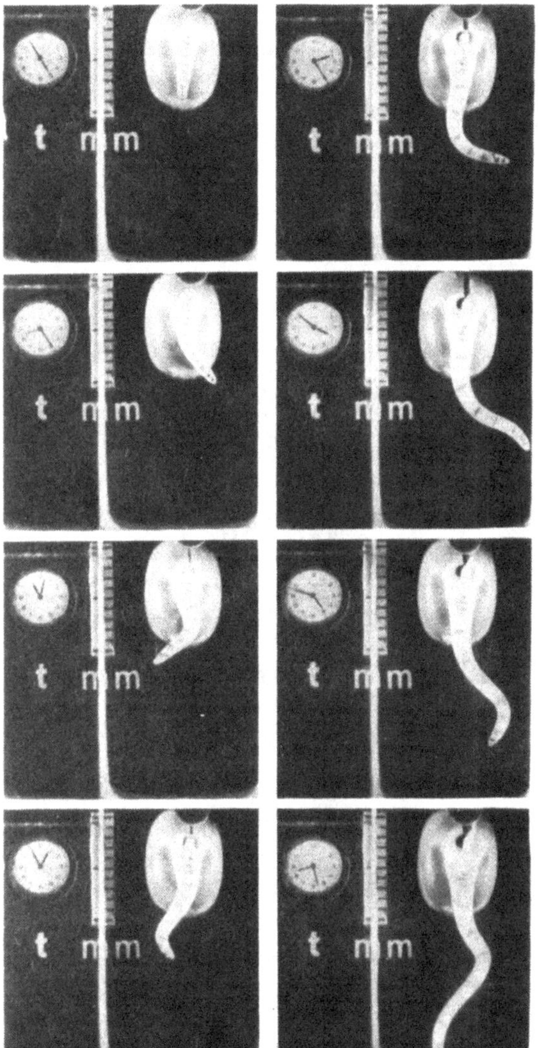

Fig. 4. Phases of spiral oscillations of growing pea-root (Pisum sativum L.), taken from the original cinematographic record. Changes in distance between the Indian ink marks indicate the shift of the maximum elongation zone and simultaneously make it possible to localize the places of origin of maximum deflections direction of growth of the root from the straight positive geotropic.

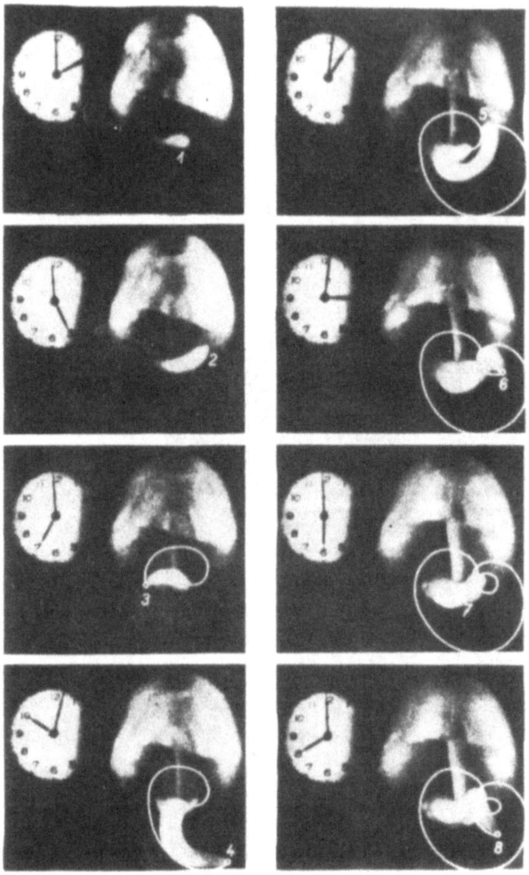

Fig. 5. Phases of spiral oscillations of the growing pea-root (Pisum sativum L.). Figs. 1-8 of the original cinematographic record prepared in the device for recording the vertical trace of the root tip. The shape of oscillations is drawn in the individual pictures.

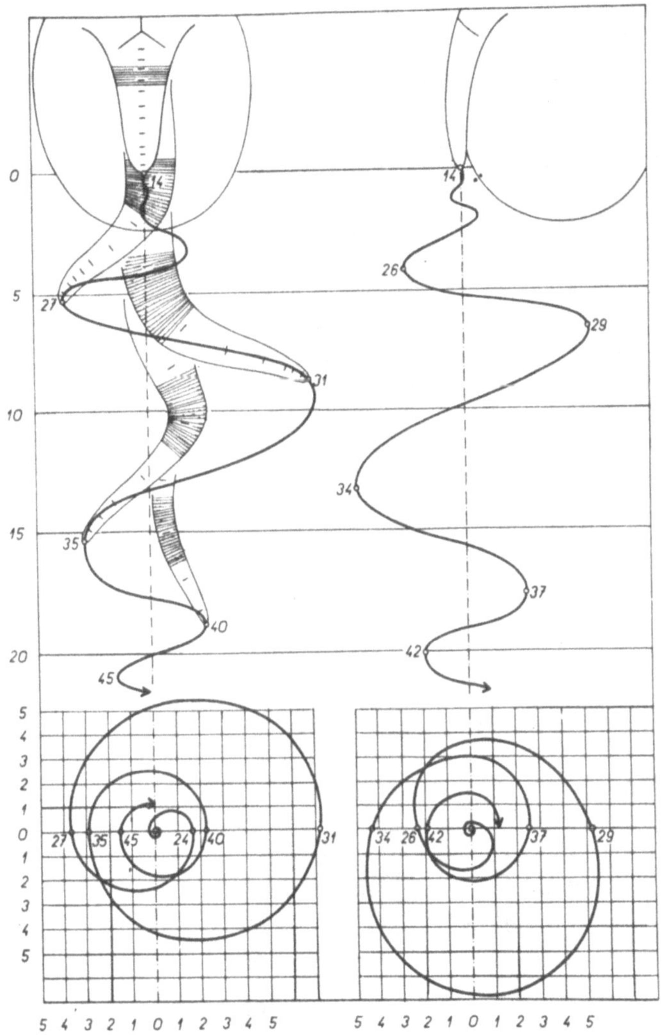

Fig. 6. Spiral oscillations of the growing pea-root (Pisum sativum L.) in an ideal reconstruction according to the film record of experiment No. 4. Above: Oscillation figures, front view (left) and side view (right). Below: oscillation figures in plan view. Values on both curves indicate oscillation amplitude in millimetres; points on curves give the position of the root tip at given hourly intervals. For the sake of clarity the front view contains the positions of the hypocotyl with radicle marked with Indian ink; the hatched portions show the localization of the zones of maximum elongation.

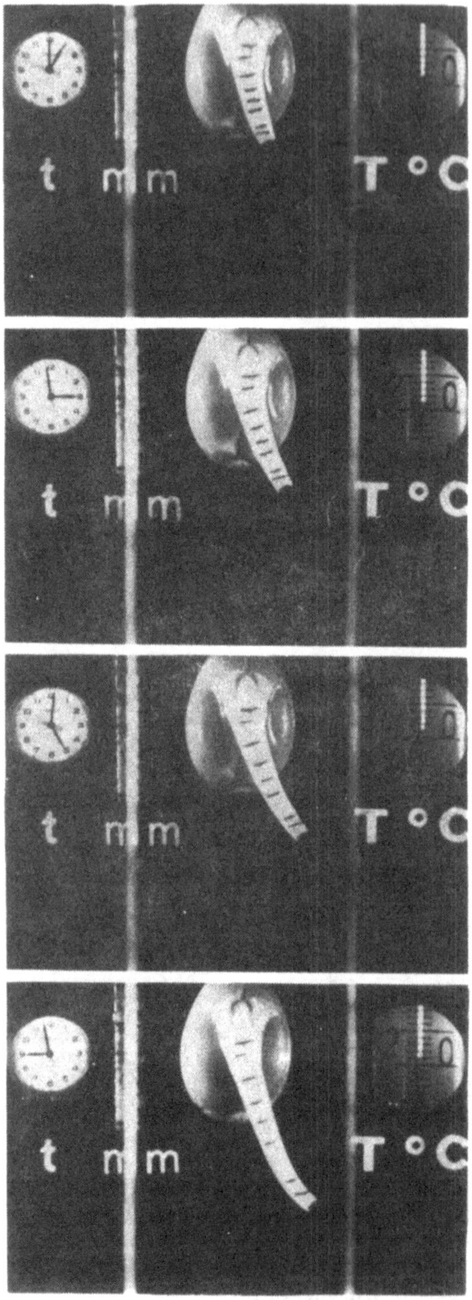

Fig. 7. Phases of the growing radicle with amputated root tip (Pisum sativum L.).

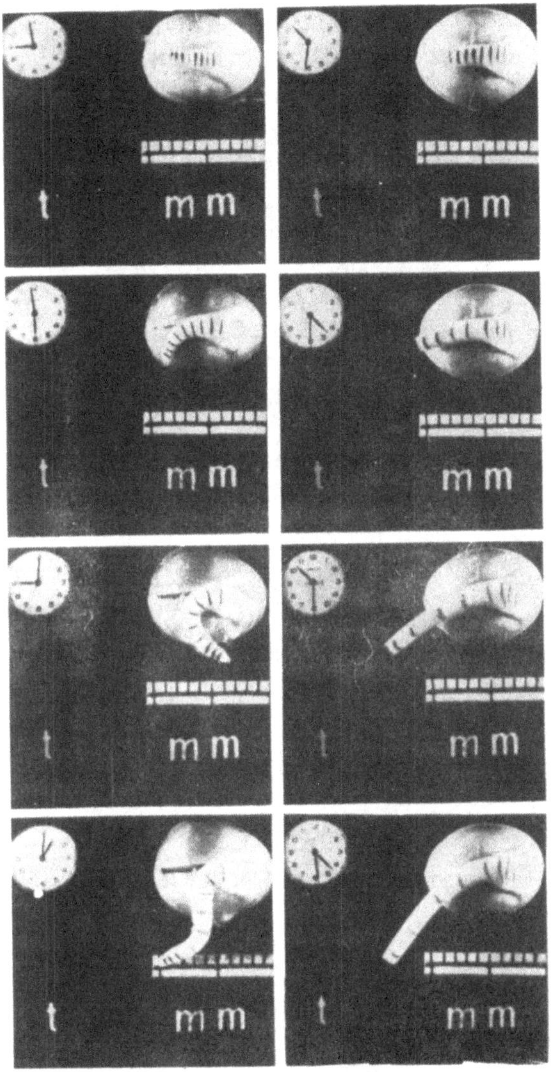

Fig. 8. Geotropic response of the growing radicle of the pea (Pisum sativum L.) situated in horizontal position. At left: phases of the growing root with intact tip shot in 28, 32, 36 and 40 hrs indicating a strong geotropic reaction and standard spiral oscillations. Root with amputated tip (right) taken in 30, 36, 42 and 48 hrs after immersing the seed into water, executing no oscillations, shows a slow geotropic response only.

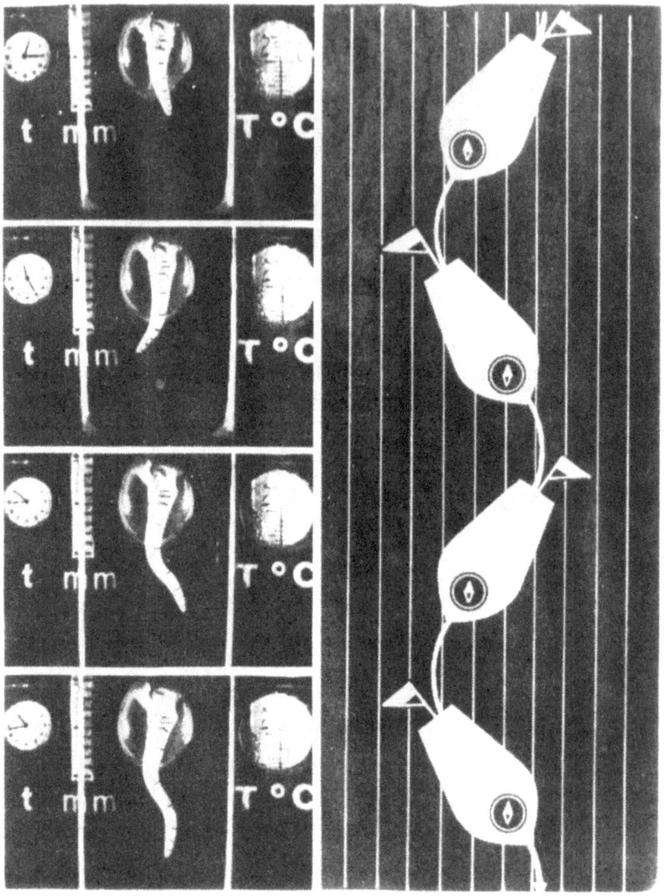

Fig. 9. Trajectories of the growing pea-root (left) and of a vessel due to an analogous feedback control system.

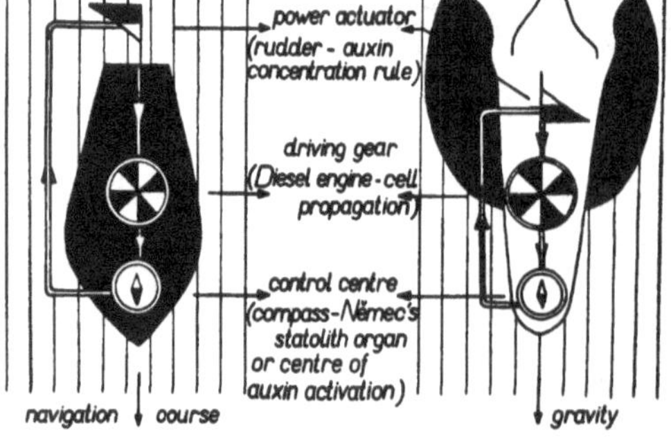

Fig. 10. Control systems analogous for navigation (left) and for root growth of the pea (Pisum sativum L.) with a diagram of the feedback signals.

ZUR DIFFERENZIERUNG DES ENZYMSYSTEMS DER WACHSENDEN WURZELZELLE IM HINBLICK AUF DIE PRIMÄRE N-ASSIMILATION

J. KOHL

Sektion Biologie der Humboldt-Universität zu Berlin

Die wachsende Wurzelspitze ist seit langem ein bevorzugtes Objekt der pflanzenphysiologischen Forschung, weil durch das vergleichende Studium physiologischer Parameter der verschiedenen Wurzelzonen Einblicke in Wachstums- und Differenzierungsprozesse ermöglicht werden. Dabei erweckte das Wesen und die Bedeutung der in den aktiven Meristemen auftretenden partiellen Gärung (RUHLAND und RAMSHORN 1938) und der Zusammenhang mit der Nitratassimilation (vgl. BETZ 1960) das besondere Interesse.

In den vorliegenden Untersuchungen wurde dieses Problem erneut aufgegriffen. Es sollte versucht werden, über die Ermittlung der quantitativen Parameter des Enzymsystems und deren Beeinflussung durch endogene und exogene Faktoren auf strategische Veränderungen des Stoffwechsels zu schließen. Unabdingbare Voraussetzung war jedoch, die nachgewiesenen Störungen der exakten Aktivitätsbestimmung vieler Enzyme (NR[1], LDH, MDH u. a.) auszuschalten. Dies gelang durch eine für Routineuntersuchungen geeignete Methode, die bereits früher beschrieben wurde (KOHL 1969).

---

1) Abkürzungen: ADH: Alkoholdehydrogenase (E. C. 1. 1. 1. 1.); G6PDH: Glukose-6-Phosphatdehydrogenase (E. C. 1. 1. 1. 49); ICDH: NADP-Isocitrat-Dehydrogenase (E. C. 1. 1. 1. 42); LDH: Laktatdehydrogenase (E. C. 1. 1. 1. 27); ME: "malic-enzyme" (E. C. 1. 1. 1. 40); MDH: Malatdehydrogenase (E. C. 1. 1. 1. 37); NR: Nitratreduktase (E. C. 1. 6. 6. 1.); PEPCO: Phosphoenolpyruvatcarboxylase (E. C. 4. 1. 1. 31); TIM: Triosephosphatisomerase (E. C. 5. 3. 1. 1.); FG: Frischgewicht.

MATERIAL UND METHODEN

Die Maispflanzen wurden nach dem Quellen (24 h) in Sandkultur (2 d, +25 °C) und danach in Hydrokultur auf gut belüfteten Nährlösungen, wie im einzelnen noch erläutert wird, herangezogen. Die Gewinnung der Extrakte in der Reibschale, Reinigung mittels Sephadex G 25, sowie die Zusammenstellung der Testsysteme und die Aktivitätsbestimmung erfolgten wie bereits beschrieben (KOHL 1971).

ERGEBNISSE UND DISKUSSION

Zunächst wurden die Enzymmuster der verschiedenen Wurzelzonen 3 d alter Keimpflanzen von Zea mays L. und 6 d alter Jungpflanzen, die auf N-freier, NO^-_3- bzw. NH^+_4-haltiger Nährlösung herangezogen wurden, untersucht. Beim Vergleich der absoluten Aktivitäten (Aktivität / gFG) der untersuchten Enzyme zeigte sich ein zwar unterschiedlich starker, aber regelmäßig auftretender Abfall dieser Größe im Verlauf der Zellentwicklung. Proportionskonstant zu den absoluten Aktivitäten einiger Enzyme sinkt auch der Proteingehalt der sukzessiven Segmente. Daher gestattet der Vergleich der spezifischen Aktivität (Aktivität / mg Gesamtprotein) auffälligere Einblicke in das Differenzierungsmuster des Enzymsystems der wachsenden Wurzelzelle (Abb. 1, Abb. 2). Während diese Größe bei einigen Enzymen nahezu konstant bleibt (TIM, PEPCO, NADP-ICDH, MDH, NR), steigt sie bei der G6PDH im Übergang zur Streckungszone und bei ME während der gesamten Zellentwicklung an. Diese Veränderungen treten sowohl bei 3 d alten, völlig heterotrophen (Abb. 1) als auch bei zumindest teilweise autotrophen 6 d alten Jungpflanzen (Abb. 2) auf.

Die festgestellte Steigerung der G6PDH-Aktivität während der Zellentwicklung bestätigt frühere Untersuchungen von KHAVKIN und Mitarbeitern (1968). Die parallel verlaufende Steigerung der ME-Aktivität ist in diesem Zusammenhang jedoch von besonderem Interesse. Schließt man sich der Auffassung an, daß die Funktion des ME vorwiegend in der oxidativen Decarboxylierung des Malats besteht (DANNER und TING 1967, TING und DUGGER 1967), so kann diese Parallelität der Erscheinung auf die gleiche funktionelle Kausalität ($NADPH_2$-Lieferung) zurückgeführt werden. Weiterhin verschieben sich durch diesen Aktivitätsanstieg die Proportionen zu den anderen in den Malatstoffwechsel eingreifenden Enzymen (MDH, PEPCO). Eine mögliche Schlußfolgerung wäre: die CO_2-Fixation im Meristem dient im wesentlichen der Lieferung von C-Körpern für die Aminosäure-Biosynthese, in den älteren Stadien der Zellentwicklung von zusätzlichem $NADPH_2$.

Im Gegensatz zu früheren Untersuchungen anderer Autoren konnte in allen untersuchten Wurzelzonen eine gleich hohe spezifische Aktivität der Nitratreduktase nachgewiesen werden (vgl. dagegen WALLACE und PATE 1968, KHAVKIN 1969). Darüber hinaus ist die Nitratreduktase-Aktivität auch in der Wurzel vom Nitratangebot abhängig, d.h. sie wird erst bei Nitratangebot induziert (vgl. BEEVERS und HABEMANN 1969) und steigt in Abhängigkeit von der Nitratkonzentration der Nährlösung bis zu einer maximalen Aktivität bei etwa 1 - 5 mM Nitrat an (Abb. 3) (KOHL, SOMMERFELD, DUDEL unveröffentlicht).

Hinsichtlich der ADH-Aktivität unterscheiden sich 3 d und 6 d alte Pflanzen jedoch beträchtlich. Die spezifische ADH-Aktivität ist in der Keimpflanzenwurzel wesentlich höher und sinkt in diesem Objekt im Verlauf der Zellentwicklung ab. In den Wurzeln 6 d alter Jungpflanzen liegt ihr Wert dagegen allgemein niedriger und in allen Zonen in gleich hoher Aktivität vor. Die spezifische Aktivität der LDH zeigt dagegen keine ausgeprägten Veränderungen innerhalb dieses Prozesses. Als auslösende Faktoren für diese Veränderungen konnten einerseits die unterschiedlichen morphologischen Parameter (Durchmesser, Packungsdichte der Zellen) und die dadurch bedingten Unterschiede der Gasdiffusionswiderstände und andererseits die unterschiedliche Stoffzufuhr aus dem Endosperm (Keimpflanzen) und dem Blatt, sowie der Nährlösung (6 d alte Jungpflanzen) angesehen werden. Mit RADTKE und SCHADE wurde daher zunächst die Frage aufgegriffen, ob auch unter identischen Anzuchtbedingungen (Sandkultur) die ADH-Aktivität im Verlauf der Organentwicklung absinkt. Es zeigte sich tatsächlich beim Vergleich von 2-, 3- und 7-cm-langen Keimpflanzenwurzeln (Alter 3-4 Tage) eine rapide Verminderung der absoluten und der relativen, auf den Wert der jeweiligen ICDH-Aktivität bezogenen ADH-Aktivität (Abb. 4). Somit konnte diese Veränderung mit großer Wahrscheinlichkeit auf die abnehmende Dicke der Wurzel, d.h. auf die damit veränderte Sauerstoffversorgung zurückgeführt werden. Andererseits kann aber auch eine bedeutende Zufuhr von Äthanol aus dem Scutellum, das durch eine sehr hohe ADH-Aktivität charakterisiert ist (KHAVKIN und SELEJEVA, persönl. Mitt., FEIERABEND 1966) und eine dadurch bedingte ADH-Induktion nicht ausgeschlossen werden. Dieser Faktor dürfte im Verlauf der Organentwicklung ebenfalls an Bedeutung verlieren und könnte zur Verminderung der ADH-Aktivität führen.

Zur Klärung dieser Möglichkeiten wurde die Frage untersucht, ob bei einer Verminderung der Sauerstoffzufuhr eine Steigerung der ADH-Aktivität auftritt und welchen Einfluß Nitrat unter den verschiedenen Aerobiosegraden ausübt. Dazu wurden 3 d alte Keimpflanzen nach der Sandkultur auf N-freie bzw. nitrathaltige Nährlösungen (modifizierte KNOP-Nährlösung) mit starker bzw. ohne Belüftung umgesetzt und 18 Stunden im Dunkelthermostaten bei +25 °C belassen. Unter diesem Einfluß zeigte sich, daß die Aktivität der ADH bei Sauerstoffmangel wesentlich erhöht ist (Abb. 5). Alle anderen untersuchten Enzyme (TIM, MDH, PEPCO, G6PDH) werden von diesem Faktor entweder nicht signifikant oder entgegengesetzt (ICDH) beeinflußt. Gleichzeitig wurde eine auffällige Abhängigkeit vom Nitratangebot beobachtet, denn in Anwesenheit von Nitrat ist der Anstieg der ADH-Aktivität bei Verminderung der Sauerstoffzufuhr wesentlich geringer. Auch bei Belüftung senkt Nitrat die ADH-Aktivität, jedoch nur im Meristem.

Ein Zusammenhang zwischen Nitratassimilation und Kohlenhydrat-Abbau besteht einerseits in der Lieferung von C-Körpern und Energieäquivalenten für die Aminosäurebiosynthese und andererseits in der Bereitstellung von Reduktionsäquivalenten für die Nitratreduktion. Aus den vorliegenden Ergebnissen lassen sich einige interessante Aspekte für den letztgenannten Zusammenhang gewinnen. Möglicherweise kann bei akutem Sauerstoffmangel, der bei Abwesenheit von Nitrat zu einem rapiden Anstieg der ADH-Aktivität führt, das Nitrat durch Verbrauch der Reduktionsäquivalente den Sauerstoff als Elektronen-Akzeptor hinsichtlich der zellphysiologischen Wirkung vertreten. Die Folge ist eine geringere Notwendigkeit der Steigerung der glykolytischen Potenz, in diesem Fall der ADH-Aktivität.

Unter Berücksichtigung der Tatsache, daß die ADH-Aktivität der Wurzelspitze im Verlauf der Organentwicklung sinkt (Abb. 4), sollte angenommen werden, daß der Anstieg der Aktivität unter Sauerstoffmangel bei älteren Pflanzen noch drastischer ist. Diesbezügliche Untersuchungen bestätigten überzeugend die Richtigkeit dieser Überlegungen (Tab. 1).

Es war zunächst aber wenig plausibel, warum die Aktivität der ADH ohne Belüftung in den Wurzeln älterer Pflanzen höher ist. Ein interessanter Zusammenhang ergibt sich aber wiederum mit der Nitratreduktion, denn die Nitratreduktase-Aktivität sinkt im Verlauf der Organentwicklung in der Wurzelspitze ab und beträgt bei 10 d-alten Pflanzen nur noch 50 %. Dieser Sachverhalt kann damit erklärt werden, daß die Nitratassimilation durch die NR begrenzt wird und somit

Tabelle 1

Die ADH-Aktivität (nMol . min^{-1} . g FG^{-1}) der 1 cm-Wurzelspitze von 4 d- bzw. 10 d-alten Maispflanzen mit und ohne Belüftung der Nährlösung (KNOP, 11mM NO_3^-)

Alter	Aktivität mit Belüftung	Aktivität ohne Belüftung	Anstieg in %
4 d	220 ± 65	616 ± 85	280
10 d	125 ± 33	1063 ± 169	850

in den Wurzeln älterer Pflanzen der Mangel an Elektronen-Akzeptoren stärker in Erscheinung tritt.

Die Ergebnisse vorliegender Untersuchungen bestätigen, daß die partielle Gärung im Meristem in erster Linie auf Sauerstoffmangel zurückzuführen ist. Dieser ist im wesentlichen morphologisch bedingt (vgl. BUDER 1967), unter natürlichen Bedingungen aber sicher stark von der Intensität der Bodendurchlüftung abhängig.

Der große Einfluß des Nitrats auf das Enzymsystem im Meristem und bei Sauerstoffmangel weist nachdrücklich auf die Bedeutung der Nitratassimilation durch die ontogenetisch jungen Stadien der Zellentwicklung (vgl. dagegen KHAVKIN 1968 und 1969, WALLACE und PATE 1968) und besonders bei mangelndem Sauerstoffzutritt hin.

LITERATUR

BEEVERS, L. und R. H. HAGEMANN, 1969: Annual Rev. Plant Physiol. 20. 495.

BETZ, A., 1960: in W. RUHLAND (Hrsg.) Handbuch der Pflanzenphysiologie, XII/2, Springer, Berlin-Göttingen-Heidelberg.

BUDER, E., 1967: Flora A 158, 298.

DANNER, I. und I. P. TING, 1967: Plant Physiol. 42, 719.

FEIERABEND, J., 1966: Planta 71, 326.

KOHL, J. -G., 1969: Flora A 160, 253.

KOHL, J. -G.: Biol. Zentralbl., im Druck.

KHAVKIN, E. E., R. T. POLIKARPOTSCHKINA, O. M. BABURINA und E. W. TOKAREVA, 1968: Dokl. Akad. Nauk SSSR 178, 737.

KHAVKIN, E. E., 1969: Biol. Rdsch. 7, 129.
RUHLAND, W. und K. RAMSHORN, 1938: Planta 28, 472.
TING, I. P. und W. M. DUGGER, 1967: Plant Physiol. 42, 712.
WALLACE, W. und J. S. PATE, 1967: Ann. Botany 31, 213.

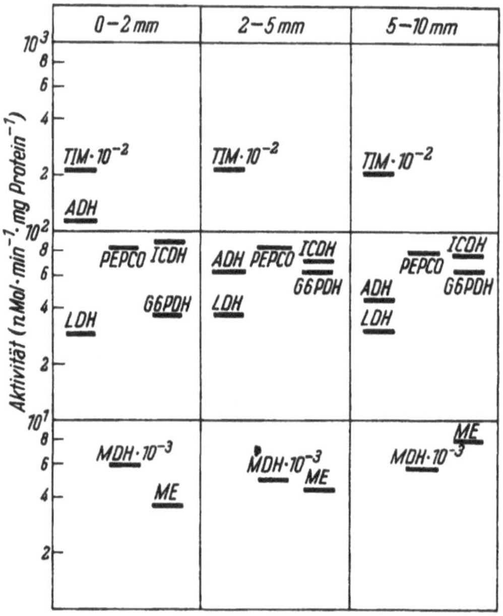

Abb. 1. Enzymmuster (spezifische Aktivität) der verschiedenen Segmente der Wurzelspitze 3 d-alter Maiskeimpflanzen.

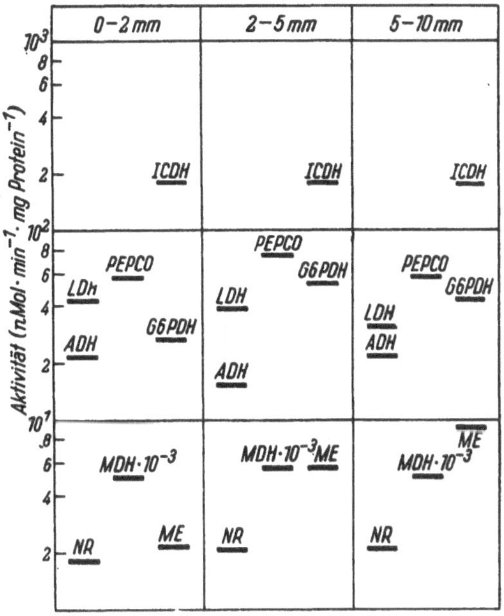

Abb. 2. Enzymmuster (spezifische Aktivität) der verschiedenen Segmente der Wurzelspitze 6 d-alter Jungpflanzen von Zea mays L. bei Anzucht auf nitrathaltiger Nährlösung.

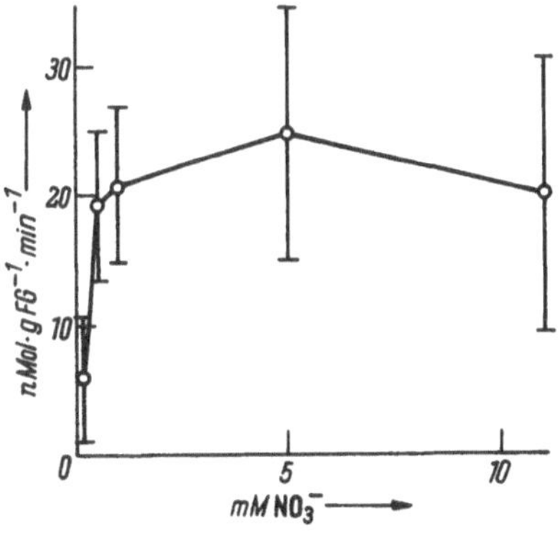

Abb. 3. Die Aktivität der Nitratreduktase in der 1 cm langen Wurzelspitze 10 d-alter Keimpflanzen von Zea mays L. in Abhängigkeit von der Nitratkonzentration der Nährlösung (KNOP, modifiziert).

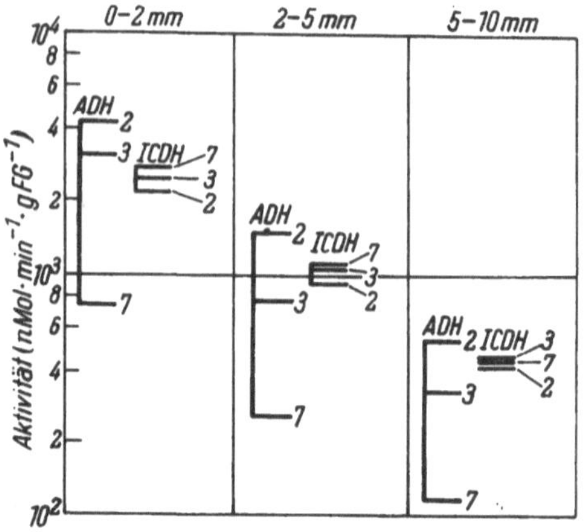

Abb. 4. Die Veränderung der absoluten Aktivitäten der ADH und der ICDH (NADP) in den drei Zonen der Wurzelspitze von Zea mays L. in Abhängigkeit vom Alter der Keimpflanzen (Wurzellänge 2, 3 bzw. 7 cm).

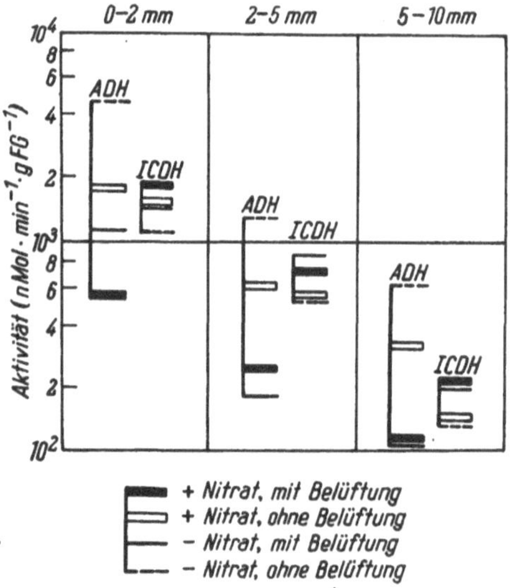

Abb. 5. Der Einfluß partieller Anaerobiose (+ Belüftung der Nährlösung) auf die ADH- und ICDH (NADP)-Aktivität 4 d-alter Keimpflanzen von Zea mays L. in nitrathaltiger und N-freier Nährlösung (KNOP, modifiziert).

ENZYMATISCHE IDENTIFIKATION DER ANTIGENE IN DEN WACHSENDEN ZELLEN DER WURZEL VON ZEA MAYS L.

J.-G. KOHL, S.I. MISHARIN, W.N. IVANOV und E.E. KHAVKIN

Sektion Biologie der Humboldt-Universität zu Berlin, DDR, und
Sibirisches Institut für Physiologie und Biochemie der
Pflanzen der Akademie der Wissenschaften der UdSSR, Irkutsk.

Immunochemische Methoden haben noch keine breite Anwendung bei der Untersuchung der Zelldifferenzierung höherer Pflanzen gefunden. Es liegen bisher nur wenige Arbeiten auf diesem Gebiet vor. So wurden z.B. die qualitative und quantitative Veränderung des Proteinspektrums über die Bestimmung organ-, gewebe- und phasenspezifischer Antigene aufgenommen für aufeinanderfolgende Phasen des Zellwachstums in Tabak-Gewebekulturen, in Blattschuppen der Zwiebel, der Weizenkoleoptile und in Maiswurzeln (1-3). In den meisten Fällen konnte jedoch die Spezifität der Antigene nicht charakterisiert werden und eine Aussage über die zellphysiologische Bedeutung des Differenzierungsmusters der Antigene war nur bedingt möglich. Daher ist die Identifikation der Antigene für die Verwendung der immunchemischen Methoden zur Klärung physiologischer Fragestellungen von ausschlaggebender Bedeutung.

Die direkte Identifikation spezifischer Antigene kann durch ihre Abtrennung mittels erschöpfter Antiseren erfolgen. Das setzt jedoch die Bewältigung erheblicher technischer Schwierigkeiten voraus. Umgekehrt lassen sich sehr effektive Resultate unter Einsatz monospezifischer Antiseren gewinnen. Diese Methode erfordert aber die vorhergehende qualitative Identifikation der Antigene und ist nur bei wenigen pflanzlichen Proteinen aussichtsreich, weil deren Stabilität bei weitgehender Reinigung sehr gering ist. Daher ist auch die Anwendung dieser Methode noch eingeschränkt (4-6).

In der vorliegenden Mitteilung soll über eine wesentliche Etappe der Kombination dreier Methoden berichtet werden, deren Bewältigung die Bedeutung immunchemischer Verfahren in der Pflanzenphysiologie bedeutend erhöhen könnte. Die erste besteht in der Zuordnung der Antigene zu intrazellulären Kompartimenten bzw. zu Zellorganellen, z. B. den Mitochondrien. Der zweite Zugang sieht die weitere Fraktionierung der Antigene nach dem Molekulargewicht vor. Durch diese Eingrenzung wird der dritte Weg, die direkte enzymatische Identifikation der Antigenproteine, erleichtert. Allerdings mußte die Absicht, im Präzipitat noch die enzymatische Aktivität des Antigens nachzuweisen, skeptisch beurteilt werden, weil einerseits innerhalb der benötigten Versuchszeiträume pflanzliche Enzyme einen starken Aktivitätsverlust erleiden und andererseits das Wesen der Immunpräzipitation darin besteht, daß u. a. die enzymatischen Aktivitäten der Fremdproteine blockiert werden.

Im Rahmen dieser Untersuchungen wurden zunächst die Antigenspektren der Wachstumszonen der Maiswurzel und der Koleoptile aufgenommen (KHAVKIN und Mitarbeiter 1971, im Druck) und es gelang, organ- und phasenspezifische Antigene festzustellen. Es wurde vermutet, daß einige spezifische Antigene der älteren Wachstumszonen der Wurzelzellen im Ergebnis der Mitochondriogenese erscheinen. Tatsächlich zeigten alle drei Antiseren aus Proteinen der Wachstumszonen der Wurzel mit dem Extrakt reifer Mitochondrien bis 5 Antigene, in homologer Reaktion mitochondrialer Proteine mit mitochondrialen Antiseren ließen sich jedoch 9 Präzipitationslinien feststellen. Die direkte und überkreuzte Reaktion mit den Proteinen und den Antiseren aus der Streckungszone und den Mitochondrien gestattete, die drei am stärksten ausgeprägten Präzipitationslinien als mitochondriale Antigene festzustellen (Abb. 1).

Danach sollten die Antigene auf den Immunelektropherogrammen meristematischer Proteine mit Antiseren der Streckungszone bzw. der Mitochondrien enzymatisch identifiziert werden. Dazu wurden die Immunelektropherogramme nach dem Auswaschen der nichtpräzipitierten Proteine in Anwesenheit der entsprechenden Substrate mit NAD bzw. NADP, Phenazinmethosulfat und Nitroblau-Tetrazolium inkubiert. Die unspezifische Esterase wurde mit Naphthylacetat und Variamin Blau RT nachgewiesen. Zunächst wurden aber mit gleicher Methode die Enzyme Esterase, SDH, MDH, NAD-GDH, NADP-ICDH, G6PDH, ADH und LDH auf dem Elektropherogramm ohne Präzipitation nachgewiesen und ihre relative elektrophoretische Beweglichkeit ermittelt. Von diesen Enzymen konnten dann die Esterase, die MDH und die NAD-GDH als Antigene durch die Formazan- bzw. Azofarbstoffbildung auf einer Präzipitatlinie identifiziert werden (Abb. 2). Als Kontrolle diente das Inkubationsgemisch ohne Substrat. Eine wesentliche Stütze für diese Aussage resultiert aus der völlig identischen Lage des Antigens vor und nach der Immunpräzipitation, so daß ein möglicher Artefakt, der durch Adsorption der entsprechenden Serumenzyme am Präzipitat entstehen kann, ausgeschlossen sein dürfte.

Der Nachweis der Aktivitäten aller anderen o. g. Enzyme gelang auf den Präzipitationslinien nicht. Als Ursache kann einerseits die allgemeine Inaktivierung dieser Enzyme innerhalb des relativ langen Versuchszeitraumes (3d) oder die spezifische Inaktivierung bei der Präzipitation und andererseits die Tatsache angesehen werden, daß diese Enzyme keine Antigeneigenschaften besitzen oder sie in zu geringer Konzentration vorliegen.

Die Formazan-Bildung mit Malat und NADP konnte nach Überprüfung nicht als ME-Aktivität angesehen werden, weil die Lage der Präzipitationslinie mit der MDH identisch ist und in Abwesenheit von Mg^{++} die Aktivität sogar noch höher lag. Es ist also nicht ausgeschlossen, daß die Reaktion durch NADP-Dephosphorylierung (enzymatisch durch eine Phosphatase oder nichtenzymatisch) zustande kommt oder das NADP-Präparat (Reanal) geringe Mengen von NAD als Verunreinigung enthält. Die Identifikation der Esterase ist wegen der geringen Substratspezifität der Reaktion von relativ geringer Aussagekraft.

Von besonderer Bedeutung ist jedoch die Identifikation der MDH und der NAD-GDH als Antigene, wobei beide sowohl mit dem Antiserum der Streckungszone als auch der Mitochondrien nachweisbar sind (Abb. 2). Es zeigen sich darüber hinaus Isoenzymbanden, deren unterschiedliche Aktivität bei Reaktion mit den beiden Antiseren eine unterschiedliche intrazelluläre Lokalisation vermuten lassen. Antigen b dürfte als vorwiegend zytoplasmatische, Antigen c als vorwiegend mitochondriale MDH angesehen werden. Eine weitergehende Aussage ist wegen der nicht absoluten Reinheit der Mitochondrienfraktion nicht möglich. Die GDH kann bei Berücksichtigung der Intensität der Banden als mitochondriales Antigen angesehen werden, wobei die Identität mit einer Präzipitationslinie auf dem mit Amidoschwarz angefärbten Antigenspektrum schwerfällt, denn der enzymatische Nachweis ist weitaus empfindlicher als die Reaktion mit Amidoschwarz.

Wie auf Agar ist auch auf Agarose die MDH identisch mit der stärksten Präzipitationslinie (Abb. 3). Auch bei Bewertung dieser Elektropherogramme kann man Antigen b als vorwiegend zytoplasmatisches und c und d als vorwiegend mitochondriale Antigene ansehen.

Die Gelfiltration (Sepharose 4 B bzw. Sagavac 6) gestattet die schnelle Abtrennung der Proteinfraktion mit einem Molekulargewicht von 10^5 bis $4 \cdot 10^5$, welcher die Mehrzahl der interessierenden Enzyme angehört. Die Immunelektropherogramme auf Agar zeigen die Zugehörigkeit von mindestens 6 Antigenen zu dieser Fraktion, von denen etwa 4 als mitochondriale anzusehen sind (Abb. 4). Auch in diesen Spektren lassen sich die Antigene b und c als unterschiedlich lokalisierte Isoenzyme der MDH identifizieren. Eine Bewertung hinsichtlich der Doppelbande der GDH ist schwierig, weil die Aktivität relativ schwach ist und in der deshalb längeren Inkubationszeit andere Einflüsse störend interferieren können (Diffusion der Substrate und Kofaktoren).

Mit Hilfe der Kombination dieser drei Methoden ist es erstmalig gelungen, die Natur zweier Antigene der wachsenden Wurzelspitze von Zea mays L. und deren intrazelluläre Lokalisation festzustellen. Damit sind neue methodische Möglichkeiten für die Klärung physiologischer Problemstellungen gegeben.

LITERATUR

1. WRIGHT, S.T.C., 1963: Sympos. Soc. Exp. Biol. 17, 18.
2. BUTENKO, R.G. und A.D. WOLODARSKI, 1967: Fiziol. rast. 14, 965.
3. REIMERS, F.E. und E.E. KHAVKIN, 1970: Fiziol. rast. 17, 337.
4. GRABAR, P. und J. DAUSSANT, 1964: Cereal Chem. 41, 523.
5. KLEINKOPF, G.E., R.C. HUFFAKER und A. MATHESON, 1970: Plant Physiol. 46, 416.
6. RYAN, C.A. und W. HUISMAN, 1970: Plant Physiol. 45, 484.

ANHANG

Abkürzungen:

ADH: Alkoholdehydrogenase (E. C. 1.1.1.1.), GDH: NAD-Glutamatdehydrogenase (1.4.1.2.), G6PDH: Glucose-6-phosphat-dehydrogenase (E. C. 1.1.1.49), ICDH: NADP-Isocitratdehydrogenase (1.1.1.42), LDH: Laktatdehydrogenase (1.1.1.27), ME: "malic enzyme" (E. C. 1.1.1.40), MDH: Malatdehydrogenase (1.1.1.37), SDH: Succinatdehydrogenase (1.3.99.1), AS: Amidoschwarz 10 B.

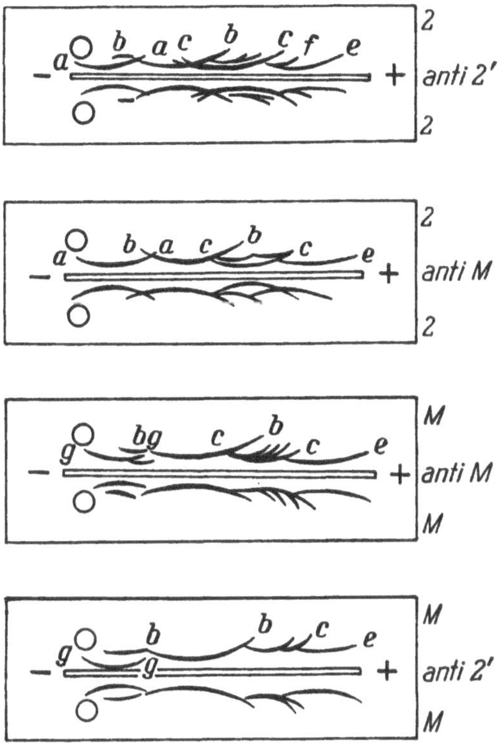

Abb. 1. Antigenspektren bei homologer und heterologer Reaktion von Proteinextrakten aus der Streckungszone (2) bzw. Mitochondrien (M) von Zea mays L. mit den korrespondierenden Antiseren (Anti 2' bzw. Anti M) (Agarose).

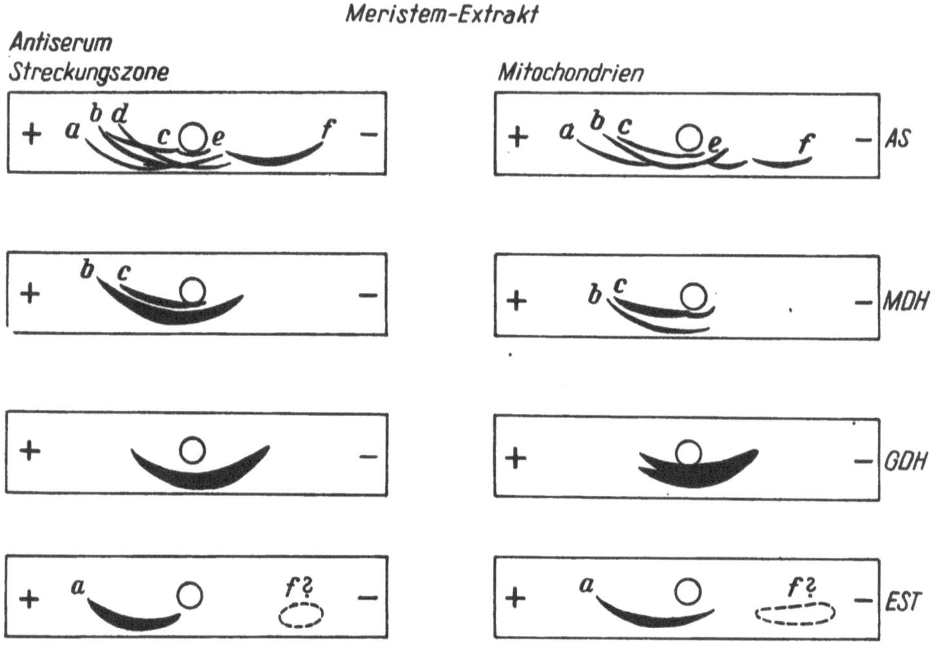

Abb. 2. Antigenspektren und Zymografie der MDH, NAD-GDH und einer unspezifischen Esterase auf dem Immunelektropherogramm von Maiswurzelproteinen (Meristem) und Antiseren der Streckungszone sowie der Mitochondrien (Agar).

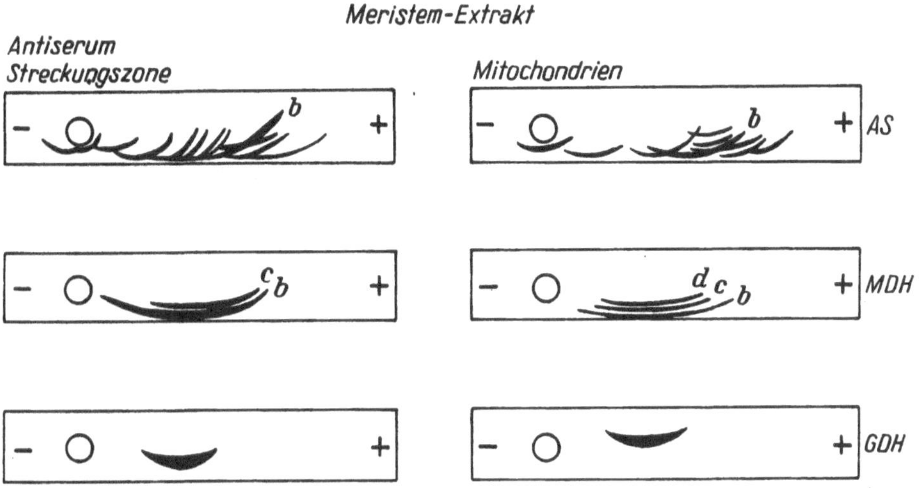

Abb. 3. Antigenspektren und Zymografie der MDH und NAD-GDH auf dem Immunelektropherogramm von Maiswurzelproteinen (Meristem) und Antiseren der Streckungszone sowie der Mitochondrien (Agarose).

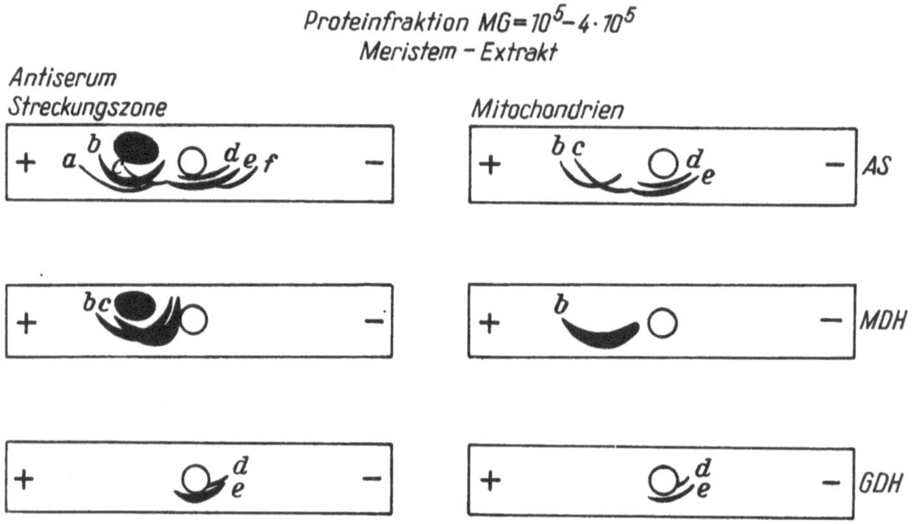

Abb. 4. Antigenspektren und Zymografie der MDH und NAD-GDH bei Reaktion der meristematischen Proteinfraktion (MG = 10^5 bis $4 \cdot 10^5$) (Sepharose) mit Antiseren aus der Streckungszone und Mitochondrien von Maiswurzeln (Agar).

ÜBER DIE REGULATION DER AMINOSÄUREBIOSYNTHESE IN UNTERSCHIEDLICH DIFFERENZIERTEN WURZELZONEN VON KEIMPFLANZEN

D. BLOHM

Sektion Biologie der Humboldt-Universität zu Berlin

In jedem Gewebe wird durch Transaminierungen und andere N-Umlagerungsreaktionen innerhalb der freien Aminosäuren, durch Eiweißsynthese und -abbau und über andere Stoffwechselreaktionen, in deren Verlauf freie Aminosäuren verbraucht oder gebildet werden, ein spezifisches Muster der freien Aminosäuren im Fließ-Gleichgewicht aufrechterhalten. Die Bedeutung dieser pool-Aminosäuren für alle Bereiche des N-Stoffwechsels wird in Abbildung 1 schematisch dargestellt.

Nach UMBARGER (1969) kommunizieren die einzelnen Aminosäuren ihren biosynthetischen Familien entsprechend in unterschiedlichem Ausmaß. Da bekannt ist, daß die Wurzel zur Assimilation von Nitrat- bzw. Ammonium-N befähigt und diesbezüglich für die Gesamtpflanze von wesentlicher Bedeutung ist, besitzen die Fragen nach der Regulation der Biosynthese der Aminosäuren innerhalb der Pflanzenwurzel und Probleme ihres Transportes besondere Aktualität. Ihre Analyse setzt Kenntnisse über die Fließgeschwindigkeiten zwischen den Aminosäure-pools bzw. ihren Kompartimenten voraus (OAKS und BIDWELL, 1970). Aber auch Gehaltsveränderungen können Aufschluß über Regulationsprinzipien geben, wenn sie an Geweben erfaßt werden, in denen die Regulation einheitlich erfolgt.

Bisher wurden in der Regel größere Wurzelbereiche oder ganze Wurzeln für derartige Untersuchungen verwendet, weil bei dem gegebenen Stand der quantitativen Aminosäure-Analytik die Bestimmung der pool-Aminosäuren an sehr kleinen Proben pflanzlichen Materials insbesondere für Glutamin und Asparagin recht schwierig war. Es war daher zunächst im Sinne einer Bestandsaufnahme zu prüfen, ob sich die Muster der freien Aminosäuren innerhalb der Wurzelspitze allein im Zuge der Zelldifferenzierung wesentlich verändern. Von der Klärung dieser Frage hängt es ab, ob einheitliche Regelungssysteme im Wurzelgewebe vorausgesetzt werden dürfen, oder ob die Aminosäure-Muster bei Einbeziehung unterschiedlich differenzierter Gewebe das Ergebnis von Vermischungen sind.

Durch einige Modifizierungen am "Unichrom"-Aminosäure-Analysator der Fa. Beckman Instruments wurde eine Empfindlichkeitssteigerung bis unter die Nanomol-Grenze erreicht. Gleichzeitig wurde durch Kombination von Lithium- und Natrium-Puffern ein neues Einsäulenverfahren entwickelt. Es erlaubt erstmalig, mehr als 53 ninhydrinpositive Komponenten einschließlich der beiden Amide in einem Analysengang vollautomatisch in weniger als 6 Stunden zu bestimmen (BLOHM, 1970). Der notwendige Aufarbeitungs- und Reinigungsgang der Proben erfordert nach der alkoholischen Extraktion lediglich ein Umlösen in HCl mit anschließender Trocknung im Vakuumrotationsverdampfer über Natronlauge. In Abbildung 2 sind eine Aminosäure-Test-Analyse und ein charakteristisches Aminosäure-Muster aus Maiskeimwurzeln wiedergegeben. In der Bezeichnung der noch nicht identifizierten Komponenten kennzeichnet der Buchstabe den Elutionspuffer, mit dem die Komponente eluiert wird, während die Zahl die Elutionszeit nach seiner Einschaltung in min angibt.

Die Aminosäure-Analysen wurden in vier Entwicklungszonen der Spitzen 3 bis 3 cm langer Keimwurzeln von Zea mays, Helianthus annuus, Vicia faba, Hordeum vulgare und Pisum sativum durchgeführt. Dazu wurden die Karyopsen bzw. Samen nach 24-stündiger Quellung 48 Stunden in Dunkelthermostaten gekeimt.

Aus Abbildung 3 geht hervor, daß in Maiskeimpflanzen einzelne Aminosäuren beträchtliche Gradienten entlang der Wurzelspitze aufweisen. Die Teile A, B und C der Abbildung enthalten jeweils getrennt diejenigen Aminosäuren, die entweder mehr als 10 %, zwischen 1 % und 10 % oder unter 1 % der Summe aller freien Aminosäuren ausmachen. Für die letzte Gruppe wird nur der durchschnittliche Gehalt aller vier Segmente angegeben, die als Meristem (M), Streckungszone (S), Differenzierungszone (D) und ausdifferenziertes Gewebe (A) gekennzeichnet sind (OBRUTSCHEWA, 1965). Der Gehalt an Glutaminsäure, Alanin und Prolin, aber auch an Asparaginsäure und der Komponente A20 nimmt im Zuge der Zelldifferenzierung ab. Asparagin und Glutamin sowie die meisten übrigen Aminosäuren steigen hingegen an. Eine Reihe anderer ninhydrinpositiver Komponenten zeigt keine eindeutigen Veränderungen oder sie liegen in sehr geringen Mengen vor. Die Gesamtmenge der freien Aminosäuren bleibt bei Bezugnahme auf das Frischgewicht annähernd gleich. Bei Vicia faba (Abb. 4) sind ebenfalls die Mengen von Alanin, Glutaminsäure und A20, aber auch von Gamma-Aminobuttersäure, Alpha-Aminoadipinsäure, Glycin, A22 und Arginin im Meristem am größten, während der Gehalt der meisten anderen Aminosäuren, besonders stark jedoch derjenige von Asparagin, während der Zelldifferenzierung zunimmt.

Abbildung 5 zeigt, daß sich auch bei Helianthus annuus Alanin, Glutaminsäure, Prolin sowie Alpha-Aminoadipinsäure, Gamma-Aminobuttersäure, Lysin, Histidin und Glycin im Meristem in größeren Mengen als im ausdifferenzierten Gewebe finden, wo insbesondere von Glutamin, aber auch von der Mehrzahl der übrigen Aminosäuren, deutliche Höchstwerte erreicht werden.

Bei Hordeum vulgare erhöht sich die Gesamtmenge an freien Aminosäuren während der Zellentwicklung in der Wurzelspitze von ca. 4,0 μM pro 100 mg Frischgewicht im Meristem auf etwa 8,3 μM im ausdifferenzierten Gewebe. Dementsprechend steigt der Glutamin- und Asparagin-Gehalt, aber auch die Menge nahezu aller anderen Aminosäuren, z. T. stark an (Abb. 6). Selbst unter diesen Bedingungen zeichnen sich Glutaminsäure sowie Asparaginsäure, A20 und Gamma-Aminobuttersäure dadurch aus, daß sie im Meristem in größten Mengen enthalten sind und im Gegensatz zu allen übrigen Aminosäuren während der Zellontogenese abnehmen. Der Alanin-Gehalt bleibt zwar nahezu unverändert, unterliegt jedoch deutlich der relativen Abnahme im Zuge der Zellentwicklung.

Ein entsprechendes Bild der Verteilung der freien Aminosäuren entlang der Wurzelspitze findet sich auch bei Pisum sativum, wobei relativ seltene Komponenten, wie A54, A76, B62 und C65 in bemerkenswerten Mengen vorliegen und der Gesamt-Gehalt in der Wurzelspitze im Vergleich zu dem anderer Objekte wesentlich erhöht ist.

Das Prinzip der Verteilung der freien Aminosäuren in den Keimwurzelspitzen ist offenbar bei allen untersuchten Objekten recht ähnlich. Wenn andere Bezugsgrößen, wie z. B. der prozentuale Anteil jeder einzelnen Aminosäure an der Gesamtmenge, der Eiweißgehalt oder das Trockengewicht, zu Grunde gelegt werden, ergeben sich lediglich quantitative Verschiebungen, während die einander entgegengesetzten Gehaltsänderungen der charakteristischen Aminosäuren während der Zellentwicklung in der Wurzelspitze stets nachweisbar bleiben. Glutaminsäure und Alanin sind in der meristematischen Zone in größter Menge vorhanden und nehmen während der Zelldifferenzierung deutlich ab. Außerdem folgen je nach Objekt auch Asparaginsäure, Prolin, Gamma-Aminobuttersäure, Alpha-Aminoadipinsäure, Lysin, Glycin und A20 dieser Charakteristik, während Glutamin oder Asparagin bzw. beide Amide sowie die meisten übrigen freien Aminosäuren im ausdifferenzierten Gewebe den absoluten wie auch relativen Höchstwert erreichen.

Befunde, die eine solche Verteilung der pool-Aminosäuren an weiteren Objekten belegen, wurden gelegentlich im Rahmen andersartiger Untersuchungen mitgeteilt, jedoch nicht diskutiert (STE-MARIE et al. 1969). Es handelt sich folglich um Veränderungen der stationären Gleichgewichte im Bereich der pool-Aminosäuren, die als Umverteilung des Stickstoffs während der Zellontogenese interpretiert werden müssen.

Eine solche Umverteilung im Keimpflanzenstadium ist offensichtlich mit dem Abbau der Stickstoff-Reserven des Endosperms ursächlich verknüpft und ermutigt zu der Annahme, daß im meristematischen Bereich eine recht intensive, auf primäre Aminosäuren beschränkte Synthese stattfindet (RAMSHORN et al. 1968). Für eine Reihe von Aminosäuren der neutralen und basischen Fraktion und für die Amide liegen Hinweise für eine Syntheseregulation durch Belieferung aus älteren Wurzelbereichen vor (OAKS, 1966). Unbekannt ist jedoch, ob in älteren Wurzeln analoge Regulationsprinzipien vorliegen, wenn sich die Endospermreserven erschöpfen.

Da Maiskeimpflanzen bereits vom ersten Keimlingstage an Nitrat-Stickstoff zu assimilieren in der Lage sind (BLOHM, 1971), war zu prüfen, ob sich das spezifische Verteilungsmuster der freien Aminosäuren innerhalb der Keimwurzelspitze während ihrer weiteren Entwicklung wesentlich verändert. Dazu wurden Mais-Keimpflanzen bis zu 12 Tagen in belüfteter Knoopscher Nährlösung unter konstanten Licht- und Temperaturbedingungen herangezogen. Meristematisches und ausdifferenziertes Gewebe ihrer Primärwurzelspitzen wurden im 24-Stunden-Rhythmus zur Aminosäure-Analyse aufgearbeitet.

In Abbildung 7 sind die Aminosäure-Mengen pro 100 mg Frischgewicht - wiederum ihren prozentualen Anteilen gemäß - in Abhängigkeit vom Pflanzenalter zusammengestellt. Im Zuge der Umstellung von der heterotrophen Ernährung des Keimlings zur Autotrophie der 12 Tage alten Keimpflanze geht das spezifische Aminosäure-Muster der Keimwurzelspitze verloren. Dabei sind die Gehaltsänderungen für meristematisches und ausdifferenziertes Gewebe je nach Aminosäure sehr unterschiedlich. Im Verlauf der ersten 2 bis 4 Tage nach dem Einsetzen der Keimlinge in die Nährlösung treten bei nahezu allen Aminosäuren charakteristische Verschiebungen ihrer Mengen-Verhältnisse zwischen beiden Geweben ein, die auf wesentliche Veränderungen im Bereich ihrer Syntheseregulation schließen lassen. Von besonderem Interesse für weiterführende Experimente sind die Aminosäuren Alanin, Asparaginsäure, Glutaminsäure, Asparagin und Prolin, deren Absolutmengen sich innerhalb von 2 Tagen bis auf 1/5 vermindern bzw. auf das 5-fache erhöhen. Der Gesamt-Aminosäure-Gehalt fällt aber bis zum 12. Tag in beiden Geweben von ca. 4,3 μMol pro 100 mg Frischgewicht auf etwa 0,8 μMol. An dieser Stelle soll zunächst von weiteren quantitativen Betrachtungen abgesehen werden. Es ergibt sich aber, daß Einsichten in die Regulation der Aminosäure-Biosynthese an Keimwurzeln nicht unmittelbar auf ältere Pflanzen übertragen werden dürfen.

Die vorliegenden Untersuchungen sind Gehaltsbestimmungen und lassen nur in begrenztem Ausmaß Schlußfolgerungen über die Umsatzraten der Aminosäuren unter situ-Bedingungen zu. Sie geben jedoch Aufschluß über wesentliche Umlagerungsprozesse im Bereich der löslichen Stickstoff-Verbindungen im Zuge der Ontogenese der Wurzelzelle und des Wurzelorgans. Darüberhinaus bilden sie die Voraussetzung für gezielte Experimente an den Knotenpunkten des Aminosäure-Stoffwechsels, die im Wurzelorgan auf Grund der vorliegenden Befunde nur dann erfolgversprechend sind, wenn die Vermischung der Aminosäure-pools unterschiedlich differenzierter Gewebe ausgeschlossen wird.

ZUSAMMENFASSUNG

Mit Hilfe einer neuen Aminosäure-analytischen Einsäulentechnik werden die Muster der freien Aminosäuren in unterschiedlich differenzierten Wurzelzonen der Keimwurzeln von Zea mays, Helianthus annuus, Hordeum vulgare, Vicia faba und Pisum sativum quantitativ erfaßt. Es wurden charakteristische Gehaltsveränderungen während der Zellontogenese innerhalb der Wurzelspitze gefunden, deren Bedeutung im Hinblick auf die Syntheseregulation diskutiert wird. Darüberhinaus zeigen analoge Aminosäure-Analysen bei heranwachsenden Keimpflanzen, daß sich die Regulationsprinzipien im Zuge der Ontogenese des Wurzelorgans offenbar wesentlich verändern.

LITERATUR

BLOHM, D., 1970: Stud. Biophys. 20, 4, 229-236.

BLOHM, D., 1971: Dissertation, Humboldt-Univ. Berlin.

OAKS, A., 1966: Plant Physiol. 41, 173-180.

OAKS, A. and R. G. S. BIDWELL, 1970: Ann. Rev. Plant Physiol. 21, 43-66.

OBRUTSCHEWA, 1965: Physiologie wachsender Wurzelzellen (russ.), Verlag Nauka, Moskau.

RAMSHORN, K. und D. BLOHM, 1968: Biol. Zbl. 87, 207-216.

UMBARGER, H. E., 1969: Ann. Rev. Biochem. 38, 323-370.

STE-MARIE, G. and P. WEINBERGER, 1969: Canad. J. Bot. 48, 671.

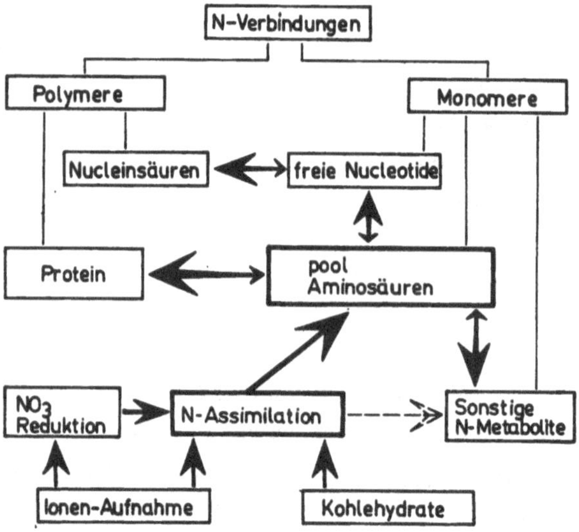

Abb. 1. Schematische Darstellung der Bedeutung der pool-Aminosäuren im Synthesefluß der N-Verbindungen.

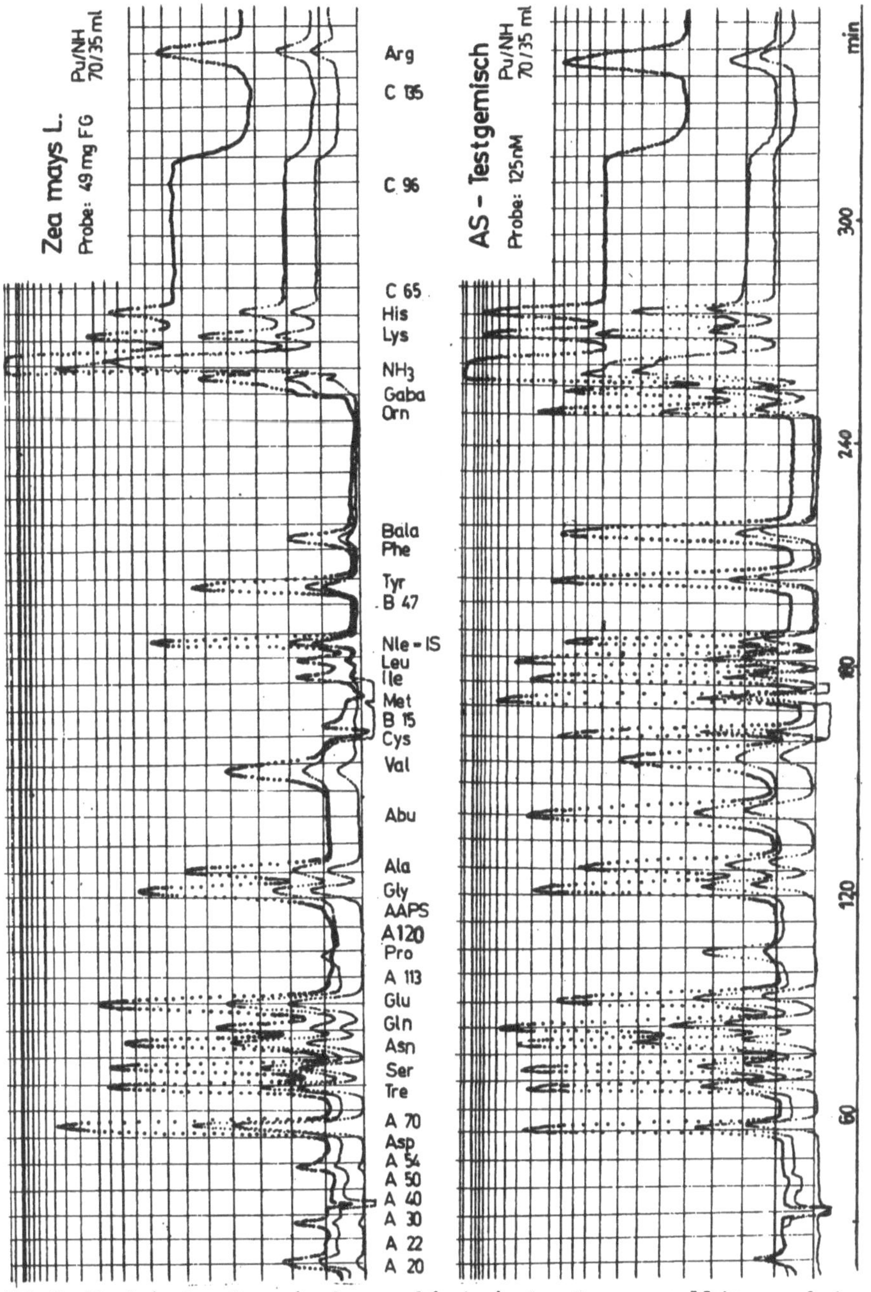

Abb. 2. Test-Aminosäure-Analyse und freie Aminosäuren aus Maiswurzeln im Einsäulenverfahren bei gleichzeitiger Amidtrennung (Erläuterungen im Text). Norleucin dient als Interner Standard.

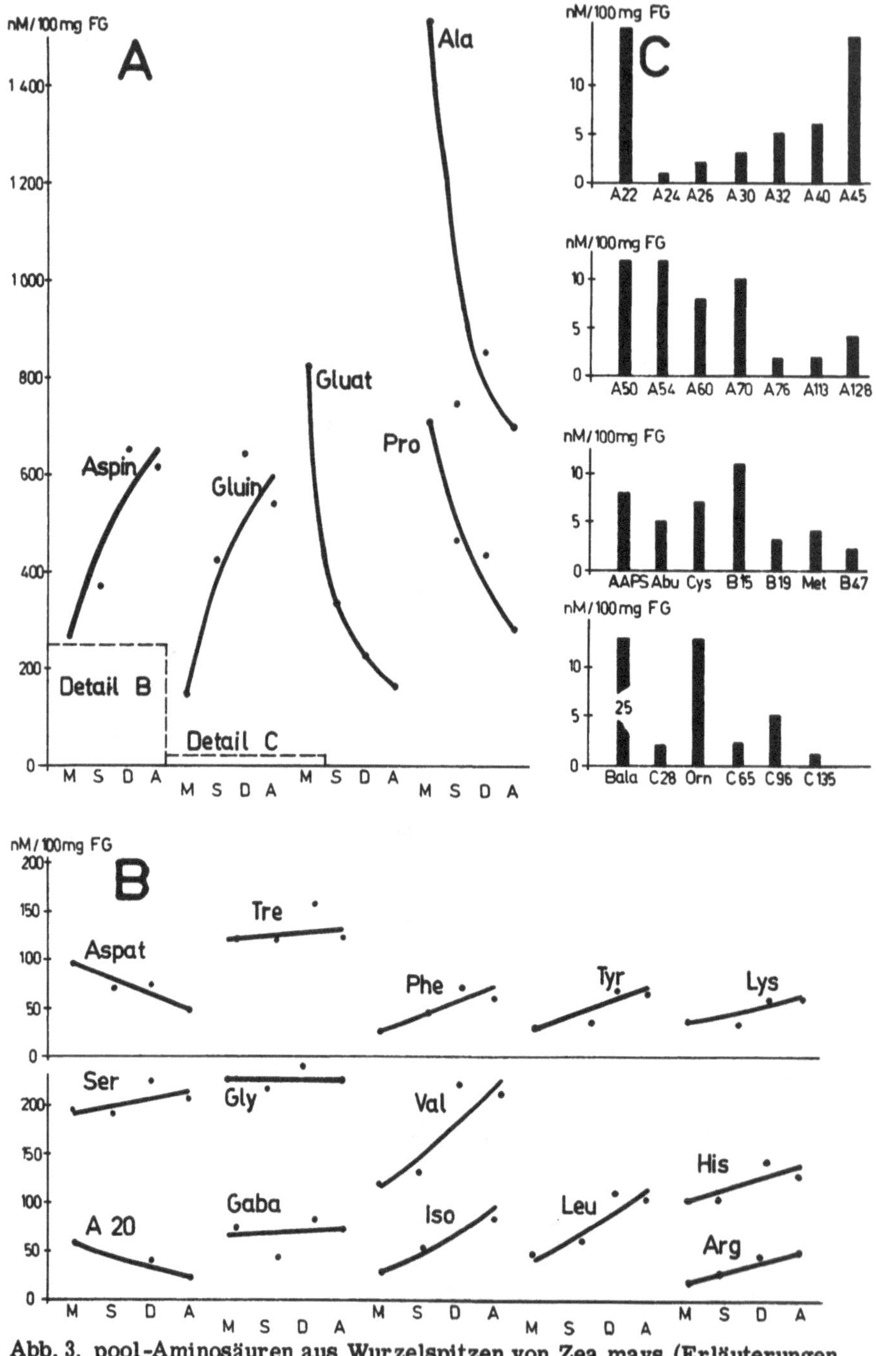

Abb. 3. pool-Aminosäuren aus Wurzelspitzen von Zea mays (Erläuterungen im Text).

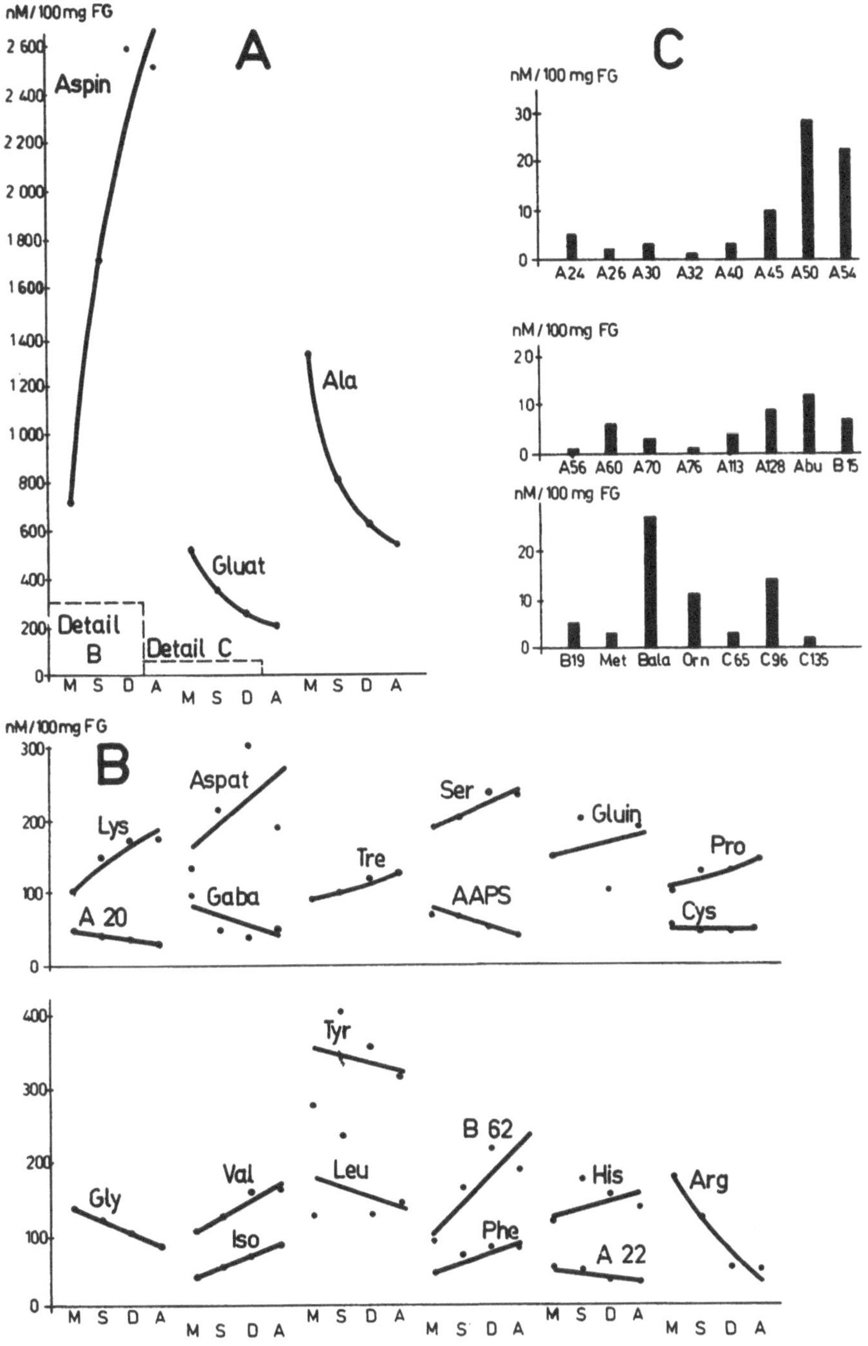

Abb. 4. pool-Aminosäuren aus Wurzelspitzen von Vicia faba (vergl. Abb. 3).

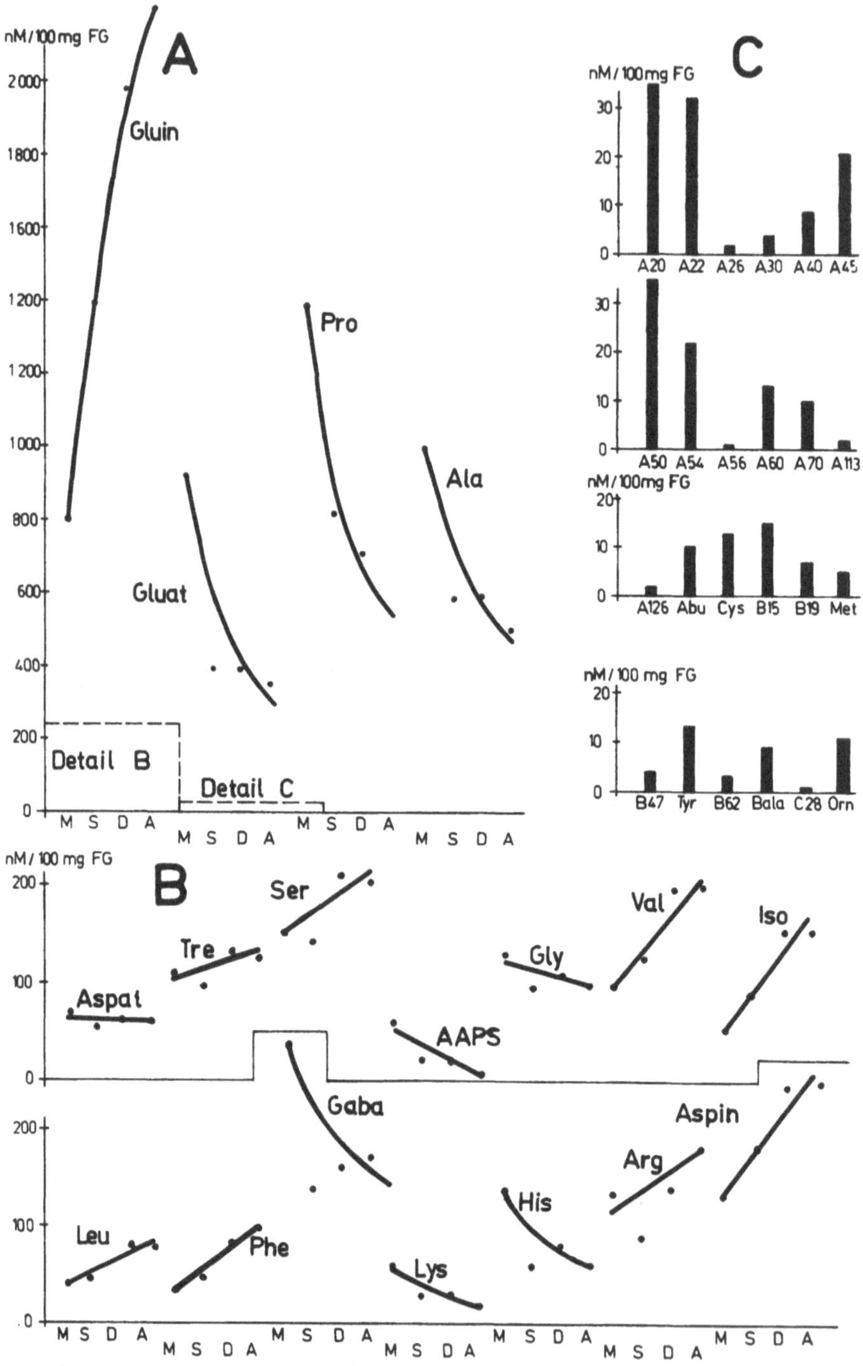

Abb. 5. pool-Aminosäuren aus Wurzelspitzen von Helianthus annuus (vergl. Abb. 3).

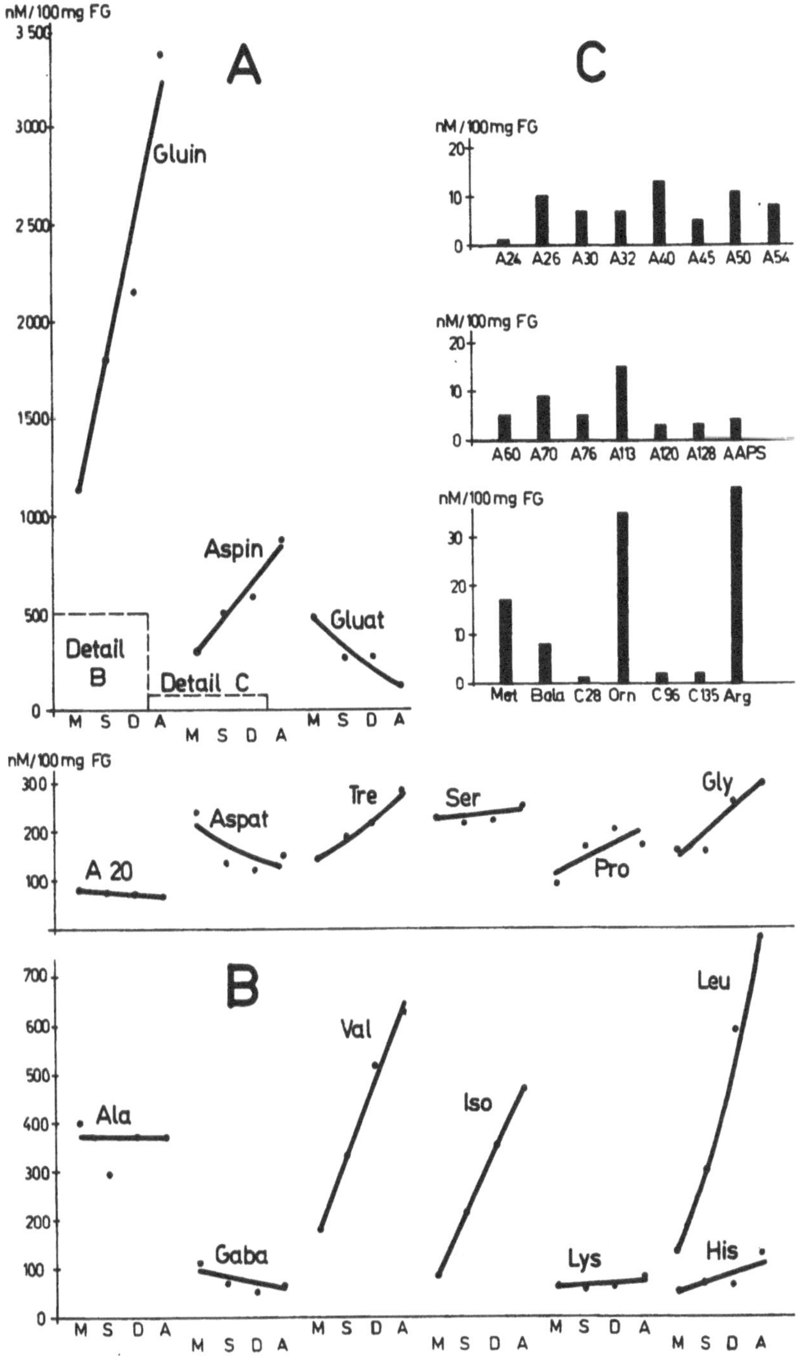

Abb. 6. pool-Aminosäuren aus Wurzelspitzen von Hordeum vulgare (vergl. Abb. 3).

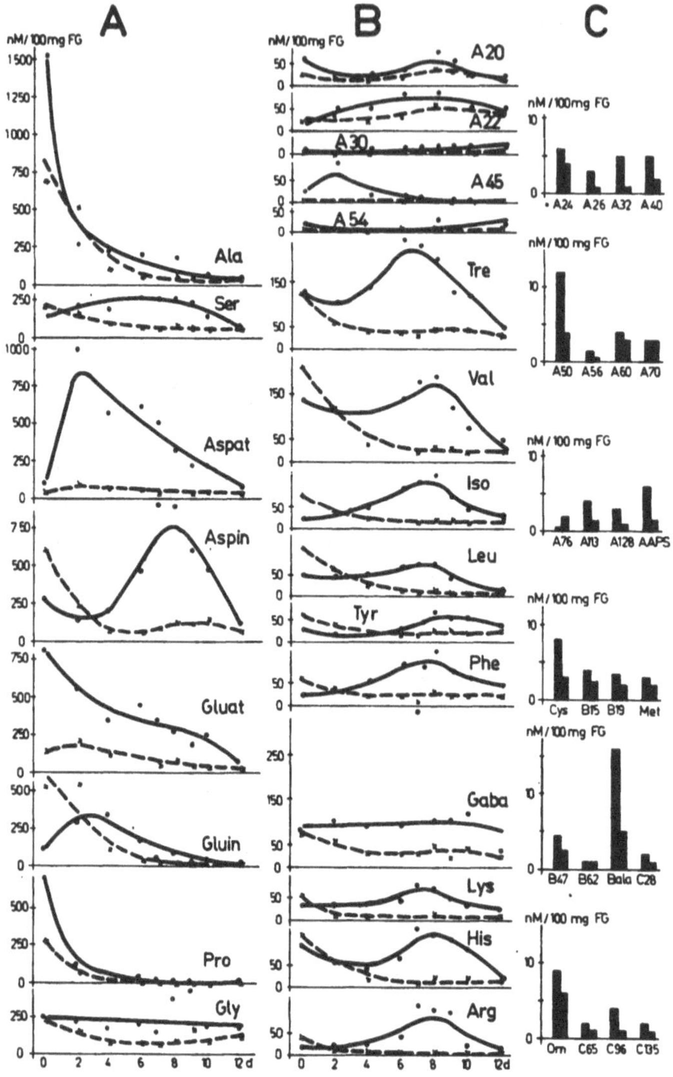

Abb. 7. pool-Aminosäuren aus meristematischem (durchgezogene Linie bzw. senkrecht schraffierte Säule) und ausdifferenziertem (gestrichelte Linie bzw. horizontal schraffierte Säule) Gewebe von Mais-Wurzelspitzen im Zuge der Ontogenese des Wurzelorgans (vergl. Abb. 3).

ENZYME FORMATION IN GROWING ROOT TIP OF ZEA MAYS AS RELATED TO RESPIRATION AND NITROGEN ASSIMILATION

E. E. KHAVKIN, Inessa V. ZELENEVA, Rosa T. POLYKARPOCHKINA and Nina N. VARAKINA

Sibirian Institute of Plant Physiology and Biochemistry,
U. S. S. R. Academy of Sciences, Irkutsk

Biochemical investigations of growing primary roots during last twenty years gave a substantial yield of general information concerning plant development. Yet little is known about intrinsic causes of cell growth.

A promising approach to this problem seems to spring from the definition of growth proposed by Soviet plant physiologist SABININ. SABININ defined growth as the de novo formation of cell structure elements. As we gain deeper insight into the processes involved in the cell organization and into enzyme localization in intracellular units, organelles, structures etc. we understand better the physiological meaning of qualitative and especially quantitative studies of enzyme synthesis in growing cells. The idea of enzymes serving as markers for subcellular structures appeared to be next fruitful approach in biochemical studies of plant cell development. Changes in the level of individual enzymes, their functional complexes or enzyme patterns of the whole metabolic systems may be related to the successive stages of cell development. That is why enzymological methods are most promising as ready available, convenient, very sensitive and reliable technique for the quantitative interpretation of intracellular biochemical differentiation (1).

As an attempt to apply these principles to the studies of Zea mays root growth we investigated two most important functional metabolic systems - respiration and inorganic nitrogen assimilation. The per cell activities of a number of enzymes involved in glycolysis, hexose monophosphate pathway, tricarboxylic acid cycle, nitrogen assimilation and transfer of amino group stepped up during cell elongation at different rate: e. g. 20-fold for hexokinase, 30-fold for glutamate dehydrogenase, 6-7-fold for most of investigated enzymes and only by 40 % for pyruvate kinase (2-4) (Fig. 1).

If enzymatic activity of tissue extracts measured in vitro under optimal conditions can be used as an estimate of enzymic protein content such data would represent the rate of 'specific' (as opposed to 'total') protein synthesis. Its magnitude appeared to be sometimes by the order higher than the average rate of 'total' protein formation. Comparative variations in specific activities of investigated enzymes (per unit of protein) suggested that the rates of enzymic protein accumulation varied appreciably during cell growth and differentiation. However the relative nature of these changes should be born in mind: decrease in specific activities of several enzymes in root tip points only the fact that the development of these enzymes lagged behind the 'average' total protein accumulation and does not indicate enzyme degradation. The latter assumption seems to be true only under specific conditions when protein synthesis is completely inhibited, e.g. by cycloheximide.

Thus a specific enzyme complement of mature cell appears to be formed as a result of differential synthesis of individual proteins or protein complexes during cell growth and development. Nevertheless such a conclusion seems to be valid only if we can prove the development of in vitro enzymatic activity to be a consequence of specific protein synthesis and not that of activation (1, 5).

The assumption on significant activation of enzymes operating in glycolysis, hexose monophosphate pathway and amino acid metabolism from preexisting latent form during root cell transition from division to elongation and maturity seemed to be ruled out in our experiments with mixed tissue samples obtained from meristem and mature part of maize root. For example, glutamate dehydrogenase activities assayed in crude extracts of mixed samples were in good agreement with the sum of activities for separately analysed components and enzyme specific activities appeared to be equal in cell-free extracts and preparations thoroughfully purified of low molecular substances. So the development of assayed dehydrogenase activities seems hardly to be effected by removal of inhibitors specific for dividing cells or by appearance of activators specific for elongating and mature cells.

Enhancement of metabolic processes involving the investigated enzymes is another indirect evidence of enzyme development in elongating cells. For example the development of nitrate reductase, glutamate dehydrogenase and aminotransferases in root tip was in line with significant changes of free amino acid pattern and increase in their content. Phenylalanine ammonia-lyase development was in good agreement with soluble phenolic substances accumulation in maturing cells of the root (2). Changes in per cell level of respiratory enzymes correlated well to the rate of respiration via glycolysis-tricarboxylic acid cycle and hexose monophosphate pathway (3, 4). If zymogen activation is indeed unlikely to play a substantial part in enzyme development then numerous evidence of metabolic enhancement during cell enlargement appear to be an obvious indication to synthesis of key enzyme proteins.

In order to prove enzyme synthesis in root cells by direct experiments we used several inhibitors of protein synthesis. Special attention was paid to ensure specificity of their action under conditions of our experiments. The experimental technique was usually the following (Fig. 2). Roots of intact 2-day maize seedlings were marked with china ink at the start of elongation zone - at 2 and 4 mm from the tip, seedlings were transferred into Petri dishes on the paper moistened with water or inhibitor solutions and exposed for 6 hours in dark at 27°. Then the root segments between ink marks were cut and immediately used for determinations of enzyme activity by 340 nm optical test, respiration rate measurements by WARBURG manometric method or determination of ethanol-insoluble nitrogen by KJELDAHL-NESSLER technique. Initial control segments 2-4 mm did not contain any appreciable proportion of dividing cells, the cell numbers in segments between ink marks were the same after 6-hour exposition in all experimental trials (about $38 \cdot 10^3$ per segment). Thus all experimental values per segment obtained by this procedure corresponded to those per cell sparing us time-consuming cell counts.

A significant inhibition of increase in the activity of glutamate, malate and lactate dehydrogenase was observed in experiments with chloramphenicol, puromycin, cycloheximide, ethionine, 5-metyltryptophan, and cyclocerine under conditions of partial or complete cessation of protein accumulation. Figure 3 presents some reciprocally plotted data obtained in experiments with cycloheximide concentration varying from 0, 2 to 1 mg/l. Total protein accumulation was more sensitive and cell elongation less sensitive process than the increase in glutamate dehydrogenase activity (2). In another group of experiments cycloheximide and puromycin inhibited the accumulation of total and soluble protein and retarded the development of six glycolytic enzymes. These data concerning synthesis of hexokinase, hexosephosphate isomerase, glyceraldehyde-3-phosphate dehydrogenase, phosphoglycerate kinase, enolase and pyruvate kinase and also data on glutamate and malate dehydrogenases are presented at Figure 4. Reciprocal plot of some data concerning cycloheximide inhibition is shown in Figure 5. Phosphoglycerate kinase development and protein accumulation were less sensitive than increase in enolase activity. The latter seemed to fall down beyond the initial level in 2-4 mm segment at the presence of high concentrations of cycloheximide (0.4 and 0.8 mg/l) possibly reflecting degradation of enzymic protein.

Respiratory enhancement during 6-hour cell elongation seemed also to depend on specific protein synthesis and was severely inhibited at the presence of cycloheximide, puromycin and chloramphenicol (Fig. 6). When cycloheximide and chloramphenicol were used separately and together their action was partially competitive (6). The mitochondrial and cytoplasmic protein synthesis appears to be integrated in development of respiration enzyme patterns in elongating root cells.

LITERATURE

1. KHAVKIN, E.E., 1969: Induced enzyme synthesis during plant growth and morphogenesis. Nauka Publ. Co., Moscow.
2. REIMERS, F.E. and E.E. KHAVKIN, 1970: Soviet Plant Physiol., 17, 337.
3. KHAVKIN, E.E. and N.N. VARAKINA, 1969: Soviet Plant Physiol., 16, 1064.
4. ZELENEVA, I.V. and E.E. KHAVKIN, 1971: Ontogenesis, 2, 311.
5. FILNER, P., J.L. WRAY and J.E. VARNER, 1969: Science, 165, 358.
6. KHAVKIN, E.E., N.N. VARAKINA and A.I. PERELIAJEVA, 1971: Soviet Plant Physiol., 18, 42.

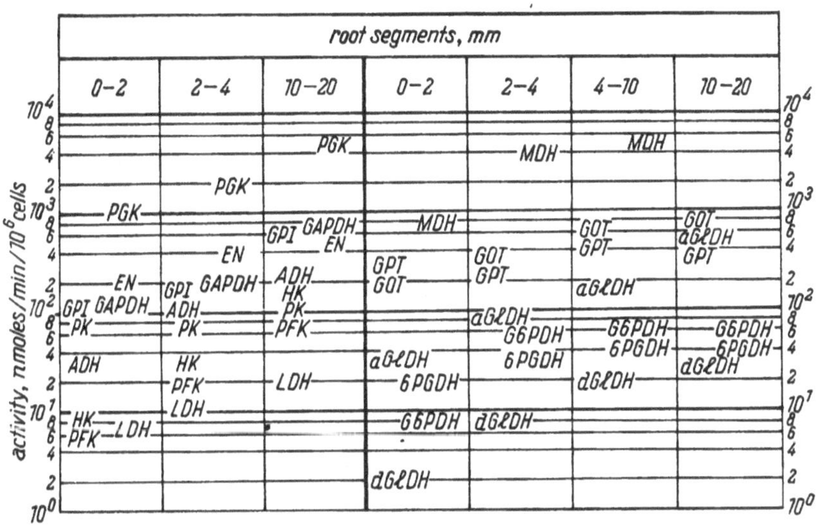

Fig. 1. Logarithmic plot of enzyme activities in cell-free extracts of root segments, nmoles/min/10^6cells. ADH - alcohol dehydrogenase, EN - enolase, GAPDH - glyceraldehydephosphate dehydrogenase, aGlDH - aminating glutamate dehydrogenase, dGlDH - deaminating glutamate dehydrogenase, GOT - glutamateoxaloacetate transaminase, G6PDH - glucose-6-phosphate dehydrogenase, GPI - glucose phosphate isomerase, GPT - glutamatepyruvate transaminase, HK - hexokinase, LDH - lactate dehydrogenase, MDH - malate dehydrogenase, PFK - phosphofructokinase, 6PGDH - 6-phosphogluconate dehydrogenase, PGK - phosphoglycerate kinase, PK - pyruvate kinase.

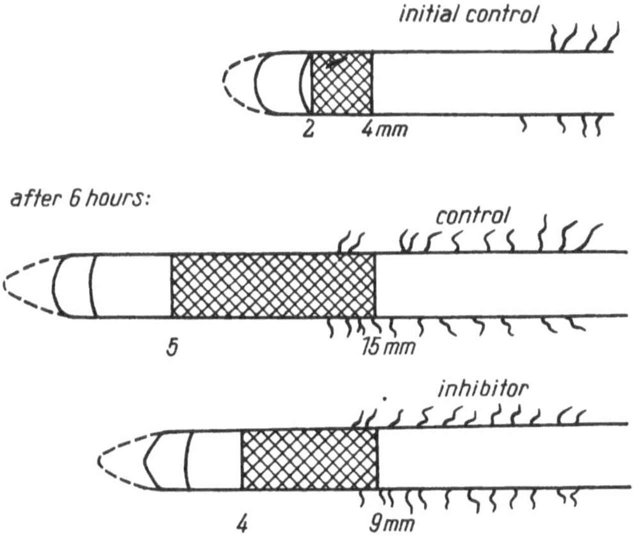

Fig. 2. Position of china ink marks on root tip in experiments with protein synthesis inhibitors.

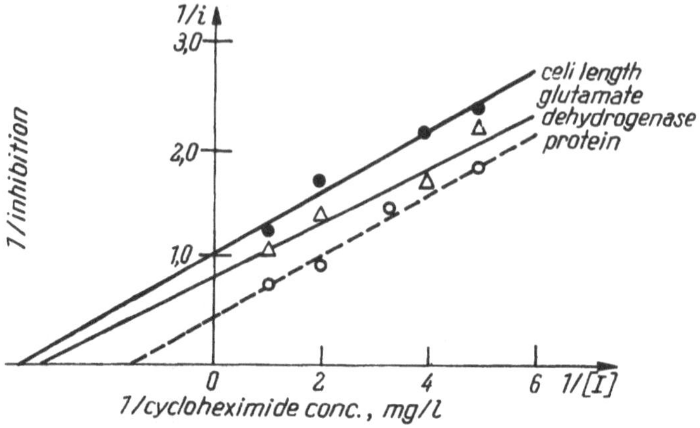

Fig. 3. Reciprocal plot of cycloheximide inhibition of cell growth, protein accumulation and glutamate dehydrogenase development.

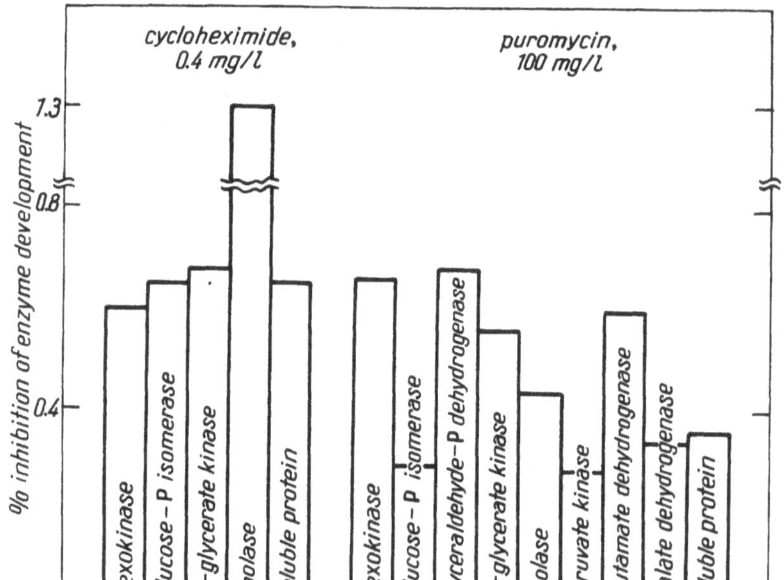

Fig. 4. Effect of cycloheximide and puromycin on enzyme development in elongating root cells.

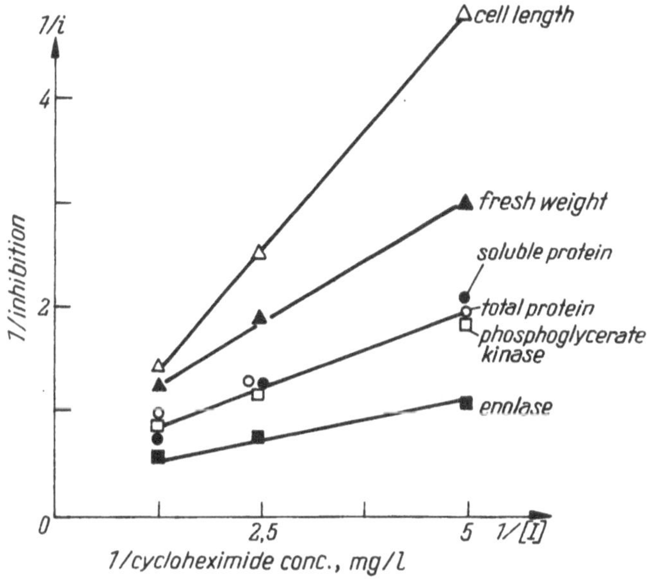

Fig. 5. Reciprocal plot of cycloheximide inhibition of cell growth, protein accumulation, and phosphoglycerate kinase and enolase development.

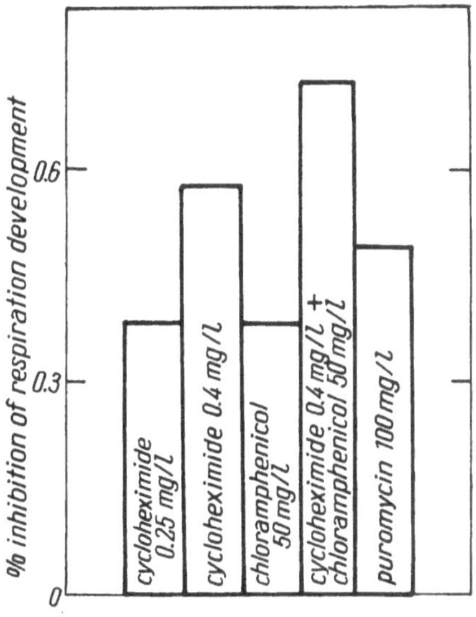

Fig. 6. Effect of protein synthesis inhibitors on respiration development in elongating root cells.

DIE RETENTIONSFÄHIGKEIT DER MAISKEIMWURZEL FÜR GLUKOSE IN BEZIEHUNG ZUR KOHLENHYDRAT-ERNÄHRUNG

R. EHWALD

Bereich Molekularbiologie der Sektion Biologie der
Humboldt-Universität zu Berlin

Der Transport von Kohlenhydraten in die Wurzel spielt zweifellos eine zentrale Rolle im Stoffwechsel der höheren Pflanze, da er die energetische und stoffliche Voraussetzung für das Wurzelwachstum und die Wurzelfunktionen bildet. Wir wissen wenig über die Mechanismen, die zur Bildung von Attraktionszentren und einem gerichteten Nährstofftransport führen. Es ist jedoch sinnvoll, den Transportprozeß zu untergliedern in

- Nahtransport im Export-Gewebe
- Phloemtransport
- Nahtransport im Attraktionszentrum.

Es gibt eine Reihe von Hinweisen (ZIEGLER 1968 zus. Darst.) dafür, daß die Ursachen für die Steuerung und Richtung des Nährstofftransportes eher in den Prozessen der Be- und Entladung des Phloems zu suchen sind als im Mechanismus des eigentlichen Phloemtransportes. Es soll im Folgenden versucht werden, die Bedeutung eines von uns näher untersuchten Hexose-Transportsystems für den Kohlenhydrat-Transport in die Wurzelzelle zu analysieren. Dieses Transportsystem katalysiert die Aufnahme verschiedener Hexosen durch isolierte Maiswurzelspitzen. Besonders hohe Affinitäten zu diesem System besitzen D-Glukose, 2-Desoxy-D-Glukose (DOG), 3-0-Methyl-D-Glukose und D-Galaktose. Eine hypothetische Möglichkeit für die Funktion dieses Transportsystems in der Ernährung der Wurzelzelle ergibt sich zwangsläufig aus dem Konzept des Zucker-Nahtransportes durch den freien Raum, das u.a. von KURSANOW (1969) diskutiert wird. Wenden wir diese Vorstellung auf den Maiskeimling an. Auf Grund der hohen Aktivität einer Zellwand-Invertase (CHANG u. BANDURSKI 1964) kann ein Zucker-

Pool im Porensystem des "free space" nur in Form von Monosacchariden vorliegen. Sollte die Kohlenhydrat-Ernährung der Wurzelparenchymzellen tatsächlich aus einem solchen Pool erfolgen, müßten folgende Phänomene auftreten:

1. Ein Flux von Monosacchariden im "free space", der vom Zentralzylinder nach der Rhizodermis gerichtet ist und sich nach außen hin abschwächt. Als Triebkraft dieses Fluxes ist nur ein Konzentrationsgradient denkbar, da der Wasserstrom in Richtung Zentralzylinder gerichtet ist.

2. Die Kohlenhydrat-Ernährung der Parenchymzelle würde von deren Fähigkeit abhängen, Monosaccharide aus der extrazellulären Flüssigkeit zu absorbieren.

Es muß beachtet werden, daß der "free space" mit dem äußeren Medium kommuniziert. Die Absorptionsfähigkeit der Wurzelrinde als Ganzes müßte daher groß genug sein, um ein Abdiffundieren von Monosacchariden ins Medium zu verhindern.

Bemerkenswert ist in diesem Zusammenhang, daß sich isolierte Keimwurzeln und isolierte Scutella stark in ihrer Glukose-Retentionsfähigkeit, also der Fähigkeit zur Netto-Aufnahme von Glukose aus stark verdünnten Lösungen, unterscheiden. Ich möchte das an einem Versuch veranschaulichen.

Abbildung 1 zeigt die Veränderung der Glukose-Konzentration im Medium isolierter 2 cm langer Keimwurzeln und im Medium isolierter Scutella von 3 Tage alten Maiskeimlingen. Das isolierte Material wurde in 2%iger Glukose-Lösung vorinkubiert, gründlich gewaschen und in einer Aqua dest.-Menge inkubiert, die jeweils das 10fache des Frischgewichtes ausmachte. Bei den Wurzeln wird nach einer kurzen Periode der Glukose-Abgabe die gesamte im Medium vorliegende Glukose resorbiert. Dabei fällt die Glukose-Konzentration des Mediums unter die Nachweisgrenze. Der gleiche Verlauf ergibt sich auch, wenn der Versuch mit steril angezogenen Keimwurzeln in situ durchgeführt wird. Die Glukose-Konzentration des Mediums sinkt auf Werte unter 10^{-6}M, obwohl die Glukose-Gewebskonzentration der Keimwurzel bezogen auf Zellwasser über $5 \cdot 10^{-2}$M beträgt. Die Keimwurzel besitzt unter physiologischen Bedingungen eine hohe Retentionsfähigkeit für Glukose, die es ihr ermöglicht, geringste Konzentrationen des Mediums für die Aufnahme in die Zelle zu nutzen. Im Unterschied dazu gibt das isolierte Scutellum relativ viel Glukose in das Medium ab und die Reabsorption setzt wesentlich später ein. Beide hier verglichene Organe unterscheiden sich auch in der Konzentrationsabhängigkeit der Monosaccharidaufnahme. Bei einer Konzentration von 100 mM nehmen Wurzelspitzen und isolierte Scutella DOG mit etwa gleicher Geschwindigkeit auf, während bei einer Konzentration von $5 \cdot 10^{-5}$M die Aufnahme von DOG durch das Scutellum weniger als 20% derjenigen beträgt, die mit isolierten Wurzelspitzen gemessen wurde. Die bisher besprochenen Ergebnisse lassen eine kausale Beziehung zwischen dem Glukose-Transport durch die Zellmembran und der Steuerung des Kohlenhydrat-Transportes im Keimling als möglich erscheinen. Ein einfaches Modell (Abb. 2) soll das veranschaulichen. Die geringe Retentionsfähigkeit der Scutellum-Parenchymzellen fördert die Absorption von Monosacchariden in die Phloemzellen und die hohe Retentionsfähigkeit der Wurzel-Parenchymzellen ermöglicht den Netto-Flux der Monosaccharide über den "free space" in die Verbraucherzellen der Wurzel. Die bestehende Korrelation zwischen Attraktionsfähigkeit und Glukose-Retentionsfähigkeit in unserer Transportkette widerlegt natürlich nicht die weit verbreitete Vorstellung, daß der Kohlenhydrat-Nahtransport symplasmatisch erfolgt (SCHUMACHER 1967 zus. Darst.). In diesem Zusammenhang möchte ich ein weiteres Experiment zur Diskussion stellen. Wenn dem isolierten Maisembryo DOG über das Scutellum appliziert wird, wird in diesem "Desoxysaccharose" gebildet und von dort in die Wurzelspitze transportiert. "Desoxysaccharose" wandert bevorzugt in die wachsende Wurzelspitze und wird hier in Form von 2-Desoxy-D-Glukose-6-Phosphat und "Desoxysaccharose" akkumuliert. Die Aufnahme von DOG durch isolierte Wurzelspitzen läßt sich durch Glukose und 3-0-Methylglukose kompetitiv hemmen. Hohe Konzentrationen (100 mM) dieser Hemmzucker unterdrücken praktisch völlig die DOG-Aufnahme, wenn die DOG-Konzentration unter 1 mM beträgt. Der Transport von "Desoxysaccharose" aus dem Scutellum in die Wurzelspitze wird durch die Anwesenheit von Glukose oder 3-0-Methylglukose im Medium der Wurzel jedoch nicht beeinflußt (Tabelle 1 und Abb. 3). Dieser Befund spricht unserer Meinung nach sehr stark dagegen, daß die Glukose-Aufnahme aus dem extrazellulären Raum für die Kohlenhydrat-Ernährung der Zelle Bedeutung besitzt. Abschließend möchte ich an einem Schema (Abb. 4) demonstrieren, worin wir die Bedeutung des Hexose-Transportsystems für die Dynamik der Kohlenhydrate in der Wurzelparenchymzelle nach den bisherigen Ergebnissen sehen, und wie die außerordentliche Retentionsfähigkeit des Wurzelgewebes für Glukose erklärt werden kann. Wir vermuten einen Zusammenhang zwischen dem Turnover von Zellwandbestandteilen (KATZ u. ORDIN 1967) und dem Glukose-Transport in die Zelle. Dabei könnte an eine funktionelle Einheit mit den Enzymen β-Glukosidase und β-Galaktosidase, die von STENLID (1957) in der Zellwand von Maiswurzeln nachgewiesen wurden, gedacht werden. Die hohe Retentionsfähigkeit der Wurzel für Glukose erklärt sich unter Berücksichtigung der intrazellulären Kompartimentierung (KURSANOW 1966, GÖRING 1970) der

Tabelle 1

Einfluß von im Medium der Keimwurzel applizierten Monosacchariden auf den Transport von 2-DOG aus dem Scutellum des Maiskeimlings in die Wurzelspitze. (Das Scutellum ist von Zellstoff umgeben, der mit einer 0,01 M 2-DOG-Lösung getränkt ist. Konzentration der Monosaccharide im Medium der Wurzel 0,1 M. Bei der Kontrolle enthält das Medium der Wurzel 0,1 M Mannit. Temperatur: 25 °C. Versuchsdauer: 10 Stunden)

Monosaccharid im Medium der Wurzel	Akkumulation von 2-DOG-Verbindungen in der 5 mm langen Wurzelspitze (μMol/ g FG)		
	+ Monosaccharid	Mannit (Kontr.)	% Kontr.
3-0-Methyl-Glukose	9,7	7,7	126
	4,7	5,6	84
Glukose	10,4	8,8	118
	6,2	7,65	81
Fruktose	8,65	8,5	102
	8,3	7,65	108

Glukose in Vakuolen. In der Zellwand vorliegende Glukose-Moleküle werden durch ein Transportsystem aufgenommen, das eine hohe Affinität besitzt (K_m = 1 bis $2 \cdot 10^{-4}$M). Mit Hilfe nicht metabolisierbarer Zucker konnte gezeigt werden, daß dieses Transportsystem eine Akkumulation gegen einen Konzentrationsgradienten erzeugen kann (TANNER u.a. 1970, REINHOLD u. ESHKAR 1969). Die weitgehende Irreversibilität der Glukose-Aufnahme beruht daher auf der Aufeinanderfolge von aktivem Transport und der Phosphorylierung in der Hexokinase-Reaktion. Freie Hexosen sind im Stoffwechselkompartiment nur Zwischenprodukte von äußerst geringer Stabilität, während dem sehr variablen Saccharose-Pool (RAMSHORN u. KÖNIG 1959) zentrale Bedeutung für den Stoffwechsel und Transport der Kohlenhydrate beigemessen werden kann.

Der eindrucksvolle Gegensatz von intrazellulärer Akkumulation hoher Glukose-Konzentrationen einerseits und der irreversiblen Aufnahme der Glukose bei extrem niedrigen Konzentrationen des Mediums andererseits kann nur als komplexe Transport- und Stoffwechselleistung der Wurzelparenchymzelle verstanden werden.

LITERATUR

CHANG CHANG, W. und R.S. BANDURSKI, 1970: Plant Physiol. 39, 60-64, (1964).

GÖRING, H., 1970: Biol. Zbl. 89, 343-358.

KATZ, M. und L. ORDIN, 1966: Biochim. Biophys. Acta 141, 126-134.

KURSANOW, A.L., 1966: Usp. Sowr. Biol. 62, 169-196.

KURSANOW, A.L., 1969: Isw. A.N.SSR Ser. Biol. 1, 86-99.

RAMSHORN, K. und R. KÖNIG, 1959: Flora 147, 358-381.

REINHOLD, L. und Z. ESHKAR, 1968: Plant Physiol. 43, 1023-1030.

SCHUMACHER, W., 1967: in: Handb. d. Pflanzenphysiol. 13, 3-14, Springer-Verlag Berlin-Heidelberg-New York (Herausg. W. RUHLAND)

STENLID, G., 1957: Physiol. Plant. 10, 1001-1008.

TANNER, W., R. GRÜNES und O. KANDLER, 1970: Z. Pflanzenphysiol. 62, 376-386.

ZIEGLER, H., 1968: Fortschr. d. Bot. 30, 57-69.

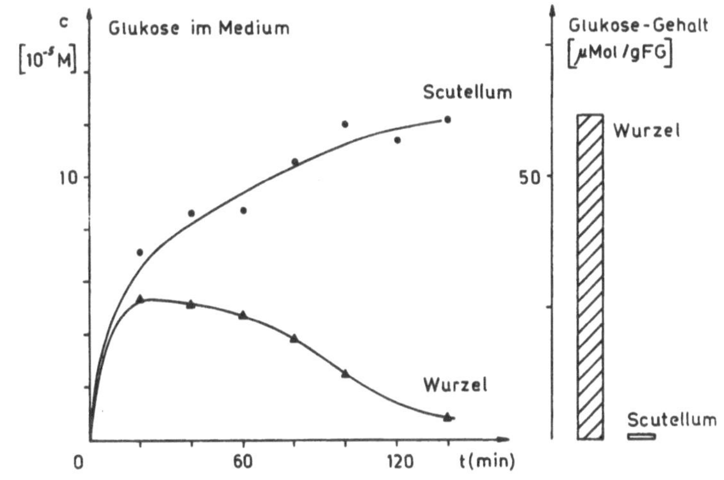

Abb. 1. Glukose-Konzentration im Medium verschiedener Gewebe des 2 Tage alten Mais-Embryos im Vergleich zum Glukose-Gehalt. Nähere Angaben im Text.

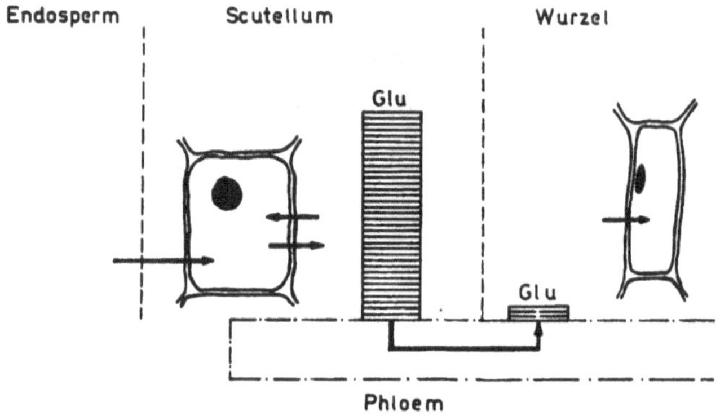

Abb. 2. Hypothetisches Schema zur Erklärung des gerichteten Kohlenhydrattransports durch unterschiedliche Glukose-Retentionsfähigkeit der an das Phloem angrenzenden Gewebe.

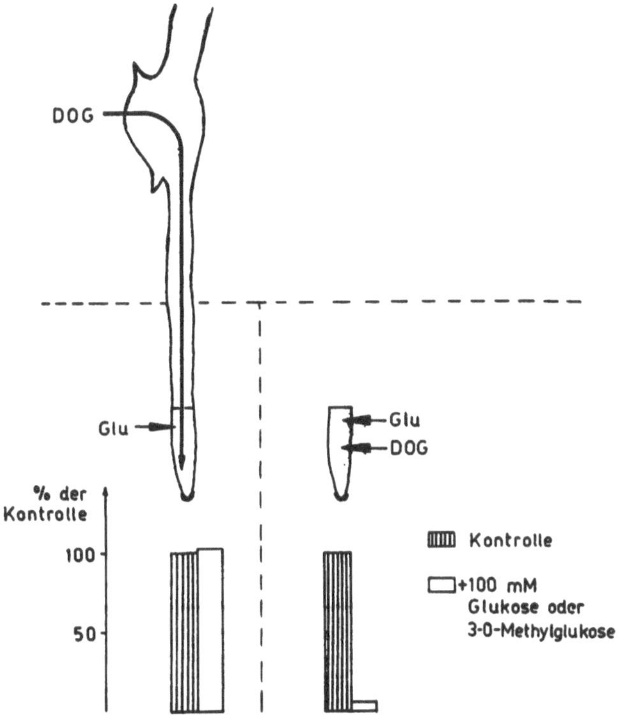

Akkumulation von DOG-Verbindungen in der Wurzelspitze bei Anwesenheit von 100 mM Glu oder 3-0-Methylglukose

Abb. 3. Hemmung der Akkumulation von 2-DOG-Verbindungen in der 3 mm langen Wurzelspitze des Maiskeimlings durch Substrate des Hexose-Transportsystems, die sich im Medium der Wurzel befinden.
Links: die Akkumulation erfolgt durch Ferntransport aus dem Scutellum.
Rechts: Die Akkumulation erfolgt durch Aufnahme aus dem Medium.

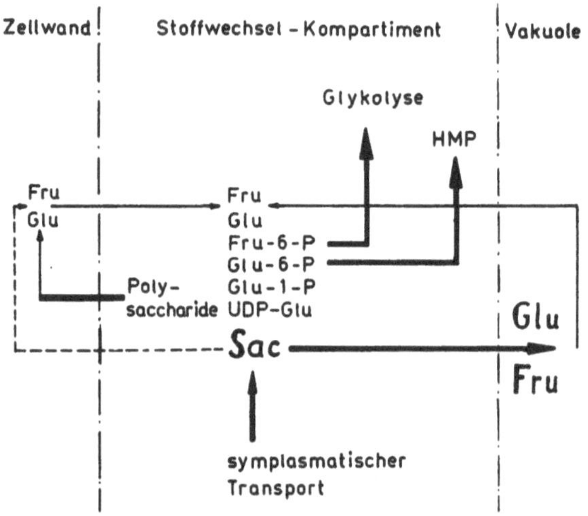

Abb. 4. Schematische Darstellung des Kohlenhydratflusses in einer heterotrophen Zelle der höheren Pflanze. Nähere Erläuterungen im Text.

2-DESOXY-GLUKOSE ALS MODELLSUBSTRAT FÜR DIE ANALYSE DER MONOSACCHARIDAUFNAHME UND DEN FERNTRANSPORT VON ZUCKERN DURCH PFLANZLICHE GEWEBE

P. SAMMLER

Bereich Molekularbiologie der Sektion Biologie der
Humboldt-Universität zu Berlin

Heterotrophe Organe und Gewebe sind zur Aufrechterhaltung ihres Energie- und Baustoffwechsels auf die Zufuhr von Kohlenhydraten angewiesen. In besonders hohem Maße trifft dies für schnell wachsende Organe und Gewebe, wie das Wurzelorgan und sein Meristem zu. Für ein optimales Wachstum intakter sowie isolierter Keimwurzeln ist deshalb eine ausreichend hohe Versorgung aller Zellen mit Substraten aus den Nähr- und Speichergeweben bzw. aus einer exogenen C-Quelle erforderlich. Bei der Kultur isolierter Wurzeln müssen die Kohlenhydrate, meist in Form von Monosacchariden, aus dem Medium in die Zellen aufgenommen und zu den Wachstumszentren weitergeleitet werden. Hierbei haben sie die Barriere des Plasmalemma zu überwinden.

Als begrenzende Schritte bei der Aufnahme von Zuckern aus dem Außenmedium in die Pflanzenzelle kämen unseres Erachtens dabei insgesamt in Betracht:

1. Die Diffusion in den "free space"
2. Der Transport durch das Plasmalemma
3. Die Phosphorylierung der Zucker im Cytoplasma
4. Der weitere Stoffwechsel und symplasmatische Transport

Die Aufklärung der geschwindigkeitsbestimmenden Reaktionen bei der Monosaccharid-Aufnahme durch pflanzliche Zellen und Gewebe bildete deshalb einen Schwerpunkt in unseren Arbeiten. Für eine derartige Fragestellung erweist es sich häufig als günstig, nicht metabolisierbare Zucker oder Zuckeranaloga in die Untersuchungen einzusetzen. Die von uns verwendete 2-Desoxy-Glukose (2-DOG) besitzt dafür folgende günstige Voraussetzungen:

- 2-DOG unterscheidet sich in der Struktur von Glukose nur durch das Fehlen des 0-Atoms am C_2-Atom und wird wie diese durch Hexokinase zum entsprechenden 2-DOG-6-P phosphoryliert.
- 2-DOG ist jedoch kein Atmungssubstrat; das gebildete 2-DOG-6-P hemmt die Isomerase-Reaktion und häuft sich in der Zelle an.
- Darüber hinaus ist 2-DOG besonders gut zur Untersuchung des Konkurrenzverhaltens bei der Monosaccharid-Aufnahme geeignet, da sie im Unterschied zu nicht metabolisierbaren Zuckern und anderen Zuckeranaloga (z. B. 3-0-Methylglukose) in der Pflanzenzelle nicht akkumuliert wird.
- Schließlich soll nicht unerwähnt bleiben, daß für den Nachweis von 2-Desoxyzuckern und 2-desoxyzuckerenthaltenden Verbindungen sehr spezifische und empfindliche Bestimmungsmethoden zur Verfügung stehen (AUGUSTIN u. HOFMANN 1963).

Die Konzentrationsabhängigkeit der Aufnahme von 2-DOG und Glukose durch isolierte Wurzelspitzen von Zea mays weist im Bereich niedriger Substratkonzentrationen die Form einer Sättigungskurve auf, die sich mit Hilfe der MICHAELIS-MENTEN-Gleichung beschreiben läßt. Beide Zucker werden in diesem Bereich mit gleich hoher Geschwindigkeit aufgenommen. Ein aussagefähigeres Kriterium als der Nachweis von Sättigungskinetik oder einfacher Diffusion stellt für die Charakterisierung eines Aufnahmesystems jedoch die Untersuchung des Konkurrenzverhaltens strukturverwandter Substrate bei der Aufnahme dar (STEIN 1967).

Wir haben deshalb eine Reihe von Monosacchariden hinsichtlich ihrer Fähigkeit, mit der Aufnahme von 2-DOG interferieren zu können, geprüft (Abb. 1). Von den untersuchten Zuckern hemmen Glukose, Galaktose und Mannose stark die Aufnahme von 2-DOG, während D-Xylose, Fruktose und Sorbose nur einen sehr geringen oder keinen Hemmeffekt besitzen. Am stärksten wird die Aufnahme von 2-DOG jedoch durch 3-0-Methylglukose gehemmt. Wir konnten außerdem zeigen, daß bei der Inhibition der 2-DOG-Aufnahme im niedrigen Konzentrationsbereich (10^{-5} bis 10^{-3}M) durch Glukose, 3-0-Methylglukose, Galaktose, Mannose und Fruktose ein kompetitiver Hemmtyp vorliegt.

Bei der Deutung der beobachteten Hemmung der 2-DOG-Aufnahme durch die genannten Zucker ist zu berücksichtigen, daß diese sich stark in ihrer Verwertung durch pflanzliches Gewebe unterscheiden. Glukose bildet die beste exogene C-Quelle für das Wachstum isolierter Wurzeln von Zea mays und anderen monokotylen Pflanzen (GÖRING u. GERLACH 1966; THOMAS, CRAIGIE u. STREET

1963), und Fruktose ist ebenfalls ein geeignetes Wachstumssubstrat. Dagegen kann Galaktose bei Maiswurzeln nur in sehr geringem Umfang veratmet werden (GRANT u. BEEVERS 1964; GÖRING u. RECKIN 1968). Eine längere Inkubationsdauer isolierter Maiswurzeln in Lösungen mit Galaktose oder Mannose führt auf Grund der Anhäufung von Gal-1-P (GÖRING u. RECKIN 1968) bzw. Mannose-6-P (STENLID 1954) zu toxischen Effekten. 3-0-Methylglukose wird durch pflanzliche Gewebe nicht metabolisiert (REINHOLD 1968; TANNER et al 1970). Unsere Befunde einer kompetitiven Hemmung der 2-DOG-Aufnahme durch Glukose, 3-0-Methylglukose und andere Monosaccharide machen es deshalb wahrscheinlich, daß die gegenseitige Hemmung der Monosaccharide bei der Aufnahme auf eine Konkurrenz um spezifische Bindungsstellen am Transportmolekül zurückzuführen ist, da zumindest Galaktose und 3-0-Methylglukose keine Hexokinase-Substrate sind. In bezug auf die eingangs gestellte Frage nach den geschwindigkeitsbestimmenden Schritten bei der Monosaccharid-Aufnahme durch isolierte Maiswurzelspitzen ergibt sich daraus, daß nur der Membrantransport durch das Plasmalemma einen geschwindigkeitsbestimmenden Schritt bei der Glukoseaufnahme aus Lösungen niedriger Substratkonzentrationen (10^{-5} bis 10^{-3}M) darstellt. Alle von uns erhobenen Befunde (Tabelle 1) sind mit einer Kontrollfunktion des Membrantransports bei der Monosaccharid-Aufnahme vereinbar. Der lineare Verlauf der Aufnahme von 2-DOG über mehr als 2 Stunden bei gleichzeitiger Anhäufung von 2-DOG-6-P in der Zelle und die gleich hohe Aufnahmerate von 2-DOG und Glukose im niedrigen Konzentrationsbereich sprechen gegen eine direkte Kontrolle der Glukoseaufnahme durch den Stoffwechsel und durch den symplasmatischen Transport. Der Anteil der Diffusion in den "free space" an der Aufnahme beträgt bei Substratkonzentrationen unter 10^{-3}M weniger als 10 % der Menge an Glukose und 2-DOG, die durch die Zellen der Wurzeloberfläche aufgenommen wird und kann deshalb ebenfalls nicht geschwindigkeitsbestimmend sein.

Abschließend sollen noch einige Gesichtspunkte des Stoffwechsels und Ferntransports von 2-DOG bei Maiskeimlingen erörtert werden. Bei verschiedenen höheren Pflanzen konnten WEIDEMANN und FISCHER (1965) zeigen, daß 2-DOG in ein der Saccharose entsprechendes 2-DOG-β-Fruktosid eingebaut wird. Außerdem wurde 2-DOG in α-glukosidischer Bindung bei verschiedenen Disacchariden und Oligosacchariden der Maltosereihe nachgewiesen (FISCHER u. WEIDEMANN 1966). Das macht es wahrscheinlich, daß 2-DOG in die Stärkesynthese und möglicherweise auch in die Synthese anderer Polysaccharide miteinbezogen wird. Wir konnten in einem Wurzelextrakt von Zea mays nach vorheriger 4stündiger Fütte-

Tabelle 1

Analyse der Glukose-Aufnahme durch isolierte Maiswurzelspitzen bei niedrigen Substratkonzentrationen in Bezug auf geschwindigkeitsbestimmende Reaktionen.

Befund	Transport in den FS[1]	Membrantransport	Phosphorylierung	Stoffwechsel u. symplasm. Transp.
2-DOG-Aufnahme (= Glukose-Aufnahme)	+	+	+	+
Anhäufung von 2-DOG-6-P bei konst. Aufnahmerate	+	+	+	-
Kompetitive Hemmung d. 2-DOG-Aufn. durch Galaktose u. 3-0-Methylglukose	+	+	-	+
2-DOG-Aufnahme ≫ Diffusion in den FS	-	+	+	+

+) Befund ist vereinbar
-) Befund ist nicht vereinbar
} mit einer geschwindigkeitsbestimmenden Funktion des Teilschrittes bei der Glukoseaufnahme.

1) FS = free space

rung mit 2-DOG drei lösliche 2-DOG-haltige Fraktionen nachweisen, die als 2-DOG-P, "2-Desoxysaccharose" (2-DOG-β-Fruktosid) und freie 2-DOG identifiziert wurden. Den Hauptanteil bildeten dabei 2-DOG-P und "2-Desoxysaccharose", während 2-DOG nur in sehr geringen Mengen vorlag. Der relativ hohe Anteil von 2-DOG, der nach der Aufnahme durch isolierte Wurzelspitzen oder Maisscutella in Form von "2-Desoxysaccharose" vorliegt, ermutigte uns zu prüfen, ob und in welchem Umfang "2-Desoxysaccharose" in den Ferntransport der Kohlenhydrate einbezogen wird. Hierzu wurde 2 Tage alten Maiskeimlingen mit einer Keimwurzellänge von 2-3 cm über das Scutellum (Endosperm entfernt) 2-DOG appliziert. Nach den entsprechenden Zeiten, währenddessen das Scutellum ständig in Kontakt mit der exogenen 2-DOG-Quelle blieb, wurde von den Keimlingen das apikale 3 mm lange Wurzelspitzensegment, der gesamte übrige Wurzelteil sowie das Scutellum isoliert und der Gehalt an 2-DOG in den einzelnen Teilen bestimmt. Abbildung 2 zeigt, daß "2-Desoxysaccharose" in beträchtlichem Umfang und mit hoher Geschwindigkeit in die Maiswurzelspitze transportiert wird. Der Gehalt an löslichen 2-DOG-enthaltenden Verbindungen in der Wurzelspitze ist nach der Applikation von exogener 2-DOG über das Scutellum nach 6-12 Stunden nur wenig geringer als der normale Gehalt an Saccharose in der Wurzelspitze. Damit ist der experimentelle Beweis erbracht, daß sich 2-DOG prinzipiell zur Untersuchung des Saccharose-Ferntransports anstelle von markierten Zuckern bei Pflanzen eignet.

LITERATUR

AUGUSTIN, H. W. und E. HOFMANN, 1963: Acta biol. med. germ. 11, 628.

FISCHER, W. und G. WEIDEMANN, 1965: Hoppe-Seyler's Z. physiol. Chem. 342, 238.

GÖRING, H. und I. GERLACH, 1966: Z. Pflanzenphysiol. 55, 429.

GÖRING, H. und E. RECKIN, 1968: Flora Abt. A 159, 82.

GRANT, B.R. und H. BEEVERS, 1964: Plant Physiol. 39, 78.

REINHOLD, L. und Z. ESHBAR, 1968: Plant Physiol. 43, 1023.

STEIN, W. D., 1967: The Movement of Molecules across Cell Membranes. Academic Press, New York and London, p. 127.

STENLID, G., 1954: Physiol. Plantarum 7, 173.

TANNER, W., R. GRÜNES und O. KANDLER, 1970: Z. Pflanzenphysiol. 62, 376.

THOMAS, D.R., J.S. CRAIGIE und H.E. STREET, 1963: in: Plant tissue and organ culture, A symposium, Delhi, pp. 26-43.

WEIDEMANN, G. und W. FISCHER, 1966: Hoppe Seyler's Z. physiol. Chem. 346, 171.

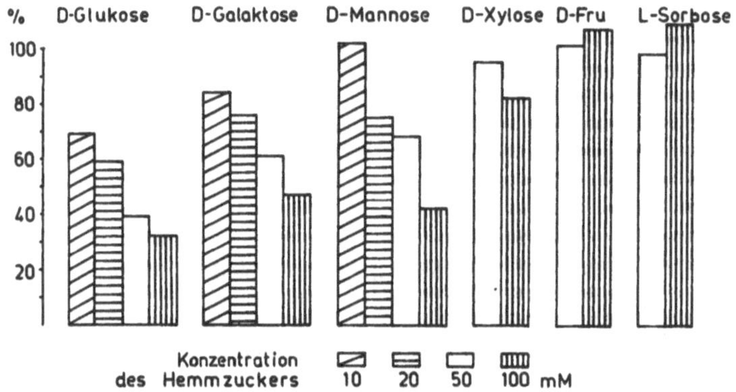

Abb. 1. Einfluß verschiedener Monosaccharide auf die Aufnahme von 2-Desoxy-Glukose (2-DOG). (Konz. an 2-DOG: 10 mM; Aufnahme der Kontrolle = 100%; Inkubation 1h bei 25 °C, aerob).

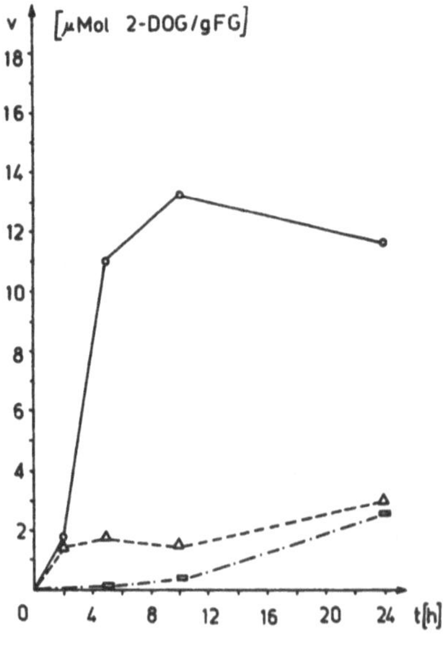

Abb. 2. Intrazelluläre Konzentration an löslichen 2-DOG-enthaltenden Verbindungen im Scutellum △——△ ; in der Wurzelspitze (3mm) ○——○ und im übrigen Wurzelteil □——□ nach exogener Applikation von 2-DOG über das Scutellum.

VERGLEICHENDE BETRACHTUNG DER IONEN- UND ZUCKERAUFNAHME DURCH WURZELGEWEBE. GIBT ES 2 MECHANISMEN DER TRÄGERVERMITTELTEN STOFFAUFNAHME?

H. GÖRING, R. EHWALD und P. SAMMLER

Humboldt-Universität zu Berlin, Sektion Biologie

Die Aufnahme von Nährstoffen aus der Bodenlösung ist eine der wichtigsten Funktionen der Wurzel. Dementsprechend wurde bereits eine Vielzahl an Untersuchungen über die Aufnahme von Ionen durch Wurzeln durchgeführt. EPSTEIN und HAGEN stellten 1952 fest, daß die Abhängigkeit der Geschwindigkeit der Ionenaufnahme durch Wurzeln von der Ionenkonzentration im Medium formal mit einer MICHAELIS-MENTEN-Kinetik übereinstimmt. Die von FRIED und NOGGLE (1958) erhobenen Befunde über 2 Konzentrationsbereiche, innerhalb derer jeweils Sättigungskinetik bei der Kationenaufnahme durch Gerstenwurzeln besteht, konnten von EPSTEIN und Mitarbeiter bestätigt werden. Nach EPSTEIN (1966) sollen 2 Mechanismen der trägervermittelten Ionenaufnahme bei pflanzlichen Zellen wirksam sein: System 1 bei Ionenkonzentrationen im Medium von < 1 mM und System 2 in einem Konzentrationsbereich von 10-100 mM. Während EPSTEIN annimmt, daß beide Systeme im Plasmalemma lokalisiert seien, postulieren TORII und LATIES (1966) auf Grund ihrer Untersuchungen der Ionenaufnahme durch vakuolisierte und nichtvakuolisierte Wurzelgewebe einen Wirkungsort für System 1 im Plasmalemma und denjenigen für System 2 im Tonoplasten.

Eine derartige "Doppelkinetik" wurde auch für die Aufnahme anderer Stoffe durch pflanzliche Gewebe gefunden: Cholinsulfat durch Gerstenwurzeln (NISSEN und BENSON 1964), α-Isoaminobuttersäure durch Gerstenblätter (REINHOLD et al 1970). Auf den besonderen Umstand, daß für ganz unterschiedliche Ionen und Nichtelektrolyte die gleiche Aufnahmekinetik gefunden wurde, die zur Annahme führte, daß 2 Mechanismen der trägervermittelten Aufnahme für alle diese Stoffe bestehen sollen, wies bereits WEIGL (1967) hin. Es treten lediglich geringfügige Unterschiede im Umschlagspunkt der Konzentration zwischen System

1 und System 2 (0, 2-2mM) und hinsichtlich der Konzentration verschiedener Stoffe, bei der eine Sättigung des Systems 2 beginnt (50-200 mM), auf.

Die Analyse der Monosaccharidaufnahme durch Wurzelspitzen von Zea mays, die mit Hilfe empfindlicher und exakter Meßmethoden über einen weiten Konzentrationsbereich der Monosaccharide im Medium durchgeführt wurde ($6,5 \cdot 10^{-6}$ - $2 \cdot 10^{-1}$M; GÖRING et al 1971), ergab auch für Glukose und andere Monosaccharide jeweils eine Sättigungskinetik im niedrigen (< 1mM) und im hohen Konzentrationsbereich (> 1mM) (Abb. 1).

Diese sowie weitere Ergebnisse zeigen, daß auch für die Monosaccharidaufnahme durch pflanzliche Gewebe eine Aufnahmekinetik ermittelt wird, die derjenigen der Ionenaufnahme (vgl. oben) vollkommen analog ist.

In einer weiteren Versuchsserie analysierten wir die Temperaturabhängigkeit der Monosaccharidaufnahme durch Maiswurzelspitzen am Beispiel der Glukose-Aufnahme bei 5, 15, 25 und 35 ^{o}C (Abb. 2). Es ergibt sich eindeutig, daß das System 1 eine hohe Temperaturempfindlichkeit besitzt, System 2 jedoch nur gering durch die Versuchstemperatur beeinflußt wird. Diese Ergebnisse stehen in Übereinstimmung mit Ergebnissen, die bei Anoxibiose und unter dem Einfluß von Stoffwechselinhibitoren erzielt wurden (HODGES und VAADIA 1964; LÜTTGE und LATIES 1967 u. a.).

System 2 wird somit durchaus nicht allen Kriterien eines trägervermittelten Transportes gerecht.

Die Untersuchungen über die Stoffaufnahme durch pflanzliche Gewebe werden fast ausschließlich im steady state durchgeführt. Die Autoren gehen davon aus, daß der Free Space des Gewebes (FS) sehr rasch aufgefüllt wird, und somit alle Zellschichten (d. h. der Rinde bei Wurzeln) an der Stoffaufnahme beteiligt sind. Das war für uns Veranlassung, die Diffusion von Stoffen in den FS näher zu analysieren. Zu diesem Zwecke benutzten wir eine Methode, welche die kontinuierliche und äußerst exakte Bestimmung der Verteilung eines Stoffes im FS zu registrieren erlaubt. Dieser Stoff sollte sich zwar rasch im FS verteilen, aber nicht in das Zytoplasma eindringen, um Fehlerquellen auszuschließen, die bei der Verwendung von Ionen infolge der auftretenden In- und Effluxe in Abhängigkeit vom t^{o} und Konzentration vorhanden sind. Eine solche zuverlässige Methode der Bestimmung des FS pflanzlicher Gewebe wurde in unserem Laboratorium von R. EHWALD entwickelt. Als geeignete Substanz erwies sich das Disaccharid Melibiose. Die Registrierung der Melibiose-Verteilung im FS erfolgt mittels eines

Präzisionspolarimeters über ein für diese Versuche entwickeltes Umlaufsystem (Abb. 3).

Das Ergebnis einer solchen kontinuierlichen Analyse zeigt, daß bei der Messung des Melibiose-Effluxes nach vorangehender Sättigung des FS mit Melibiose zunächst die Vermischung des Oberflächenfilmes des Gewebes mit dem Medium ($\Delta\alpha_0$) äußerst rasch erfolgt (Abb. 4). Danach beginnt die Einstellung des Gleichgewichtes der Melibiose-Konzentration im FS und im Medium, $\Delta\alpha$. Aus diesen Daten läßt sich die Halbwertszeit der Einstellung der Gleichgewichtskonzentration, τ, ableiten. In mehreren Versuchen wurde diese Halbwertszeit sowie der Melibiose-Verteilungsraum bei isolierten Wurzeln von Z. m. ermittelt, der dem FS der Wurzel entspricht und von uns mit 3,5 - 3,6 % des Gewebevolumens berechnet wurde.

Zur Veranschaulichung der Zusammenhänge haben wir in folgender Abbildung die Substratkonzentration des Mediums logarithmisch dargestellt (Abb. 5). Die Aufnahme von 2-Desoxy-D-Glukose (DOG) steigt bei dieser Darstellung mit Erhöhung der Konzentration kontinuierlich an. Würde nur ein Aufnahmemechanismus des Typs System 1 vorliegen, würde die Kurve bei ca. 10^{-3}M in ein Plateau übergehen. Zusätzlich ist in diese Abbildung die Intensität des Melibiose-Influxes in den FS bei verschiedenen Konzentrationen dargestellt. Es ist zu erkennen, daß der weitere Anstieg der DOG-Aufnahme bei DOG-Konzentration von > 10^{-3}M analog dem Melibiose-Influx in den FS bei der entsprechenden Konzentration verläuft. (Die Anfangsgeschwindigkeit der Melibiosediffusion in den FS kann bei Kenntnis des Volumens des FS und der Halbwertszeit der Sättigung des FS mit Melibiose bzw. der Auswaschung von Melibiose aus dem FS berechnet werden).

Ausgehend von den dargelegten Ergebnissen unserer Untersuchung wird folgendes Schema für die Stoffaufnahme durch pflanzliche Gewebe bei verschiedenen Konzentrationen dieser Stoffe im Medium vorgeschlagen:

Ionen bzw. Zuckermoleküle dringen über Trägersysteme des Plasmalemmas der Rhizodermis in die Wurzel ein. An der Aufnahme ist somit nur die äußere Zellschicht der Wurzel mit der äußeren Oberfläche beteiligt. Dies trifft für einen Konzentrationsbereich des Substrates zu, der nicht wesentlich den K_m-Wert des Systems 1 übersteigt, da immer noch freie carrier vorhanden sind, die sich mit Substratteilchen beladen können. Steigt die Konzentration im Medium weiter an, so sind die carrier dieser Zellschicht gesättigt, die überschüssigen Ionen bzw. Moleküle dringen in den FS ein und werden von carrier'n tieferliegender Zellschichten gebunden. Damit werden mit steigender Konzentration immer mehr

Zellschichten der Rinde in den Aufnahmeprozeß einbezogen. Als begrenzender Faktor tritt hierbei die Diffusion der Zuckermoleküle bzw. Ionen in den FS auf, der ja nur ca. 3,5 % des Gewebevolumens beträgt. Daraus ergibt sich auch, daß dieser zweite Prozeß ein Diffusionsprozeß in den FS ist, der deshalb weiter ablaufen kann, weil die trägervermittelte Aufnahme des Substrates durch die tieferliegenden Zellschichten den Konzentrationsgradienten aufrecht erhält.

Das System 1 nach EPSTEIN wäre demnach der trägervermittelte Aufnahmemechanismus im Plasmalemma der Oberfläche des Gewebes. System 2 würde der Summe von System 1 und der Stoffaufnahme aus dem FS des Gewebes entsprechen, die von der Diffusionsgeschwindigkeit des Substrates in den FS abhängig wäre.

Der Rahmen des heutigen Vortrages erlaubt es nicht, auf viele andere Teilprobleme dieses Komplexes einzugehen, wie z. B.

- kompetetive Hemmung an den sogenannten Systemen 1 und 2
- Einfluß des Gegenions auf die Aufnahmeintensität in den Konzentrationsbereichen der sogenannten Systeme 1 und 2
- Mechanismus des symplasmatischen Transports
- u. a.

Ich möchte nur noch erwähnen, daß sich unter Berücksichtigung der Ladungen im FS, des entstehenden elektrochemischen Gradienten und weiterer Bedingungen alle diese Teilprobleme hinreichend erklären lassen.

Mit Nachdruck soll nochmals betont werden, daß die Zweifel an der Richtigkeit der Theorie der 2 Mechanismen der trägervermittelten Stoffaufnahme von EPSTEIN sowie TORII und LÜTTGE, die z. B. von WEIGL (1967); OERTLI (1967) und NISSEN (1971) geäußert wurden, vollauf berechtigt sind.

Auf Grund der jetzt vorliegenden Ergebnisse muß diese Theorie abgelehnt werden.

ZUSAMMENFASSUNG

1. Es wurde die Kinetik der Aufnahme von Monosacchariden durch Wurzelspitzen von Zea mays untersucht. Analog den Ergebnissen über Untersuchungen der Kinetik der Ionenaufnahme durch pflanzliche Gewebe konnten auch für die Zuckeraufnahme 2 Konzentrationsbereiche des Substrats ermittelt werden ($<$ 1 mM und 10-100 mM), innerhalb welcher jeweils Sättigungskinetik nachweisbar ist.

2. Mit Hilfe eines Umlaufsystems und kontinuierlicher polarimetrischer Messung konnte der Free Space des Wurzelgewebes ermittelt werden. Er beträgt für 3 mm lange Wurzelspitzen von Zea mays ca. 3, 5 % des Gesamtvolumens des Objektes Für die Halbwertszeit der Sättigung des FS mit Melibiose wurden ca. 2, 5 Minuten ermittelt.

3. Die erzielten Ergebnisse gestatten die Schlußfolgerung, daß die Theorie der 2 Mechanismen der trägervermittelten Ionenaufnahme (EPSTEIN 1966, TORII und LATIES 1966) nicht der Objektivität entspricht. Es wird die Vorstellung entwickelt, daß im Bereich niedriger Substratkonzentrationen (< 1 mM) nur das Plasmalemma an der Oberfläche des Gewebes an der Stoffaufnahme beteiligt ist. Bei höheren Substratkonzentrationen (10-100 mM) wird die Diffusionsgeschwindigkeit des Substrates in den FS geschwindigkeitsbestimmend.

LITERATUR

EPSTEIN, E., 1966: Nature 212, 1324.

EPSTEIN, E. und C. HAGEN, 1952: Plant Physiol. 27, 457.

FRIED, M. und J. C. NOGGLE, 1958: Plant Physiol. 33, 139.

GÖRING, H., R. EHWALD und P. SAMMLER, 1971: In: "Mechanizmy pogloščenija vesestu restitelnoj kletkoj". Irkutsk, 53 (russ.).

HODGES, T. K. und J. VAADIA, 1964: Plant Physiol. 39, 104.

LÜTTGE, U. und G. G. LATIES, 1967: Planta 74, 173.

NISSEN, P., 1971: Physiol. Plant. 24, 315.

NISSEN, P. und A. A. BENSON, 1964: Plant Physiol. 39, 586.

OERTLI, J. J., 1967: Physiol. Plant. 20, 1014.

REINHOLD, L., R. A. SHTARKSHALL und D. GANOT, 1970: J. Exp. Bot. 21, 926.

TORII, K. und G. G. LATIES, 1966: Plant Physiol. 41, 863.

WEIGL, J., 1967: Fortschr. Bot. 29, 50.

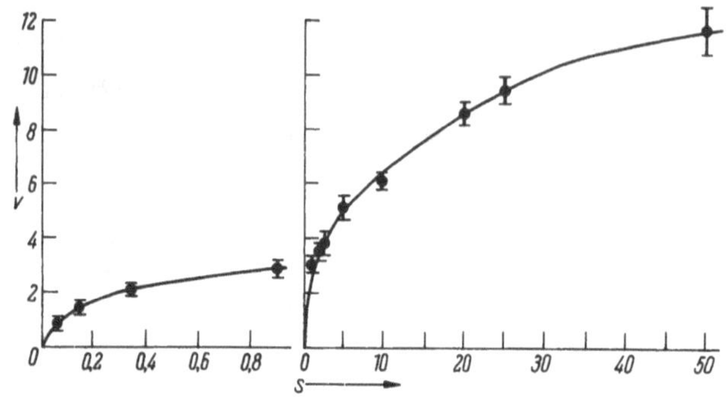

Abb. 1. Intensität der Aufnahme von 2-Desoxy-D-Glukose durch Wurzelspitzen von Zea mays in Abhängigkeit von der Substratkonzentration im Medium. V-Intensität der 2-DOG-Aufnahme in mM x g FG^{-1} x h^{-1}, S - 2-DOG-Konzentration in mM.

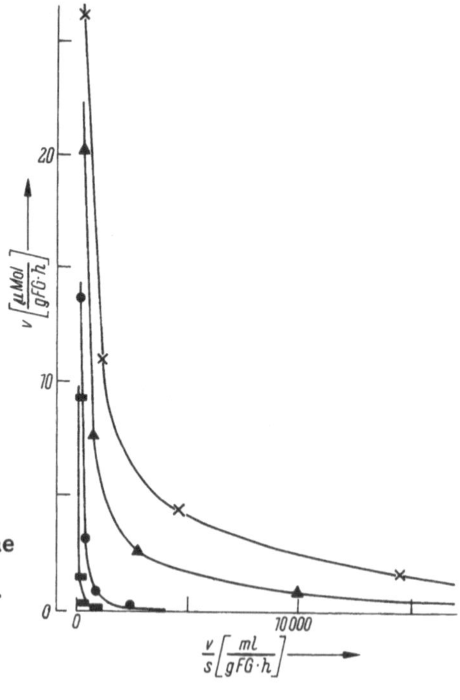

Abb. 2. Isotherme der Glukose-Aufnahme durch isolierte Wurzelspitzen von Zea mays in Abhängigkeit von der Temperatur in der Darstellung nach EADIE und HOFSTEE; ■——■ 5 °C, ●——● 15 °C, ▲——▲ 25 °C, x——x 35 °C.

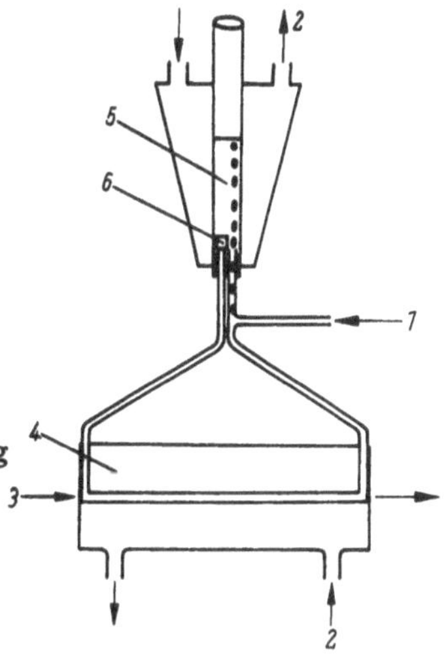

Abb. 3. System zur kontinuierlichen Registrierung der optischen Aktivität des Mediums isolierter Mais-Wurzelspitzen.
1: Anschluß zur Einleitung eines H_2O-Dampf-gesättigten Gases (Luft oder Stickstoff)
2: Anschluß an den Thermostaten
3: polarisiertes Licht 4: Quarz-Mikroküvette
5: Inkubationsraum 6: Watte-Filter.

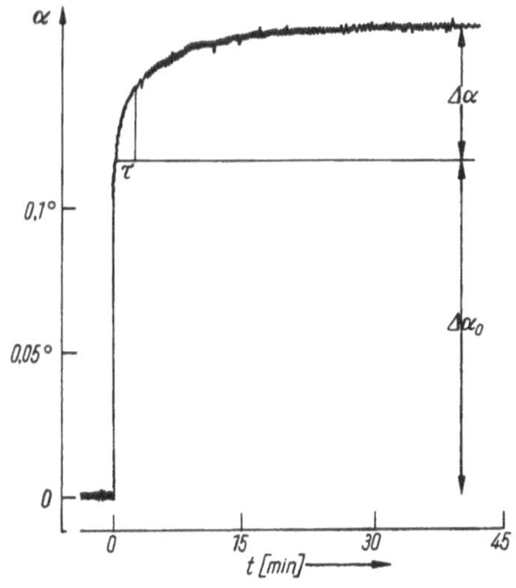

Abb. 4. Änderung der optischen Aktivität nach Zugabe von 300 mg Wurzelspitzen zu 4 ml Aqua dest. Temperatur 25 °C. Die Wurzelspitzen waren 1^h lang in 0,1 M Melibioselösung vorinkubiert.

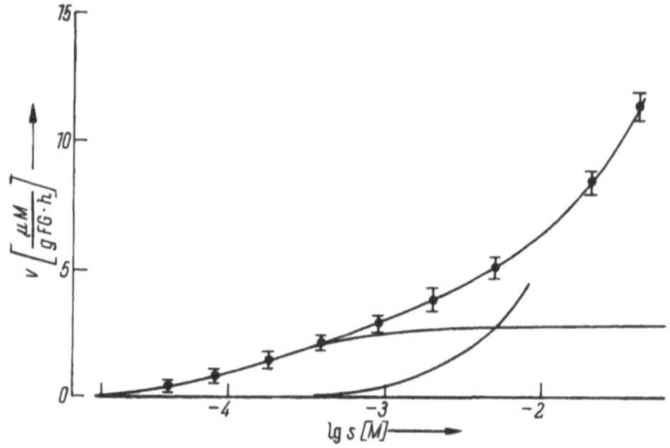

Abb. 5. Die Isotherme der Aufnahme von 2-Desoxy-D-Glukose durch isolierte Wurzelspitzen von Zea mays. DOG-Konzentration im Medium in logarithmischer Darstellung.

1 - experimentell ermittelte Aufnahmekurve,

2 - theoretisch ermittelte MICHAELIS-MENTEN-Funktion,

3 - Diffusionsgeschwindigkeit von Melibiose in den Free Space der Wurzelspitzen.

DER EINFLUSS LÖSLICHER KOHLENHYDRATE AUF DIE PHOSPHAT-AUFNAHME BEI WURZELN VON Pisum sativum L.

H. AUGSTEN und I. FELSBERG

Friedrich-Schiller-Universität, Sektion Biologie,
Pflanzenphysiologie, Jena, DDR

Zahlreiche Ergebnisse weisen auf ein objektunspezifisches und sowohl bei höheren wie auch niederen Pflanzen gültiges Grundprinzip der Stoffaufnahme hin. Nach LUNDEGÅRDH (1958 a, b) z. B. ist bei höheren Pflanzen (Weizenwurzeln, Kartoffelgewebe) zwischen einer auf Austauschadsorption beruhenden Initialphase der Ionenaufnahme und einer später einsetzenden und langsamer verlaufenden Akkumulationsphase zu unterscheiden; während die Initialphase durch einen sehr niedrigen Temperaturkoeffizienten gekennzeichnet ist, erweist sich die Salzakkumulation als ein streng stoffwechselabhängiger Prozeß. Auch die Aufnahme des Bors in isolierte Blätter erfolgt in zwei Etappen, indem ein schneller reversibler Influx von einer langsamen, irreversiblen Akkumulation abgelöst wird; dabei liegen der Akkumulationsphase in Abhängigkeit von der angebotenen Bormenge drei mit dem Energiestoffwechsel verbundene Absorptionsmechanismen zugrunde (BOWEN 1968). Bei niederen Pflanzen erfolgt die Ionenaufnahme ebenfalls in zwei Etappen; bei Phosphatmangel-Zellen der Hefe z. B. geht der energieabhängigen Polyphosphatsynthese (Akkumulationsphase) eine initiale Phase der Orthophosphatsättigung voraus, die allerdings Merkmale eines "aktiven" Transportes aufweist (JUNG-NICKEL 1971).

Die zwischen "passiver" und "aktiver" Stoffaufnahme bestehenden Beziehungen werden u. a. von EPSTEIN (1955) sowie MARSCHNER und MENGEL (1962) ausführlich diskutiert; nach neueren Befunden kann die aktive Ionenaufnahme als ATP-abhängige Pinocytose interpretiert werden (HALL 1970 u. a.).

Durch unsere Untersuchungen sollte geprüft werden, ob die Phosphataufnahme bei isolierten Wurzeln junger Pisum-Keimpflanzen ebenfalls in zwei Phasen erfolgt und ob diese beiden Etappen auch in den Phosphatfraktionen der Wurzel ihre Widerspiegelung finden. Einige Angaben für die Wurzeln intakter Pisum-Pflanzen liegen bereits vor (SIROKMÁN u. KÖVES 1967). Im Hinblick auf die von

LOUGHMAN (1969) diskutierten Ergebnisse interessierte besonders der Einfluß löslicher Kohlenhydrate (Zucker, Zuckerphosphate). Unser Objekt ist dem Saccharose-Typ zuzuordnen (GÖRING 1966, GÖRING und GERLACH 1966).

MATERIAL UND METHODEN

Die Anzucht der Keimlinge (Pisum sativum L. "Maipal") erfolgte auf 1%igem Wasseragar. Nach 2 Tagen wurden die Wurzelspitzen (Länge von Wurzel und Hypocotyl 20-25 mm) unter sterilen Bedingungen abgetrennt und in die ebenfalls sterile, belüftete Versuchslösung (pH 5, 6 bis 5, 8; 25 °C) übertragen (pro Gefäß 120 Wurzelspitzen in 150 ml Lösung). Jede Bestimmung erfolgte mit 20 Wurzelspitzen und 25 ml Lösung in 3 Wiederholungen. Die Ergebnisse beziehen sich auf Wurzelspitzen mit 15 mm Ausgangslänge; 20 Wurzelspitzen entsprechen etwa 180 mg Frischgewicht bzw. 17, 5 mg Trockensubstanz.

Das Phosphat- und Zuckerangebot erfolgte über die Außenlösung (10^{-3} bzw. 10^{-4} mol KH_2PO_4, teilweise in Gegenwart von 1% Glucose, Fructose bzw. Saccharose, oder als 10^{-3} bzw. 10^{-4} mol Phosphat, gebunden in Glucose-1-Phosphat, Glucose-6-Phosphat oder Fructose-1, 6-Diphosphat).

Die Bestimmung der Phosphatfraktionen wurde nach früheren Angaben ausgeführt (AUGSTEN u. FELSBERG 1971). Für die quantitative Auswertung der entwickelten und angefärbten Dünnschichtchromatogramme benutzten wir das ERI 65 des VEB Carl Zeiss, Jena. Die Ergebnisse werden in μg P/5 Wurzelspitzen mitgeteilt.

ERGEBNISSE

Wird den Wurzeln über die Außenlösung 10^{-4} mol KH_2PO_4 angeboten, nimmt ihr Phosphatgehalt insgesamt zu (Abb. 1). Dabei erfolgt die Ionenaufnahme offensichtlich in zwei nicht gleichwertigen Etappen: Die Initialphase ist durch eine geringe Phosphataufnahme mit nachfolgender Verminderung des Phosphatgehaltes gekennzeichnet, und erst nach etwa 60 min steigt das Phosphat in der Wurzel kontinuierlich an. Nach weiteren zwei Stunden ist das Maximum der Phosphataufnahme erreicht.

Einen prinzipiell vergleichbaren Kurvenverlauf liefert 10^{-3} mol KH_2PO_4. Während der Initialphase aber wird deutlich mehr Phosphat aufgenommen und durch die nachfolgende Ionenausschüttung der ursprüngliche Phosphatspiegel der Wurzel nicht mehr unterschritten. Auf die spätere Phosphatmenge der Wurzel hingegen hatte die höhere Außenkonzentration unter unseren Versuchsbedingungen keinen nennenswerten Einfluß.

Die säurelösliche Fraktion nimmt während der Initialphase ebenfalls ab, um nachfolgend wieder anzusteigen, doch verlagert sich das Verhältnis "säurelösliches Phosphat / säureunlösliches Phosphat" zunächst zugunsten der löslichen Fraktion; zwischen der 1. und 2. Versuchsstunde hingegen werden offenbar beträchtliche Phosphatmengen in die säureunlösliche Fraktion einbezogen; die hier besonders hohe Stoffwechselaktivität wird durch eine verstärkte Atmungsintensität unterstrichen.

Die chromatographische Analyse lieferte vier Phosphatfraktionen mit folgenden Hauptkomponenten: Fructose-1, 6-Diphosphat (1. Fraktion), Orthophosphat und Nucleotide (2. Fraktion), Glucose-1-Phosphat und Glucose-6-Phosphat (3. Fraktion) sowie Phosphoenolbrenztraubensäure und Phosphoglyzerinsäure (4. Fraktion); eine 5. Fraktion (R_f-Wert 0, 9) konnte noch nicht identifiziert werden. Das Fructose-1, 6-Diphosphat der Wurzeln stieg bis zur 3. Versuchsstunde an und blieb dann konstant, während die 2. Fraktion zwischen der 1. und 5. Stunde keine nennenswerten Veränderungen erfuhr.

Neben anorganischem Phosphat wird von den Wurzeln in geringem Umfange auch organisch gebundenes Phosphat an das Außenmedium abgegeben.

Bei kombiniertem Angebot von KH_2PO_4 (10^{-4} mol) und Glucose (1%) ist die Phosphataufnahme im Vergleich mit der zuckerfreien Kontrolle während und nach der Initialphase gesteigert. Demgegenüber hat Saccharose nur auf die Initialphase eine stimulierende Wirkung, während später die Phosphatwerte der Wurzeln kaum über dem Anfangswert und unter den entsprechenden Kontrollwerten (Phosphatangebot ohne Zucker) liegen. Besonders deutlich ist der spezifische Einfluß der Fructose auf die initiale Aufnahme und die nachfolgende Abgabe des Phosphates; die Initialphase erscheint erheblich verlängert; nach 3 Stunden liegt der Phosphatspiegel noch unter den Ausgangswerten (Abb. 2).

Auch auf die Einbeziehung des Phosphates in den Stoffwechsel üben die Zucker einen spezifischen Einfluß aus (Abb. 3). In Gegenwart von Glucose bzw. Saccharose steigt das säurelösliche Phosphat zunächst mehr oder weniger deutlich an, um später zugunsten der säureunlöslichen Verbindungen abzusinken. Demgegenüber bewirkt Fructose eine erhebliche Zunahme der säurelöslichen Fraktion (nach 3 Stunden fast 90% des Gesamtphosphates).

Obwohl das Wurzelwachstum gegenüber der Wasserkontrolle bereits mit KH_2-PO_4 erheblich stimuliert ist, konnten auch die bereits vorliegenden Ergebnisse zur Beziehung zwischen Zuckerangebot und Wachstum (GÖRING 1966 u.a.) bestätigt werden.

Der spezifische Einfluß der phosphorylierten Zucker auf Phosphataufnahme und Phosphatmetabolisierung wird durch die Abbildungen 4 und 5 belegt. Während der Initialphase steigt das Gesamtphosphat in Gegenwart von Fructose-1, 6-Diphosphat vorübergehend etwas an, während Glucose-6-Phosphat eine intensive Phosphataufnahme zur Folge hat. Der mit Glucose-6-Phosphat hohe Phosphatspiegel bleibt später im wesentlichen erhalten; in Gegenwart von Fructose-1, 6-Diphosphat hingegen fällt der Phosphatgehalt ab. Der Einfluß von Glucose-1-Phosphat bleibt insgesamt unerheblich.

Die starke Phosphataufnahme in Gegenwart von Glucose-6-Phosphat findet im Anstieg der säurelöslichen Fraktion ihre Widerspiegelung. Die Relationen "säurelösliches Phosphat / säureunlösliches Phosphat" beweisen, daß später erhebliche Phosphatmengen intracellulär umgesetzt wurden. Bei Applikation von Zuckerphosphaten ist der säureunlösliche Anteil höher als bei getrenntem Angebot von Phosphat und Zucker bzw. von Phosphat ohne Zucker.

ZUSAMMENFASSUNG

1. Die an isolierten Keimlingswurzeln erhobenen Befunde über Phosphataufnahme und Phosphatumsatz stimmen mit Ergebnissen, die an anderen Objekten und an Wurzelsystemen intakter Pflanzen gewonnen wurden, prinzipiell überein.
2. Die Phosphataufnahme und die Einbeziehung des Phosphates in die einzelnen Fraktionen werden durch lösliche Kohlenhydrate (Zucker, Zuckerphosphate) spezifisch beeinflußt; z.B. nimmt Fructose im Vergleich mit Glucose und Saccharose eine gewisse Sonderstellung ein.
3. Auch die erste Etappe der Stoffaufnahme ist nicht nur durch Diffusion der Ionen in den "freien Raum" (apparent free space) und Austauschadsorption gekennzeichnet; offensichtlich sind an der Phosphataufnahme von vornherein auch physiologische Prozesse beteiligt.

LITERATUR

AUGSTEN, H. und I. FELSBERG, 1971: Zum Vorkommen von Adenosinphosphaten und anderen Phosphorsäureverbindungen in vegetativen Vermehrungseinheiten (Untersuchungen an reifenden und keimenden Knollen von Ficaria verna HUDS.). Wiss. Ztschr. Ernst-Moritz-Arndt-Universität Greifswald, (im Druck).

BOWEN, J.E., 1968: Borate absorption in excised sugarcane leaves. Plant Cell Physiol. 9, 467-478.

EPSTEIN, E., 1955: Passive permeation and active transport of ions in plant roots. Plant Physiol. 30, 529-535.

GÖRING, H., 1966: Der Membrantransport der Saccharose als ein progressiver Schritt in der Evolution der Pflanzen. Flora, Abt. A, 157, 318-329.

GÖRING, H. und I. GERLACH, 1966: Das Wachstum kurzfristig isolierter pflanzlicher Gewebe in Abhängigkeit von der exogenen Kohlenstoffquelle. Ztschr. Pflanzenphysiol. 55, 429-444.

HALL, J.L., 1970: Pinocytotic vesicles and ion transport in plant cells. Nature (Lond.) 226, 1253-1254.

JUNGNICKEL, F., 1971: Zur Temperaturabhängigkeit der Phosphataufnahme und Atmung phosphatverarmter Hefezellen. Biochem. Physiol. Pflanz. (Jena) 162, 301-309.

LOUGHMAN, B.C., 1969: The uptake of phosphate and its transport within the plant. In: Ecological aspects of the mineral nutrition of plants. British Ecolog. Soc. Symp. Nr. 9 (edit. I.H. RORISON). Oxford and Edinburgh, p. 309-322.

LUNDEGÅRDH, H., 1958a: Investigations on the mechanism of absorption and accumulation of salts. I. Initial absorption and continued accumulation of potassium chloride by wheat roots. Physiol. Plant. 11, 332-346.

LUNDEGÅRDH, H., 1958b: Investigations on the mechanism of absorption and accumulation of salts. II. Absorption of phosphate by potato tissue. Physiol. Plant. 11, 564-571.

MARSCHNER, H. und K. MENGEL, 1962: Apparent free space (AFS). Ztschr. Pflanzenernährung 98 (143), 30-44.

SIROKMÁN, F. and E. KÖVES, 1967: Relationship between the plant growth regulation and phosphorylation processes. I. Examination of the alcohol soluble phosphate compounds of pea seedlings by radio-paper-chromatography, applying different light conditions and different incubation times. Acta Biol. Szeged 13, 89-98.

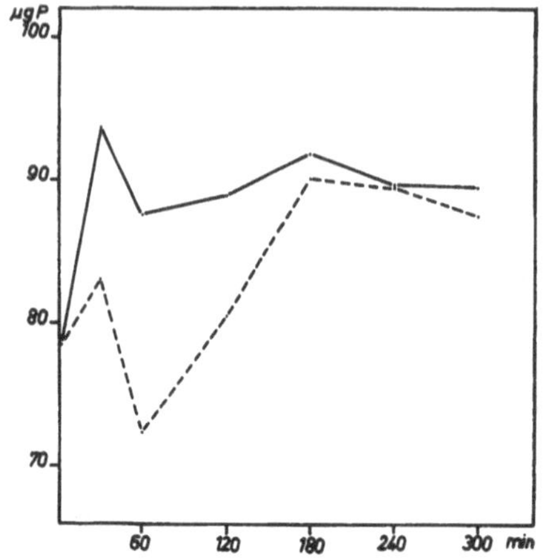

Abb. 1. Gesamtphosphat bei Angebot von KH_2PO_4; ——— = 10^{-3} mol, - - - - - = 10^{-4} mol.

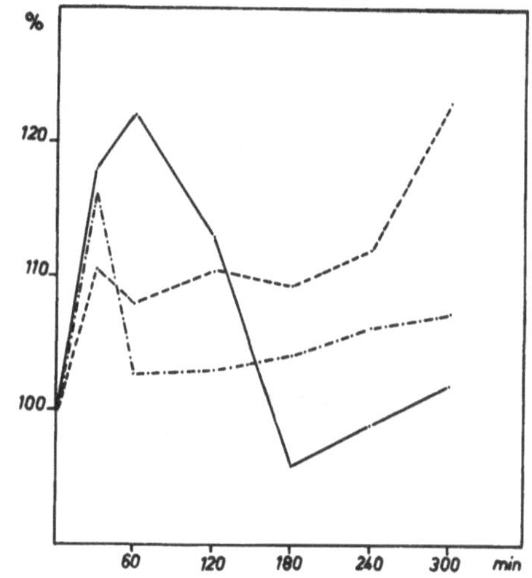

Abb. 2. Gesamtphosphat bei Angebot von 10^{-4} mol KH_2PO_4 unter Zusatz von 1% Glucose (- - -), Fructose (———) bzw. Saccharose (- . - . -) in %.

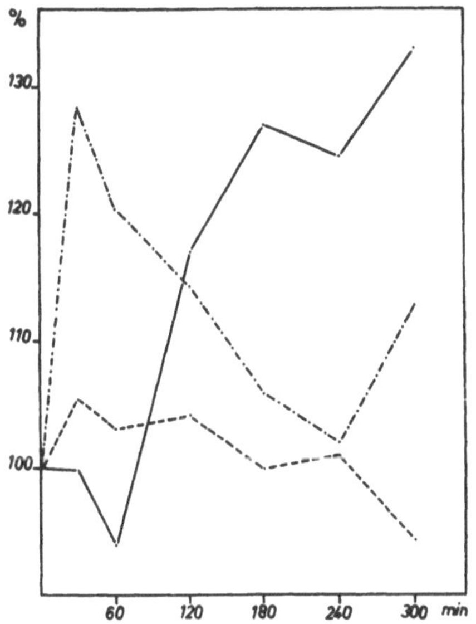

Abb. 3. Säurelösliches Phosphat bei Angebot von 10^{-4} mol KH_2PO_4 unter Zusatz von 1% Glucose (- - -), Fructose (———) bzw. Saccharose (- . - . -) in %.

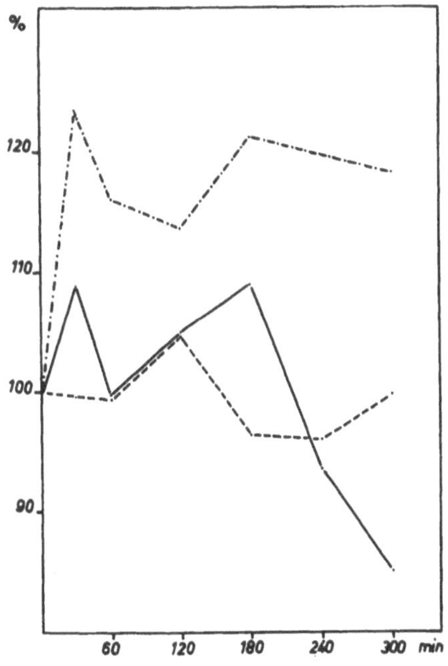

Abb. 4. Gesamtphosphat bei Angebot von 10^{-4} mol Phosphat, gebunden in Glucose-1-Phosphat (- - -), Glucose-6-Phosphat (- . - . -) bzw. Fructose-1, 6-Diphosphat (———) in %.

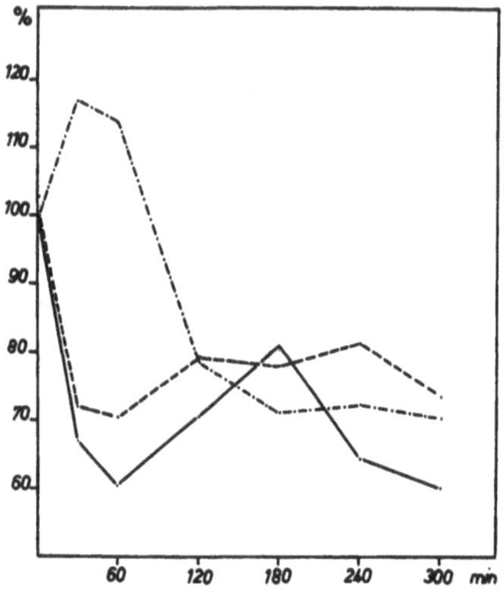

Abb. 5. Säurelösliches Phosphat bei Angebot von 10^{-4} mol Phosphat, gebunden in Glucose-1-Phosphat (- - -), Glucose-6-Phosphat (- . - . -) bzw. Fructose-1, 6-Diphosphat (———) in %.

JAHRESPERIODISCHE VERÄNDERUNGEN VON STÄRKE- UND PHOSPHAT-GEHALT IN WURZELN VON APFELUNTERLAGEN.

C. WILCKE

Akademie der Landwirtschaftswissenschaften der DDR,
Institut für Obstbau Dresden-Pillnitz, DDR.

Der moderne Intensivobstbau beruht fast ausschließlich auf der Verwendung von Klonunterlagen. Diese bilden das Wurzelsystem des Baumes, die aufveredelte Sorte die Krone. Je nach verwendeter Unterlage entwickelt sich eine große, mittlere oder kleine Krone. Repräsentativ dafür sind die für unser Gebiet wichtigsten, in East Malling ausgelesenen Klone M XI (starkwüchsig), M IV (mittelstark) und M IX (schwachwüchsig).

Bekannt sind die Unterschiede der Substanzkonzentrationen in den Trieben, auch der Assimilationsleistung, in Abhängigkeit von der Unterlage. Zur Charakterisierung des Stoffwechselverhaltens der Wurzeln bietet sich zunächst der Gehalt an Reservestärke an. Er liegt im Vergleich zu den Trieben, wo er 5-7% des TW selten überschreitet, in den Skelettwurzeln mit 20-30 und mehr % des TW sehr hoch.

Als Untersuchungsmaterial dienten Skelettwurzeln von 7-9 mm Dicke 4-7jähriger unveredelter und mit "Cox Orangen" kombinierter Unterlagen der Typen M IX, M IV und M XI. Eine Mischprobe von 6 Wurzeln von zwei Bäumen wurde mit Trockeneis zermahlen und gefriergetrocknet. Die Reservestärke wurde durch direkte Kolorimetrie des Jod-Stärkekomplexes verändert nach CARTER und NEUBERT (1954) bestimmt. Das Pulver wird 10 min in der Kälte mit 42 %iger Perchlorsäure aufgeschlossen, die Säurekonzentration durch Wasserzugabe auf 0,1 n verdünnt, mit Lugolscher Lösung angefärbt und bei 620 nm (Rotfilter) gegen einen mit Natriumpyrosulfit entfärbten Blindwert gemessen, Eichkurve: Kartoffelstärke. Abbildung 1 zeigt die Analysenwerte von 51 Untersuchungsterminen über vier Jahre. Deutlich ist der bei allen Unterlagen unabhängig von der Veredlung ausgeprägte Jahresrhythmus der Stärke. Die höchsten Konzentrationen hat die schwachwüchsige M IX, es folgen M IV und die starkwüchsige M XI. Im Winter und in Kombination mit der Sorte sind die Differenzen am größten. Mit Hilfe gleitender Mittelwerte wurde aus den Analysendaten ein "Normal-Jahresgang", der nur noch geringe Streuungen aufweist, berechnet. An ihm lassen sich grundsätzlich 5 Abschnitte unterscheiden (Abb. 2):

1. Winterliche Abnahme durch Veratmung und Wurzelwachstum 10.12. -1.4.;
2. Abnahme durch den Frühjahrsaustrieb, 10.4. -1.6., bei den Unterlagen werden die Reserven zu etwa 30% abgebaut, bei den Kombinationen zu 50%, nach kräftigem Winterschnitt zu 60-80%. Kräftig wachsende dreijährige Unterlagen schöpften die Reserven in den Wurzeln zu 50-60% aus;
3. Langsamer Aufbau im Sommer, der durch ungünstige Witterungsverhältnisse unterbrochen sein kann, 1.6. -1.8.;
4. Herbstlicher Anstieg, eine kurze Periode mit starker Anstiegsrate, 5.8. -15.9.;
5. Langsamer Spätherbstanstieg, der sich durch Zuckerkonversion bis nach dem Blattfall erstrecken kann, 15.9. -1.12.

Je nach Jahr und Unterlage überlappen sich die einzelnen Perioden etwas, besonders beim Frühjahrsaustrieb, dagegen treten die Unterlagen sehr gleichmäßig in die Phase des Herbstanstieges zwischen 5. -10. August ein. M IV hat die Tendenz, sofort nach beendeter Einspeicherung schon nennenswerte Beträge zu verbrauchen, während bei M XI erst ab Ende Dezember eine stärkere Abnahme eintritt.

Je stärker der Austrieb, umso größer ist der Rückgriff auf die Reserven. Erst nachdem der Sproß 11-12 Blätter gebildet hat, stützt er sich auf die laufenden Synthesen (KATZFUSS 1968). Wird der normale Austrieb durch kräftigen Rückschnitt der Krone verstärkt, spiegelt sich das deutlich im Verhalten der Wurzel wider. Die untersuchten Bäume glichen im Laufe der Vegetationsperiode den Holzverlust durch zusätzliches Triebwachstum wieder aus, so daß im Herbst keine Unterschiede zur Kontrolle in der Gesamttrieblänge mehr festzustellen waren. Das verstärkte Triebwachstum findet auf Kosten der Wurzelreserven statt. Diese werden bis zu 80 % erschöpft, entsprechend dem Rückstand in der Triebentwicklung liegt das Stärkeminimum später in den Sommer hinein. Der Herbstanstieg ist jedoch so intensiv, daß die Verluste am Vegetationsende wieder ergänzt werden. Der Periode kurz vor dem Laubfall, der bei der Schnittvariante später einsetzt, kommt dabei besondere Bedeutung zu. Zu warnen ist aus diesem Grunde vor frühzeitiger chemischer Entblätterung. Bäume mit schlechtem Kohlenhydratstatus sind frostempfindlicher und krankheitsanfälliger, sie verfallen schnell in wechseljähriges

Tragen, die Alternanz, bei der es dann zu einem Einschwingen in zweijährige Stoffwechselperiodik kommt (KAZARJAN und ARUTJUNJAN 1966).

Die Aktivierung des Stoffwechsels durch Schnitt kommt auch in der fast zweifachen Erhöhung der Phosphataseaktivität und höherem Phosphatgehalt der Wurzeln zum Ausdruck. Im Vergleich zur Stärke ist der Phosphatpool der Wurzeln sehr klein. Von den Phosphatfraktionen wurden der trichloressigsäurelösliche (anorganisches und Ester-Phosphat) und der perchlorsäurelösliche Anteil (darunter Nukleinsäurephosphat) in der Methodik nach SCHMIDT (1966) erfaßt. Insgesamt ergibt sich ein Jahresverlauf mit größeren Unregelmäßigkeiten als bei der Stärke (Abb. 3). Dagegen sind die Unterlagenunterschiede noch ausgeprägter. Die aufveredelte Sorte bewirkt höhere Werte, verstärkt aber die Unterlagentendenz nicht, sondern gleicht sie etwas aus; die Unterschiede zwischen IX und XI werden geringer. Bei den Kombinationen ist vor allem die anorganische Fraktion erhöht. Abbildung 4 zeigt einen "Normal-Jahresgang" analog Abbildung 2, wodurch der Jahresrhythmus deutlicher wird. Das säurelösliche Phosphat erreicht nach einem Winter- und Vorfrühjahrsanstieg ein Maximum, das durch den Frühjahrsaustrieb schnell abgebaut wird. Im Sommer und Herbst ändert sich die Konzentration wenig, erst zur Zeit des Blattfalls kommt es zu einem Wiederanstieg. Während der Stärkeabfall erst mit dem Beginn des intensiven Triebwachstums verstärkt einsetzt, nimmt das Phosphatmaximum bereits ab, wenn die Triebe grüne Spitzen zeigen, bei M IV fast vier Wochen früher als beim spättreibenden M XI. Nach Beobachtungen von ZELENSKAJA und CERNIJ (1966) setzt ein Phosphattransport von der Wurzel zum Sproß erst mit dem Austrieb ein, lediglich in den unteren Stammpartien konnte schon vorher aufgenommenes ^{32}P nachgewiesen werden. Der Anteil des organischen säurelöslichen Phosphates, ausgedrückt durch das Verhältnis von gesamtem TCA-löslichen P: anorg. P verläuft ähnlich der Stärkekurve. Er sinkt bereits vor Erreichen der höchsten Absolutwerte ab, etwa Ende Februar. Im Laufe des Sommers verringert sich jedoch das anorganische Phosphat schneller, so daß der relative Anteil der organischen Fraktion wieder steigt. Ähnliches beobachten TESAR und GARZ (1965) bei der Rinde von Weidenzweigen. Die perchlorsäurelösliche Phosphatfraktion zeigt einen ähnlichen Jahresverlauf wie die Stärke. Abbildung 5 (links) zeigt den Verlauf der Substanzkonzentrationen und bestätigt diesen an anderem Material (rechts).

Die bei den Analysenergebnissen auftretenden Abweichungen vom jahreszeitlichen Trend stehen mit der Witterung in engem Zusammenhang. Für eine rechnerische Erfassung wurden die Differenzen des Analysenwertes zum Normalwert (entspr. Abb. 2 und 4) gebildet, bei den Witterungsfaktoren deren Mittelwert einen unterschiedlichen Zeitraum vor dem Untersuchungstermin mit der Differenzbildung zum langjährigen Mittel. Die Differenzen wurden durch einfach lineare Regressionen mit dem Kleinrechner SER 2 d miteinander in Beziehung gesetzt. Entsprechend der Jahresrhythmik muß das Material unterteilt werden, als günstig erwiesen sich die Phasen: Ruhe (20.10. -5.4.), Wachstum (5.4. -5.7.) und Speichern (5.7. -20.10.). Als wichtigste Einflußgrößen auf den Wurzelstoffwechsel ergaben sich:

Bodentemperatur in 5 cm Tiefe (mittl. Maximum), 1. -6. Tag vor Untersuchungstermin;

Bodentemperatur in 50 cm Tiefe (mittl. Max.), Dekade vor Termin;

Bodenfeuchte in 10-30 und 50-70 cm Tiefe, Dekade vor Termin;

Lufttemperatur (mittl. Max. 14^{00}), 2. -7. Tag vor Termin;

Niederschlag, Monat vor Termin;

relative Luftfeuchte, 14^{00}, Dekade vor Termin (als Maß für die Transpirationsbelastung des Baumes);

Sonnenscheindauer und Globalstrahlung (Dekade vor Termin).

Die Verwendung der mittleren Maximaltemperaturen (meist 14^{00}) ergab stets höhere Bestimmtheitsmaße als die einfachen Tagesmittel. Die Witterungsdaten entstammen der Meteorologischen Station Pillnitz.

Je stärker und häufiger ein Witterungsfaktor von seinem Normalwert abweicht, umso geringer ist in den meisten Fällen sein Einfluß auf den Stoffwechsel. Aus diesem Grunde ergibt eine nur geringe Abweichung der Bodentemperatur eine hohe Stoffwechselbeeinflussung, während Faktoren mit hoher Unregelmäßigkeit, wie Niederschlag, trotz hoher Abweichungen einen geringeren Einfluß haben. Für einen Vergleich der meteorologischen Faktoren mit unterschiedlichen Maßeinheiten wurde ihre mittlere Abweichung im Untersuchungszeitraum vom langjährigen Mittel verwendet.

Mit zunehmender Bodentiefe wirkt eine Erhöhung der Temperatur über den Erwartungswert intensiver auf die Mobilisation der Stärke in der Wurzel. Die starkwüchsige Unterlage M XI mit den geringstem gespeicherten Stärkemengen reagiert schneller als M IX mit der hohen Speichertendenz. Temperaturerhöhung an der Bodenoberfläche, besonders in Verbindung mit Feuchtigkeit, führt bei M IX noch zu Stärkespeicherung, bei M XI schon zum Abbau.

Das empfindlichere Ansprechen des Klons M XI auf Temperaturerhöhung erklärt zugleich seine stärkere Dynamik im Stärkehaushalt im Laufe des Jahres.

Die Kombinationen mobilisieren bei Temperaturerhöhung die Stärke eher als die entsprechenden unveredelten Unterlagen. Während der Ruheperiode führt eine Erwärmung des Oberbodens zu einer Erhöhung des Stärkegehaltes, eine Erscheinung, die bei Trieben als Zucker-Stärke-Konversion des Frühjahrs bekannt ist, dort aber auffälliger als bei den stärkereichen Wurzeln.

Die stärkste Abhängigkeit des Phosphatgehaltes von Witterungsfaktoren ist im Sommer und Herbst, wenn sich die Normalkurve am wenigsten verändert, festzustellen. Ähnlich wie bei der Stärke ist ein Temperatureinfluß in den unteren Bodenschichten, besonders aber in 15-25 cm Tiefe, der Saugwurzelzone, zu bemerken. Feuchtigkeit wirkt zusätzlich fördernd auf die Konzentrationserhöhung, besonders bei den Kombinationen. Die Jahresrhythmik des anteiligen organischen und des anorganischen Phosphats ist unterschiedlich, ebenso ihr Verhalten gegenüber den Witterungsfaktoren. Bedingungen, die zu einer Erhöhung der Stärkewerte führen, wirken auch auf den Esterphosphatanteil positiv. Der Einfluß von Faktoren, die zunächst auf die Krone wirken, wie Lufttemperatur und Luftfeuchte, ist bei den Wurzeln mit einfach linearen Regressionen nicht mit Signifikanz abzugrenzen. Multiple Regressionen, die zugleich die Autokorrelation der Witterungsfaktoren berücksichtigen, können hier weiterführen, sind jedoch schwer und unübersichtlich auszuwerten. Die bisher üblichen Verfahren an Computern mit automatischer Elimination führen leicht zu Trugschlüssen. Für eine Abgrenzung der Haupteinflußfaktoren erweist sich das beschriebene Verfahren der schrittweisen Verdichtung jedoch als sehr geeignet.

Nach den Ergebnissen würde M IX bei warmem Unterboden, der sich an der Oberfläche nicht extrem erwärmt (Mulch) bei gutverteilter und gleichmäßiger Feuchtigkeit mit guter vegetativer Leistung reagieren, während M IV reichlicher Feuchtigkeit bedarf, aber nur gering auf Änderungen der Bodentemperatur anspricht. Der starkwüchsige M XI reagiert am stärksten auf Bodenwärme. Kombinationen mit "Cox" haben in allen Varianten ein höheres Feuchtigkeitsbedürfnis.

Zwischen dem Wachstumsverhalten der Unterlagen, der Intensität und Periodik ihres Wurzelstoffwechsels und der Witterungsabhängigkeit bestehen enge Wechselwirkungen.

LITERATUR

CARTER, G. H. und A. M. NEUBERT, 1954: Schnellbestimmung von Stärke in Äpfeln. J. agric.' Food Chem. 2, 1070-1072.

KATZFUSS, M., 1968: Stärkespeicherung der Blätter verschiedener Obstgehölze im Verlauf von zwei Vegetationsperioden mit stark unterschiedlichem Witterungsverlauf und mögliche Beziehungen zu Wachstum und Differenzierung. Tagungsberichte der DAL, Nr. 99 "Physiolog. Probl. im Obstbau", Dresden-Pillnitz, 85-91.

KAZARJAN, V. O. und R. G. ARUTJUNJAN, 1966: Stickstoff- und Kohlenhydratstoffwechsel in den Wurzeln fruchtender und nicht fruchtender Apfelbäume. Fiziol. Rast. 13, 332-338.

ŚCHMIDT, S., 1965: Untersuchungen über phosphorhaltige Verbindungen in Blättern einjähriger Langtriebe von Apfel- und Süßkirschenbäumen. Archiv f. Gartenbau 13, 599-606.

TESAR, S. und J. GARZ, 1965: Zum Phosphathaushalt von Holzpflanzen. Thaer-Archiv 9, 1061-1067.

ZELENSKAJA, E. D. und A. M. CERNIJ, 1966: Besonderheiten der jahreszeitlichen Aufnahme und Verteilung von ^{32}P beim Apfel. Sadovodstvo (Kiew) 5, 3-11.

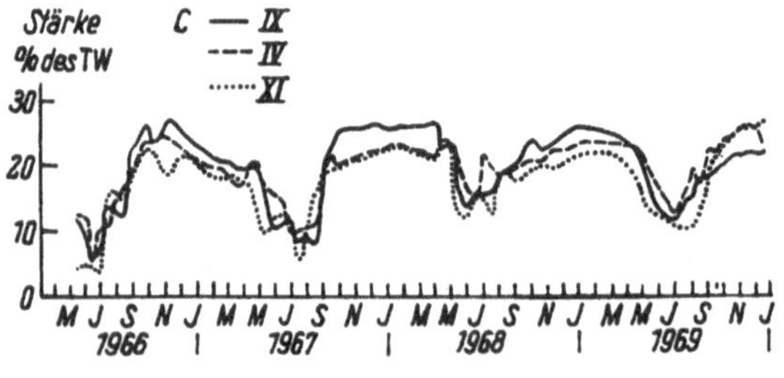

Abb. 1. Stärkegehalt von Apfelwurzeln in % des TW. Unterlagen M IX, M IV, M XI in Kombination mit "Cox Orangen".

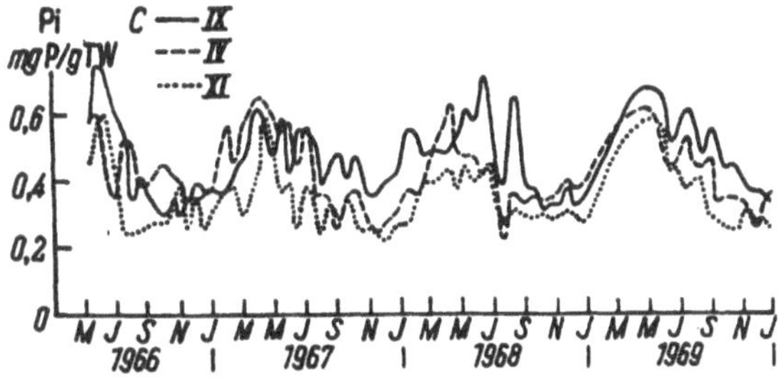

Abb. 2. Mittlerer Jahresgang des Stärkegehaltes für Abbildung 1, Signatur der Unterlagen wie Abbildung 1.

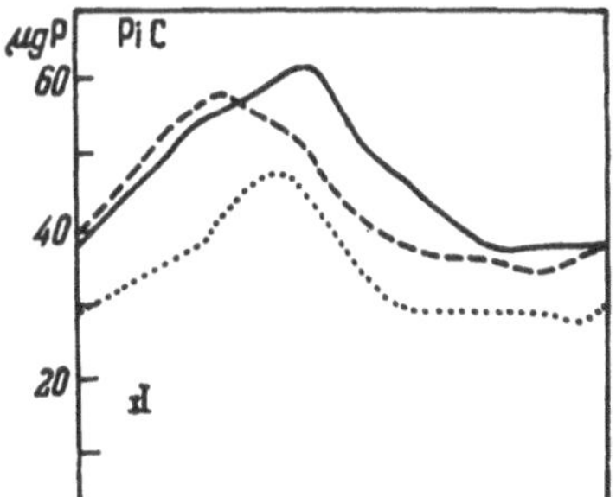

Abb. 3. Gehalt an anorganischem Phosphat von Apfelwurzeln in mg P/g TW, Material und Signatur wie Abbildung 1.

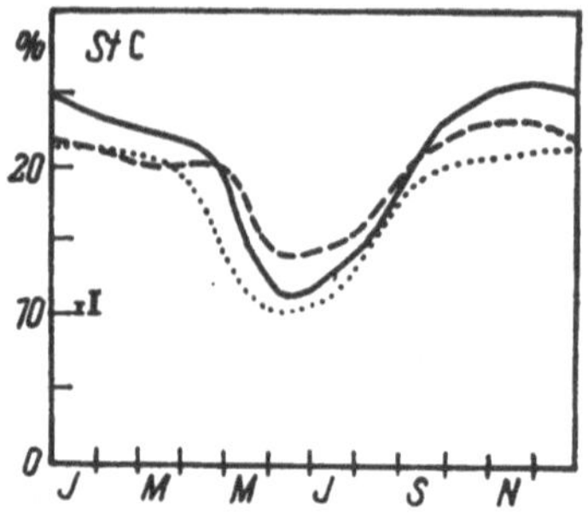

Abb. 4. Mittlerer Jahresgang für anorganisches Phosphat für Abbildung 3, Material und Signatur wie Abbildung 1.

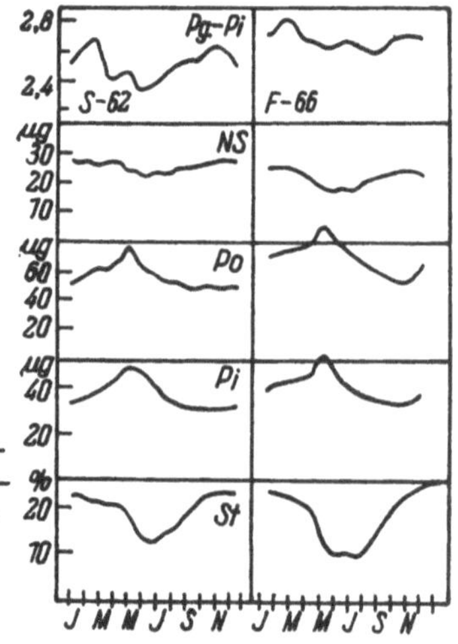

Abb. 5. Mittlerer Jahresgang für Reservestärke und Phosphatfraktionen von Apfelwurzeln. Links: Mittelwerte der Unterlagen M IX, M IV, M XI unveredelt und in Kombination mit Cox (letztere in Abbildungen 1-4 dargestellt); rechts: Mittelwerte für Apfelunterlagen M IX, M XI, A 2, MM 106, M IX x M. micromalus, 1966 gepflanzt. Phosphatgehalte in µg P/100 mg TW für die Fraktionen gesamtes trichloressigsäurelösliches Phosphat (Pg), dessen anorganischen Anteil (Pi), dessen organischen Anteil (Po), die perchlorsäurelösliche Fraktion mit dem Nukleinsäurephosphat (NS). Stärke in % des TW.

ZUSAMMENHANG ZWISCHEN DER METABOLISCHEN TAG- UND NACHT-PERIODIZITÄT UND DEM ENERGETISCHEN STOFFWECHSEL IN DER MAISWURZEL

G. GEORGIEV

Lehrstuhl für Anatomie und Physiologie der Pflanzen,
Universität "Kliment Ochridski", Sofia - VR Bulgarien

Nach der Analyse der Hauptfunktionen, welche die Wurzel im Stoffwechsel des Gesamtsystems der Pflanze als ganzer Organismus ausübt (KURSANOV 1960), ist die Aufmerksamkeit einer Reihe von Forschern auf die Aufklärung der inneren Organisation der Stoffwechselprozesse gerichtet (KURSANOV u. VYSKREBENTSEVA 1967; VYSKREBENTSEVA und KRASAVINA 1966). Besonders wichtig ist in Verbindung mit den Funktionen der Wurzel die Aufklärung der Ursachen und des Charakters der Veränderungen während des Tag- und Nachtablaufs, welche für viele Stoffwechselprozesse in derselben festgestellt wurden (VAADA 1960; GUNAR u.a. 1960, GEORGIEV und KIMENOV 1966; GEORGIEV und STAMBOLOVA 1967; VLADIMIRTSEVA und MOJAEVA 1969). In Zusammenhang damit richten sich in letzter Zeit die Untersuchungen auf die Aufklärung der inneren Organisation der Wechselbeziehung zwischen dem energetischen Stoffwechsel und den funktionellen Prozessen in der Wurzel während des Tag- und Nachtverlaufs (GEORGIEV 1964; GEORGIEV und ARGIROVA 1967; VLADIMIRTSEVA und MOJAEVA 1970).

Bei unseren Untersuchungen wurde festgestellt, daß mit dem Altern der Maispflanzen die Gesamtmenge der freien Nukleotide in der Wurzel sich stark verringert. Gleichzeitig damit vergrößert sich der relative Gehalt an makroergischen Nukleotiden (GEORGIEV 1964). Auch bei anderen Pflanzen ist festgestellt worden, daß junge Wurzeln, für welche schnelles Wachstum, aktive Aufnahme und Aneignung von Ionen, überhaupt intensiv verlaufende metabolische Prozesse charakteristisch sind, außer adeninhaltigen Nukleotiden in bedeutender Menge auch solche mit Uridin, Guanin und Cytidin (VYSKREBENTSEVA und KRASAVINA 1966; KURSANOV 1957) enthalten. Ein solcher Typ des Stoffwechsels wird als metabolisch charakterisiert. Im zunehmenden Alter, wenn in der Wurzel die Aufnahme-funktionen die Hauptrolle spielen, überwiegen im Bereich der Nukleotide die vom Adenin abgeleiteten. In dieser Periode spricht man vom energetischen Typ des Metabolismus (VYSKREBENTSEVA und KRASAVINA 1966).

Die Veränderungen während der Tag- und Nachtperiode im Bestand der freien Nukleotide in der Maiswurzel zeigen, daß ähnlich den Veränderungen in der ontogenetischen Entwicklung der Pflanze der eine Stoffwechseltyp mit dem anderen wechselt. In der Tagesperiode, wenn die Maiswurzeln eine intensive Aufnahmetätigkeit (Fig. 1) ausüben, wenn die mit der aktiven Aufnahme und Weiterleitung von Wasser und den darin gelösten Stoffen verbundenen Prozesse (Fig. 2) sich verstärken, überwiegen in der Zusammensetzung der Nukleotide die vom Adenin abgeleiteten (GEORGIEV 1964). Dies zeigt, daß während des Tages in der Maiswurzel der energetische Stoffwechseltyp überwiegt. Am Ende des Tages und während der Nacht, mit der Zunahme der Wachstumsprozesse (Fig. 3), und im Zusammenhang damit auch der synthetischen Tätigkeit der Wurzel verstärkt sich die Synthese von Nukleinsäuren und Eiweißen (Fig. 4, Fig. 5) und vermindert sich der Gehalt an Adeninnukleotiden. Die guanin- und uridinhaltigen Nukleotide steigen jedoch an (GEORGIEV 1964).

Diese gemeinsamen Veränderungen in der Zusammensetzung der freien Nukleotide und in den Funktionen der Maiswurzel zeigen, daß während der Nachtperiode bei ihnen der metabolische Stoffwechseltyp vorherrschend ist. Somit sind die funktionellen Veränderungen, welche sich im Tag- und Nachtverlauf in der Wurzel einstellen, durch Veränderungen im Charakter des Stoffwechsels bedingt. Ähnliche Veränderungen im Typ des Stoffwechsels während des Tag- und Nachtablaufes sind auch in den Wurzeln der Sonnenblume festgestellt worden (VLADIMIRTSEVA und MOJAEVA (1970).

Die Veränderungen in der Menge und in der qualitativen Zusammensetzung der Nukleotide in der Maiswurzel, welche den Stoffwechsel charakterisieren, hängen von der Geschwindigkeit der Synthese und ihrer Ausnutzung ab.

Es ist bekannt, daß die Quelle des ATP (Adenosintriphosphat) in der Zelle die Atmungsprozesse sind. Seine Synthese hängt vorwiegend von der Geschwindigkeit und Wirksamkeit der oxydativen Phosphorylierung ab.

Bei unseren Untersuchungen (GEORGIEV und ARGIROVA 1967) wurde festgestellt, daß die Geschwindigkeit der oxydativen Phosphorylierung in der Maiswurzel während des Tag- und Nachtverlaufes sich rhythmisch verändert, indem sie am Tage das Maximum, das Minimum während der Nacht erreicht (Fig. 6). Diese Veränderungen in der Geschwindigkeit der oxydativen Phosphorylierung entsprechen auch dem intensiveren Einbau von ^{32}P in das ATP der Maiswurzel während des Tages. Danach erreicht die ATP-Menge während der ersten Tageshälfte ihr Maximum (GEORGIEV 1964). Dieselbe Gesetzmäßigkeit wurde auch für die Sonnenblumenwurzel festgestellt (VLADIMIRTSEVA und MOJAEVA 1970).

Die starke aktivierende Wirkung des 2, 4-DNP auf den Sauerstoffverbrauch der Wurzel während der Nacht zeigt, daß die oxydative Phosphorylierung ihre höchste Wirksamkeit während der Dunkelperiode hat (Fig. 7).

Es zeigt sich eine gewisse Unstimmigkeit zwischen der Geschwindigkeit der oxydativen Phosphorylierung, welche während des Tages am höchsten ist, und deren Wirksamkeit, welche in der zweiten Nachthälfte ihr Maximum erreicht. Es gibt eine Reihe von Beispielen, bei welchen beobachtet wurde, daß Systeme mit niedrigeren Werten des P : O-Verhältnisses als Index für die Wirksamkeit der oxydativen Phosphorylierung größere Mengen ATP produzieren als Systeme mit größerem P : O-Verhältnis (MILMAN 1965). Es wird angenommen, daß eine maximale Geschwindigkeit der Erzeugung von ATP bei teilweiser Entkopplung der Oxydations- und Phosphorylierungsprozesse (SKULACHEV 1962) erreicht werden kann.

Es ist anzunehmen, daß die verminderte Geschwindigkeit der oxydativen Phosphorylierung in der Maiswurzel in der Nachtperiode sich bis zu einem gewissen Grad mit seiner erhöhten Wirksamkeit kompensiert (GEORGIEV und ARGIROVA 1967).

Die stärkere Erhöhung des Sauerstoffverbrauches unter der Einwirkung des 2, 4-DNP während der Nacht ist ein weiterer Hinweis darauf, daß während dieser Periode die oxydative Phosphorylierung einen relativ größeren Anteil an der allgemeinen Oxydation einnimmt. Demnach verändert sich in der Maiswurzel während der Tag- und Nachtzeit das Verhältnis zwischen der freien und der phosphorylierenden Oxydation (GEORGIEV und ARGIROVA 1967).

Während des Tag- und Nachtverlaufes verändert sich in der Maiswurzel, wie auch in den Wurzeln anderer Pflanzen (VLADIMIRTSEVA und MOJAEVA 1969) der Grad des Anteils der verschiedenen Wege der Kohlenhydrat-Hydrolyse.

Aus Fig. 8 ist ersichtlich, daß die Aktivität der glykolytischen Enzyme in der Maiswurzel sich rhythmisch verändert, sie erreicht ihren Höhepunkt in der zweiten Nachthälfte und in den Morgenstunden. In der entgegengesetzten Richtung verlaufen die Veränderungen des Sauerstoffverbrauches. Er erhöht sich in der zweiten Tageshälfte und in der ersten Hälfte der Nacht. Rhythmische Veränderungen in der Aktivität der Enzyme der glykolytischen Kette sind auch nach Einwirkung verschiedener Faktoren (REPIN 1967) festgestellt worden. Diese Veränderungen in der Enzymaktivität zeigen an, daß sich die glykolytischen Prozesse in den Wurzeln am Ende der Nacht- und am Anfang der Tagesperiode aktivieren. Als Ergebnis sammelt sich als Produkt unvollständiger Oxydation der Zucker an. Eine Bestätigung dafür ist der erhöhte Gehalt an organischen Säuren während dieser Zeit (Fig. 9). Durch diese Prozesse eröffnet sich der Weg zu den oxydativen Umsetzungen im Krebszyklus, welche am Tage überwiegen. Dies führt zur Bildung von Akzeptoren der ursprünglichen NH_4-Assimilation und ergibt Möglichkeiten für einen intensiveren Einbau des anorganischen Phosphats in das ATP und für seine gesteigerte Synthese (GEORGIEV 1964). Die Anhäufung einer maximalen ATP-Menge in den frühen Morgenstunden kann als Prozeß der "Auffüllung" der Wurzel mit Energie betrachtet werden, die für ihre funktionelle Tätigkeit während des Tages, die Ionenaufnahme, deren Einschaltung in die metabolischen Prozesse, Zuführung von Wasser und darin aufgelösten Stoffen in die über der Erde gelegenen Pflanzenteile notwendig sind. Der intensive Verlauf dieser Prozesse wird auch durch den erhöhten Zuckergehalt in der Wurzel während dieser Periode begünstigt (GEORGIEV 1964).

Die Glykolyse und der Pentosephosphatweg treten als Konkurrenten um die Hexosen bei deren oxydativem Stoffwechsel auf. Infolgedessen unterdrücken alle Faktoren, welche die Glykolyse stimulieren, den Pentosephosphat-Zyklus (RUBIN und LADUGINA 1966). Im Zusammenhang damit kann angenommen werden, daß in der Nachtperiode, in welcher die Glykolyse nachläßt, sich die Prozesse des Pentosephosphat-Zyklus in der Maiswurzel aktivieren. Eine Begründung dieser Annahme gibt auch die beobachtete Verstärkung der Synthese der Nukleinsäuren (Fig. 4) und der Wachstumsprozesse (Fig. 3). Solche Veränderungen der Atmungsprozesse während des Tag- und Nachtverlaufes sind auch in der Wurzel der Sonnenblume festgestellt worden (VLADIMIRTSEVA und MOJAEVA 1969).

Bei der Verbindung des Stoff- und Energiewechsels spielt das Adenosintriphosphatase-System (ATP-ase) eine wichtige physiologische Rolle. Von den Veränderungen in der Aktivität dieses Enzym-Systems hängt die Geschwindigkeit der Freilegung des ATP ab. Es ist festgestellt worden, daß die ATP-ase des Myosins und Aktomyosins rhythmisch ihre Aktivität unter dem Einfluß verschiedener Faktoren verändert (LJUBIMOVA u.a. 1966).

Die Ergebnisse unserer Untersuchungen zeigen, daß die ATP-ase in den Maiswurzeln zu den sauren ATP-asen gehört und die maximale Aktivität bei pH 5, 6 und ein Temperaturoptimum von 50 °C besitzt. Solche Daten für die Maiswurzeln sind auch von anderen Autoren festgestellt worden (JASKA 1967).

Während der Tag- und Nachtzeit verändert sich die Aktivität der ATP-ase, indem sie ihr Minimum am Anfang des Tages erreicht, wenn auch der Gehalt an ATP in der Maiswurzel am größten ist (GEORGIEV 1964). Während der zweiten Tageshälfte verstärkt sich ihre Aktivität und erreicht während der Nacht den maximalen Wert (Fig. 10). In dieser Periode verringert sich das ATP in der Wurzel stark. Gleichzeitig damit erhöht sich der Gehalt an Adenosindiphosphat (ADP) und an Adenosinmonophosphat (AMP) und einiger anderer Nukleotide (GEORGIEV 1964). Folglich wird eine volle Übereinstimmung zwischen der Aktivität der ATP-ase und dem Gehalt an ATP in der Maiswurzel während des Tag- und Nachtverlaufes festgestellt. Die bei der Zerlegung des ATP infolge der erhöhten Aktivität der ATP-ase während der Nachtperiode freigesetzte Energie wird hauptsächlich für Synthese- und Wachstumsprozesse ausgenutzt, was aus ihrer Aktivierung (Fig. 3 und Fig. 4) ersichtlich ist.

Die Veränderungen im Tag- und Nachtablauf der Aktivität der ATP-ase in der Wurzel können verschiedene Ursachen haben. Es kann angenommen werden, daß sie mit Veränderungen der Aktivität der einzelnen Komponenten des assoziierten Eiweißes der ATP-ase verbunden sind, welche durch Verschiedenheiten ihrer Natur oder von Veränderungen in ihrem konformativen Zustand hervorgerufen wurden. Es scheint, daß solche Veränderungen bei den Bedingungen in vivo unter dem Einfluß von Veränderungen des pH, der Ionenzusammensetzung der Umgebung und von verschiedenen Metaboliten durchaus möglich sind, von welchen bewiesen ist, daß sie auf die ATP-ase-Aktivität in Wurzelextrakten Einfluß ausüben (KRASAVINA und VYSKREBENTSEVA 1971). Zur Bestätigung solcher Annahme können eine Reihe von Daten angegeben werden.

Es ist bekannt, daß die Bedingungen der Mineral- und speziell der Phosphorernährung die ATP-ase-Aktivität in den Pflanzen stark beeinflussen (MOJAEVA und BULYCHEVA 1971). Die Ergebnisse unserer Untersuchungen zeigen, daß sich bei Phosphormangel die ATP-ase-Aktivität in der Maiswurzel erhöht (Fig. 10).

Es ist auch möglich, daß die Veränderungen im Tag- und Nachtverlauf in der Aktivität der ATP-ase mit den Veränderungen im Gehalt an organischem Phosphat in den Zellen in Verbindung stehen. Während des Tages, wenn die Aufnahme von anorganischem Phosphor durch die Wurzeln am intensivsten ist, hat die ATP-ase die niedrigste Aktivität.

Diese Veränderungen in der Aktivität der ATP-ase haben zweifellos eine wichtige Bedeutung für die funktionelle Aktivität der Wurzel. Es ist zum Beispiel festgestellt worden, daß die Exudation des Wurzelsaftes mit Beteiligung der ATP-ase erfolgt (MOJAEVA und BULYCHEVA 1971; SALAMATOVA und BALAJAN 1966). Die Übereinstimmung, welche zwischen der erhöhten Absonderung des Wurzelsaftes und der erhöhten Aktivität der ATP-ase in der Maiswurzel während der zweiten Tageshälfte beobachtet wird (Fig. 11), kann als weiterer Beweis für die Beteiligung der ATP-ase an der Absonderung des Wurzelsaftes gelten.

Im Zusammenhang mit den während der Tag- und Nachtveränderungen in der Geschwindigkeit der Wurzelsaftabsonderung und der Aktivität der ATP-ase ist die festgestellte Tatsache besonders interessant, daß der Durchmesser der Baumwollwurzel sich während des Tages als Resultat der Wasserabgabe verkleinert, er kann bis 60 % des maximalen Wurzeldurchmessers während der Nacht abnehmen (HUCK u. a. 1970).

Die starke Erhöhung der ATP-ase-Aktivität in den Wurzeln während der Nacht verläuft auf der Grundlage einer anwachsenden Synthese der Eiweiße und der Nukleinsäuren (Fig. 4, Fig. 5) und eines aktivierten Wachstums. Dies zeigt, daß die Veränderungen der ATP-ase-Aktivität, der Intensität der synthetischen Prozesse und das Niveau der Sicherung der Energieversorgung der Gewebe während des Tag- und Nachtverlaufes eng verbunden sind und eine positive Korrelation haben.

Es ist festgestellt worden, daß sich mit dem Altern die ATP-ase in den Sonnenblumenwurzeln (MOJAEVA und BULYCHEVA 1971) und in den Blättern der Gerste (MOSOLOV u. a. 1969) vermindert. Auch in diesem Fall konnte die Analogie zwischen den Veränderungen in der Aktivität der ATP-ase während der Tag- und Nachtzeit und der ontogenetischen Entwicklung gezeigt werden.

Der metabolische Typ des Stoffwechsels, welcher in den jungen Wurzeln und Blättern überwiegt und für den Stoffwechsel während der zweiten Tageshälfte und der Nachtperiode charakteristisch ist, wird von einer erhöhten Aktivität der ATP-ase begleitet. Es ist anzunehmen, daß für den energetischen Typ die verminderte Aktivität der ATP-ase charakteristisch ist, für den metabolischen Typ die erhöhte Aktivität.

Zusammenfassend ist aus den dargestellten Daten zu ersehen, daß die rhythmischen Veränderungen der Enzymsysteme in der Maiswurzel während des Tag- und Nachtablaufes periodische Veränderungen in der Geschwindigkeit der Bildung und der Nutzung der Metaboliten des energetischen Stoffwechsels hervorrufen. Gleichzeitig dienen die energetischen Prozesse als ununterbrochene Quelle für plastisches Material, welches bei den synthetischen Prozessen benutzt wird.

Alles dieses zeigt, daß die Grundlage der Tag- und Nacht-Periodizität der metabolischen Prozesse und der Wurzelfunktionen die Veränderungen im energetischen Stoffwechsel sind.

LITERATUR

GEORGIEV, G., 1964: VIII. Internat. Congress of Soil. Sci. 4, Bucharest.

GEORGIEV, G., und G. KIMENOW, 1966: God. na Sof. U-t, Biolog. F-t, 59, 2.

GEORGIEV, G. und T. ARGIROVA, 1967: God. na Sof. U-t, Biolog. F-t, 60, 2.

GEORGIEV, G. und M. STAMBOLOVA, 1967: God. na Sof. U-t, Biolog. F-t, 60, 2.

GUNAR, I.I., E.E. KRASTINA, K.A. BRJUSHKOVA und E.M. BELIKOVA, 1960: Isvestija TSHA 5.

HUCK, M.G., B. KLEPPER und A.M. TAYLOR, 1970: Plant Physiol. 45, 4.

JASKA, W., 1967: Isvest. AN Estl. SSR XVI, Biologia 3.

KRASAVINA, M.S. und E.I. VYSKREBENTSEVA, 1971: Fiziol. Rast. 18, 3.

KURSANOV, A.L., 1960: Der Zusammenhang zwischen den physiologischen Prozessen der Pflanzen. AN SSSR.

KURSANOV, A.L., 1957: Isv. AN SSSR, Ser. biol. Nr. 6.

KURSANOV, A.L. und E.I. VYSKREBENTSEVA, 1967: Agrochimia 1.

LJUBIMOVA, M.N., F.S. FAIN und N.S. DEMJANOVSKAYA, 1966: Biochimia, 31, 5.

MILMAN, L.S., 1965: Uspechi sovr. Biologii 60, 1/4.

MOJAEVA, L.V. und E.M. BULYCHEVA, 1971: Isvestija TSHA, 2.

MOSOLOV, I.V., A.I. CHEBAN und V.A. ALEXANDROVSKAYA, 1969: Agrochimia 4.

REPIN, V.S., 1967: Mechanismen der Integration des Zellstoffwechsels, Verl. Nauka.

RUBIN, B.A. und M.E. LADIGINA, 1966: Enzymologie und Biologie der Pflanzenatmung, Verl. "Vyshaya shkola".

SALAMATOVA, T.S. und E.N. BALAJAN, 1966: Fiziol. Rast. 13.

SKULACHEV, V.P., 1962: Verhältnis zwischen der Oxydierung und der Phosphorylierung der Atmungskette. Verl. Nauka.

VAADIA, J., 1960: Physiol. Plant. 13, 4.

VLADIMIRTSEVA, S. V. und L. V. MOJAEVA, 1969: Isvestija TSHA 2.
VLADIMIRTSEVA, S. V. und L. V. MOJAEVA, 1970: Isvestija TSHA 2.
VYSKREBENTSEVA, E. I. und M. S. KRASAVINA, 1966: Fiziol. Rast. 13, 3.

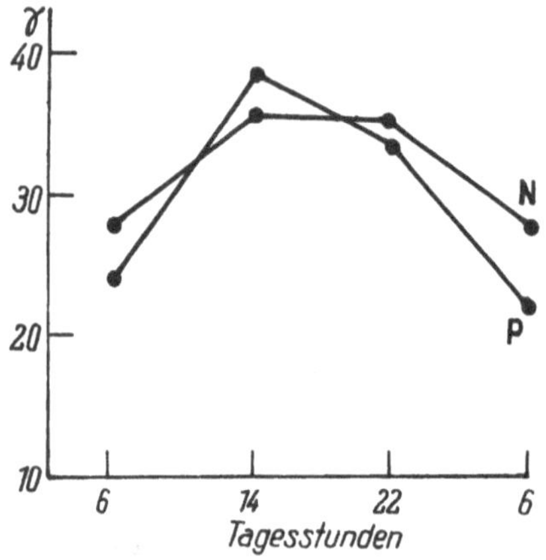

Fig. 1. Aufnahme von Ammonium- und Phosphationen in der Maiswurzel während der Tag- und Nachtstunden.
PO_4^- - in γ P/1 g Frischgewicht/1 Stunde
NH_4^+ - in γ N/1 g Trockengewicht/1 Stunde
NH_4^+ - in γ N/1 g Blutungssaftabgabe

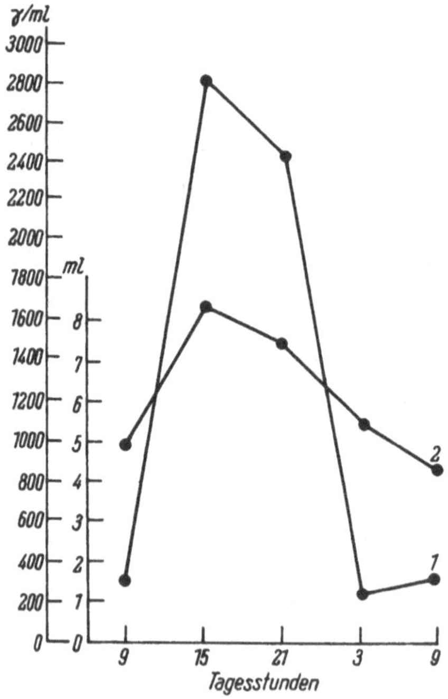

Fig. 2. Intensität der Blutungssaftabgabe und Gehalt an freien Aminosäuren im Wurzelsaft des Maises während der Tag- und Nachtstunden.
Aminosäuren - γ /ml; Wurzelsaft - von 5 Pflanzen in 6 Stunden genommen - ml

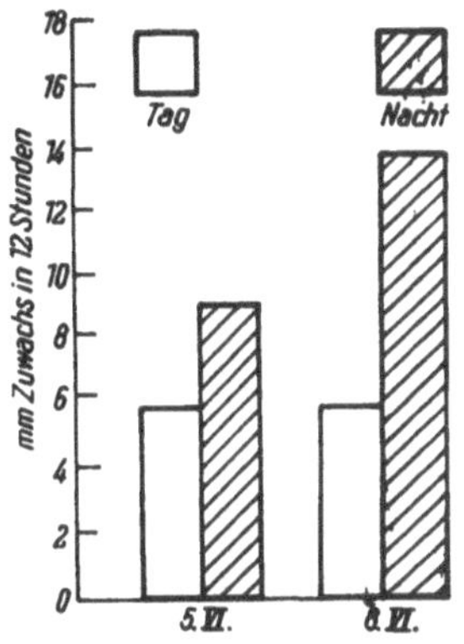

Fig. 3. Wachstumsgeschwindigkeit der Maiswurzel während des Tag- und Nachtverlaufes (Zuwachs in mm in 12 Stunden)
Tagesperiode - 8 bis 20 Uhr.
Nachtperiode - 20 bis 8 Uhr.

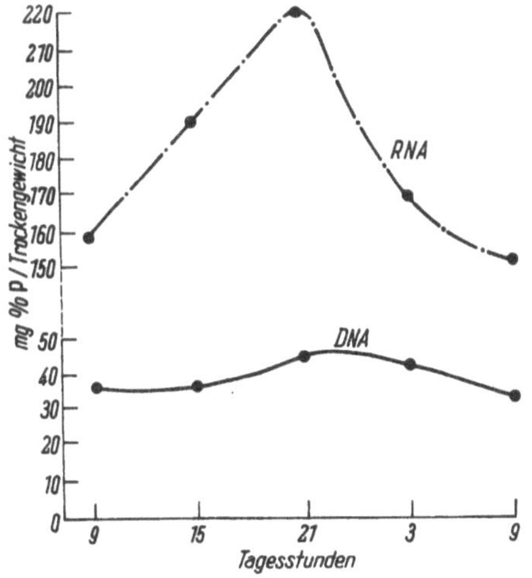

Fig. 4. Gehaltsveränderungen an RNS und DNS während des Tag- und Nachtablaufs in den Wurzeln der Maispflanzen (in mg%R der Trockensubstanz).

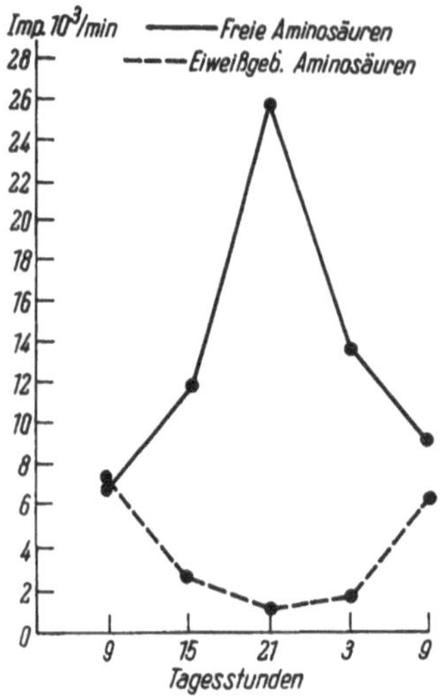

Fig. 5. Gehalt an ^{14}C in den freien Aminosäuren und in den eiweißgebundenen Aminosäuren in den Maiswurzeln nach 5-stündiger Inkubation in $NaH^{14}CO_2$ - Lösung in den Tag- und Nachtstunden (in imp/min/1 g Trockensubstanz).

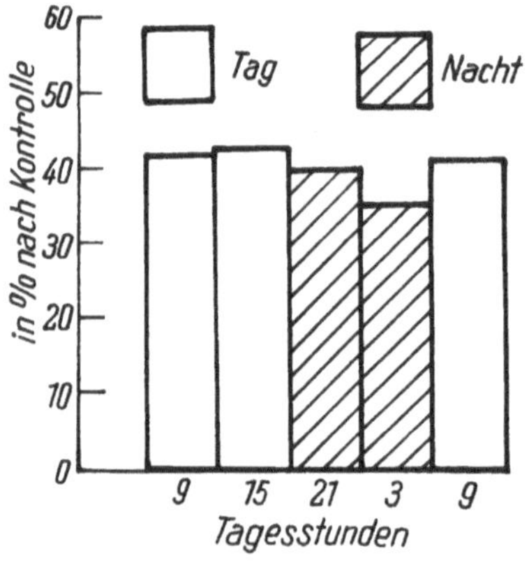

Fig. 6. Hemmung der Phosphoraufnahme durch 10^{-4}M 2, 4-DNF in Homogenaten der Maiswurzel während des Tag- und Nachtverlaufs (in % zur Kontrolle).

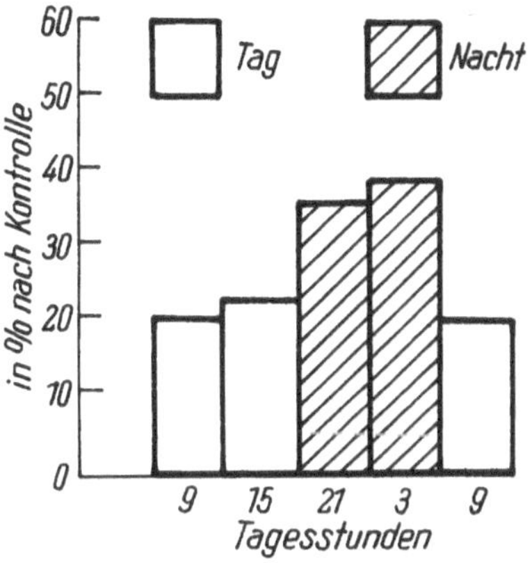

Fig. 7. Aktivierung der Sauerstoffaufnahme durch 10^{-4}M 2, 4-DNF in Homogenaten von Maiswurzeln während des Tag- und Nachtablaufs (in % zur Kontrolle).

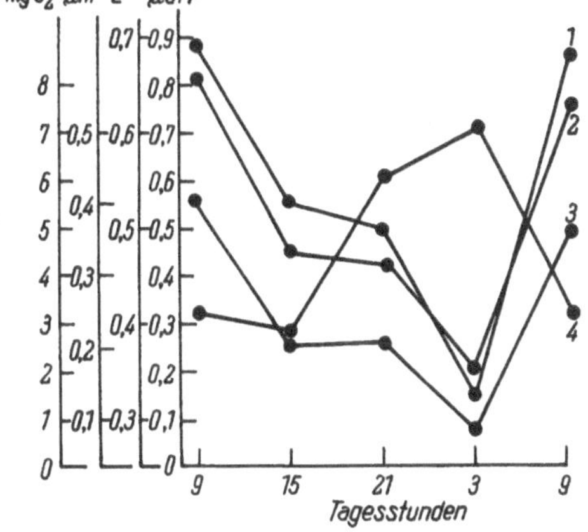

Fig. 8. Intensitätsveränderungen der Glykolyse und der Atmung in der Maiswurzel während des Tag- und Nachtverlaufs.
1-Aldolase (in E-Extinktion).
2-Phosphorylierung im Cytoplasma (µat R/mg Eiweiß/2 St./30 °C).
3-Freisetzung der Glukose (µM/mg Eiweiß/2 St./30 °C).
4-Intensität der Atmung (mg O_2/g Trockensubstanz/1 St.).

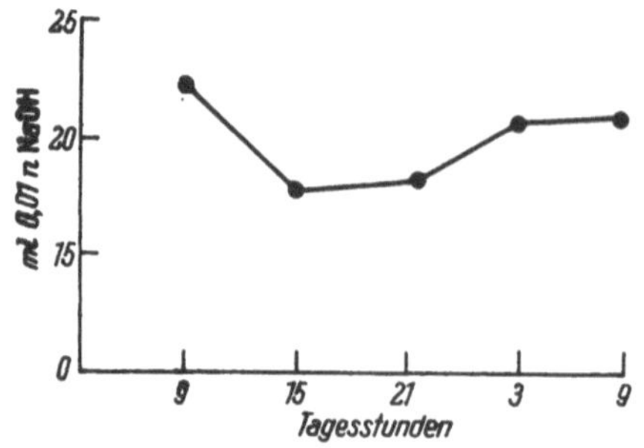

Fig. 9. Veränderungen des Gehaltes an organischen Säuren in der Maiswurzel während des Tag- und Nachtablaufs (in ml 0, 01 n NaOH/g Trockensubstanz).

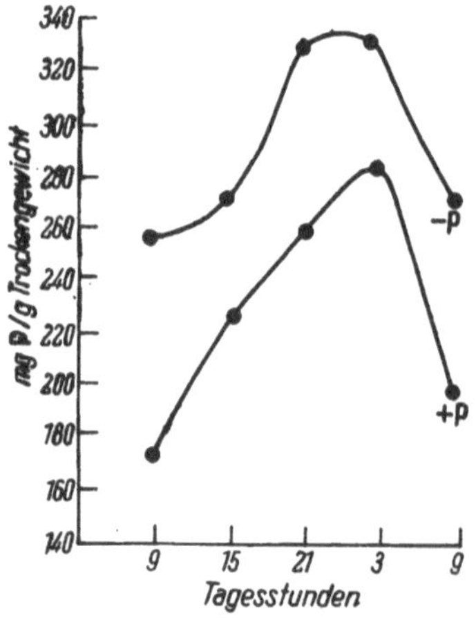

Fig. 10. Aktivitätsveränderungen der ATP-ase in der Maiswurzel während des Tag- und Nachtablaufs (mg P/g Trockensubstanz/30 Minuten)
+P - Pflanzen bei voller Nährlösung aufgezogen
-P - Pflanzen bei Nährlösung ohne Phosphor aufgezogen.

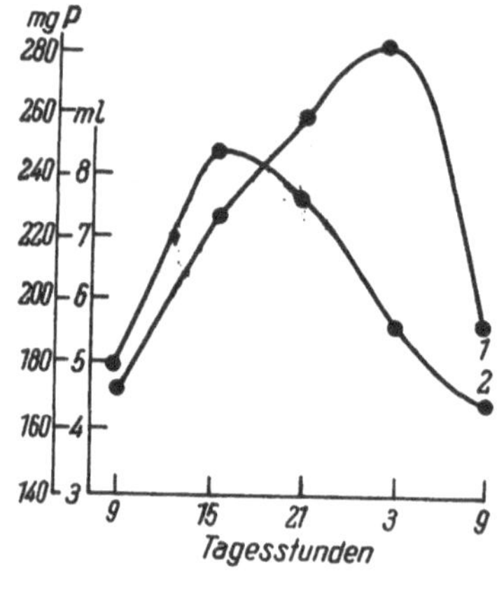

Fig. 11. Wechselbeziehungen zwischen der ATP-ase-Aktivität und der Intensität der Blutungssaftabgabe in der Maiswurzel während des Tag- und Nachtablaufs
1. - ATP-ase (mg P/g Trockensubstanz/30 Minuten)
2. - Blutungssaft (in 6 Stunden aus 5 Pflanzen entnommen in ml).

GAS EXCHANGE PROCESSES IN SHOOT AND ROOT OF SCOTS PINE (PINUS SILVESTRIS L.) SEEDLINGS AS RELATED TO DRY MATTER PRODUCTION (SHORT COMMUNICATION)

W. ŻELAWSKI

Department of Sylviculture, Warsaw Agricultural University, Warsaw, Poland

Relationship between dry matter production of plants and their carbon dioxide uptake and evolution is difficult to approach for several reasons, one of them being complications at measuring respiration of the root system.

In a number ob experiments plants cultivated for the periods 10 to 20 weeks in water culture at semi-controlled greenhouse conditions were used to determine dry matter production as well as photosynthesis and respiration of the shoot and root. Since the conditions of culture were the same in all experiments for the whole period of growth and the conditions of photosynthesis and respiration measurements were constant at every determination the attempt was made to bring into relationship the two investigated characteristics: the actual dry matter production and the potential carbon dioxide accumulation.

All data taken for these calcul ıtions were ordered, instead of usual time measure, at assumption of the s ›ecial biological unit based on the average size of one needle; application of such unit makes plants differing in growth course more comparable and enables to average the data for various experimental series within the same stages of vegetation.

At assumption of such unit of biological time the seasonal change in accumulation of dry matter could be expressed in a form of quadratic equation (Fig. 1) and the course of photosynthesis and respiration activities in a form of linear equations (Fig. 2). With advance in vegetation stage the ratio between photosynthesis and respiration (A/R) decreses and so does the ratio between shoot and root respiration. This indicates that per cent of carbon dioxide lost in respiration of the root system is relatively lower in early than in later stages of vegetation.

Description of the photosynthesis and respiration data in the form of presented equations enables calculation of the photosynthesis and respiration activities of the whole plant when changes in number of assimilatory organs and duration of the processes are known (Fig. 3). From the above equations the rates of accumulation of carbon dioxide at first per 24 hours and then per unit of the biological time can be calculated if the time course of the average needle's dry matter increase is also mathematically described (Fig. 4).

Integrating the rate of accumulation of carbon dioxide at assumption of linear change within the not investigated range of early stages of vegetation (between 0 and 0.8 mg of average dry weight of needle) one is able to obtain the formula expressing production of dry matter in units of accumulated carbon dioxide, as seen in Figures 4 and 5.

Both equations concerning 1) the course of productivity of one plant calculated as the accumulation of carbon dioxide and 2) the actually determined values of accumulated dry matter are closely related with each other (Fig. 5). The relationship between them can be approximate to the linear formula $y = 7.4\, x$. The regression coefficient which is equal 7.4 in the case of the used experimental data includes the rate of exchange from mg of carbon dioxide into mg of dry matter and also the proportion between the optimum conditions of gas exchange measurements and the deviating from optimum but still favourable conditions of growth. The very close approximation of the relationship to linearity indicates that both rates are probably constant during the whole investigated range of seedling's growth.

CONCLUSIONS

1. In the course of the investigated growth stages the amount of carbon dioxide lost by respiration of the root system of pine can be estimated to change from 7 to 22 per cent of the total daily photosynthetic production and from 31 to 46 per cent of the total daily respiratory losses.
2. If conditions of culture and gas exchange measurement do not change during the vegetation period then the ratio between dry matter production and carbon accumulation is constant that indicating no changes in utilisation of photosynthetic products other than those resulting from the influence of varying external factors as it is the case at natural vegetation season.

3. The presented study supports the thesis important for some ecological research that fragmentary measurements of gas exchange at simultaneous recording of meteorological data might be useful at estimating primary production of dry matter; in this case the more accuratelly can be integrated the daily and seasonal course of photosynthetic and respiratory activities the nearer approach the calculated values the true values of production.

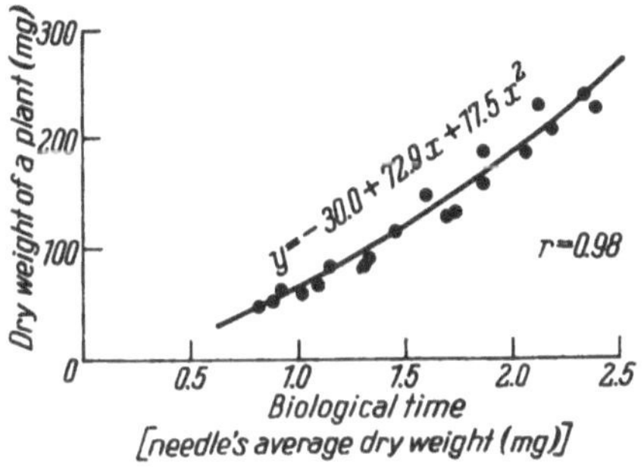

Fig. 1

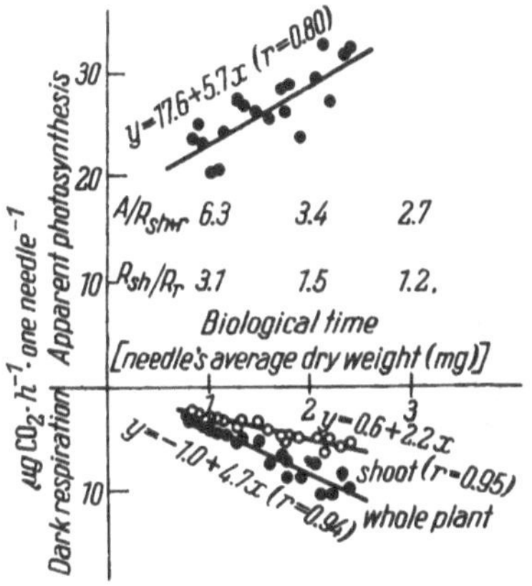

Fig. 2

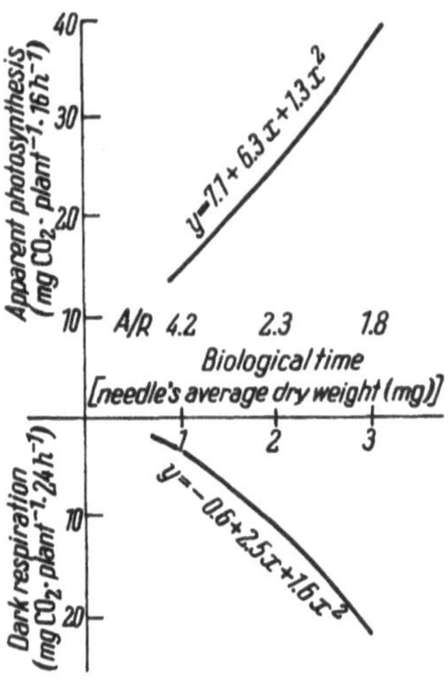

Fig. 3

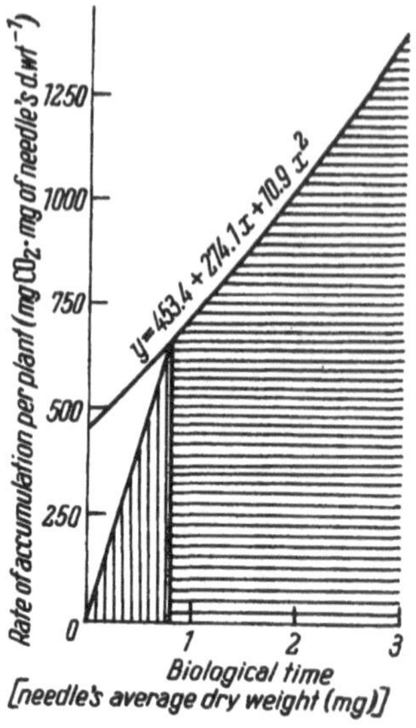

Fig. 4

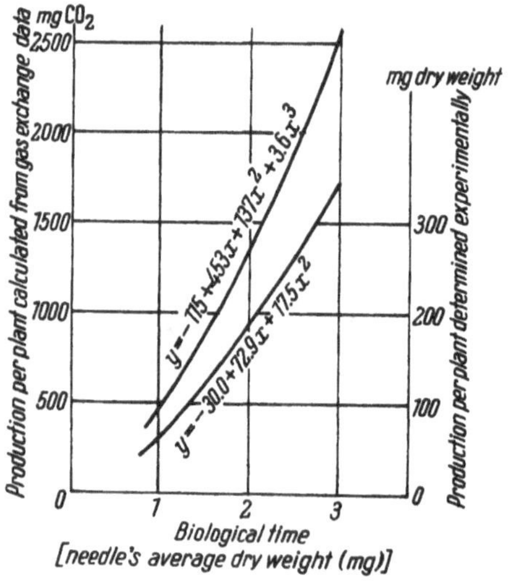

Fig. 5

AUTORENVERZEICHNIS / INDEX OF AUTHORS / ОПИСЬ АВТОРОВ

AUGSTEN, H.
AVUNDZIAN, E.S.

BELLMANN, Christa
BILAN, V.M.
BLOHM, D.
BYSTRITSKAYA, T.L.

DEMIN, A.P.

EHWALD, R.
ENGEL, K.-H.

FAYLE, D.C.F.
FEILER, Sonja
FELSBERG, Ingeburg

GEORGIEV, G.
GÖRING, H.
GRISHINA, Leonora A.

HERMANN, R.K.
HILTON, R.J.
HOFFMANN, G.
HOFFMANN, P.

IVANOV, V.N.

JAHN, E.
JAHNEL, H.
JOACHIM, H.F.

KESSLER, G.D.
KHATAMIAN, H.
KHAVKIN, E.E.
KHURSHUDIAN, P.A.
KLUGE, S.
KOHL, J.-G.
KOHMANN, K.
KORMANIK, P.P.
KÜCHLER, M.

LAVENDER, D.P.
LUXOVÁ, Maria
LYR, H.

MANOLOVA, Iovka
MICHAEL, Gerda
MISHARIN, S.I.
MULLIN, R.E.

PAAVILAINEN, E.
PALASHEV, I.
PAULKE, E.
POLYKARPOCHKINA, Roza T.

RABOTNOV, T. A.
REYNOLDS, E. R. C.
RICHTER, R.
RIEDACKER, A.

SAMMLER, P.
SEMBDNER, G.
SHEVELUKHA, V. S.
SHIRAKYAN, E. K.
ŠIKA, A.
SPURNÝ, M.
STEPHAN, W.
STEINBECK, K.

TESCHE, M.
TORREY, J. G.

VARAKINA, Nina N.
VATKOVSKY, O. S.
VORONKOV, N. A.

WILCKE, C.
WÜNSCHE, U.

ZAERR, J. B.
ŻELAVSKI, W.
ZELENEVA, Inessa T.
ZENTSCH, W.

Kolibri 360 GmbH
Ferdinand-Jühlke-Straße 7
99095 Erfurt, Deutschland
produktsicherheit@kolibri360.de